普通高等教育"十三五"规划教材

城市环境与生态学

主编 郑博福 副主编 刘成林

中国水利水电出版社
www.waterpub.com.cn
·北京·

内 容 提 要

本书是基于编者近 10 年来对南昌大学城乡规划专业本科生及环境科学、生态学研究生讲授"城市环境与生态学"的讲义所编写而成。本书侧重于城市生态与环境规划及其相关理论和方法，吸纳了前沿性、实用性强的内容，如城市生态用地、城市生态系统服务、城市生态管理等内容，具有较高的学术价值和实用价值。全书共 14 章，主要内容为：绪论，城市生态与环境的影响要素，城市生态系统的结构与功能，城市生态用地，城市景观生态，城市生态环境承载力，城市环境污染与防治，城市环境评价，城市生态评价，城市功能区划，城市环境规划，城市生态规划，生态城市建设，城市生态管理。

本书可作为当前各高校城乡规划、环境科学、生态学等专业的教材，也可作为城市规划、生态规划、环境规划、城市管理等专家学者和管理人员的参考书。

图书在版编目（ＣＩＰ）数据

城市环境与生态学 / 郑博福主编. -- 北京 ： 中国
水利水电出版社，2016.12（2023.1重印）
　普通高等教育"十三五"规划教材
　ISBN 978-7-5170-5094-0

　Ⅰ．①城… Ⅱ．①郑… Ⅲ．①城市环境－环境生态学
－高等学校－教材 Ⅳ．①X21

中国版本图书馆CIP数据核字(2016)第323747号

书　　名	普通高等教育"十三五"规划教材 **城市环境与生态学** CHENGSHI HUANJING YU SHENGTAIXUE
作　　者	主编　郑博福　　副主编　刘成林
出版发行	中国水利水电出版社 （北京市海淀区玉渊潭南路 1 号 D 座　100038） 网址：www.waterpub.com.cn E-mail：sales@mwr.gov.cn 电话：(010) 68545888（营销中心）
经　　售	北京科水图书销售有限公司 电话：(010) 68545874、63202643 全国各地新华书店和相关出版物销售网点
排　　版	北京嘉泰利德科技发展有限公司
印　　刷	清淞永业（天津）印刷有限公司
规　　格	184mm×260mm　16 开本　19.75 印张　444 千字
版　　次	2016 年 12 月第 1 版　2023 年 1 月第 3 次印刷
印　　数	4001—6000 册
定　　价	**52.00 元**

前　言

随着城市社会经济的快速发展，城市环境与生态问题凸显。如何建设健康、和谐的城市，为日益集聚的城市居民提供良好的生产和生活环境，是城市建设和管理者所关注的焦点问题，是城市规划专家亟须解决的实际问题，也是城市环境与生态学这一学科的核心问题所在。

本教材基于编者近 10 年来面向南昌大学城乡规划专业本科生及环境科学与工程专业研究生讲授的"城市环境与生态学"课程讲义，经梳理前人理论研究和实践应用成果编写而成。编写的主要目的是向相关专业师生提供一本具有系统性、针对性、前沿性和创新性的应用型教学教材。本教材围绕城市发展进程中的生态与环境问题，以及城乡规划中所关注的生态与环境的内容，系统地阐述了城市环境与生态学的理论基础、科学方法、应用实践，为城乡规划专业奠定学科基础，也为环境科学、生态学等专业拓展学科应用领域。本教材在编写过程中，力求在内容和形式上体现科学性、系统性、权威性、完整性。

本教材由南昌大学资源环境与化工学院以及建筑工程学院联合编写，由郑博福担任主编，刘成林担任副主编。全书共 14 章，各章编写分工如下：第 1、2、11、12 章由郑博福编写，第 3、6、9 章由曾慧卿编写，第 4、5 章由刘成林编写，第 7、8、13 章由李鹏程编写，第 10、14 章由李述编写。全书由郑博福、刘成林总体筹划，郑博福统稿。参加本书修改、校对、收集资料的还有章京松、廖土杰、彭建斌、余佳欣、邓旺德、孙思妍、丁琪琪、王海林、杨小梅等。此外，南昌大学城乡规划专业 121 级全班同学为本教材的编写做了大量的资料收集和文字处理工作，谨向他们致以衷心的感谢！

本书在编写过程中参阅了大量的国内外论文、著作、教材和研究报告，引用了诸多的国家法律、法规、标准、指南、技术规程的相关内容。由于编写时间仓促，教材中未能一一列出参考文献，特此向所引用文献的各位作者表示感谢和歉意。

本教材的出版得到了南昌大学教务处、资源环境与化工学院、建筑工程学院的大力支持。

由于编写人员水平有限，书中错漏与不足在所难免，敬请广大读者批评指正，以便再版时进一步修改、补充和完善。

本教材获得南昌大学教材出版资助。

编者

2016 年 10 月

目　录

前言

第 1 章　绪论 ··· 001
  1.1　城市环境与生态学的概念 ································ 001
  1.2　城市环境与生态学的发展 ································ 004
  1.3　城市环境与生态学的基本原理 ·························· 008
  1.4　城市环境与生态学的基础理论 ·························· 010

第 2 章　城市生态与环境的影响要素 ······················· 018
  2.1　环境学基础 ··· 018
  2.2　环境问题 ··· 020
  2.3　城市化及城市人口 ·· 027
  2.4　城市地质与地貌环境 ······································ 029
  2.5　城市土壤 ··· 034
  2.6　城市生物群落 ·· 035

第 3 章　城市生态系统的结构与功能 ······················· 039
  3.1　生态学基础 ··· 039
  3.2　城市生态系统 ·· 049
  3.3　城市生态系统的结构 ······································ 057
  3.4　城市生态系统的功能 ······································ 060
  3.5　城市生态系统的生态流 ··································· 062
  3.6　城市生态系统服务 ·· 065

第 4 章　城市生态用地 ··· 070
  4.1　国内外土地利用分类体系 ································ 070
  4.2　生态用地 ··· 073
  4.3　城市生态用地 ·· 075
  4.4　城市生态用地规划 ·· 077
  4.5　城市基本生态控制线 ······································ 082

第 5 章　城市景观生态 ··· 084
  5.1　基本概念 ··· 084
  5.2　城市景观要素 ·· 090

5.3　城市景观特征 ··· 093

5.4　城市自然与人文景观 ······································· 097

5.5　城市景观规划 ··· 098

第 6 章　城市生态环境承载力 ····································· 102

6.1　城市承载力概述 ··· 102

6.2　环境容量 ··· 104

6.3　城市环境容量 ··· 108

6.4　城市环境承载力 ··· 113

6.5　城市生态承载力 ··· 115

第 7 章　城市环境污染与防治 ····································· 123

7.1　城市水污染与防治 ·· 123

7.2　城市大气污染与防治 ······································· 128

7.3　城市噪声污染与防治 ······································· 134

7.4　城市土壤及固体废弃物污染与防治 ·················· 137

7.5　城市其他污染与防治 ······································· 139

第 8 章　城市环境评价 ··· 142

8.1　环境评价 ··· 142

8.2　城市环境质量评价 ·· 146

8.3　城市规划环境影响评价 ···································· 154

第 9 章　城市生态评价 ··· 171

9.1　城市生态评价的内容与方法 ···························· 171

9.2　城市生态风险评价 ·· 178

9.3　城市生态安全评价 ·· 185

9.4　城市生态系统健康评价 ···································· 189

第 10 章　城市功能区划 ·· 194

10.1　城市功能区概述 ·· 194

10.2　城市功能区划的理论和方法 ··························· 199

10.3　城市生态功能区划 ·· 205

10.4　城市环境功能区划 ·· 212

第 11 章　城市环境规划 ·· 218

11.1　城市环境规划概述 ·· 218

11.2　城市环境规划内容与方法 ······························ 224

11.3　城市大气污染控制规划 ·································· 231

11.4　城市水污染控制规划 ………………………………………………… 234

11.5　城市固体废物管理规划 ……………………………………………… 236

11.6　城市噪声污染控制规划 ……………………………………………… 240

第 12 章　城市生态规划 …………………………………………………… 241

12.1　城市生态规划概述 …………………………………………………… 241

12.2　城市生态规划的主要内容 …………………………………………… 247

12.3　城市生态规划的步骤与方法 ………………………………………… 249

12.4　宜春市中心城生态系统保护规划案例分析 ………………………… 253

第 13 章　生态城市建设 …………………………………………………… 265

13.1　生态城市概述 ………………………………………………………… 265

13.2　生态城市规划 ………………………………………………………… 268

13.3　城市生态文明建设 …………………………………………………… 272

13.4　城市循环经济 ………………………………………………………… 275

13.5　海绵城市建设 ………………………………………………………… 279

第 14 章　城市生态管理 …………………………………………………… 285

14.1　城市生态管理概述 …………………………………………………… 285

14.2　城市生态管理的基本内容 …………………………………………… 286

14.3　城市生态管理模式 …………………………………………………… 291

14.4　城市生态管理对资源利用效率的影响 ……………………………… 296

参考文献 …………………………………………………………………… 301

第1章 绪 论

　　城市是人类的重要聚居区，良好的城市生态环境是人类生存繁衍和社会经济发展的基础，是社会文明发达的标志，是实现城市可持续发展的必要条件。城市的生态环境质量直接影响着城市社会经济的可持续发展。保护城市生态环境，实现城市可持续发展，使子孙后代能够有一个永续利用和安居乐业的生态环境，已成为城市科学、环境科学、生态学等领域专家学者和城市管理者的共识。

　　城市既是人类技术进步、经济发展和社会问题的汇合处，也是人类生态学和环境问题的重点。开展城市生态环境研究，对于我国城市环境保护、规划建设管理具有十分重要的意义。研究城市生态环境问题，寻求解决城市生态危机的对策，探讨城市环境污染的有效治理措施，协调经济发展与城市生态环境之间的矛盾，实现城市可持续发展，已成为城市环境与生态学中亟须关注和解决的一项重要课题。

1.1　城市环境与生态学的概念

1.1.1　环境生态学

　　从学科体系上看，环境生态学是环境科学的组成部分，但按照现代生态学的学科划分，它又是应用生态学的一个分支，是与环境科学渗透而形成的新兴的边缘学科。

1. 环境生态学的定义

　　环境生态学的发展历史还很短，对这一学科的研究内容和任务，甚至对学科的定义还存在着不同的看法和争议。毕竟，环境生态学正处于迅速的发展之中。在环境生态学发展的初期，人们关注的主要是环境污染问题，所以那时一些学者认为，环境生态学"主要研究污染物在以人类为中心的各个生态系统中的扩散、分配和富集过程等消长规律，以便对环境质量作出科学评价"。但是，后来的发展变化说明，人为干扰下出现的环境问题不只是污染问题，从某种意义上讲，生态破坏对环境质量的影响更复杂、更深刻、危害更大。所以，环境生态学就是研究人为干扰下，生态系统内在的变化机理、规律和对人类的反效应，寻求受损生态系统恢复、重建和保护对策的科学。即运用生态学理论，阐明人与环境间的相互作用及解决环境问题的生态途径。所以，环境生态学不同于以研究生物与其生存环境之间相互关系为主的经典生态学，也不同于只研究污染物在生态系统的行为规律和危害的污染生态学或以研究社会生态系统结构、功能、演化机制以及人的个体和组织与周围自然、社会环境相互作用的社会生态学。

2. 环境生态学的研究内容

根据其定义，环境生态学涉及环境科学和生态学的基本理论。学科内容主要包括以下几个方面：

（1）人为干扰下的生态系统内在变化机理和规律。研究自然生态系统在受到人为干扰后所产生的一系列反应和变化，以及在这一过程中的内在规律，出现的生态效应以及对生物和人类的影响，各种污染物在各类生态系统中的行为变化规律和危害方式。

（2）生态系统受损程度的判断。对生态系统受损程度进行科学的判断，不仅是研究生态系统变化机理和规律的一个基本手段，而且为生态环境的治理、保护提供必要依据。环境质量的评价和预测不仅采用物理、化学的方法，还包括生态学的方法。生态学判断所需的大量信息来自生态监测。

（3）生态系统功能及其保护。各生态系统都有各自不同的功能，人为干扰后产生的生态效应也不同。环境生态学要研究各类生态系统受损后的危害效应和方式，以及相应的保护对策。

（4）解决环境问题的生态对策。根据环境问题的特点采取适当的生态学对策，并辅之以其他方法来改善和恢复恶化的环境质量，包括各种废物的处理和资源化的技术等，是环境生态学的研究内容之一。事实证明，采用生态学方法治理环境污染和解决生态破坏问题是一条非常有效的途径，前景令人鼓舞。

维护生态系统的正常功能、改善人类生存环境并使之协调发展，这是环境生态学的根本目的。运用生态学理论，保护和合理利用自然资源，防止和治理环境污染与生态破坏，恢复和重建生态系统，以满足人类生存发展的需要。是环境生态学的主要任务。

3. 环境生态学与其他学科的关系

环境生态学是环境科学和生态学这两个正在迅速发展的庞大学科体系的交叉学科，与之相关的学科更是数目众多，涉及自然科学、社会科学、经济学等诸多领域。在环境科学体系中，环境生态学与人类生态学、资源生态学、污染生态学、环境监测与评价、环境工程学等的关系尤为密切。

人类生态学、资源生态学和污染生态学的研究范畴在很大程度上都与环境生态学有相同之处，它们之间存在着相辅相成和相互促进的关系。在人类已改变了大部分自然生态系统的今天，人类生态学所研究的主体和对象，即人类生态系统（包括人类自身的发展），对于自然生态系统有着重要的影响，而这正是环境生态学研究的出发点和立足点。资源生态学和污染生态学的研究与发展，可为环境生态学提供丰富的素材和佐证；环境生态学的效应机制研究可丰富前两者的理论基础。环境质量的物理、化学监测和生态监测是环境生态学中关于人为干扰效应及机制分析与判断的基础和科学依据。生态监测丰富了环境监测的内容，克服物理和化学监测上的某些不足。环境生态学又可为环境工程学和环境规划与管理提供必要的理论依据，提高治理效果，有利于决策的准确性。

1.1.2 城市环境与生态学

城市是人口集中、工商业发达、居民以非农业人口为主的地区，一般是周围地区的政治、经济和文化中心。从生态学角度而言，城市是经过人类创造性劳动而产生的，拥有更高"价值"的人类物质、精神环境和财富，是更符合人类自身需要的社会活动的载体场所和人类进步的合理的生活方式之一，是一类以人类占优势的新型生态系统。

城市环境与生态学是以生态学的理论和方法研究城市人类活动与周围环境之间关系的一门学科，它是环境生态学的分支学科，又是城市科学的一个分支。城市环境与生态学以整体的观点，把城市视作一个以人为中心的生态系统，在理论上着重研究其发生和发展的原因、组合和分布的规律、结构和功能的关系、调节和控制的机理；其应用目的在于运用生态学原理规划、建设和管理城市，提高资源利用效率，改善系统关系，增强城市活力，使城市生态系统沿着有利于人类利益和可持续的方向发展。

1.1.3 城市环境与生态学的主要研究内容

城市环境与生态学的研究对象是城市复合生态系统，其理论基础主要是环境科学与生态学的基本理论，主要研究内容包括以下方面：

（1）城市人口的结构、密度、变化速率和空间分布，以及与城市环境的相互关系。

（2）城市物流与能流的特征和速率。

（3）城市生态系统的功能、保护与调控。

（4）城市生态系统与环境质量的关系。

（5）城市环境质量与居民健康的关系、社会环境对居民的影响。

（6）城市生态系统对城市发展的制约条件。

（7）城市的景观与美学环境。

（8）城市生态规划、环境规划，研究城市各环境质量指标与标准。

（9）解决城市环境问题的生态对策。

城市环境与生态学的研究实际上就是从环境科学与生态学的角度去探索城市人类生存发展的最佳环境。

1.1.4 城市环境与生态学和其他生态学分支学科的关系

城市环境与生态学是应用环境生态学的原理和方法认识、分析和研究城市生态系统及城市环境的问题。根据研究的对象和内容的不同，城市生态学可分为城市自然生态学、城市景观生态学、城市经济生态学和城市社会生态学 4 个分支学科。

　　城市自然生态学着重研究城市的人类活动对所在地域自然生态系统的积极和消极影响，以及地域自然要素对人类活动的影响（即人的城市活动与地域的自然生态系统要素之间的相互关系）。

　　城市景观生态学从景观尺度研究城市不同生态系统之间代谢过程的物流、能流和信息流转化、利用效率、空间结构、相互作用、协调功能及动态变化等问题。城市经济生态学着重从经济学角度重点研究城市代谢过程的物流、能流和信息流的转化、利用效率等问题。

　　城市经济生态学是从经济学角度重点研究城市代谢过程的物流、能流和信息流的转化、利用效率问题。

　　城市社会生态学的研究重点是城市人工环境对人的生理和心理的影响、效应，以及人在建设城市、改造自然过程中所遇到的城市问题，如人口、交通、能源问题等。城市社会生态学的研究起源于20世纪20年代美国芝加哥学派及德国学者的城市演替研究。前者着重于城市系统的功能，后者强调城市的影响，目前这两个学派趋于结合，形成了西方较为流行的结构功能学说。

1.2　城市环境与生态学的发展

1.2.1　城市环境与生态学思想的萌芽

　　尽管城市环境与生态学在生态学领域的各个分支中比较年轻，但城市环境与生态学的思想伴随着自城市问题的产生而产生。比如，在古希腊柏拉图的《理想国》、16世纪美国托马斯·莫尔的《乌托邦》、19世纪末英国人欧文的《过分拥挤的祸患》以及1898年英国学者埃比尼泽·霍华德著述的《明日的田园城市》等著作中，反映了当时人们对保护城市自然环境的渴望，都蕴含着一定的城市生态学哲理。但真正运用环境与生态学的原理和方法对城市环境问题进行深入研究，还是20世纪以来的事情。20世纪初，国外一批科学家将自然生态学中的某些基本原理运用于城市问题的研究中。英国生物学家帕特里克·盖迪斯从一般生态学进入人类生态学的研究，即研究人与城市环境的关系。他在1904年所写的《城市开发》和1915年所写的《进化中的城市》中，把生态学的原理和方法应用于城市研究，将卫生、环境、住宅、市政工程、城镇规划等结合起来，开创了城市与人类生态学研究的新纪元。

1.2.2　城市环境与生态学的兴起与分化

1. 以帕克为代表的美国芝加哥学派的兴起

　　18世纪初，由于工业的发展、人口的激增，城市环境不断恶化并产生了一系列问题。作为一名报社记者，帕克感到城市人类群体的社会经济活动类似达尔文描述的自然界"生存竞争"的活动，认为城市人类在竞争与合作中组成的各类群体相当于动植物群落，支配自然生物群落的某些规律（例如竞争、共生、演替、优势度、隔离等）也可以应用于城市人类社会。他以这一观点作为人类生态学理论的出发点，后经伯吉斯、克雷西、麦肯奇等人的补充与完善，形成了一套城市与人类生态学研究的思想体系。

2. 城市环境与生态学的分化

1945 年，芝加哥人类生态学派以城市为研究对象，研究城市的集聚、分散、入侵、分隔及演替过程与城市的竞争共生现象、空间分布、社会结构和调控机理。该学派将城市视为一个有机体、一个复杂的人类社会关系，认为城市是人与自然、人与人相互作用的产物，并倡导创建了城市生态学（Urban Ecology）。

由于时代的限制，芝加哥学派的城市生态学思想体系还有许多不完善之处。由于当时生态系统、复合生态系统等概念还没有建立起来，而且研究的又是一个复杂的城市生态系统，所以芝加哥学派在发展过程中分化为三个研究派别，一派将自然生态学基本原理应用于人类社区的研究，另一派侧重于社会、经济、人口特征的"自然区"分布研究，还有一派侧重于社会、心理现象空间分布特征及其生态关系的研究。

3. 城市环境与生态学的发展与实践阶段

自 20 世纪 60 年代以来，城市生态学在理论、方法与实践上都面临新的突破。

在理论上，贝瑞在 70 年代发表的专著《当代城市生态学》中系统阐述了城市环境与生态学的起源与理论基础。80 年代，我国生态学家马世骏、王如松提出的"社会-经济-自然"复合生态系统思想丰富了城市环境与生态学的理论。城市环境与生态学理论上的一个重要突破是将生态系统的概念引入到城市的研究中来，并且正在逐步形成自己的理论体系。城市环境与生态学作为现代生态学的分支学科已逐步得到承认和不断发展。

在方法上，计算机计量技术的普及，推动了因子生态学的发展，使城市社区的人为分类走向多变量指标体系的定量化功能分区。世界各国许多学者对社会生态结构变化分析及城市自然与生物环境的研究，都采用了很严谨的试验科学方法。

在实践上，联合国人与生物圈计划（MAB）自 70 年代起开始了最大规模的城市与人类生态学研究，在 15 年中对 32 个国家和地区开展了 48 项研究课题。MAB 计划在世界各地的实施和推广，揭开了城市环境与生态研究的新篇章，将城市环境与生态学发展推向了一个新的高峰。

1.2.3　国外城市环境与生态学研究进展

人类与城市生态学奠基人、美国学者、芝加哥学派的创始人帕克在 1916 年和 1925 年分别发表了题为《城市：有关城市环境中人类行为研究的几点建议》及《城市》的论文，开创了城市环境与生态学研究的新领域。他将生物群落的原理和观点（如竞争、共生、演替、优势度等）应用于城市研究，揭开了城市环境与生态学研究的序幕。1933 年《雅典宪章》规定城市规划的目的是要解决人类居住、工作、游憩、交流四大活动功能的正常进行，进一步明确城市生态环境有机综合体的思想。1936 年帕克运用生命网络、自然平衡等生态学理论研究人与环境的关系，并把其提到"居于地理学思想的核心地位"。1952 年，帕克出版了《城市和人类生态学》一书，他把城市作为一个类似植物群落的有机体，用生物群落的观点来研究城市环境，进一步完善了城市与人类生态学研究的思想体系。之后，霍利于 20 世纪 50 年代发表的论文《人类生态学：社区结构理论》等为城市环境与生态学的发展打下了坚实的理论基础。

20 世纪 60 年代以来，随着世界城市化的迅速发展，伴随而来的一系列城市生态环境问题的出现，将人类对城市生态环境的研究推上了一个新台阶，城市环境与生态学在理论、方法与实践上都面临新的突破。1962 年，美国学者卡尔逊在其《寂静的春天》一书中，揭示了城市生态环境遭受破坏的情况，引起广泛的关注。

1971 年，联合国教科文组织（UNESCO）制订人与生物圈计划（MAB），把对人类聚居地的生态环境研究列为重点项目之一，开展了城市与人类生态研究课题，提出用人类生态学的理论和观点研究城市环境。20 世纪 70 年代初，欧洲罗马俱乐部发表的《增长的极限》《生命的蓝图》以及米都斯、沃德、杜博斯等以《只有一个地球》为代表的著作，阐述了经济学家和生态学家们对世界城市化、工业化与全球环境前景的担忧，从而激起了人们系统研究城市生态环境的兴趣。这对城市环境与生态学的研究起了极大的推动作用。美国、日本等国家首先开始城市生态区域分析，把城市作为一个生态系统，由社会学、生态学、环境科学等进行多学科的综合研究。美国著名生态规划学家麦克哈格在《设计结合自然》中运用生态学原理研究大自然的特征，充分结合自然进行设计，并创造了科学的生态设计方法。1978 年，西蒙兹在《大地景观——环境规划指南》中进一步完善了麦克哈格的生态规划方法，对城市规划、景观规划和建筑学产生了重大影响。1973 年，日本的中野尊正等编著的《城市生态学》一书系统阐述了城市化对自然环境的影响以及城市绿化、城市环境污染及防治等。1975 年，国际生态学会主办的《城市生态学》季刊创刊。1977 年，贝瑞发表的《当代城市生态学》系统阐述了城市生态学的起源、发展与理论基础，应用多变量统计分析方法研究城市化过程中的城市人口空间结构、动态变化及其形成机制，奠定了城市因子生态学的研究基础。

20 世纪 80 年代，城市生态研究更是异军突起。1980 年，第二届欧洲生态学术讨论会以城市生态系统作为会议的中心议题，从理论、方法、实践、应用等方面进行探索。弗瑞斯特、维斯特和海斯特对城市生态系统发展趋势进行了研究。奥德姆认为城市生态系统和自然生态系统有相似的演替规律，都有发生、发展、兴盛、波动和衰亡等过程，并且认为城市演替过程是能量不断聚集的过程。

1992 年 6 月 3—14 日，联合国在巴西首都里约热内卢召开了具有划时代意义的"人类环境与发展大会"。这次会议将环境问题定格为 21 世纪人类面临的巨大挑战，并就实施可持续发展战略达成一致。其中人类居住区及城市的可持续发展，给城市生态环境问题研究注入了新的血液，成为当代城市生态环境问题研究的重要动向和热点。

随着现代生态学的发展，现代生态学与城市研究的结合，自然地要求建立生态城市。自 20 世纪 70 年代以来，国外学者分别从不同的角度研究生态城市的内涵、主要特征、指标体系、发展规划思路与方向、基本框架、具体目标及步骤等。1987 年，美国生态学家理查德·瑞吉斯特在其《生态城市：贝克莱》一书中提出了所期望的理想的生态城市应具有的六点特征，并于 1990 年提出了"生态结构革命"的倡议和生态城市建设的十项计划。1995 年 1 月和 5 月，国际生态学会城市生态专业委员会召开了"可持续城市"系列研讨会，就城市可持续发展问题进行了深入讨论。1996 年 6 月，在土耳其召开的联合国人居环境大会是对城市可持续发展研究的全面检阅，大量的可持续发展城市生态环境研究论文在大会上讨论和宣讲。1997 年 6 月，在德国莱比锡召开了国际城市生态学术讨论会，会议内容涉及城市生态环境的各个方面，但研究的目标都逐渐集中到城市可持续发展的生态学基础上。城市环境与生态学已成为城市可持续发展及制定21 世纪议程的科学基础。

1.2.4 国内城市环境与生态学研究进展

20 世纪 60 年代，我国的环境科学尚处于萌芽状态。70 年代初，联合国教科文组织拟订"人与生物圈计划"，我国参加了该项研究。1978 年，城市生态环境问题研究正式列入我国科技长远发展计划，许多学科开始从不同领域研究城市生态环境，对城市环境与生态学研究在理论方面进行了有益的探索。

20 世纪 80 年代以来，我国科学工作者在理论和实践中提出了不少有开创性的理论和方法。1981 年，我国著名生态环境学家马世骏教授结合中国实际情况，提出以人类与环境关系为主导的"社会-经济-自然"复合生态系统思想。这一思想已经渗透到我国各种规划和决策程序中，对城市生态环境研究起到了极大的推动作用。王如松进一步在城市生态学领域发展了这种思想，提出城市生态系统的自然、社会、经济结构与生产、生活还原功能的结构体系，并采用生态系统优化原理、控制论方法和泛目标生态规划方法研究城市生态。从自然生态系统到城市复合生态系统的提出，标志着城市生态学理论的新突破，也是生态学发展史上的一次新综合，为城市生态环境问题研究奠定了理论和方法基础。1987 年 10 月，在北京召开了"城市及城郊生态研究及其在城市规划、发展中的应用"国际学术讨论会，标志着我国城市生态学研究已进入蓬勃发展时期。1988年，《城市环境与城市生态》创刊。它是我国唯一的城市生态与环境的专业刊物，它的出版发行对我国城市环境与生态学的发展起到了很大的推动作用。

国内城市生态系统研究从 20 世纪 80 年代开始起步。80 年代中期，生态城市作为可持续发展的理想模式提出后，我国许多学者从不同的方面开展了城市可持续发展及生态城市等方面的研究与探索。90 年代以后，生态城市作为人类理想的聚居形式和人类为之奋斗的目标，已成为我国当代城市生态环境研究新的热点，国内进行了许多该方面的研究。

综上所述，国内外城市生态环境研究表现出明显的多元化倾向。我国城市生态环境研究起步较晚，特别是把城市作为"社会-经济-自然"复合生态系统进行城市区域的综合性分析研究，仅仅是开始；对于各地区城市的可持续发展和生态城市的系统规划及生态功能的研究还刚刚起步，有待今后从理论、方法和指标体系上进一步提高和完善。

1.3 城市环境与生态学的基本原理

1.3.1 生态整合原理

生态整合能力是对城市生态系统在时、空、量、构、序层面上的结构和功能完整程度及自组织、自适应、自协同能力的度量，包括景观、体制、产业、科技和文化层面上的统筹能力和整体效益。

生态整合主要包括结构整合、过程整合、功能整合和方法整合等。结构整合是指对各种自然生态因素、技术物理因素和社会文化因素耦合体的等级性、异质性和多样性等方面的整合。过程整合指对物质代谢、能量转换、信息反馈、生态演替和社会经济过程的畅达、健康程度等方面的整合。功能整合指对生产、流通、消费、还原和调控功能的效率及和谐程度等方面的整合。方法整合指从技术、体制、行为三层次上开展生态系统的综合评价、规划、设计、建设、管理和调控。

1.3.2 趋适开拓原理

强调以环境容量、自然资源承载能力和生态适宜度为依据，积极创造新的生态工程，改善区域或城市生态环境质量，寻求最佳的区域或城市生态位，不断开拓和占领空余生态位，以充分发挥生态系统的潜力，强化人为调控未来生态变化趋势的能力，促进生态建设。

1.3.3 协调共生原理

协调是指要保持区域与城市，部门与子系统各层次、各要素以及周围环境之间相互关系的协调、有序和动态平衡，保持生态规划与总体规划近远期目标的协调一致。共生是指正确利用不同产业和部门之间互惠互利、合作共存的关系，搞好产业结构的调整和生产力的合理布局。

1.3.4 生态位原理

城市生态位是指城市给人们生存和活动所提供的生态位，亦即城市满足人类生存发展所提供的各种条件的完备程度。它反映了一个城市的现状对于人类经济活动、生活活动的适宜程度，即城市的性质、功能、地位、作用及其人口、资源、环境的优劣性。

1.3.5 多样性及稳定性原理

生态系统多样性决定其稳定性，城市多样性保障城市稳定性。城市生态系统产业的多样性，部门行业的复杂性，物质能量的多层次利用，将是城市生态系统努力发展的方向。但系统的发展绝不是大而全，小而全，应当充分发挥系统自身的资源优势、技术优势，建立投资少、效益高、污染轻的主导产业。

1.3.6　食物链（网）原理

食物链是指以能量和营养物质形成的各种生物之间的联系。食物网指的是生物群落中许多食物链彼此相互交错连接而成的复杂的网络状营养关系。

广义的食物网应用于城市生态系统中的生产者——企业时，是指以产品或废料、下脚料为轴线，以利润为动力相互联系在一起，因而可以根据一定目的进行食物网"加链"和"减链"。除掉或控制那些影响食物网传递效益、利润低、污染程度高的链环，即"减链"；增加新的生产环节，将不能直接利用的物质、资源转化为价值高的产品，即"加链"。

1.3.7　生态承载力原理

生态承载力指的是在不发生对人类生存发展有害变化的前提下，生态系统所能承受的人类生产生活活动和社会作用压力的能力。具体表现在规模、强度和速度上，三者的限制是生态系统本身具有的有限性抗干扰自我调节能力的量度。

1. 资源生态承载力（资源承载力）

联合国教科文组织认为，一个国家或地区的资源承载力是指在可以预见到的期间内，利用本地能源及其自然资源和智力、技术等条件，在保证符合其社会文化准则的物质生活水平条件下，该国家或地区能持续供养的人口数量。

资源承载力不是静态的，它面对的是一个动态变化过程，不能将资源承载力的研究限定于一个既定的时间点或时间段上，而应寻求承载力在长时间序列中的持续平衡增长。我们可以将资源承载力分为现实的和潜在的两部分：现实的指在现有技术条件下，某一区域范围内的资源承载力；潜在的指技术进步、资源利用程度提高或外部条件改善而提高本区的资源生态承载力。

2. 技术生态承载力

技术生态承载力指劳动力素质、文化程度与技术水平所能承受的人类社会作用强度，包括潜在的和现实的两类。

3. 污染承载力

污染承载力又称环境承载力，它反映了生态系统对环境的自净能力的大小。该原理的科学内涵在于以下 3 个方面：

（1）生态承载力的改变将引起生态系统结构和功能的改变，从而推动系统的正向演替或逆向演替。正向演替指生态系统向结构复杂、能量利用最优、生产力效率最高的方向演化。

（2）当城市活动强度小于生态承载力阈值时，城市生态系统可表现为正向演替，反之则为逆向演替，因此人类应将活动强度和规模控制在生态承载力阈值内。

（3）生态承载力会随城市外部环境条件的变化而变化。

1.3.8　区域分异原理

区域分异规律指的是自然地理环境各组成成分及其构成的自然综合体在地表沿一定方向分异或分布的规律性现象。

城市规划必须考虑区域分异，在充分研究区域或城市生态要素、功能现状、问题及发展趋势的基础上，综合考虑区域规划、城市总体规划的要求和城市现状布局，搞好生态功能分区，以利于社会经济发展和居民生活，利于环境容量的充分利用，实现社会、经济和环境效益的统一。

1.3.9　生态平衡原理

城市生态建设，应遵循生态平衡原理：搞好水、土地资源、大气、人口、经济、园林绿地系统等生态要素的子规划；合理安排产业结构和布局、城市园林绿地系统的结构与布局，并注意与自然地形、河湖水系的协调性以及与城市功能分区的关系，建设一个顶级稳定状态的人工生态系统，维护生态平衡。

1.3.10　可持续发展原理

可持续发展既能满足当代的需求，又不危及下一代满足其发展需要。城市生态建设要遵循可持续发展原理，强调在发展过程中合理利用自然资源，并为后代维护、保留较好的资源条件，使人类社会得以公平发展。

1.3.11　最小因子原理

前文已讲到生态学的"最小因子原理"和系统论中的"水桶效应"，这些原理同样适用于城市生态系统。影响城市生态系统结构、功能行为的因子很多，但往往处于临界量（最大或最小）的生态因子对城市生态系统功能的发挥具有最大的影响力。有效改善其量值，会大大地增强系统的功能与产出。这也符合利比希最小因子原理。

1.4　城市环境与生态学的基础理论

1.4.1　田园城市理论

田园城市理论是埃比尼泽·霍华德提出的一种将人类社区包围于田地或花园的区域之中，平衡住宅、工业和农业区域的比例的一种城市规划理念。1898 年，埃比尼泽·霍华德在《明日：一条通向真正改革的和平道路》中指出，工业化条件下存在着城市与适宜的居住条件之间的矛盾以及大城市与自然隔离的矛盾，他提出了一个兼有城市和乡村优点的理想城市模式——"田园城市"。他认为，城市环境的恶化是由城市膨胀引起的，城市具有吸引人口聚集的"磁性"，城市无限度扩张和土地投机是引起城市灾难的根源，只要控制住城市的"磁性"便可以控制城市的膨胀，而有意识地移植"磁性"，便可以改变城市的结构和形态。基于这样的分析，他提出建立一种"城乡磁体"，把城市的高效率、高度活跃的城市生活和乡村清新、美丽如画的田园风光结合起来，摆脱当时城市发展的困境。埃比尼泽·霍华德着重指出，田园城市是一个有完整社会和功能结构的城市，有足够的就业岗位维持自给自足，空间合理布局能保障阳光、空气和高尚的生活，绿带环绕，既可以提供农产品，又能有助于城市的更新和复苏。

埃比尼泽·霍华德认为，田园城市是为安排健康的生活和工业而设计的城镇，其规模要满足各种社会生活，但不能太大；田园城市被乡村所包围；田园城市的全部土地归公众所有或者委托人为社区代管。

从广义上讲，埃比尼泽·霍华德的田园城市理论并不是一种形式上的或图面上的城市规划，它实质上是一种对城市和乡村建设的改革，是对构成社会并对社会发展起着关键作用的城市风貌、城市有机体的总体规划。它的内容不仅包括城市的总体布局以及城市间的关系，也包括针对影响城市发展的各有机体的规划和安排。田园城市理论的目的是避免大城市无节制地发展，并解决大城市畸形发展带来的种种社会问题。该理论具有极强的超前性，其思想甚至超越了很多现代城市规划理论。规划界称田园城市理论为"现代城市规划的开端"，认为它是卫星城理论的前身。田园城市理论中蕴涵的城市应控制在适当的规模并不断发展新的增长点的思想，对现代城市规划思想起了重要的启蒙作用，对其后的城市分散主义、新城建设运动和新都市主义思潮产生了相当大的影响，推动了城市规划学科和实践的发展。

1.4.2 卫星城理论

卫星城理论是在田园城市理论基础上发展起来的，田园理论是卫星城理论的思想渊源。"卫星城"的概念由美国人泰勒于1915年在《卫星城镇》一书中正式提出。一般认为，卫星城是大城市体系中的一个层次，是依附于大城市、与大城市联系紧密、处在大城市周边而又相对独立的中小城市。

从世界范围看，卫星城的发展演进经历了4个阶段：①第一次世界大战后出现"卧城"，完全承担居住功能，与城市中心区距离不超过20km；②在"卧城"的基础上发展工业与配套设施，成为具有半独立功能的新区，但仍然没有功能完整的混合工商业区；③具有相对独立功能的卫星城，能为城市居民提供大部分就业岗位，拥有工业区、生活区和文化、消费等配套设施，人口规模在10万～20万，甚至更大；④目前欧美国家的多中心敞开式城市结构，卫星城与主城通过高速交通线相互联系，主城的功能逐渐扩散到卫星城。

狭义地讲，卫星城是大城市体系中的一个层次，是指为解决大城市的过度膨胀而在其郊区或城乡交错地带（大城市的外部地域空间）新建或利用原有小城镇扩建形成的相对独立性城镇。

卫星城是城市化达到一定水平后的反城市化，主张大城市里的要素往城市郊区流动。其特点是建筑密度低，环境质量高，一般有绿地与中心城区分隔；其目的是为分散中心城市的人口和工业，避免出现中心城市功能过于集中和庞大以及由此产生的种种弊端。卫星城多数是借助于特大城市中心城区的辐射力，由旧有小城镇发展形成；少数是在新规划的郊区和乡村空地上建设而成。卫星城市与母城之间保持着相对独立但密不可分的关系，它们在生产、生活等方面存在着紧密的联系。

1.4.3 有机疏散理论

有机疏散理论是芬兰学者埃列尔·萨里宁在 20 世纪初期针对大城市过分膨胀所带来的各种弊病提出的城市规划中疏导大城市的理念，是城市分散发展理论的一种。他在 1943 年出版的著作《城市：它的发展、衰败和未来》中对其进行了详细的阐述，并从土地产权、土地价格、城市立法等方面论述了有机疏散理论的必要性和可能性。他指出，今天趋向衰败的城市，需要有一个以合理的城市规划原则为基础的革命性演变，使城市有良好的结构，以利于健康发展。为缓解城市机能过于集中所产生的弊病，防止城市持续衰退，沙里宁提出了有机疏散的城市结构的观点。他认为这种结构既要符合人类聚居的天性，又不脱离自然。

"有机疏散"内涵是把城市看作一个有机体，面对城市出现的各种问题，从重组城市功能入手，经过精英规划师规划，事先制定区域规划和时间表，将一个大都市"分"为多数的"小市镇"或"区"，逐一切除内城中的衰败地区（包括居民），城市人口和工作岗位分散到可供合理开发的离开中心的地域上去，解构城市中心。强调"疏散"是将现有的密集区域分散到"集中单元"中，组成"相关活动的功能集中区"。每一个新区域，严格控制大小、生活设施，居民的活动相对集中，内部有独立生产功能。

在《现代城市规划》一书中，约翰·M. 利维对有机疏散的原则做了分析：把个人日常的生活、工作尽可能集中在一定的范围内，使交通量减到最低程度；不经常的"偶然活动"的场所分散布置，设置通畅的交通干道，使用较高的车速迅速往返。"有机疏散"从实际出发，注重对资源的节约与保护，符合可持续发展的要求，对当前的规划意义重大。

1.4.4 城乡融合设计理论

1985 年，日本学者岸根卓郎提出，21 世纪的国土规划目标应体现一种新型的、集约了城市和乡村优点的设计思想，主要思想为创造自然与人类的信息交换场所，实现其新国土规划的具体方式是以农、林、水产业的自然系为中心，在绿树如荫的田园上、山谷间和美丽的海滨井然有致地配置学府、文化设施、先进的产业、住宅，使自然与学术、文化、生活浑然一体，形成一个与自然完全融合的社会。换言之，他提出的"新国土规划"是自然系、空间、人工系综合组成的三维"立体规划"，其目的在于创建一个建立在"自然-空间-人类系统"基础上的"同自然交融的社会",亦即"城乡融合社会"。实现这一目的的具体方法是"产、官、民一体化的地域系统设计"(图 1.4.1)。

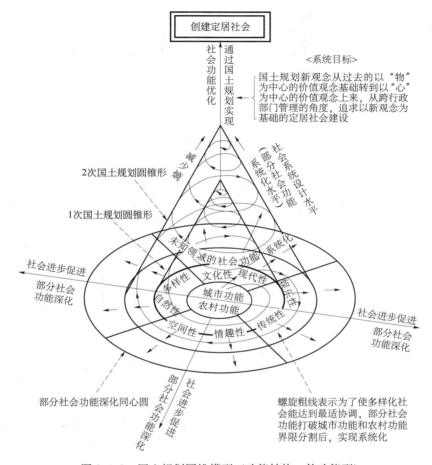

图 1.4.1 国土规划圆锥模型(功能结构:软功能型)

(资料来源:岸根卓郎 . 迈向 21 世纪的国土规划 [M] . 高文琛,译 . 北京:科学出版社,1990.)

1.4.5 城市生命周期理论

城市生命周期理论由美国学者路易斯·苏亚泽维拉提出,它主要研究一个城市的发展要经历的生命周期。城市犹如生物体一样,有其出生、发育、发展、衰落的过程,当然,有些城市可能在历史的长河中消失了,但更多的城市却没有衰败。对城市这种发展阶段,发展周期的研究虽不成熟,但有助于我们在规划中分析本城市所处的发展阶段和将向何种阶段发展,以便科学地制定城市规划。

目前城市生命周期理论主要应用于城乡规划和城市化两方面内容的研究。在城乡规划领域可应用生命周期理论来判别规划对象所处的生命周期阶段,通过对影响因素的分析,科学延长有利于人类整体生存和发展的阶段,预防负面效果的产生。将生命周期理论应用于城乡规划领域，便于剖析城乡的发展规律，掌握其生命周期阶段，从而相应地进行科学规划与决策支持。

1.4.6　芝加哥人类生态学理论

1916年，美国芝加哥学派创始人帕克发表《城市：关于城市环境中人类行为研究的几点意见》一文，将生物群落学的原理和观点用于研究城市社会并取得可喜的成果，奠定了城市生态学的理论基础。

19世纪以前，芝加哥是美国中西部的一个小镇，1837年仅有4000人。由于美国的西部开拓，这个位于东部和西部交通要道的小镇在19世纪后期急速发展起来，到1890年人口已增至100万人。经济的兴旺发达、人口的快速膨胀刺激了建筑业的发展。而1871年10月8日发生在芝加哥市中心的一场毁掉全市1/3建筑的大火，更加剧了新建房屋的需求。在当时的形势下，芝加哥出现了一个主要从事高层商业建筑的建筑师和建筑工程师的群体，后来被称作"芝加哥学派"。

该学派主要理论是：城市土地价值变化与植物对空间的竞争相似，土地利用价值反映了人们对最愿意和有价值的地点的竞争，这种竞争作用导致经济上的分离，按土地价值支付能力分化出不同的阶层，有城市同心圆理论、扇形理论、多中心理论等（图1.4.2）。

1.4.7　带形城市理论

带形城市理论是一种主张城市平面布局呈狭长带状发展的规划理论。其规划原则是：以交通干线作为城市布局的主脊骨骼；城市的生活用地和生产用地，平行地沿着交通干线布置；大部分居民日常上下班都横向地来往于相应的居住区和工业区之间。交通干线一般为汽车道路或铁路，也可以辅以河道。城市继续发展，可以沿着交通干线不断延伸向外发展。带形城市由于横向宽度有一定限度，因此居民同乡村自然界非常接近。纵向延绵地发展，也有利于市政设施的建设。带形城市也较易于防止由于城市规模扩大而过分集中，导致城市环境恶化。

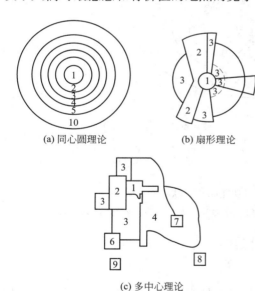

（a）同心圆理论　　　　（b）扇形理论

（c）多中心理论

图1.4.2　芝加哥学派城市发展模式理论图解

1—中心商业区；2—轻工业区；3—下层社会住宅区；
4—中层阶级住宅区；5—上层社会住宅区；6—重工业区；7—外商商业区；8—住宅郊区；
9—工业郊区；10—往返地区

较有系统的"带形城市"构想，最早是西班牙工程师索里亚·马塔在1882年提出的。"带形城市"设计的首要原则是城市交通，以交通干线作为城市布局的主要构架；

另遵循结构对称和留有发展余地两条原则，各要素紧靠交通轴线聚集。索里亚·马塔认为有轨运输系统最为经济、便利和迅速，因此城市应沿着交通线绵延地建设。这样的带形城市可将原有的城镇联系起来，组成城市的网络，不仅使城市居民便于接触自然，也能把文明设施带到乡村。交通干线两侧是矩形或梯形的街坊，建设用地的 1/5 用来盖房子，每家都有一栋带花园的住宅。工厂、商店、学校等公共设施按城市具体要求自然分布在干道两侧，而不是形成旧式的城市中心。1892 年，索里亚·马塔为了实现他的理想，在马德里郊区设计了一条有轨交通线路，把两个原有的镇连接起来，构成一个弧状的带形城市，离马德里市中心约 5km。虽然索里亚规划建设的带形城市，实质上只是一个城郊的居住区，后来由于土地使用等原因，这座带形城市横向发展，面貌失真。但是，带形城市理论影响深远。

1.4.8　绿色城市理论

绿色城市理论最早由现代建筑运动大师、法国人勒·柯布西耶提出。柯布西耶主张从规划着眼，以技术为手段，改善城市的有限空间。他于 1930 年提出的"绿色城市"（又称"光明城"）体现着城市集中主义。他强烈反对城市分散主义的"水平的花园城"，主张城市应该修建成垂直的花园城市。城市分散主义和集中主义有关城市布局的观点貌似对立，但无论是分散还是集中，两种思想的基本出发点一致，即要体现绿色规划的原则，用整体规模缩小或局部增加密度的方法，最大限度地设置城市公共绿地，增加开敞空间，以便实现城市与自然的和谐统一。

随着时代的发展，人们越来越意识到走绿色发展道路的迫切性。到 2050 年，全世界可能会有 2/3 的人口居住在城市，人类的未来取决于对城市的细心呵护，但在繁荣的社区和发达的工业背后，是日益严重的污染排放、植被减少和生物多样性丧失。为此，2005 年在美国旧金山市签署的《城市环境协定——绿色城市宣言》提出了关于发展"绿色城市"的行动指南，涵盖实现绿色城市所需考虑的 7 项内容，包括水、交通、废物处理、城市设计、环境健康、能源及城市自然环境等，成为一份将环境保护、居民生活、社会、经济各方面融为一体的综合型行动纲领。

1.4.9　设计结合自然理论

1969 年，美国景观生态学家麦克哈格在《设计结合自然》中提出了设计结合自然理论。他认为生态规划是在没有任何有害的情况下或多数无害条件下，对土地的某种可能用途进行的规划。麦克哈格看到土地使用随意性造成的恶果，思考究竟怎样的土地使用方式可以既满足建设需要，同时又实现保护自然环境的目的，进而提出了他的另一个创新——"区域地质学的多层奶油蛋糕表达方式"，强调土地的固有属性对人类使用的限制性和适宜性。这种"多层奶油蛋糕"的表达方式，通过研究土地本身的特性制定规划，使对土地的使用建立在客观分析各种价值的评价基础之上，比单纯依靠专业技术人员经验式的直觉判断具有更强的科学性和说服力。在其叠加的因子中，包括了坡度、地表排水、地价、历史价值、风景价值、居住价值等因素，可以看出麦克哈格对自然、经济和社会多重价值的重视。

1.4.10　城市复合生态系统理论

1984 年，马世骏和王如松首次提出了复合生态系统的观点。他们认为区域生态系统是由社会、经济和自然三个子系统组成，并且三个子系统间具有互为因果的制约与互补的关系。此外，他们又对三个子系统进行了初步再分和细化，并简化地示意了复合生态系统的构成，如图 1.4.3 所示。随后，马世骏又调整了复合生态系统的结构。他认为其内核是人类社会，包括组织机构与管理、思想文化、科技教育和政策法令，是复合生态系统的控制部分；中圈是人类活动的直接环境，包括自然地理的、人为的和生物的环境，是人类活动的基质，也是复合生态系统基础，常有一定的边界和空间位置；外层是作为复合生态系统外部环境的"库"（包括提供复合生态系统的物质、能量和信息），提供资金和人力的"源"，接纳该系统输出的汇，以及沉陷存储物质、能量和信息的槽。"库"无确定的边界和空间位置，仅代表"源""槽""汇"的影响范围，如图 1.4.4 所示。

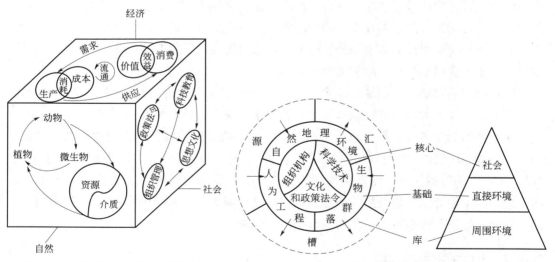

图 1.4.3　复合生态系统构成示意图　　　　图 1.4.4　马世骏提出的城市复合生态系统示意图

王如松随后针对城市，对复合生态系统进行了改进。他明确提出城市是一个以人类行为为主导、自然生态系统为依托、生态过程所驱动的"社会-经济-自然"复合生态系统。其自然子系统由中国传统的五行元素，即水、火（能量）、土（营养质和土地）、木（生命有机体）、金（矿产）所构成；经济子系统包括生产、消费、还原、流通和调控五个部分；社会子系统包括技术、体制和文化。城市可持续发展的关键是辨识与综合三个子系统在时间、空间、过程、结构和功能层面的耦合关系（图 1.4.5）。马世骏与王如松对复合生态系统的研究，极大地促进了生态城市与复合生态系统理论的交融。

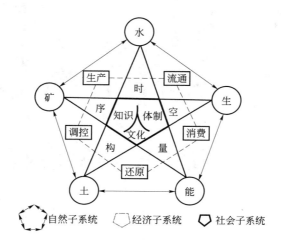

图 1.4.5 王如松提出的城市复合生态系统示意图

第 2 章　城市生态与环境的影响要素

2.1　环境学基础

2.1.1　环境的概念

环境是指主体（或研究对象）以外，围绕主体并占据一定的空间，构成主体生存条件的各种外界物质实体或社会因素的总和。环境是生命有机体及人类生产和生活活动的载体，直接或间接影响到人类的生存与发展的一切自然形成的物质、能量和自然现象的总体均可理解为环境。

在关注的角度和重点上，不同学科的学者对环境的概念有着不同的理解。自然生态学家认为环境是生物的栖息地以及影响生物生长和发育的各种外部条件；社会生态学家认为环境是人类赖以生存的各种自然与社会因素；气象学家关注大气圈环境；城市规划工作者与建筑师则关注物质性的建筑环境或建成环境；现代城市生态学家认为环境既包括了自然环境（未经破坏的天然环境），也包括了人类作用于自然界并由于生产和生活活动所发生了变化的环境（半自然、半人工化的环境）以及社会环境（如聚落环境、生产环境、交通环境和文化环境等）。

2.1.2　环境的类型

按环境的主体来划分，可分为人类环境和生物环境。以人类为主体，其他的生命物质和非生命物质都被视为环境要素，此类环境称为人类环境；以生物为主体，把生物体以外的所有自然条件都称为环境，亦即生物环境。

按环境的性质来划分，可分为自然环境、半自然环境和社会环境。自然环境包括大气环境、水环境、土壤环境、生物环境和地质环境等；半自然环境（或人工环境）包括城市环境、乡村环境、农业环境、工业环境等；社会环境包括聚落环境、生产环境、交通环境、文化环境、政治环境、医疗休养环境等。

2.1.3　环境的功能

环境的功能指以相对稳定的有序结构构成的环境系统为人类和其他生命体的生存发展所提供的有益用途和相应价值。例如，江、河、湖泊等水环境，可以作为人类生活、生产的水源，并有航运、养殖、纳污等作用，还可以改善地区性小气候，有的还具有旅游观光等功能。森林生态系统构成的环境单元，可以为人类提供蓄水、防止水土流失、释放氧气、吸收二氧化碳，还为鸟类和其他野生动植物提供繁衍生息场所等环境功能。环境功能主要包括空间功能、营养功能和调节功能等。

（1）空间功能。指环境提供了人类和其他生物栖息、生长、繁衍的场所，且这种场所是适合其生存发展要求的。

（2）营养功能。提供了人类及其他生物生长繁衍所必需的各类营养物质及各类资源、能源（后者主要针对人类而言）等。

（3）调节功能。如森林具有蓄水、防止水土流失、吸收二氧化碳、放出氧气、调节气候的功能；河流、土壤、海洋、大气、森林、草原等皆具有吸收、净化污染物，使受到污染的环境得到调节、恢复的功能。这种调节功能是有限的，当污染物的数量及强度超过环境的自净能力（阈值），则环境的调节功能将无法发挥作用。

2.1.4　环境的特性

1. 环境自身的特性

环境系统是一个有时、空、量、序变化的复杂的动态系统和开放系统。系统内外存在着物质和能量的变化与交换。系统外部的各种物质和能量进入系统内部，这个过程称为输入；系统内部也对外界产生一定的作用，一些物质和能量排放到系统外部，这个过程称为输出。在一定的时空尺度内，若系统的输入等于输出，就出现平衡，称作环境平衡或生态平衡。

环境的各子系统和各组成成分之间，存在着复杂的相互作用，构成一个网络结构。正是这种网络结构，使环境具有整体功能，形成集体效应，起着协同作用。系统的组成和结构越复杂，它的稳定性越大，越容易保持平衡。因为任何一个系统，除组成成分的特征外，各成分之间还具有相互作用的机制，这种相互作用越复杂，彼此的调节能力就越强。

2. 环境对于干扰所具有的特性

人类环境由于人类活动的作用与干扰，存在着连续不断的、巨大和高速的物质、能量和信息的流动，因而具有不容忽视的特性。

（1）整体性。人与地球环境是一个整体，地球的任一部分或任何一个系统，都是人类环境的组成部分。各部分之间存在着紧密的相互联系、相互制约关系，局部地区的环境污染或破坏，会对其他地区造成影响和危害。人类的生存环境及其保护，从整体上看是没有地区界线、省界和国界的。

（2）有限性。不仅是指地球在宇宙中的有限性，而且也指地球的空间和资源有限性。人类环境的稳定性有限、纳污能力有限，对污染物的自净能力也十分有限。在人类生存和自然环境不致受害的前提下，环境可容纳污染物质的最大负荷量称为环境容量。当人类生产和生活活动产生的污染物质量超过环境容量或环境的自净能力时，就会导致环境质量恶化，出现环境污染。这正说明了环境有限性的特征。

（3）不可逆性。人类环境系统在其运动过程中，主要存在着物质循环和能量流动两个过程。前者是可逆的，但后者则不可逆转，因此根据热力学理论，整个过程是不可逆的。环境一旦遭到破坏，利用物质循环规律，可以实现局部的恢复，但不能彻底回到原来状态。

（4）时滞性。除了事故性的污染与破坏（如森林大火，农药厂事故等）可直观其后果外，日常的环境污染与环境破坏对人们的影响，往往有一个潜伏期，其后果的显现，需要经过一个时间过程。如日本由汞污染所引起的水俣病，经过 30 年时间才显现出来；又如 DDT 农药，虽然已经停止使用多年，但已进入生物圈和人体中的 DDT 还得再经过几十年才能从生物体中彻底排除出去。

（5）持续反应性。环境污染不但影响当代人的健康，而且还会造成世世代代的遗传隐患。历史上黄河流域生态环境的破坏，至今仍带来无尽的水旱灾害。

（6）灾害放大性。实践证明，在特定条件下，某方面不引人注目的环境污染与破坏，经过环境的作用以后，其危害性或灾害性，无论从深度和广度，都会明显放大。

如河流上游小片林地的毁坏，可能造成下游地区的水、旱、虫灾害；燃烧释放出来的二氧化硫、二氧化碳等气体，不仅造成局部地区空气污染，还可能造成酸沉降，毁坏大片森林，大量湖泊不适宜鱼类生存。

2.1.5　生态环境要素与生态环境质量

1. 生态环境要素

生态环境要素指构成人类生态环境系统的各个独立、性质不同而又服从整体演化规律的基本物质组分，又被称为生态环境基质。生态环境要素组成生态环境结构单元，生态环境结构单元又组成生态环境整体或生态环境系统。

2. 生态环境质量

生态环境质量指在一个具体的环境内，生态环境的总体或生态环境的某些要素对人类的生存繁衍以及社会经济发展的适宜程度，是反映人类对生态环境评定的一种概念。具体的又可分为大气环境质量、水环境质量、声环境质量、土壤环境质量、绿化环境质量等。

2.2　环境问题

2.2.1　基本概念

环境问题一般指由于自然界或人类活动作用于人们周围的环境，从而引起环境质量下降或生态失调，以及这种变化反过来对人类的生产和生活产生不利影响的现象。人类在改造自然环境和创建社会环境的过程中，自然环境仍以其固有的自然规律变化着。社会环境一方面受自然环境的制约，一方面也影响和改造自然环境。人类与环境不断地相互影响和作用，产生环境问题。

从狭义上讲，环境问题是由人类的生产和生活活动，使自然生态系统失去平衡，反过来影响人类生存和发展的一切问题。

从广义上讲，环境问题是由自然力或人力引起生态平衡的破坏，最后直接或间接影响人类生存和发展的一切客观存在的问题。

2.2.2　环境问题分类

环境问题多种多样，归纳起来有两大类：一类是由自然演变和自然灾害引发的原生环境问题，也称第一环境问题，如地震、洪涝、干旱、台风、崩塌、滑坡、泥石流等；另一类是由人类活动造成的次生环境问题，也称第二环境问题。次生环境问题又可分为环境污染和生态环境破坏两类。前者如工业生产造成大气、水环境恶化等；后者如乱砍滥伐引起的森林植被的破坏、过度放牧引起的草原退化、大面积开垦草原引起的沙漠化和土地沙化等。

环境污染，是由于人类活动引起的环境质量下降，而有害于人类及其他生物的正常生存和发展的现象。其产生有一个由量变到质变的发展过程。当环境中某种能造成污染的物质的浓度或其总量超过环境自净能力，就会产生危害。

环境污染按不同要素可进行如下分类。按环境要素可分为大气污染、水体污染、土壤污染；按污染物性质可分为生物污染、化学污染、物理污染；按污染物形态可分为废气、废水、固体废物、辐射、噪声；按污染产生原因可分为生产污染（工业、农业污染等）、生活污染；按污染分布范围可分为局部性、区域性、全球性。

2.2.3　环境问题的实质与特点

2.2.3.1　环境问题的实质

环境系统是开放系统，有能量、物质、信息的交换和流动。环境系统因此而处于动态的平衡和稳定状态。如果这种流动受到严重破坏，环境系统原有的平衡和稳定就将被打破。破坏超过一定限度时就可能造成环境危机。

环境系统中的各种能量和物质的流动及转化都是紧密联系的。环境系统达到平衡的最基本条件是能量流动和物质循环收支平衡。当然，在一定范围内，环境系统是能够自我调节的，当平衡与稳定的状态在能量流动和物质循环遭受破坏而失去之后，自身会渐次复原或者重新建立新的平稳状态。而当外部压力超过系统保持平衡的节点时，能量流动和物质循环就会发生根本的断裂，导致系统失衡以致环境危机。另外需要强调的是，当今世界性的环境问题并不是由自然因素引发的能量流动和物质循环的断裂而产生的"原生"问题，而是由人为因素造成的"次生"问题。环境问题是一个经济和社会问题，是人类对自然环境规律认识不足，不合理开发利用自然资源造成的环境质量恶化和资源浪费甚至枯竭的现象。

2.2.3.2　环境问题的特点

1. 严重性

和经济安全相同，环境安全也成为人类社会安全的重要组成部分。从全球情况来看，自然环境系统已经处于崩溃的边缘，这在发展中国家表现尤为突出。环境问题主要表现在以下方面：

（1）大气污染。中国大气污染的主要来源是生活和生产用煤，主要污染物是颗粒物和二氧化硫。颗粒物是影响中国城市空气质量的主要污染物，二氧化硫污染也保持在较高水平。老问题还远没解决，新环境污染问题接踵而来。随着机动车辆迅猛增加，中国部分城市的大气污染特征正在由烟煤型向汽车尾气型转变，氮氧化物、一氧化碳污染呈加重趋势，有些城市已出现光化学烟雾现象，多地出现雾霾天气、沙尘暴天气。

（2）气候变暖。由于现代化工业社会燃烧了过多的煤炭、石油和天然气，向大气排入的二氧化碳、甲烷等温室气体逐年上升，大气的温室效应也随之增强，引起全球气候变暖等一系列影响。气候变暖的一个最直接的后果即是海平面上升，致使许多小岛屿国家的领土正逐年缓慢减少甚至消失。另外，气候变暖还能引发极端气候事件增加、淡水资源短缺、粮食减产和大规模环境移民等，进而加剧资源争夺，导致国内或国际冲突，威胁国际安全。

（3）臭氧层破坏。大量氯氟烃类物质作为人类活动副产品被释放到大气，破坏充当地球"保护伞"的臭氧层。臭氧层大量损耗后，吸收紫外辐射的能力大大减弱，导致到达地球表面的紫外线明显增加，给人类健康和生态环境带来多方面的危害。

（4）酸雨。人类活动还导致硫氧化物和氮氧化物增加而产生酸雨。酸雨对环境的影响是多方面的，会使土壤酸化，危害植物的生长；会使河流湖泊酸化，造成水生生物的减少或绝迹；会使建筑材料和工业设备遭受腐蚀，缩短使用寿命。

（5）森林锐减。根据联合国粮农组织的报告，目前森林正以平均每年 7.3 万 km^2 的速度消失。森林的减少削弱了它涵养水源的功能，导致物种减少和水土流失，对二氧化碳吸收的减少又进一步加剧着温室效应。

（6）生物多样性减少。近百年来，地球上的各种生物和生态系统因为人类对环境资源的不合理开发，再加上污染等原因受到了极大冲击，生物多样性也受到了非常大的损害。据相关学者统计，每年全世界至少有 5 万种生物物种灭绝。

（7）水资源污染。由于工农业及生活污水以及大量化学废弃物的随意排放，超出环境本身的自洁能力，严重污染了海水、湖泊、地下水，使水这一人类生产、生活必需的物质成为"危险品"。

2. 不可预见性

环境的变化是一个巨大的、长期的过程，难以在实验室中进行模拟。例如，农药 DDT 被证明具有良好的杀虫特性，但大规模地使用了几十年后，才发现它能够进入食物链，损害某些动物和人类的健康。再如，氟利昂（氟氯化碳）具有优异的化学性能，被广泛使用在无数的小喷雾器中，直至几十年后人们才认识到它是破坏臭氧层的元凶。还有，二氧化碳是作为一种常见的气体，大量排放引起全球变暖，这也是跟踪观察几十年后才发现的结果。许多天然并不存在的物质如 DDT、多氯联苯、氟利昂等被人工合成，扩散于环境中，对生态系统和人类社会产生了不利的影响。

3. 全球性

早期的环境问题，尽管在许多国家和地区程度不等地发生，但就其性质、范围以及影响来看，仍属于局部地域或是点源性的，造成的危害也仅是影响特定的区域，对全球环境尚未构成威胁。而当代环境问题则不然，同全球经济一体化后国家间的经济安全紧密相关一样，目前环境安全也是超越国界的。这一方面表现为世界各地环境问题普遍发生，每个大洲、大洋都不得不面临环境危机。例如，南极企鹅、北极海豹的身上都被检测出 DDT 这种有毒物质，而且在大部分国家禁用这种杀虫剂之后，它在动物体内的含量却一直没有下降；在人迹罕至的珠穆朗玛峰积雪中也能查出禁用农药成分。另一方面，表现为环境污染和生态破坏正蔓延到整个地球，危害涉及全人类。比如温室效应、臭氧层破坏、大规模物种灭绝、土地沙漠化、水源和海洋资源危机、危险性废弃物污染等，已经遍布整个地球生态圈，包括大气圈、水圈和地圈。即便有些污染是局部性发生的，但由于大气、洋流等的流动，也会扩散到其他地区，引发全局性的灾害。如大气圈的温室效应不仅使水圈面临海平面上升的威胁，同时还使地圈荒漠化和物种消亡的速度加快。

4. 不可逆性

不同层次的生态系统存在于人类生存的自然环境中，这些相对独立的生态系统之间又有一定的联系，共同组成一个看似复杂而实际有序的层级结构系统。生态系统属于开放系统，同外界有能量流动和物质交换。在交换过程中，生态环境受外界干扰的自我调控机制有一定的限度，如果超过生态承载能力的阈值，就意味着生态系统的稳定性和有序性遭到破坏，通常会造成不可逆的后果。由于科学和技术的进步，人类具有大规模干预环境的能力，改变了环境中经过长期演化形成的物理、化学和生物过程，而有些过程是具有不可逆性，或者确切地说是在"人类时间"内不可逆（人类时间是比地质时间短暂很多的时间维度）。例如，人们可以重新造林，但是人工林中的植物、动物、微生物以及土壤无论如何也不能恢复到原始森林的面貌；热带海洋的珊瑚礁消失了以后，很难在投放的人工珊瑚礁上重建生物多样性；黄土高原水土严重流失，那些千沟万壑的地面难以复原；已经灭绝的物种绝不可能再次出现等。

2.2.4　环境问题的由来

环境问题并非当代出现，而是自古有之，且随着生产力的发展而变化。在不同的历史阶段，环境问题的性质并不相同。

原始文明阶段，由于生产力水平低下、物质极度缺乏，人类无法抵御瘟疫、疾病以及自然灾害，所以人口的增长非常缓慢，人类只能单纯地依赖环境，很少有意识地改造环境，对自然产生的影响与动物区别不大。这一阶段的环境问题主要是乱采滥捕或用火不慎损毁草地森林，但大多是局部的、暂时的，并没有破坏自然生态系统的修复能力和正常功能。可以说，这个时期人类是与自然和谐相处的。

农业文明阶段，随着学会驯化动植物而使农业和畜牧业得以产生和发展，人类初步掌握了一定的自然规律，利用和改造自然的能力越来越大。因为食物的增加，使得人口呈现爆发式的扩增。为获得足够的耕地，人类只有通过大规模毁坏森林和草原来人为制造适合农牧的自然环境，这就导致了水土流失和土地沙漠化。但因为这一阶段地球人口总量依旧不大以及生产力水平不高，所以人类活动对环境的影响很小，人与自然仍处于基本和谐的状态。

工业文明阶段，机器的广泛使用、科技的突飞猛进使人类的生产能力得到空前的进步，极大地提高了人类利用和改造环境的规模和强度，但与此同时也带来了新的环境问题。工业革命后，社会生产力得到很大发展，物质财富迅速增加，人口急剧增长。一些工业较发达的城市和工矿区的废弃物排放量增加过快，超过环境的自洁能力，造成环境质量每况愈下。恩格斯在《英国工人阶级状况》中就曾描述当时曼彻斯特的污染状况。尤其是第二次世界大战之后，工业持续集中和扩大，许多工业发达国家普遍发生情况更严重、影响范围更大的环境问题。同时，随着世界人口膨胀和经济的快速发展，人类的对能源和资源的需求也迅速增加。除了烧煤污染，石油的消费开始在能源消耗中所占比例加大，成为新的污染源。另外，现代消费社会为保持经济的持续增长而不断刺激人的欲望，鼓励人们努力挣钱、尽情消费，让大量生产和大量消费成为现代人类的生活方式。当前大面积甚至是全球性的环境污染和生态破坏问题，已成为威胁人类生存和可持续发展的世界性重大问题之一。

2.2.5　八大公害事件

所谓"八大公害事件"是指：①1930年，比利时马斯河谷地区在逆温条件下形成的二氧化硫与粉尘的空气污染事件；②1943年5—10月，美国洛杉矶发生的由于汽车尾气在太阳紫外线作用下生成光化学烟雾的污染事件；③1948年10月，美国多偌拉镇在逆温和多雾的天气情况下，由于冶炼厂的粉尘和二氧化硫引起的空气污染事件；④1952年12月，位于泰晤士河谷地区的英国伦敦，在逆温和多雾的情况下，出现空气中二氧化硫超标20多倍，粉尘超标10多倍的空气污染事件，4天之内就夺走了4000人的生命；⑤日本四日市由于大量燃烧重油引起大规模人群患气喘的事件；⑥1955年，日本富士县由于镉污染引起的痛骨病事件；⑦自1953年以来，日本水俣湾沿岸地区由于含甲基汞的废渣排入水体后，通过食物链引起人们神经中毒的事件；⑧1968年，日本九州由于多氯联苯污染水体和食品，造成米糠油食物中毒的事件。以上八大害事件每次涉及患病与死亡人数从几十人到数千人，在当时影响较大。

2.2.6　当前面临的环境问题

20 世纪 50 年代末至 60 年代初，世界上许多国家认为世界上主要面临五大社会问题，西方有人称作"五大危机"，即人口增长过快、能源不足、粮食短缺、自然资源遭到破坏以及环境污染，并且这五大问题紧密相关。

随着时间的推移。生态环境问题越来越受到人们的重视。现在一些环境问题专家提出严重威胁世界生态环境的十大问题是：①沙漠化日益严重；②森林遭到严重砍伐；③野生动物大量灭绝；④人口剧增，加大了对环境的压力；⑤饮水资源越来越少；⑥盲目捕捞使渔业资源受到破坏；⑦河水污染严重；⑧大量使用农药，使农作物及人体健康受到损害；⑨全球气温明显上升；⑩酸雨现象正在发展。

世界环境与发展委员会在提交联合国第 48 届大会审议的题为《我们共同的未来》的报告中，列举了当前人类面临的 16 个严重生态环境问题：①人口剧增；②土壤流失和土壤退化；③沙漠日益扩大；④森林锐减；⑤大气污染日益严重；⑥水污染加剧，人体健康状况恶化；⑦贫困加深；⑧军费开支巨大；⑨自然灾害增加；⑩大气"温室效应"加剧；⑪大气臭氧层遭破坏；⑫滥用化学物质；⑬物种灭绝；⑭能源消耗与污染指数值❶（Fouling Index，FI）倍增；⑮工业事故多；⑯海洋污染严重。这些环境问题对人类的生存与发展产生了严重威胁，对第三世界国家所造成的危害更大，迫使人类必须协调步骤，采取有效措施，从根本上解决环境污染与生态破坏问题。

2.2.7　我国主要生态环境问题

1. 耕地面积急剧减少

我国土地广袤、幅员辽阔，国土总面积约 960 万 km^2，但是可耕地资源十分有限。当前，我国人均耕地面积约为 $778m^2$，不及世界人均耕地的 1/3。改革开放以来，我国耕地面积急剧减少。实施《土地管理法》之后，耕地减少速度趋缓，但仍为减少趋势。

耕地面积减少的原因多种多样，其中建筑占地最为严重，包括住房、工厂等的修建。在很多农村地区，出现了荒村或者是"村中荒"现象。荒村现象大多是由于整村迁移导致的。"村中荒"则是由于宅基地外迁导致的，村子面积不断扩大，但村中间的老宅或倒塌、或用来放置废弃物品。这些都体现了农村建设规划的不科学、不合理。其次是铁路、高速公路等基础设施的建设占地。例如青藏铁路的修建，不可避免地占用了部分耕地资源。

2. 土地沙漠化日趋严重

我国目前有沙漠化土地约 71 万 km^2，占国土面积的 7.4%；戈壁面积 57 万 km^2，占国土面积的 5.9%。更为严重的是，我国沙漠化土地每年正以 $2100km^2$ 的速度扩展。

---

❶　污染指数值也称 SDI 值是水质指标的重要参数之一，代表了水中颗粒、胶体和其他能阻塞各种水净化设备的物体含量。

政府虽然实施了相关政策，如退耕还林，但效果微乎其微。

土地沙漠化现象在我国西北地区尤为突出，这些地区原本就处于干旱和半干旱的脆弱生态环境之下，由于缺水，动植物多样性不像其他地区那么丰富。再加上人类的过度开发，如伐木毁林，破坏了生态平衡，从而导致土地肥力下降、质量退化，最终变成沙漠。可以说我国土地沙漠化主要是由于过度的人类活动引起的。

3. 森林资源缺乏且急剧减少

经统计，在世界 160 个国家或地区中，我国森林覆盖率位居第 120 位，人均占有林地面积位居第 128 位。可见，我国森林资源极度缺乏，是世界森林资源最少的国家之一。森林资源的缺乏给我们的生产生活带来了极大的不便，同时也阻碍了我国经济的可持续发展。

森林资源缺乏、林地面积急剧减少是由于人类过度的伐木开垦、毁林造田，以及火灾、病虫害等原因引起的。森林面积的减少同时也加剧了水土流失、土地沙漠化等灾害。

4. 水土流失日益加重

水土流失是我国土地资源遭到破坏的最常见的地质灾害，以黄土高原地区最为严重。我国水土流失面积达 150 万 km^2，每年流入江河的泥沙量约为 50 亿 t，属于世界水土流失十分严重的国家之一。

造成我国水土流失严重的原因有自然原因和人为原因两个方面。从自然方面来看，主要有多山，土质疏松，垂直节理发育，易冲刷；降水集中，多暴雨，冲刷力强；植被稀少，对地面的保护性差，易造成水土流失。从人为方面来看，主要有乱砍滥伐，植被破坏严重；不合理的耕作制度；开矿及其他工程建设对生态环境的破坏等。

5. 淡水资源严重缺乏

我国是一个淡水资源奇缺的国家。虽然我国的淡水资源总量为 28000 亿 m^3，占全球水资源的 6%，名列世界第四位，但是我国拥有 13 亿人口，若按人均计，约为世界人均水量的 1/4。我国淡水资源奇缺的原因主要有两个方面：一是自然因素，我国水资源时空分布不均衡，总体而言，南多北少、东多西少，夏秋多春冬少，这导致有些地区水灾频发，有些地区又极度干旱；二是人为因素，我国国民惜水、节水意识薄弱，节水措施不到位，这导致水资源浪费现象随处可见。

6. 生物多样性锐减

我国是世界上生物多样性最丰富的国家之一，然而，近年来我国生物多样性成骤减趋势，且大量物种面临灭绝的威胁。生物多样性的减少，同时也使生态平衡遭到严重破坏。

我国生物多样性骤减的原因多种多样，主要包括物种生存环境的改变与破坏，人类掠夺式的开发与利用，环境污染，外来物种的入侵或不合理的引种等，此外人类非法收集、采挖、走私等行为也会造成生物多样性的减少。

7. 各种污染严重

在我国，各种污染日趋严重，包括大气污染、水污染、光污染、噪声污染、土壤污染、固体废弃物污染，等等。其中，水污染和大气污染尤为严重。改革开放以来，我们把经济建设作为一切工作的中心和重心，为了追求经济增长，大肆发展第二产业。人们长期只片面地注重经济效益而置社会整体效益于不顾。先污染后治理曾是我们一度采用的发展策略。这种粗放式的发展模式不仅带来的是没有发展的增长，同时给生态环境造成了巨大的破坏，严重威胁到人们的生存与发展。

2.3 城市化及城市人口

2.3.1 城市化及城市人口概念

1. 城市化的概念

对于城市化可以从不同角度加以研究和表述，因此，不同的学科对城市化的定义也不尽相同。

从城市规划学科来看，城市化是由第一产业为主的农业人口向第二产业、第三产业为主的城市人口转化，由分散的乡村居住地向城市或集镇集中，以及随之而来的居民生活方式的不断发展变化的客观过程。

从社会学领域来看，城市化是农村社区向城市社区转化的过程，包括城市数量的增加、规模的扩大，城市人口在总人口中比重的增长，公用设施、生活方式、组织体制、价值观念等方面城市特征的形成和发展，以及对周围农村地区的转播和影响。一般以城市人口占总人口中的比重衡量城市化水平，受社会经济发展水平的制约，与工业化关系密切。

从地理学来看，城市化是指由于社会生产力的发展而引起的农业人口向城镇人口，农村居民点形式向城镇居民点形式转化的全过程，包括城镇人口比重和城镇数量的增加、城镇用地的扩展以及城镇居民生活状况的实质性改变等。

从人口学领域来看，城市化是农业人口向非农业人口转化并在城市集中的过程。表现在城市人口的自然增加，农村人口大量涌入城市，农业工业化，农村日益接受城市的生活方式。

但综合来说，现代城市化的概念应有明确的过程和完整的含义：①工业化导致城市人口的增加；②单个城市地域的扩大及城市关系圈的形成和变化；③拥有现代市政服务设施系统；④城市生活方式、组织结构、文化氛围等上层建筑的形成；⑤集聚程度达到称为"城镇"的居民点数目日益增加。其过程是表现为农村人口与经济向小城市集聚，小城市向大中城市集聚，大中城市向大都市集聚，形成具有不同辐射与影响力的区域城市、核心城市、大城市区、大都市带，也表现为各类城市的产业结构、基础设施、人居环境、生产效率、服务质量、管理水平在各自的平台上得到提升，从而形成了大都市对一般大城市的辐射力和影响力、大城市对中小城市的辐射力和影响力、整个城市对农村的辐射力和影响力。

2. 城市人口概念

城市人口又称城镇人口或称城镇居民。在中国还特定为居住在城市范围内并持有城市户口的人口，有三种含义：①持有城市户口的人口；②居住在城市规划区范围内的人口；③居住在市辖区域范围内的人口。

从城市规划、管理和建设的角度来考察，城市人口应包括居住在城市规划区域建成区内的一切人口，包括一切从事城市的社会经济、社会和文化等活动，享受着城市公共设施的人口。城市的一切设施和物质供应，活动场所必须考虑容纳这些人口，并为他们提供各种各样的服务。因此，有些学者直接用城市人群来表示城市人口。

2.3.2　城市化及城市人口对生态环境的影响

2.3.2.1　城市化对生态环境的影响

1. 城市化对生态环境的正面影响

（1）改善乡村人地关系。这主要体现在城市化的人口集散方面。为实现城乡生态环境的良性互动，我们必须走"小集中、大分散"的人口适度集中与分散有机统一的道路。人口向城市适度集中，即"小集中"，其土地与生产要素的使用效率要比分摊高许多倍。同时，人口向城市的集中可以使农村生态环境的压力减轻，农村人口就可以实现"大分散"，农村土地因而可以实现规模经营，这就促使生态效率大大提高。

（2）构建生态环境治理载体。这主要是城市化的污染集中治理和资源的集约所带来的效应。人口通过城市化适当集中，可以实现污染集中治理，减少污染治理的难度。提高废弃物的重新利用率，这有利于生态环境保护。当前，我国生态环境较为突出的原因就是能源与资源利用效率的低下。城市化意味着技术水平提高与工业布局集中，有利于资源的循环利用，提高资源的使用效率。

2. 城市化对生态环境的负面影响

（1）城市化对水环境的影响。城市建设用地的不断扩张，城市建筑以及不可渗透的地表面积不断增加，使得地表的注蓄和下渗透能力大大的减弱，使城市以及周围地区的天然水循环模式发生变化。

（2）城市化对大气环境的影响。城市化进程对城市大气环境的影响主要体现在以下几个方面：①产生城市热岛效应和城市增温现象；②向大气中排放二氧化碳和氮氧化物等有害气体，造成城市大气环境污染；③产生"干岛-湿岛"现象。此外，城市化进程发展对城市雾的产生，城市降水量，城郊局地环流都有很大的影响。

（3）城市化对土地环境的影响。在城市用地不断扩张的过程中，不合理的土地利用加剧水土流失和土地沙化，引发滑坡、崩塌等地质灾害，耕地面积减少，草场退化。当前城市和农村固体废物垃圾的填埋处理方式也对土壤环境产生一定污染。

（4）城市化对生物环境的影响。城市化对城市及周边乡村的环境造成污染的同时，众多生物均存在于环境之中，随之而来的必然是生态破坏。城市化导致土地利用类型的转变，土地利用类型转变后，迁移能力弱、又未能适应新环境的物种将在局地灭绝。整个植被结构发生变化，许多野生动植物的原生生境遭到不同程度破坏，导致野生生物种数量下降，珍稀物种濒临灭绝，生物多样性遭受严重破坏。

2.3.2.2 城市人口对生态环境的影响

城市化进程中城市发展对周围地区产生很强的吸引作用，农村人口纷纷涌向城市，向城市内部集聚，城市人口密度增大，远远超出了城市的人口承载力，造成城市诸多的环境问题。城市人口的迅速增加，对城市建设用地面积要求增大，市区建设用地急剧扩大，耕地被大量占用，城乡交错带的草地、土壤退化等现象也比较严重；城市中生活垃圾数量剧增，住房紧张；此外，城市人口的增加还会增加城市的用水人口，城市的供水压力加大，地下水过度采集，从而导致海水倒灌、地面沉降等现象的发生。

城市化进程加快一方面使得人口急剧地向城市内部集中，另一方面它还使第二、第三产业在城市中所占比重加大。而第二产业诸如化工、钢铁等重工业，都属于重污染产业，它们对城市环境的影响面较广，包括城市的大气环境、水资源环境、土壤环境、声环境、生物环境等。

2.4 城市地质与地貌环境

2.4.1 城市地质环境

地质环境是指地球表面以下的坚硬地壳层。地质环境引起的变化是多方面的，既有地表结构的变化，又有岩石和其他矿物等物质成分的变化，地表结构的变化可以产生直观效果，而物质成分的变化则往往不易被察觉。

地质环境是城市发展的基础。人类及其他生物与地质环境关系的主要表现在以下 3 个方面：①地质环境是人类和其他生物的栖息场所和活动空间；②地质环境向人类提供矿产和能量；③人类对地质环境的影响随着现代技术水平的提高而越来越大。

与城市建设有关的地质环境问题主要是土质和区域地质条件。基岩特征、水文地质条件、土质性状和厚度、地下开矿情况、建筑材料、地球化学和地球物理过程以及地震、滑坡、坍塌、地陷等地质现象对城市建筑均有不同程度的影响。按城市建设对地质条件的依赖程度，可将城市地质环境划分为以下 3 种类型：

（1）高度稳定地段。任何外力都不能破坏的地段。例如岩浆岩、变质岩或具有水平"块状"并形成平滑表面的沉积岩，以及沉积岩的倾斜层，不太紧实但比较稳定和坚硬的大陆沉积岩。

（2）不稳定地段。在自然条件下处于稳定状态，但容易被一定形式的外力或者不适宜的建筑结构所破坏。它的不稳定性是有一定限度的，可以通过某种措施来监测。疏松层或强烈挤压的黏土、遭受滑坡的地表、塌方或强度不大的土崩、淹水或侵蚀地段等均属此类型。

（3）高度不稳定地段或者十分危险地段。这类地段常发生现代技术手段难以监测的地质灾害，例如大面积土崩、现代冰川、遭受强烈磨蚀的海崖、地震高发区、地壳热力作用和活火山等地段。

城市占据着较大的区域，因而各种地质作用，如岩石风化、冲沟、泥石流、坍塌、海岸与湖岸冲刷与堆积和多年冻结等，均可能发生。因此建设项目选址需进行地质安全性评估；城市地质基础关系到建筑物的稳定、安全与寿命，是城市建设的基础。城市建设应选择地质条件好、岩层承压力强、抗剪抗压力强的岩层，否则要进行地基处理，要查明其岩性结构以便采取工程措施。地下水是城市用水的主要来源，在干旱地和缺乏地表水的地区，地下水是城市的主要水源。地下水储存条件、水量、水质、水温等对城市开发建设均有很重要的意义。在城市规划布局时，要从地下径流条件，综合其他因素（如地形、河流、风向等），防止地下水受到工业排放废水的污染而导致水质恶化，或因过度开采地下水造成地面沉降。

2.4.2 影响城市建设的主要地质因素

1. 工程地质条件

城市开发建设中必须考虑的各种岩层或土层的工程地质性质、软弱土层的埋藏深度和厚度、地下水位埋深和建筑工程适宜程度等。地质基础涉及承载力的问题，会影响到地基施工条件及建筑物的安全。城市建设要求上覆土壤及下部的堆积和岩层（地基）能够支承建筑物。选择最佳的建筑地质基础是城市开发的先决条件。在规划建设中应综合考虑地基条件、施工条件、地段稳定性因素，使规划合理化，减少基础投资，避免工程隐患。

2. 水文地质条件

地下水的存在形式、含水层厚度、埋深、矿化度、硬度、水温及动力等条件会影响城市建设的施工和建筑物的安全。地下水的过量开采会改变城市地下水文地质条件，造成地面下沉。因此探明地下水资源对城市选址、确定工业建设项目以及城市规模等均有重要意义。

3. 地质构造

地壳由于地球内动力的作用，引起变化或形变的机械运动，称构造运动，或称大地构造运动。地质构造影响着城市布局、建筑施工和建筑物的安全。查明断裂构造的各种特性，对制定正确的城市发展规划，防治和减少城市地质灾害显然是十分重要的。

4. 地壳升降活动

地壳物质沿着地球半径方向进行的上升或下降运动，是一种缓慢的构造运动。地壳升降活动可能将引起海进海退、水陆变迁、海岸侵蚀、洪涝灾害、风暴潮等。近代局部地貌形态形成，与近万年来地壳的大面积升降有关。如果城市地壳升降活动强烈，那么城市防洪涝、防风暴潮设施需要相应加强。

5. 城市地质灾害

城市地质灾害是地壳动力地质作用及岩石圈表层在大气圈、水圈、生物圈相互作用和影响下，使城市的生态环境和人类生命及财富遭受损失的现象，包括地震灾害、崩滑流灾害、地面变形灾害、开挖工程灾害、水土流失灾害、风沙尘暴灾害、海平面上升灾害等。

（1）地震灾害。地震是一种自然地质现象，是地壳自然快速颤动，应力突然释放引起地壳运动。地震是城市面临的第一大自然灾害，强烈的地震不仅会造成大面积房屋倒塌、工程设备破坏、人畜伤亡、交通阻断，而且时常生成山崩地陷，诱发火山、海啸、泥石流以及火灾等一系列次生灾害。在各类对城市造成破坏的自然灾害中，地震造成的城市人员、建筑等生命财产损失尤为严重。尤其对处于地震带上的城市，更是极有可能导致其毁灭。

我国是地震多发国之一，地震活动分布区域广、位于地震区域上的重要城市多，城市系统原有的抗震设防水准低，存在很大隐患。

城市防震的主要措施有：①控制地震、地震预报、抗震防灾等；②避免在强震区建设城市；③按照用地的设计烈度及地质、地形情况，安排相宜的城市设施，对易于产生次生灾害的城市设施，要先期安置合适地位；④需要安排各种疏散避难的通道和场所；⑤保护好城市重点工程设施。

（2）崩滑流灾害。崩塌、滑坡、泥石流灾害是城市灾害比较严重的地质灾害之一，属于外动力地质灾害或外动力作用下形成的岩石圈灾害。

崩塌、滑坡、泥石流灾害将导致人员伤亡，破坏城市、矿山、企业、学校、公路、航道、水库等各种工程设施，破坏土地资源和生态资源。我国中西部地区大部分城市处于崩滑流灾害区。

（3）地面变形灾害。地面变形灾害包括地面沉降、地面塌陷和地面裂缝，广泛分布于城镇、矿区、铁路沿线。地面沉降活动始于 20 世纪 20 年代个别沿海城市，50 年代以后明显发展，70 年代急剧发展。目前我国发生沉降活动的城市达 70 多个，明显成灾的有 30 多个，最大沉降量达 2.6m。我国城市地面塌陷的原因有开采地下矿产资源引起塌陷和表面岩溶活动引起塌陷两种。

（4）开挖工程灾害。工矿企业工程建设过程中产生了一大批城市，如抚顺、大庆、鞍山、焦作、包头、攀枝花、徐州、平顶山等。城市周围矿产资源开发和隧道等工程建设中经常发生突水、突泥、冲击地压、冒顶、煤瓦斯突出、煤层自燃、井巷热害、矿震等灾害，由此造成人员伤亡，设备和工程破坏、资源冻结。

（5）水土流失灾害。水土流失灾害是土壤在外力（如风、水等）的作用下，被剥蚀搬运和沉积，由于它的作用发生缓慢，平时觉察不到，等到看出来时往往已经造成巨大损失，是"静悄悄的危机"和"爬行性的灾难"。气候、地形、土壤种类和植被覆盖会影响水土流失的发生，但最主要的因素是人类不合理利用土壤、破坏植被。

（6）风沙尘暴灾害。风沙尘暴是威胁城市安全的灾害性自然现象，与人类活动密切相关。沙尘暴是干旱地区特有的一种灾害性天气。强的沙尘暴的风力可达 12 级以上，沙尘暴产生的强风能摧毁建筑物、树木等，造成人员伤亡，刮走农田表层沃土，使农作物根系外露，通常以风沙流的形式淹没农田、渠道、房屋、道路、草场等，使北方脆弱的生态环境进一步弱化。我国沙尘暴主要集中在春季，塔里木盆地周围、河西走廊-陕北一线、内蒙古阿拉善高原、河套平原和鄂尔多斯高原是沙尘暴的多发区。近50年来，除青海、内蒙古和新疆局部地区沙尘暴日数增多外，我国北方大部分地区的沙尘暴日数在减少。

（7）海平面上升灾害。全球气候变暖，过去100年，全球平均气温上升0.15～0.45℃，海平面上升10～20cm。

海平面上升给沿海城市带来一系列灾害：①影响城市供水，海水入侵，阻碍排水；②阻碍城市防洪；③滨海城市旅游业受危害，沙滩损失。

2.4.3　城市地貌环境

城市地貌是城市所在地区的各种地貌实体，是叠加在其他地貌单元的一种局地性的地貌环境。

2.4.3.1　地貌环境与城市建设

1. 城市化引起的地貌过程的变化

城市化对地貌的改变主要表现在以下几个方面：

（1）流水作用过程的变化。人工铺设的地面取代及破坏了天然植被和土体表面，改变城市的水文过程，使城市流水侵蚀和沉积地貌作用发生变异。

（2）重力作用过程的变化。人工切坡、坡顶增载、坡地建筑等破坏了力的平衡，降低了抗剪抗压强度。

（3）喀斯特地貌过程的变化。喀斯特现象就是石灰岩等溶洞，在喀斯特现象严重地区，地面上会有大陷坑，地面下有大的空洞，这些地区不能用作城市用地。因此进行城市规划时，必须查清地下深处的空洞及其边界，以免造成损失。城市化过程中由于用水量剧增，地下水被过量开采，水位大幅度地连续下降，增大了水对可溶性岩石的侵蚀作用，加快喀斯特作用的进程。

2. 地貌环境对城市开发建设的影响

城市地貌环境是指以城市居民为中心的各种地貌要素，是城市所在地区的各种地貌实体。城市位置往往选择在河流汇合处、河谷阶地、平原或盆地底部、海滨和岛屿对外通航方便等地，土地面积必须广大，足以提供现在和未来城市发展的需要。地貌形态结构与城市布局的关系主要表现在以下几个方面：

（1）影响城市区位条件、布局、地域结构。

（2）影响城市形状的形成和发展。

（3）影响城市空间分区、布局、结构。

（4）影响城市发展规划和景观风格。

（5）影响城市土地资源种类、分布。

3. 城市坡度与城市开发建设

从城市的形成与发展来看，平缓的地形是最有利于城市建设发展的外部条件之一；

从城市内部的空间结构布局来看，平缓地形也是最有利于布局；从城市的总体建设角度来看，平缓地形城市建设投资少，丘陵地区施工比较困难，山地地区的城建则需要更大的经济投资和工程措施，同时城市发展往往受到限制。

4. 地面组成物质与城市开发建设

不同成因类型的表土和底土，其承载力有较大差异，对城市建设、交通、地貌灾害、建设投资概算等均有影响。在城市开发建设和用地选择时需要对各类建筑物和构筑物的坐落基础进行了解。

5. 地貌对城市生态环境的影响

地貌对城市生态环境的影响主要表现在以下几个方面：

（1）影响城市中的空气、水体、地面温度、相对湿度、营养物质以及污染物质的迁移积累。

（2）影响城市动植物有机体的繁殖、物质和能量的流动。

（3）影响城市光照、辐射、风雨云雾雪等非生物因子，从而影响生物的生长和分布。

（4）影响人工地貌发生的位置、速度、频率和范围，从而影响城市生态环境系统。

（5）影响城市水文水资源、影响城市土地类型、影响城市垃圾场的选址。

2.4.3.2　城市地貌的类型和特点

城市地貌主要分为自然成因地貌、人工成因地貌和混合成因地貌 3 种。

1. 自然成因地貌

自然成因地貌是指那些几乎不受人类活动影响的地貌体，属于覆盖全球的构造地貌，为宏观的大中型地貌体。按形态分为低山、丘陵、台地、阶地、盆地、冲积平原、冲积扇、河漫滩、沙洲、礁石、坳沟等；按构造分为水平和近水平构造、褶皱构造、背斜构造、单斜构造等；按组成物质分为为砂岩、页岩、碎屑岩、碳酸盐岩、砾岩，泥岩、花岗岩等。

2. 人工成因地貌

人工成因地貌是指人工堆积和剥蚀的地貌实体，按其成因与形态结合，可分为以下几类：

（1）以人力为主建造的房屋。高度小于 12m，组成物质以砖木或砖混凝土为主。

（2）以人力为主建造的公路、桥、涵。土填石砌，组成物质以土、石为主。

（3）人工建造的平整场地（如广场等）。组成物质以泥土，沙石、混凝土为主。

（4）人工挖掘的负地貌。四壁用土石条石垒砌，如水库、游泳池等。

（5）半机械建造的中层房屋。高 12～25m，砖石，组成物质以混凝土为主。

（6）半机械建造的公路等。

（7）半机械建造的桥梁。组成物质以条石为主。

（8）大型机械建造的 25m 以上的高层房屋或中层的重型厂房等。组成物质以钢铁、混凝土为主。

（9）大型机械建造的大型桥梁。

（10）铁路、火车站、隧道等。组成物质以混凝土、钢铁为主。

3. 混合成因地貌

混合成因地貌是指人工地貌叠加在自然地貌上，是城市地貌组成的主要特征，如常见的沿江筑堤建坝、建排水沟渠、建造水库和引水工程等。

2.4.3.3 城市自然地貌要素

自然地貌既影响城市的选址和布局，又影响建设和施工，主要要素有地表形态、组成物质和现代地貌过程。

1. 地表形态

地表形态是城市生态环境的基本特征之一，一般用地面起伏度、地面切割密度、地面坡度、坡向等要素来描述。地面起伏度以海拔或相对高差来度量；地面坡度以倾斜角（°）或斜率（％）来度量；地面切割度以每平方公里内沟谷长度（km/km^2）度量。地表形态影响着城市选址、内部构造布局、交通线网、给排水系统、建设投资预算等。

2. 地面物质组成

地面物质组成指城市基面的各种岩石及其风化壳。它们以表土、基岩或埋藏地貌等的形式存在，岩性差异甚大，从而对城市建设和交通都有影响，其中与城市地貌灾害，尤其与滑坡，崩塌有直接关系。

3. 城市地貌营力过程和效应

现代城市地貌营力是自然营力与人类作用的产物。人类作用是直接的城市地貌过程，如修造、扩建、拆迁、填埋、夷平、切坡等，其作用过程直接快速，改造或创造新的城市地貌体；自然营力是间接的城市地貌过程，如风化、重力、风沙、海岸、冰缘地貌过程等，是叠加在人类作用营力之上的自然因素。人类造貌过程，又产生了一系列环境地貌效应，如地面侵蚀、河湖淤积、融冻作用、酸雨等。

2.4.3.4 城市地貌图

城市地貌图包括基础图和应用图。

基础图是以能表现地貌环境主要特征或与城市利用关系密切的地貌要素为制图对象，从不同侧面表现城市地貌环境。其目的是为研究和应用提供基础数据的图件，如地面坡度图、地面起伏度图、地面切割图、地面海拔高度图、地面组成物质图、崩塌－滑坡分布图等。

应用图是以某种特定的用途为制图专题，通过对相关地貌现象的综合刻画和定位表示，从不同层次反映城市地貌环境的质量特点，如城市地貌环境致灾等级图、地貌环境质量等级图、城市地貌类型图等。

2.5 城市土壤

2.5.1 城市化对土壤性质的影响

1. 工业化污染及排放对城市土壤的影响

城市工业化的发展及与之相伴的工业排污，使城市土壤化学性质发生重要变化。烟尘、汽车尾气的排放、工业超标排污等，使重金属大量沉积土壤，其中以铅、锌等金属元素污染最为严重，在我国工业化进程较好的城市，其城市土壤的铅含量都非常高。如 20 世纪 90 年代长春、青岛、兰州、武汉四城市表土和植物铅含量（表 2.5.1），城市中土壤和植物铅含量均比市郊土壤明显偏高。

表 2.5.1　　　　　　　部分城市表土和植物铅含量　　　　单位：mg/kg

样品	统计值	长春	青岛	兰州	武汉
表土	均值	44.3	43.5	39.1	53.9
	标准差	15.5	15.6	13.0	17.4
植物（叶）	均值	10.3	8.0	11.3	12.8
	标准差	8.2	3.5	3.5	7.2

污水所含成分复杂，污水性质不同，其对土壤危害程度也不同：含有三氯乙醛等有机物的污水极易引起急性中毒；含有无机物如重金属、氟化物、硝酸盐和有机氯农药等的污水往往在土壤、植被以至地下水中形成残留和累积，造成植被受害，甚至寸草不生，并会间接引起人畜慢性中毒。

2. 人类活动对城市土壤的影响

人类在城市中的活动方式和内容多样，所以城市土壤的形态呈多样性。人类活动中以城建工程影响较为突出，浅层土壤固有层结被改变，建筑垃圾与自然土壤混合堆积成土，路面压实造成土壤空隙度降低、持水能力及通气性差等，均使城市土壤从自然属性上区别于自然土壤，具有明显的特异性质。另外，城市里较为集中的人类活动也不停地污染着城市土壤，如汽车轮胎摩擦产生的粉尘是土壤锌污染的主要来源；生活产生的各种人工污染物进入土壤，改变着土壤的自然组成。

2.5.2　城市土壤受污染的特点

城市土壤与自然土壤、农业土壤相比，既继承了原有自然土壤的某些特征，又由于人为干扰活动的影响，使得土壤的自然属性、物理属性、化学属性遭到破坏，原来的微生物区系发生改变，同时使一些人为污染物进入土壤，从而形成不同于自然土壤和耕作土壤的特殊土壤。

城市土壤受污染主要有土壤酸化、垃圾污染、污水灌溉，城市土壤具有较高污染物（如重金属、有机物等）含量。工业"三废"和城市垃圾、废物是引起土壤污染最重要的物质来源，污染物质通过人类向水体排放或引工业废水和生活污水灌溉而进入土壤，此类引起的土壤污染最普遍。污染物质可通过进入大气，以飘尘、降尘的形式淋洗入土壤，还可通过废渣、垃圾等固体废物堆放，或作为肥料施用而进入土壤。

2.6　城市生物群落

2.6.1　生境特点

任何一种生物都不可能脱离特定的生活环境。生活环境也称生境，指的是在一定时间内对生命有机体生活、生长发育、繁殖以及有机体存活数量有影响的空间条件及其他条件的总和。生境有以下 4 个特征：

（1）生存空间狭窄。群落在条带状或斑块状存在。

（2）自然光照少，人工光照多。夜间照明导致 24h 持续光照，一方面有利于植物生长，另一方面也对植物生长产生间接不利影响。不利影响主要体现在植物更易于受到大气污染和早霜的伤害。这一现象被称为光污染。

（3）小气候。温度高、湿度低、风速小，造成物候期较郊区提前。

（4）土壤盐离子浓、紧实度大、质地较粗。

2.6.2 生境类型

生境可分为表面蒸发蒸腾强烈生境、空旷干燥生境、封闭狭窄生境和人类活动产生的特殊生境。

（1）表面蒸发蒸腾强烈生境。包括公园绿地、绿化良好而宽阔的街道、河流湖泊周边等，其夏季气温较低、湿度较高，冬季较周围区偏冷，适合多种生物生存。

（2）空旷干燥生境。包括未绿化的宽阔街道和广场等，其气温高、干旱，不适于耐旱性差植物生存。

（3）封闭狭窄生境。包括狭窄的街区、被高大建筑物环绕的小空地等，其夏季气温低、风速小，冬季暖，小气候条件良好，适合许多生物生存。

（4）人类活动产生的特殊生境。包括屋顶、建筑物外墙、路旁、铁道侧等。

1）屋顶。干旱，阳光充足，瓦松生长。

2）建筑物外墙。越老越利于植物生长。

3）路旁。污染严重，改变种间竞争关系，地衣、苔藓生长受抑。

4）铁道侧。热条件好，喜城市植物可沿此分布很远。

2.6.3 城市植物群落的区系特征

1. 城市植物

通常指仅限于城市地区出现的植物种类，城市植物主要包括以下两类：

（1）喜城市环境种。以建筑群密集地段为最佳生境，在城市以外地带缺失或即使存在，但只选择该地带内有限的特殊生境的植物，如野大麦、大蒜芥等。

（2）城市环境中立种。生活的最佳生境局限于城市环境，或者说是受人类活动强烈影响的环境，即城市或乡镇附近，在城市以外地方亦可存在，如大车前、黄花柳等。

那些明显回避城市生境的植物（多为典型的森林植物），即使它们有时也出现在城市地区，但并不能被认为属于城市植物，通常被称为厌城市环境种。

2. 城市植物区系的特征

（1）往往只具有一种或少数几种常见植物，这一特点在城市行道树的树种组成中体现最为明显，如悬铃木、国槐、槭等。

（2）具有较大比例的世界广布种和归化植物。有人认为一地的植物区系中，归化植物种类数目占总种类数目的比率（归化率）是表示城市化程度的标志之一。

3. 影响城市植被的植物区系种类组成的因素

（1）首先取决于城市所处地区的自然条件，如在南方城市中所常见的热带植物一般不会出现在北方城市中，反之亦然。

（2）在很大程度上还受其本身目的或功能的影响，如为了满足遮挡阳光、美化环境之目的，常常选择冠幅大、色彩美的阔叶树；而为了创造迷人的风景，则常常选择树形优美的常绿针叶树种。

（3）在不同地区和不同国家，还受其文化传统和社会经济等因素的影响。如我国许多古老城市的古迹周围常分布着参天古柏或茂林修竹。又如在西方国家，低收入阶层居住区的植物群落中，常常只能见到散生的、生活力衰退的老龄土生树，或见到以速生树种为主的人工营造林地。而在高收入阶层居住的区域，则常可见到自然林地的群落片段。

4. 城市土地利用对植物区系的影响

大规模建筑群和不透水地面，是城市中人类利用土地资源的典型形式。这种土地利用形式的强度是从城市中心逐渐向外围减弱的，城市植物区系中外来成分所占的比例亦从城市中心向城市外围减少，而非外来成分则沿此方向增多。这一现象很类似于古典城市生态学派的同心圆学说。

在不同地区的城市，虽位于不同大陆不同气候带，但其植物区系组成具有一定相似性。如德国杜塞尔多夫的植物区系与北京的相似性为 10%，与智利首都利马的相似性为 7%。而在这些城市所处区域中，由气候和土壤条件所决定的潜在自然植被，在种一级水平上则没有任何相似性。库尼克于 1982 年对中欧地区 9 个城市植物区系的比较结果表明：在所有被统计的种类当中，有 15% 的种为这 9 个城市所共有；如果仅仅对这些城市中工业用地范围内的植物种类进行统计，则相似性程度可高达 50%。

2.6.4　城市环境下的植物群落

1. 城市植物群落的结构特征

城市植物群落的结构有以下两种特征：

（1）群落结构简单。水平变化多为均匀结构，垂直分层多为单层或双层结构，如草坪、公园绿地、行道树群落均属此类。

（2）种类组成单纯并相似。城市植物群落往往是为特定目的（如绿化观赏）而营造的，而观赏价值，在世界各地人们心目中有其共通之处。

2. 城市植物群落中植物种的生态学特征

（1）对光、温度、大陆性和土壤反应的平均指示值明显向高值区移动，而对湿度和氮素营养的指示值倾向于向低值区移动。

（2）中生植物居多，但大多数具有旱生植物特点，绝少有湿生植物。

（3）具有较高比例的常绿植物。

（4）耐践踏、竞争力较强、种子易于广泛散布。

2.6.5　城市环境下动物区系的变化

在城市环境下，动物区系发生很大变化，下面简略从以下几个例子进行分析。

（1）鸟的种类呈减少趋势，如东京自然园内的鸟类从1958年的16种减少到1977年的8种。因而以鸟类为天敌的害虫得以大量繁殖，从而危害到城市树木的生长。

（2）不休眠的赤家蚊的生态型地下家蚊（赤家蚊的生理性变种）逐渐扩展。

（3）鼠类发生变化，如沟鼠正在排挤熊鼠（沟鼠以地下市街为居住场所，随着地下建筑的建成与发展，沟鼠在那里不断大量繁殖）。

（4）鱼的种类组成发生变化，喜欢清水的鱼类由于河水污染而已经消失，代之而来的是繁殖量很大的鲤科小鱼，如白票子等。

第 3 章 城市生态系统的结构与功能

3.1 生态学基础

3.1.1 生态学

1. 概念

生态学（Ecology）一词是德国生物学家赫克尔于 1866 年在《有机体普通形态学》一书中首次提出的。生态学是研究人类、生物与环境之间复杂关系的科学。1935 年英国生物学家坦斯列首次用"生态系统"（Ecosystem）一词。他认为，生态学不应该仅仅研究生物与环境的关系或环境对生物的影响，而应该研究生物群落与非生物环境所构成的整体，这个整体就叫生态系统。

随着生态学研究的发展，为了区别以往的生态学，专家们把 20 世纪 50 年代以后研究的生态学称之为"现代生态学"，现代生态学的突出特点就是研究整个生态系统，而不再是分散或单一去研究有关生态的个别环节。1942 年，美国生物学家林德曼发表了研究生态系统的能量流动和物质循环的论文，指出对生态系统这个整体的研究，主要是研究生态系统中的能量流动和物质循环。而 1953 年，美国著名生态学家奥德姆出版了《生态学基础》一书，建立了较完整的生态理论体系。他建议，把"生态系统"的概念从生物界推广到了人类社会，他将生态系统定义为包括特定地段中全部生物和物理环境相互作用的任何统一体，并将现代生态学定义为研究生态系统的结构和功能的科学。

2. 生态学分类

生态学的分类有很多标准，可以按照研究对象、生物栖息场所以及生态学在自然科学和社会科学领域中的运用等方面来划分。

按照生物学分类分支为研究对象可以划分为普通生态学、动物生态学、植物生态学、微生物生态学、昆虫生态学、鱼类生态学、鸟类生态学及兽类生态学等。

按照研究对象的生物栖息场所可以划分为陆地生态学和水域生态学两大类，前者包括森林生态学、草原生态学、沙漠生态学、农田生态学、城市生态学等；后者包括海洋生态学和水生生态学。

生态学的许多原理和原则在人类生产活动的许多方面都得到了应用，并与其他一些应用学科和社会科学相互渗透，城市生态学就是一个典型。

3. 生态学的发展

生态学的发展经历了 4 个阶段。

第一阶段，19 世纪以前的生态学，即生态学的萌芽阶段。处于萌芽时期的生态学，既没有特定的理论，也没有特定的方法，更缺乏旨在发展生态学的生态研究，纯属包含在其他学科中的生态思想或对生态现象的观察。但这种生态思想却一天天地壮大起来，孕育着生态学的建立。

第二阶段，19 世纪的生态学，即生态学的初创阶段。这个时期，通过实际研究积累了大量的生态学知识，但生态学的理论较少，虽然已经有了一个简单的学科结构。在这个时期，观测和归纳是生物学中普遍使用的方法，生态学作为生物学的一个分支学科，其方法也基本是观测、归纳法。把这个时期称为生态学的初创阶段，值得重视的是生态学从作为植物地理学的一个部分发展为相对独立的学科，虽然生态学在学科理论、方法和结构上都并不成熟。

第三阶段，20 世纪前半叶的生态学，即生态学的形成阶段。这个时期，生态学的基础理论和方法都已经形成，并在 6 个方面有了大的发展：①地植物学或植物群落学的理论、方法和学术派别产生、完善并发展到极成熟阶段，并且对区域植物群落的研究也有很多重大进展；②动物生态学有了较大的发展；③提出生态系统概念，并在生态系统研究方面有了很大发展，生态学正在由植物群落研究向生态系统研究方向迈进，对生态系统结构和功能的研究有了最基本的发展；④生物生态学学科体系基本建立；⑤生态学分支学科产生；⑥生态学专门研究机构和学术刊物涌现。

第四阶段，20 世纪后叶以后的生态学，即生态学的发展阶段。这个时期生态学的总体特征是：吸收其他学科的理论、方法及先进科学技术成就，从而拓宽生态学的研究范围和深度，同时生态学向其他学科领域扩散或渗透，促进了生态学时代的产生，以至生态学分支学科大量涌现。

从以上生态学的 4 个发展阶段可以看出，生态学的发展呈现以下 5 个特征。

（1）生态学从认识自然规律走向管理自然资源，或从纯自然科学走向关心人类未来，使得生态学时代产生。环境恶化、资源短缺、人口膨胀等现实问题使生态学被认为是可以提供解决这些重大问题的具体方案的科学，各国政府对生态学有了新的认识和重视。生态学成了关系人类未来的科学。

（2）应用先进的科学技术，生态学得到空前发展。观测、试验综合归纳一直是生态学研究的基本方法。这个时期，生态学者应用遥感技术部分替代实地观测，获得更准确的信息，使宏观生态学得到长足发展；应用电子显微技术使微观生态学的发展成为可能；应用计算机手段处理大型数据和建立数量模型从而推动定性经典生态学发展为定量现代生态学。生态学的研究领域得到了空前的拓宽。

（3）生态学重点发展学科不断更替。在生态学研究初期，植物生态学（尤其植物群落学）和动物种群生态学是生态学发展的主流，到了现在，生态系统生态学和（广义的）种群生态学成为主流。研究者进一步考虑群落之间的关系问题，群落研究自然地进入生态系统生态学。在生态系统概念因缺乏尺度界限而导致不可操作或研究成果不可比较的同时，景观生态学和人类生态学受到人们的进一步重视，它们的发展进一步促使城市生态学、全球生态学（生物圈生态学）等宏观生态学新领域产生。

（4）国际协作加强，出现了国际性的重要活动。例如，国际生物学计划（1964—1974）、人与生物圈计划（1974—　）等国际性合作项目。

（5）学科大发展，形成一个庞大的生态学学科体系。据估计，目前冠之以"生态"名词的学科已经不下 100 门，生态学发展迄今，学科体系已基本建立。

3.1.2　生态学的相关概念

3.1.2.1　生境

生境是指生物的个体、种群或群落生活地域的环境，包括必需的生存条件和其他对生物起作用的生态因子。生境一词多用于类称，概括地指某一类群的生物经常生活的区域类型，并不注重区域的具体地理位置；但也可以用于特称，具体指某一个体、种群或群落的生活场所，强调现实生态环境。一般描述植物的生境常着眼于环境的非生物因子（如气候、土壤条件等），描述动物的生境则多侧重于植被类型。

3.1.2.2　生态因子

1. 生态因子的内涵

生境是一个综合体，是由各种因素组成的，组成生境的因素称为生态因子。主要分为非生物因素和生物因素两部分。非生物因素，即物理因素，如光、热、水、风、矿物质养分等；生物因素，即对某一生物而言的其他生物，如动物、植物、微生物，它们通过自己的活动直接或间接影响其他生物。

此外，生态因子还包括第三方面的因素即人为因素，即人的活动对生态环境的影响。各种因子总是综合地起作用。任何生物所接受的都是多个因子的综合作用，在具体的情况下总是有一个或少数几个生态因子起主导作用。

生态因子的类型多种多样，分类方法也不统一。把生态因子分为生物因子和非生物因子是一种简单、传统的办法。前者包括生物种内和种间的相互关系；后者则包括气候、土壤、地形等。这种分法简单明了，所以被广泛采用。

2. 生态因子作用的一般特征

（1）综合作用。环境中各种生态因子不是孤立的，而是彼此联系、互相促进、互相制约，任何一个单因子变化，必将引起其他因子不同程度变化及其反作用。例如光照强度的变化必然会引起大气和土壤温度的改变，这就是生态因子的综合作用。

（2）主导因子作用。在众多生态因子中，有一个生态因子对生物起决定作用，称为主导因子，主导因子发生变化会引起其他因子也发生变化。例如，光合作用时，光强是主导因子，温度和二氧化碳为次要因子；春化作用时，温度为主导因子，湿度和通气程度是次要因子。又如，以土壤为主导因子，可以把植物分为多种生态类型，有嫌钙植物、喜钙植物、盐生植物、沙生植物；以生物为主导因子，表现在动物食性方面可分为草食动物、肉食动物、腐食动物、杂食动物等。

（3）直接作用和间接作用。区分生态因子的直接作用和间接作用对生物的生长、发育、繁殖及分布很重要。环境中的地形因子，例如起伏、坡度、海拔高度及经纬度等对生物的作用不是直接的，但它们能影响光照、温度、雨水等因子，因而对生物起间接的作用，这些地方的光、温度、水则对生物生长、分布以及类型起直接作用。

（4）因子作用的阶段性。由于生物生长发育不同阶段对环境因子的需求不同，因子对生物的作用也具有阶段性。例如低温对冬小麦的春化阶段是必不可少的，但在其后的生长阶段则是有害的。

（5）生态因子的不可替代性和补偿作用。环境中各种生态因子对生物的作用不尽相同，但都各具其重要性。尤其是作为主导作用的因子，如果缺少便会影响生物的正常生长和发育，甚至疾病残废，所以从总体上说生态因子是不能代替和补偿的，但在局部是能补偿的。例如光照不足所引起的光合作用下降可由二氧化碳浓度的增加得到补偿，但生态因子这种补偿作用只能在一定范围内作部分补偿，而不能以一个因子代替另一个因子，而且因子间的补偿作用也不是经常存在的。

3. 生态因子的作用方式

（1）拮抗作用。拮抗是各个因子在一起联合作用时，一种因子能抑制或影响另一种因子起作用。如泡菜中乳酸抑制细菌生长；青霉菌可以产生青霉素来抑制葡萄球菌的生长。两种或多种化合物共同作用于生物时，由于化合物之间产生的拮抗作用，可使其毒性低于各化合物之和。如有机汞与硒同时在金枪鱼中共存时，可抑制甲基汞的毒性。

（2）净化作用。净化作用是指利用物理、化学和生物的方法消除水、气、土中的污染物。净化作用可分为物理净化、化学净化和生物净化三类。物理净化作用有稀释、扩散、淋洗、挥发、沉降等。如大气中的烟尘可以通过气流的扩散，降水的淋洗和重力的沉降等作用而得到净化。物理净化作用的大小与环境的温度、风速、雨量等物理条件有密切关系，也取决于污染物本身的物理性质，如比重、形态、挥发性等。化学净化作用有氧化还原、化合和分解、吸附、凝聚、交换、络合等，如水中铅、锌、镉、汞等重金属离子与硫离子化合，生成难溶的硫化物而沉淀。影响化学净化的环境因素有酸碱度、温度、化学组成以及污染物本身的形态与化学性质等。生物净化作用有生物的吸收、降解作用等，使污染物的浓度和毒性降低或消失。如绿色植物能吸收二氧化碳，放出氧气；微生物氧化分解，太阳光作能源合成自己的细胞，同时释放大量的氧气供需氧生物利用；树林和草地对空气中的氧化硫、氧化氮、氯及氟等有毒气体和尘埃有一定的阻挡、捕集、吸收作用，植物越稠密，净化作用越大。净化作用因植物的种类不同有很大差异，并与环境各因素状况有密切关系，所以城市种植行道树，铺草种花进行绿化，对环境保护是非常重要的。

（3）协同、增强和叠加作用。这几种作用主要是非生物因子中的化合物对生物的毒性。协同作用，即两种或多种化合物共同作用时的毒性等于或超过各化合物单独作用时的毒性总和。当某些化合物使机体对另一种化合物的吸收减少、排泄延缓、降解受阻或产生更大的代谢物时，都可产生协同作用，如稻瘟净与马拉硫磷、铜和锌离子等。叠加作用，即两种或多种化合物共同作用时的毒性各为化合物单独作用时毒性的总和。一般化学结构相近，性质相似的化合物，或者作用于同一器官系统的化合物，或毒性作用机理相近的化合物共同作用时，生物效应往往会出现叠加作用，如稻瘟净与乐果，氢化氰与丙烯腈等。增强作用，即一种化合物对某器官系统并无毒作用，但与另一种化合物共同作用时，使后者毒性增强，如异丙醇不是肝脏毒，但与四氯化碳共同使用时，使四氯化碳对肝脏的毒性增强。

4. 生态因子的作用规律

（1）限制因子规律。自然界中存在一些生态因子，当这些因子使生物的耐受性接近或达到极限时，生物的生长发育、生殖、活动以及分布等直接受到限制、甚至死亡，这些因子称为限制因子。如温度升高到上限时会导致许多动物死亡，温度上限对于动物生存成了限制因子；氧对陆地动物来说很少有限制作用，但对水生生物，尤其是动物来说如果缺少就会死亡。光是植物进行光合作用的主要因素，但如果没有水、二氧化碳和一定温度，碳水化合物不能合成；反之，只有水、二氧化碳和一定温度而没有光，植物也不能进行光合作用。所以，植物光合作用中的几个因子在不同情况下，任何一个因子都可以成为限制因子。

（2）最低量定律（利比希最小因子定律）。最低量定律是德国化学家利比希于 1840 年提出来的。他在研究谷物产量时发现，植物生长不是受对需要量大的营养物质影响，而是受那些处于最低量的营养物质成分影响，如微量元素等。后来人们把这称为利比希最低量定律，同时把因子范围加以扩大，并严格地限制于物质和能量的输入与输出处于平衡状态时适用。

这与系统论中的"水桶原理"涵义一致，即一个由多块木板拼成的水桶，当其中一块木板较短时，不管其他木板多么高，木桶装水的总量是受最小木板制约的。

在按照利比希最小因子定律考察环境的时候，必须注意因子间的相互作用。某些因子之间有一定程度的互相替代性。具体地说，即是某些物质的高浓度和高效用，或某些因子的作用，可以改变最小限制因子的利用率或临界限制值。有些生物能够以一种化学上非常相近的物质代替另一种自然环境中欠缺的所需物质，至少可以替代一部分。例如在锶丰富的地方，软体动物可以在贝壳中用锶代替一部分钙。有些植物生长在阴暗处比生长在阳光下需要的锌少些，所以锌对处在阴暗中的植物所起的限制作用会小一些。

（3）耐受性定律（谢尔福德耐受定律）。耐受性定律是美国生态学家谢尔福德提出的，他认为因子在最低量时可以成为限制因子，但如果因子过量超过生物体的耐受程度时也可成为限制因子。生物对环境因子有一个最低点到最高点之间的适应范围。

范围的大小称生态幅，两者之间的幅度为耐性限度。每种生物对每个生态因子都有一个耐受范围，耐受范围有宽有窄。同一生物在不同的生长阶段对同一因子也有不同的耐受极限。耐受性定律还表现在以下几个方面：

1）生物对各种生态因子的耐性幅度还有较大差异，生物可能对一种因子的耐性很广，而对另一种因子耐性很窄。

2）在自然界中，生物并不一定都在最适环境因子范围内生活，一般说对所有因子耐受范围很广的生物，分布也较广。

3）当一个物种的某个生态因子处在不是最适度时，另一些生态因子的耐性限度可能会降低。例如，当土壤含氮量下降时，草的抗旱能力下降。

4）自然界中生物之所以并不在某一特定因子的最适范围内生活，其原因是种群的相互作用（例如竞争、天敌等）和其他因素常常妨碍生物利用最适宜的环境。

5）繁殖期通常是一个临界期，环境因子最可能起限制作用。繁殖期的个体、种子、胚胎、幼体的耐受限度一般要狭窄得多，较适宜的环境对它们的生存是必要的。必须指出，生物对环境的适应和对环境因子的耐受并不是完全被动的。生物并不是自然环境的"奴隶"，进化迫使它积极地适应环境，并且改变自然环境条件，从而减轻环境因子的限制作用。生物的这种能力称为因子补偿作用，它存在于生物种内，而在具有组织结构的群落层次则特点明显。

在生物种内，经常可以发现，地理分布范围较广的物种常常形成与地方性的种群有所不同。动物，尤其是运动能力发达的个体较大的动物，则常常通过进化形成适应性行为，产生补偿作用以回避不利的地方性环境因子。

在生物群落层次中，通过群落中各种不同种类的相互调节和适应作用，结成一个整体，从而产生对环境的因子补偿作用，这也就是所谓群落优势。例如，根据在自然界的实地观测，生态系统的代谢率-温度曲线总比单个种的代谢率-温度曲线平坦，这意味着生态系统的代谢率在外界温度变化时能够保持相对稳定，体现了群落的稳定。总而言之，在外界因素干扰下，生态系统的稳定是有利于生物生存的。

综上所述，一个生物或一群生物的生存与发展取决于综合的环境条件。任何接近或者超过耐性限度的状况都可以说是限制状况或限制因子。生物自身实际上是受这些因子以及对这些因子的耐性限度的积极适应所控制的。

3.1.2.3　生态位

1. 生态位概念的演变

生态位是现代生态学中一个重要而又抽象的概念。1910 年，约翰逊最早使用了生态位一词："同一地区的不同物种可以占据环境中的不同生态位。"但他没有对生态位进行定义，没能将其发展成为一个完整的概念。

1917 年，美国生态学家格林内尔最早定义了生态位的概念，即生态位是"恰好被一个种或一个亚种占据的最后分布单位"，也称为空间生态位。

1927 年，埃尔顿将生态位看做是"物种在生物群落或生态系统中的地位与功能作用"，一个动物的生态位在很大程度上决定了它的大小和取食习性，他强调的是物种之间的营养关系，即每个物种都占据一个特定的营养级位置。这种状况同样存在于社会生态系统之中，每个社会生命物种或种群的存在都依赖于其特定的营养级。

1958 年，哈钦森从空间、资源利用等多方面考虑，认为生态位是"一种生物和它的非生物与生物环境全部相互作用的总和"。他将生态位概念进行数学抽象，把生态位看做一个生物元生存条件的总体集合，将其拓展为既包括生物的空间位置及其在生物群落中的功能地位，又包括生物在环境空间的位置，即"多维超体积生态位"。他认为，生物在环境中受到多个而不是两个或三个资源因子的供应和限制，每个因子对该物种都有一定的适合度阈值，在所有这些阈值所限定的区域内，任何一点所构成的环境资源组合状态上，该物种均可以生存繁衍，所有这些状态组合点共同构成了该物种在该环境中的多维超体积生态位。在此基础上，他又提出了基础生态位和现实生态位两个概念。多维超体积生态位的概念为现代生态位理论研究奠定了基础。

1975 年，惠特克总结了前人关于生态位概念的研究，认为生态位是指每个物种在群落中的时间和空间的位置及其机能关系，或者说群落内一个种与其他种的相关的位置。每个种在一定生境的群落中都有不同于其他种的自己的时间、空间位置，也包括在生物群落中的功能地位。

目前被认为比较科学而且广为接受的是惠特克提出的生态位概念，即生态位是指每个物种在群落中的时间和空间的位置及其机能关系，或者说群落内一个种与其他种的相关的位置。这个定义既考虑到了生态位的时空结构和功能关系，也包含了生态位的相对性。每一种生物在自然界中都有其特定的生态位，这是其生存和发展的资源与环境基础。

综上所述，生态位概念自提出以来，其内涵得到不断发展和深化，由于生态学家所基于的角度和出发点有所不同，各种生态位的定义仍尚未统一，但生态位理论的内涵都包括以下内容：

（1）一个稳定的群落中占据了相同生态位的两个物种，其中一个终究要灭亡。

（2）一个稳定的生物群落中，由于各种群在群落中具有各自的生态位，种群间能避免直接的竞争，从而保证了群落的稳定。

（3）群落是一个相互作用，生态位分离的种群系统。这些种群在它们对群落的时间、空间和资源利用方面，以及相互作用的可能类型方面，都趋于互相补充而不是直接竞争。大家配合共同生活，更有效地利用环境资源，从而保证了群落在一个较长时间有较高的生长力，具有更大的稳定性。

（4）竞争可以导致多样性而不是灭绝，竞争在塑造生物群落的物种构成中发挥着主要作用。竞争排斥在自然开放系统中，很可能是例外而不是规律，因为，物种常常能够转换它们的生态位去避免竞争的有害效应。

2. 城市生态位

城市生态位是一个城市给人们生存和活动所提供的生态位，是城市提供给人们的或可被人们利用的各种生态因子（如水、食物、能源、土地、气候、建筑等）和生态关系（如生产力水平、环境容量、生活质量、与外部系统的关系等）的集合。一般可划分为生产生态位（资源利用、生产条件）和生活生态位（环境质量、生活水平等）。目前对城市生态位的研究主要是从城市居民出发，从人地关系角度考察城市居民在城市这个空间里所处的生态位，其实质是城市居民的生存条件和生活质量的满足程度。

城市是一个"社会-经济-自然"的复合生态系统，城市有主动适应环境的能力，以负熵为生，具有生命周期，是开放的、自组织的、分层有序的有机体。城市与其环境因素共同构成复杂的生态系统，城市生态系统也具有自然生态系统的一般特征。它不同于自然生态系统，然而城市、住区和支持城市的系统却形成了模拟自然生态系统功能的复杂结构。城市复合生态系统是指以人类活动为中心，按照人类的理想要求建立的生态系统。错综复杂的区域系统中各个城市占据不同的生态位，它是兼具自然和社会特性的复杂综合体。其存在方式具有明显的多维性、动态性和社会性等特点。

（1）自然特性。城市首先是自然的产物，城市生态位必定要受自然法则的制约。自然环境是城市赖以存在的支撑体，每个城市的存在都需要自然资源及承载区域，以满足自身生存发展及与外界进行物质、能量、信息交流的需要。城市系统本身不能自给自足，依赖于外部系统，并受外部的调控，自我一调节能力差，易受各种环境因素的影响，并随人类活动而发生变化。

（2）多维性。城市生态位是由多维因子构成的资源环境空间。生态位的维度指对一个生物单位发生作用的生态因子的个数。假如我们考虑单一的环境因子（如温度），一个物种将只有两个明确的适合度，亦即这个物种只有在一定温度范围内才能生存和繁殖。这个范围就是这个物种在一维上的生态位。假如我们同时考虑这个物种在湿度上的适合范围，生态位就成了二维的，并可以用面积表示。以此类推，物种的适合度受到第三、第四、……、第 N 个环境因子的影响，即存在三维、四维、……、N 维的生态位。

开放性是城市存在发展的前提，封闭性是城市发展的条件。城市也是由 N 维资源环境因子构成的复合生态位系统，不同维度的因子具有不同的特点，发挥不同的作用。每个城市都要吸收对自己有益的资源，这就势必导致竞争，即生态位的重叠。其重叠是城市生态位在某些维度上的重叠，当城市之间在某个维度发生生态位重叠时，城市应该将生态位重叠的维度进行分离，通过"局部成长、部分消亡、自我更新"来实现城市的共生。

（3）动态性。城市发展既是空间的演化，也是时间上的演进，城市总是处于发展变化中，经历不同的发展阶段。因此，城市生态位的内容和形式不是固定不变的，在不同的时间和空间中，城市生态位是动态变化的。城市之间的生态位应该是各不相同的，因为不同的城市地理环境、资源禀赋、地域文化、技术优势、辐射区域等是各不相同的。在不同的时点上，城市拥有的社会、自然资源不断调整，在区域系统中的生态位不断变化；在空间层次方面，从地方性城市、省域中心城市、区域性中心城市、全国性城市、国际性城市渐进发展到国际化大都市。对于具体城市来说，主要包括与其联系密切、影响较大的区域内同级城市、次级城市及高级城市。城市生态位决定了其在城市体系中所处的等级层次，也决定了其直接的竞争对象以及竞争的空间层次。在不同的社会发展阶段，影响城市生态位的主导因素也是不同的，因而城市生态位在时间尺度上也是不同的。

（4）社会性。城市是人类社会的产物，属于特殊的生物体。这就决定了城市生态位具有生物体的一些共性，也具有人类社会的一些特性，它受自然法则和城市自身运行规律的双重影响。城市是人类社会的经济与文化发展到一定阶段的产物，是人类活动的复合体，受人类社会的强烈干预和影响。城市系统运行的目的不是为维持自身的平衡，而是为满足人类的需要。所以城市复合生态系统是由自然环境（包括生物和非生物因素）、社会环境（包括政治、经济、法律等）和人类（包括生活和生产活动）3 部分组成的网络结构。人类在城市系统中既是消费者又是主宰者，人类的生产、生活活动必须遵循生态规律和经济规律，才能维持系统的稳定和发展。

3.1.2.4　生态系统

生态系统（eosystem）一词由英国生态学家坦斯利于 1935 年首先提出。生态学家奥德姆于 1971 年指出生态系统就是包括特定地段中的全部生物和物理环境的统一体。

生态系统是一定空间内生物成分通过物质的循环、能量的流动和信息的交换而相互作用、相互依存所构成的一个生态学功能单位。地球上存在无数个生态系统，小到池塘，大至整个生物圈。城市也有其自身的生态系统。

3.1.2.5　生态系统平衡

1. 生态系统平衡的内涵

从生态学角度看，平衡就是某个主体与其环境的综合协调。坦斯利等人认为生态系统平衡只存在于顶级群落，以生态系统的输入输出为基础。奥德姆于 1959 年最早提出生态平衡定义，他认为生态平衡就是生态系统内物质和能量的输入和输出两者的平衡。

1981 年 11 月，中国生态学会提出生态平衡是生态系统在一定时间内结构与功能的相对稳定状态，其物质和能量的输入、输出接近相等，在外来干扰下，能通过自我调节（或人为控制）恢复到原初稳定状态。

当外来干扰超越了生态系统的自我调节能力，而不能恢复到原初状态谓之生态失调，或生态平衡的破坏。生态平衡是动态的。

2. 生态平衡调节

生态平衡主要通过系统的抵抗力、恢复力、自治力以及内稳态机制来实现。抵抗力（resistance）是指生态系统抵抗外部干扰、维持系统结构功能原状的能力。恢复力（resilience）是指生态系统遭受外部干扰后，系统恢复到原状的能力。自治力（autonomy）是指生态系统对于发生在其内部的各种现象的自我控制能力。内稳态机制（homeostasis）是指生态系统对其内部组织（internal organization）和结构的一种调节功能，即调节能量流动和物质循环的能力，调节生态系统中各种成分之间的营养关系的能力。

3. 负反馈机制

生态系统中的反馈现象十分复杂，既表现在生物组分与环境之间，也表现于生物各组分之间及结构与功能之间，其中起主要作用的是能够使系统达到和保持平衡或稳态的负反馈机制。

负反馈是指系统或其中某成分因一系统输入而在输出上产生一系列变化趋势，该系列变化又反过来作用于导致产生该系列变化的系统输入，使该输入受到抑制从而衰减之。负反馈机制是维持生态系统平衡的重要作用方式。

3.1.2.6　生态系统稳定性

1. 多样性-稳定性学说

当自然生态系统处于平衡状态时，生物种类通常较多，结构复杂，食物链网错综，对外界的干扰有较强的抵御能力，功能发挥亦较稳定。此时系统内各物种通过竞争和生态适应，占据各自独特的生态位，彼此协调相处，对环境资源的利用较为充分。同时复杂的食物网结构使能量和物质可通过多种途径流动，一个环节或途径发生了损伤或中断，可以由其他方面的调节所抵消或得到缓冲，从而使整个系统不易受到致命伤害。

2. 生态系统稳定性

生态系统稳定性包含抵抗力和恢复力两方面含义。抵抗力是系统抵御外界干扰使自身不致受到伤害的缓冲能力，抵抗力越强则系统越不容易出现伤害或崩溃现象；恢复力是指当系统遭到外界干扰致使系统受损后迅速修复还原自己的能力。恢复力越强则系统恢复到正常的时间越短。抵抗力与恢复力难以兼得，恢复力强则抵抗力弱，反之亦然。

3. 生态系统失调与生态危机

生态系统常受到外界的干扰，但干扰造成的损坏一般都可通过负反馈机制的自我调节作用使系统得到修复，维持其稳定与平衡。

生态系统的调节能力是有一定限度的。当外界干扰压力很大，使系统的变化超出其自我调节能力限度即生态阈限时，系统的自我调节能力随之丧失。此时，系统结构遭到破坏，功能受阻，整个系统受到严重伤害乃至崩溃，此即生态平衡失调。

严重的生态平衡失调，从而威胁到人类的生存时，称为生态危机。生态危机是由于人类盲目的生产和生活活动而导致的局部甚至整个生物圈结构和功能的失调。生态平衡失调起初往往不易被人们觉察，如果一旦出现生态危机就很难在短期内恢复平衡。

3.1.3　生态学的一般规律

1. 相互依存与相互制约

反映生物间及生物与环境间的协调关系，主要是普遍的依存与制约关系，亦称"物物相关"和"相生相克"规律。

生态系统中的生物间（同种或异种），不同生态系统间，甚至生态系统中的生物与环境之间，均存在相互依存和相互制约的关系。相互依存和相互制约的关系有些是直接的，有些是间接的，有些是立即表现出来的，有些需滞后一段时间才显现出来。

生物之间和生态系统间的相互依存与制约关系是普遍存在的。因此，在城市建设和城市居民生活中，特别是在需要排放污染、倾倒废物、喷洒药品、采伐、开山、筑路、修建大型给水工程及其他建设项目时，务必注意调查研究，摸清自然界诸事物之间的相互关系，对与某生产活动有关的其他事物也加以通盘的考虑，包括考虑此种活动可能会产生的影响（短期的和长期的、明显的和潜在的），从而做到统筹兼顾，全面安排。

2. 物质循环与再生

生态系统中，生物借助能量的不停流动，一方面不断地从自然界摄取物质并合成新的物质，另一方面又随时分解为原来的简单物质（即所谓"再生"），重新被系统中的生产者植物所吸收利用，进行着不停顿的物质循环。因此要严格防止有毒物质进入生态系统，以免有毒物质经过生物放大作用和多次循环后富集到危及人类的程度。

生态系统中的能量是伴随食物链单向流动的，每经过一个营养级，就有大部分能量转化为热散失掉，无法加以回收利用。为了充分利用能量，必须设计出能量利用率高的系统。如城市垃圾的处理，从最初的填埋法到后来的焚化法再进一步到堆肥制取沼气法，便体现了人类逐步掌握生态学的循环与再生规律，并应用于实践的过程。

3. 物质输入输出的动态平衡

物质输入输出的平衡规律，又称协调稳定规律，涉及生态系统中生物与环境两个方面。

生态系统中生物与环境之间的输入与输出，是相互对立的关系。当生物体进行输入时，环境必然进行输出，反之亦然。生物体一方面从周围环境摄取物质，另一方面又向环境排放物质，以补偿环境的损失。一个稳定的生态系统，其物质的输入与输出总是相平衡的。当输入不足时，会产生生态匮乏，例如一个城市物资供应不足，必然造成生产生活紧张，效率下降；反之，当城市物资供应足够但输出不足，又会导致生态滞留，使环境恶化，生产生活同样受阻。

4. 环境资源的有效极限

任何生态系统中，作为生物生存的各种环境资源，在质量、数量、空间和时间等方面，其供给量和供给速度都有一定的限度，因而生态系统的生物生产通常都有一个大致的上限。每一生态系统对任何外来干扰都有一定的忍耐极限，所以采伐森林、捕鱼狩猎等不应超过资源利用的最大可持续产量；保育某一物种时，必须保有足够它生存和繁殖的空间；城市排污时，必须使排污量不超过环境的自净能力等。

3.2 城市生态系统

3.2.1 城市生态系统的概念

城市生态系统是城市居民与周围环境相互作用形成的网络结构，是人类在改造和适应自然环境的基础上建立起来的特殊人工生态系统。

城市生态系统是由环境资源系统、生物系统、城市居民和人工物质系统及其产生的污染物相互作用，通过物质流、能量流、价值流和信息流相互联系而共同构成的。以人为中心，可将城市生态系统的内部联系划分为人与自然、人与经济、人与社会以及人与各种污染物四个层面。

城市的自然及物理组分是城市生态系统赖以生存的基础，城市各部门的经济活动和代谢过程是城市生态系统生存发展的活力与命脉，人的社会行为及文化观念是城市生态系统进化的重要动力源，城市社会发展、生活质量提高是城市生态系统生存和发展的核心目标。

城市生态系统是一个结构复杂、功能多样、规模巨大的开放系统，不断与外界发生着物质、能量和信息的交换，并产生价值增值。城市居民消耗物质和能量，创造价值，维持整个城市生态系统的正常运转，保证城市生态系统的平衡，促进城市生态系统的演变。

把城市作为一个生态系统加以研究，有助于城市物质、能量的高效利用，社会、自然的协调发展，系统的自我调节与自我平衡，进而有利于城市本身的发展以及城市与周边区域的协调、融合。

3.2.2 城市生态系统的特征

3.2.2.1 基本特征

1. 人为性

（1）城市生态系统是人工生态系统。城市及城市生态系统是通过人的劳动和智慧创造出来的，在这个生态系统中，人是主宰者，城市的一切设施都是人创造的，人又是消费者，其数量大大超过系统内的绿色植物的现存量。在这个系统中，人工控制与人工作用对它的存在和发展起着决定性的作用。城市生态系统不仅使原有自然生态系统的结构和组成发生"人工化"倾向的变化（如绿地锐减、动物种类和数量发生变化，大气、水环境等物理、化学特征发生明显变化），而且城市生态系统中大量的人工技术物质（如建筑物、道路、公用设施等）完全改变了原有自然生态系统的形态结构（物理结构）。城市生态系统具有人工化的营养结构，一方面是指城市生态系统不但改变了自然生态系统的营养级比例关系，而且改变了营养关系（谁供应谁）；另一方面是指在食物（营养）输入、加工、传送过程中，人为因素起着主要作用。从而使得城市生态系统的网络普遍具有社会属性，不但包括有明显人工色彩的自然网络，更多的是社会关系和经济关系网络。

（2）城市生态系统是以人为主体的生态系统。环境中只要有人类介入，自然生态系统就发展为人类生态系统。在城市生态系统中，人口高度密集，其他种类和数量都很少，人口比重极大，从城市单位土地面积上人口重量，人口密集上看，人类远远超过了其他生物。在城市生态系统中，城市的发展几乎完全取决于人的意志，按人的计划、规划建设，城市人类是城市生态系统的主要组成部分，人是城市生态系统的核心，起关键决策作用。因此，主要生产者实际上已从绿色植物转化为从事经济生产的人类，而消费者也是人类，人类已成为兼具生产者与消费者两种角色的特殊生物种类。从城市人口占全部地球上总人口的比重上看，城市作为人类生态系统的一个重要类型，以人为主体的特征十分明显且历史悠久。

（3）城市生态系统的变化规律由自然规律和人类影响叠加形成。自然生态系统的代谢功能，即物质—转换—合成—分解—再循环的过程反映了自然界生态平衡的本能和规律。然而在城市生态系统中，自然规律已受到人为影响，发生许多异常。在限定的时空范围内，这种影响会使自然规律受到改变，并最终影响城市生态系统发展变化规律。

（4）人类社会因素的影响在城市生态系统中有举足轻重的地位。人不可能单独生存，人是组成社会的高级生物，人类社会的政治、经济、法律、文化和科学技术对城市生态系统的发展有重大影响。目前，城市发展几乎完全取决于人类的意志，有计划、有步骤地按制订的规划实施城市建设已是普遍的原则，人在城市生态系统中起主导作用，资源的开发利用，环境的定向改造，工业的合理布局，居民区的规划以及能源、交通、运输、建筑等，无一不与人类生产和生活相关，人类经济活动对城市生态系统起着重要的作用。人类社会因素既是城市生态系统的一个组成部分，又是城市生态系统的一个重要的变化函数，直接影响城市生态系统的发展和变化。

（5）城市生态系统中的人类活动影响着人类自身。在城市生态系统中，人类活动不断地影响着人类自身，它改变了人类的活动形态，创造了高度物质文明。这种自身的驯化过程，使人类产生了许多生态变异，如前额变小，脑容量变大，等等。同时，城市生态系统运转进程所造成的环境变化，影响了人类的健康，引起了城市公害和所谓的城市病，如世界各国流行病学调查都表明各国城市的肺癌死亡率均高于农村。

2. 不完整性

城市生态系统是容量大、流量大、密度高、运转快的开放生态系统，在城市生态系统内部以及和其他系统之间广泛进行着物质、能量流动，还存在复杂而频繁的价值流、人流、信息流等。但从生态学角度看，其并不是一个完整的生态系统。

（1）城市生态系统缺乏分解者。在城市中，自然生态系统为人工系统所代替，动物、植物、微生物失去了原有的自然生态系统中的生境，使生物群落不仅数量少，而且其结构简单。在城市大面积已人工化的情况下，分解者赖以生存的土壤结构发生了巨大变化，使得城市生态缺乏分解者或分解者功能微乎其微；城市生态系统中的废弃物（工业与生活废弃物）不可能由分解者就地分解，几乎全部需输送到化粪池、污水处理厂、垃圾处理厂由人工设施进行处理。

（2）生产者数量少且作用改变。这里的"生产者"指绿色植物。在城市生态系统中，绿色植物不仅数量少，而且其作用也发生了变化。城市中的植物主要任务已不再是向城市居民提供食物，其作用已变为美化景观，消除污染和净化空气。这样，城市生态系统本身无法自给自足满足其产量（粮食），而必须靠外部提供粮食以满足城市生态系统消费者的需求。

3. 开放性

城市生态系统是一个开放性的大系统，在外界干扰不超过其生态阈值时，总处于非平衡的稳定状态。自然生态系统是一个自律系统，只要输入太阳能，通过绿色植物的光合作用，依靠系统内的能量和物质的传递就可以维持系统平衡状态。而城市生态系统不同，消费者的数量远远大于生产者，要维持非平衡的稳定状态，就需要与系统外不断进行能量和物质的交流。

（1）对外部系统的依赖性。城市生态系统不能提供本身所需的大量能源和物质，必须从外部输入经加工，将外来的能源物质转变为另一种形态（产品），以供本城市人使用。城市规模越大，与外界的联系越紧密，要求输入的物质种类和数量就越多，城市对外部能源和物质的接受、消化、转变能力也越强。

城市生态系统除能源和物质依赖外部系统外，在人力、资金、技术、信息方面也对外部系统有不同程度的依赖性，这是解释当今世界各国流动人口在城市中总是大于除城市之外其他人类聚居地的原因。然而，能源与物质对外部的强烈依赖性是城市生态系统中占有主导地位的。

（2）对外部系统的辐射性。城市生态系统除了在能源、物质等方面对外部系统的吸引力外，还具有强烈的辐射力，这即是城市生态系统的辐射性特征。这是因为城市除了是当今世界上人类一个主要的聚居地外，它更是人类一个社会经济载体，城市对人类发展具有重要的无可替代的经济社会作用。当城市在引入外部能源与物质外时，其产品只是一部分供城市中人们使用，而另外一部分却向外部输送，这种向外输送的产品包括经过人工加工改造后能被外部系统使用的能源和物质。

同时，城市也向外部系统输出人力、资金、技术、信息，使得城市外部系统运行也相当程度上表现在城市向外部系统输出的废物这个方面。城市生态系统在输入外部的能源与物质后，经过加工一部分输出为产品，而另一部分为废弃物。

（3）城市生态系统的开放性具有层次性。自然生态系统是一个稳定的能够自养的封闭或半封闭的生态系统，而城市生态系统是一个开放性的大系统，并且城市生态系统开放具有 3 个层次。

第一层次为城市生态系统内部各子系统之间的开放，即各子系统之间的交流。如就经济活动而言，在生产、流通、分配、消费各个环节之间就有密切的交流和开放，否则经济活动就不能维持和发展。

第二层次为城市社会经济系统与城市自然环境系统之间的开放。这主要是指城市社会经济系统要利用自然资源，同时在利用过程中也对自然环境施加各种影响。

第三层次指城市生态系统作为一个整体向外部系统的全方位开放，既从外部系统输入能源、物质、人才、资金、信息等。也向外部系统输出产品和物质以及人才、资金、信息等。

城市生态系统第一层次的开放具有内部性，范围较小；第二层次的开放规模和强度要大于第一层次，但仍具有某些单向性的痕迹；而第三层次的开放具有高强度、双向性及历史性的特征。

4. 高质量性

质量指物体中所含物质的量，亦即物体惯性的大小。城市生态系统的高质量性指的是其构成要素的空间集中性与其表现形式的高层次性。

（1）物质、能量、人口等的高度集中性。城市在自然界只占有很小一部分空间（城市用地面积只占全球面积的 0.3%），却集中了大量能源、物质和人口。大量的能源、物质在城市中高度浓集，高度转化。有人测定城市生态系统内能量转化功率为 $(42\sim126)\times10^7 J/(m^2\cdot a)$，是所有生态系统中最高的。

此外，城市中大量的人口、交通和信息流以及建立的大量的人类技术物质（如建筑物、构筑物、道路、桥梁和其他设施等），也使得城市相对于自然生态系统与外部系统具有鲜明的高度密集与拥挤的特征。城市单位面积上所含有的物质、能量、人口、信息等物质性要素是任何自然生态系统与外部系统无法比拟的。

（2）城市生态系统的高层次性。不仅与自然生态系统相比，而且与渔猎、农业时代的人类生态相比，城市生态系统都处于最高层次的生态系统，这种高层次性体现在以下3个方面：①城市生态系统从发展阶段而言无疑是最具现代化气息与特征的；②城市生态系统的主体——人类具有巨大的创造和安排城市生态的能力；③城市生态系统的构成物质及其运作都体现着当今科学技术的最高水平，科学技术在城市生态系统中起着关键的作用。

5. 复杂性

（1）城市生态系统是一个迅速发展和变化的复合人工系统。与自然生态系统不同，城市生态系统中的这种能源和物质处理能力并非来自自然天赋，而是来自人们的劳动和智慧。在自然生态系统中，以生物和非生物之间关系为主，而在城市生态系统这一"自然-社会-经济"的复合人工系统中，一定生产关系下的生产力起着主导支配作用。在自然规律之下，一种新物种的出现不知要经过多少亿万年，自然生态系统的发展变化，主要表现在生物圈内数量上的增减及在所占地域的扩大或缩小上。而城市生态系统中，随着人们生产力的提高，人们在对能源和物质的处理能力上，不仅有量的扩大，而且可以不时发生质的变化，通过人工对原有能源和物质的合成与分解，可以形成新的能源与物质，形成新的处理能力。在这种情况下，城市内部以及与外部之间的生态关系需要不时加以调整和适应，形成新的生态系统，特别是在生产力高度集中的大城市，随着内外关系的变化，在形成新的生态系统的同时，其覆盖面也越来越大，与自然生态系统相比，城市生态系统的发展和变化不知要迅速多少倍。

（2）城市生态系统是一个功能高度综合的系统。从本质上说，城市生态系统是人类为其生存所创造的一个人工生态系统，它是人类追求美好生活环境质量的象征和产物。城市生态系统要达到这一目标，就必须形成一个多功能系统，包括政治、经济、文化、科学、技术及旅游等多项功能。一个优化的城市生态系统除要求功能多样以提高其稳定性，还要求各项功能协调，系统内耗最小，这样才能达到系统的整体功能效率最高。

6. 脆弱性

（1）城市生态系统不是一个"自给自足"的系统，需要靠外力才能维持。在自然生态系统中能量与物质能够满足系统内生物生存的需要，成为一个自给自足的系统，其基本功能能够自动建造、自我修补和自我调节，以维持其本身动态平衡(图 3.2.1)。

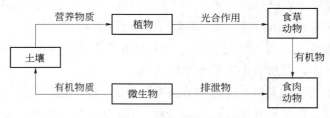

图 3.2.1　自然系统示意图

而在城市生态系统中不能依靠自己内部的能量流动和物质循环来维持系统内生物（尤其是人）的生存，其必须依靠其他生态系统（如农业和海洋生态系统等）人工地输入能量与物质，同时，城市生态系统生活所排放的大量废弃物，远超过城市范围内的自然净化能力，也要依靠人工输送系统输到其他生态系统（图 3.2.2）。

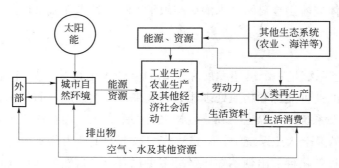

图 3.2.2　城市生态系统示意图

所以城市生态系统需要有一个人工管理完善的物质输送系统，以维持其正常功能。如果这个系统中的任何一个环节发生故障，将会立即影响城市正常功能和居民的生活，从这个意义上说，城市生态系统是一个十分脆弱的系统。

（2）城市生态系统一定程度上破坏了自然调节机能。城市生态系统的高集中性，高强度性以及人为的因素，产生了城市污染，同时城市的物理环境也发生迅速变化，如城市热岛与逆温层的产生，地形的变迁，人工地面改变了自然土壤的结构和性能，增加了不透水地面，从而破坏了自然调节机能，加剧了城市生态系统的脆弱性。

（3）城市生态系统食物链简化，系统自我调节能力小。在城市生态系统中，不但完整的食物网链关系受到破坏，而且使得食物链大大的简化，以人为主体的食物链常常只有二级或三级，即植物-人。作为生产者的植物，绝大多数是来自周围其他系统，系统内初级生产者绿色植物的地位和作用已完全不同于自然生态系统。与自然生态系统相比，城市生态系统由于物种多样性的减少，能量流动和物质循环的方式、途径都发生了改变，使系统本身自我调节能力减小，其稳定性主要取决于社会经济系统的调控能力和水平。

（4）城市生态系统营养关系出现倒置，决定了其为不稳定的系统。城市生态系统与自然生态系统的营养关系形成了金字塔截然不同，前者出现倒置的情况，远不如后者稳定（图 3.2.3）。在绝对数量和相对比例上，生产者（绿色植物）远过少于消费者（城市人类），而一个稳定的生态系统最基本的一点即是要求生产者与消费者在数量和比例上后者要小于前者，这表明城市生态系统是一个不稳定的系统。

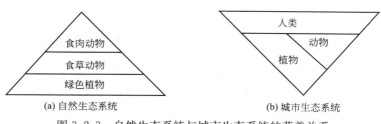

图 3.2.3　自然生态系统与城市生态系统的营养关系

7. 城市生态系统的动态平衡性

由于城市生态系统是城市生命系统与城市环境系统的一种相互协调发展的动态平衡，因此，人类可以运用生态经济规律使城市生态系统内部环境与外界环境之间合理地交换物质、能量和信息，通过系统的自组织能力，使系统从比较不协调发展到比较协调，从无序发展到有序，从低水平发展到较高水平的城市生态系统的平衡。但城市生态系统本身具有一定的负荷能力，如果各种干扰力超出负荷则会破坏系统的生态平衡，这样，只有通过该系统结构的完善和功能的增强以及和其他生态系统的协调来恢复其平衡。因此，城市生态系统具有动态平衡性。

3.2.2.2　特征表现

1. 经济子系统和社会子系统极度发达

城市生态系统为城市居民提供了丰富的物质、精神生活资料，使城市成为人类政治、经济、科技、文化的中心。

从生产角度看，经济子系统和社会子系统极度发达，就是指城市中人类社会的"生产"功能被强化。生产理应包含两方面的内容：一方面是以光合作用为基础的植物的初级性生产和动物的次级性生产，这属于自然属性的生产；另一方面是人类利用自然资源、科学技术和人力资源等进行的社会化大生产，这属于社会属性的生产。在城市生态系统中，为了获取更为丰富的物质资料和更为巨大的经济效益，自然属性的生产被弱化，而人类社会属性的生产则被大大加强。

极度发达的经济子系统和社会子系统在为城市居民带来巨大物质文明和精神文明的同时，也产生了大量污染。这些污染少部分扩散到城市生态系统之外，大部分却在城市生态系统内流动、积聚、扩散。一旦这些污染超过系统本身的自我净化能力，将使城市生态环境不断恶化，严重削弱自然生态子系统的自我平衡能力，进而对经济子系统、社会子系统和整个城市生态系统造成破坏。例如，1952 年伦敦的二氧化硫和烟尘污染，短短四天内就导致 4000 多人受害致死。

2. 自然环境资源有限且人工化

自然环境资源主要包括空气、水、土壤、矿产等。城市作为人类最主要的聚居地，区域小，人口密集，自然环境资源极为有限。城市环境是人工与自然环境的有机结合体，各种自然环境因子都不同程度地受到人为因素的影响，具有一定的特殊性。

在光因子方面，各种建筑又因大小、方向和宽窄的不同而改变了太阳辐射的状况，街道地面和建筑物的反射以及人工光源也对太阳辐射具有一定的影响。

在热因子方面，城市年均气温约比周围郊区高 0.5～1.5℃，无霜期较长，容易产生"热岛效应"。

在水因子方面，由于街道路面封闭，降水几乎全部排入下水道，而不是由植物和土壤吸收，对自然降水的利用率低，使得城市土壤水分平衡经常处于负值，相对湿度和绝对湿度均较开阔的农村地区低。

3. 生态链被极度简化

生物的生存与发展，是以一定的环境资源为基本物质条件的。在城市中，由于环境资源不足，动植物生存空间窄小，生物种群极不发达，生态链被极度简化。

城市的自然植被少，人工绿化用的树木、花卉、草坪占有很大生物量，生态系统"生产者"功能被弱化。野生动物几乎灭绝，"四害"等常见害虫基本被控制在最低的种群数量水平之内，人工饲养的城市动物主要用以食用或观赏，自然"消费者"功能被大为弱化。微生物因普遍使用的消毒方法和日益发达的洗涤技术而基本上与人类的生产生活相隔绝，土壤微生物则因养分元素循环的不畅通而保持在较低水平，自然"分解者"功能同样被弱化。与此相对应，只有人与人之间的生态关系得到了丰富和加强。

城市生态系统中许多生态链锁关系，特别是"还原"性的生态链锁关系被简化、省略，甚至被消灭。其造成的最为严重的后果是容易致使城市生态系统的开放式闭合循环过程被割裂。开放式闭合循环是生态系统的重要特点，其中开放式是指在循环中随时随地都可能进行输出或输入，闭合指的是环环相扣、首尾相接，这是生态系统无废无污的普遍原理，更是生态系统高效和谐运转的基本保证。一旦开放式闭合循环过程被割裂，生态系统中本来不易存在的"废料"就会出现，甚至会逐步形成环境污染。

简而言之，生态链简化的后果是，城市生态系统比自然生态系统更为脆弱，自我调节能力小，更易受到破坏。

4. 以人为主体

人口高度集中，其他生物物种很少，而且是以环境的因素而存在，这是城市生态系统不同于自然生态系统的最重要一点。人的密度大、增长量大、占有的空间不断增大，绿色植物仅占极小的比例，消费者占优势。

自然生态系统能够自给自足，自我维持，呈现植物多、动物少的营养金字塔，而城市生态系统则不同，呈现人口多，动物、植物少的营养倒金字塔。因此，城市里的人与自然生态系统中的生物，在生存生活方式上具有相同和相异的两面性。相同的一面是自然生理生态节律是在生命的长期进化中形成的，不会因为居住环境的改变而迅速改变；不同的一面则是人类可以适当避免自然界风、雨、雷、电及昼夜的干扰而更为舒适地生活。

3.3　城市生态系统的结构

3.3.1　城市生态系统的构成要素

依照"生物及其生态环境构成生态系统"这一生态系统学基本的命题，同时考虑城市、经济、社会要素的生态内涵，可以将城市生态系统的组成要素概括为生命系统和环境系统两部分。

1. 生命系统

城市生态系统中的生命系统由城市人群、自然生物两部分组成，其中城市人群是主体。

（1）城市人群。包括劳动人口、被抚养人口、流动人口三种。其中，劳动人口包括从事第一、第二、第三产业的劳动人口；被抚养人口包括无劳动能力人口、待业人口；流动人口包括业务常住人口、临时出差人口、探亲旅游人口。

（2）自然生物。包括植物、动物、微生物三种。其中，植物包括人工栽培植物、野生植物；动物包括人工驯养动物、野生动物；微生物包括人工培育微生物、自然生存微生物。

2. 环境系统

城市生态系统中的环境系统由市域环境和广域环境组成，其中市域环境可分为市域次生自然环境和市域人工环境。

市域次生自然环境可分为自然要素和自然资源两部分。其中，自然要素包括气候、水文、地质地貌、土壤；自然资源包括太阳辐射、水、土地、岩矿等。

市域人工环境是城市人群对城市生态系统改造、建设和管理的具体反映，可分为物质环境和精神环境两大类。其中，物质环境包括居住建筑、公共建筑、构筑物、市内道路、生产设施、生活设施、技术设施、环境净化设施、资金、加工业产品、生产生活废弃物等；精神环境包括文化、教育、科技、管理、宗教、信息等。

广域环境可分为郊区环境和区域环境两大类，其中，郊区环境包括郊区自然要素、自然资源、对外交通设施、副食品生产基地、后备劳动力、后备建设用地、环境净化设施、资金、信息等；区域环境包括区域自然要素、自然资源、粮食生产基地、经济基础、社会基础、文化基础、市场容量、中心依托效应、管理约束、资金、信息等。

3.3.2　城市生态系统的结构组建方式

生态系统的结构是指系统组成要素在系统一定空间范围内和一定演化阶段内相互联结、发生关系的方式和秩序。城市生态系统的结构组建有 4 种方式。

1. 食物链结构

生态系统中生物之间的食物链关系是其营养结构的具体表现，是系统物质与能量流动的重要途径。在城市生态系统中，人群是最主要、最高级的消费者，位于食物链的顶端。城市生态系统有两种不同的食物链。其一为自然-人工食物链，该链中绿色植物为初级生产者，植食动物与肉食动物分别为一级、二级消费者兼次级生产者，人群是杂食的高级消费者。它们之间的自然的、直接的食与被食量很小，植食动物与肉食动物大部分靠环境系统提供的人工饲料消费，人群直接食用的动、植物也须经过简单的人工加工。其二为完全人工食物链，由环境系统提供的食品、饮用品和药品供人群直接食用。该链中尽管只有一级消费者，但将环境生物转化为食品却须经过复杂的人工加工（图 3.3.1）。

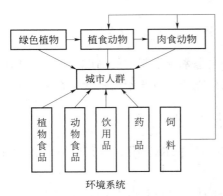

图 3.3.1　城市生态系统的食物链结构

2. 资源利用链结构

人类除了食的消费外，还需大量的穿、住、行，使用消费和文化消费、社会消费等高级消费。正是这种不同于动、植物的社会需求，使城市生态系统产生了任何自然生态都不可能有的资源利用链结构。环境系统提供的各类资源经初步加工后产出一系列的中间产品，再经深度加工后生产出可供直接消费的最终产品，最终产品的一部分存留在市区环境，一部分输出到广域环境。最终产品所利用的资源主要来自广域环境，而市区环境中的水体只提供少部分洁净水，太阳辐射只提供极少量二次能源（图 3.3.2）。

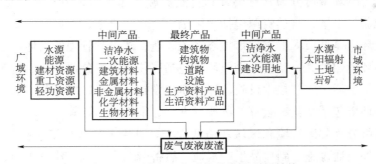

图 3.3.2　城市生态系统的资源利用结构

当然，能源转化为中间产品、中间产品转变为最终产品的过程中都会产生一定量废弃物。经重复利用、综合利用后，部分有价值废弃物可以再次形成最终产品，其余被排泄入市区环境和广域环境。

3. 生命-环境相互作用结构

城市生态系统中的生命与环境之间，各种环境之间，环境各要素之间都存在一定的相互作用关系。其中城市人群与环境之间的关系（即城市人地关系）是此种结构的主要内容（图3.3.3）。在生命系统内部，相对于人群，自然生物实际上也是一种环境。在市区，自然生物的生长、发育和分布在很大程度上是由人安排的，人根据自己的需要，对自然生物或扶植，或引进，或消灭。尽管如此，自然生物反过来却对人做出了巨大贡献，尤其在美化、调节环境和维护生态平衡方面发挥了重要作用。但当人类活动恶性循环，致使自然生物物种失调、数量减少时，就会引起其他循环要素发生变异，从而导致灾难。

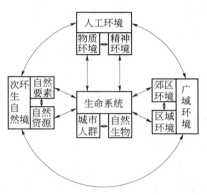

图 3.3.3　城市生态系统的
生命-环境相互作用结构

在次生自然环境中，自然要素是自然资源的母体，自然资源是自然要素中有价值成分。人的活动改变了局部气候、地质基础的土壤结构，人的需要塑造了形形色色的微地形和按人为意愿循环的水系，人的部分生产生活废弃物排入大气、水体、地下。城市自然要素的演变适应了人的生存需要，并发挥了一定的自然净化功能，但人的无理性活动也会招致诸如气候恶化、场面沉降、环境污染等的报复。人口的盲目增加和人的居住地无限膨胀引起大量占用土地、大量消费水源，从而可能导致城市的无序扩展、土地利用结构失调和过量开采地下水等，市区有限的资源实在无力承担人的无理要求。

人工环境是人创造的财富，其中物质环境是基础，精神环境是上层建筑。建筑物、构筑物、道路和设施不仅满足了人类活动的各种要求，它们的空间组合形态也体现了人类完善城市环境的美好愿望。劳动产品是人生产、生活消费的基础，也体现了城市在区域中的实力。资金是人类个体或团体拥有财富的象征，也是人调节经济系统运转的有力工具。但当人处理物质的方式失当时，所引发的物质要素布局不当、基础设施欠账过多，生产力下降、经济结构失调、资金运转不灵、人工净化能力不足等，就可能会导致一系列城市病。人是精神环境的主力军，精神环境反过来又调整人的观念和行为。但精神环境的不完善也会对人产生副作用，如不良文化、教育基础薄弱、科技水平低、管理混乱、信息不畅等，是引发一系列城市问题的重要原因。

在广域环境中，郊区环境是区域环境的内核，区域环境是郊区环境的延展和补充。城市人群的需要规定了郊区的特定功能，并将部分产品，大部分废弃物，以及科技成果、管理效应等输入郊区，促使郊区的经济、社会发展与市区保持相应水平。郊区是城市人群生存的保证，也弥补了市区生态环境的不足。郊区除向市区提供水源、副食品、劳动力、建设用地、对外联系功能、休憩游览功能和自然、人工净化功能外，还发挥着调节市区次生自然环境的重要作用。城区是区域发展的中心，通过向区域输出产品、科技、信息、资金和管理效应等，带动区域经济、社会、文化和科技等全面发展。区域是城市的发展基础，除向城市输入能源、粮食、各种加工业资源、市场需求、人才、信息、资金外，也发挥调节城市环境的作用。区域基础好，城市发展水平就高，城市—区域是一种更大尺度的有机系统。

4. 空间组合结构

城市生态系统组成要素的空间排列组合有两种基本形式：一种是圈层式结构，另一种是镶嵌式结构。圈层式结构以市中心为核心，市区生命系统与环境系统为内涵，郊区环境为中心圈，区域环境为外圈。这种自然形成的自内向外呈同心圈状展示的空间结构形态体现了生命系统与各种要素的内在联系，是人类生存的中心聚居倾向和广域关联倾向的必然结果。

镶嵌式结构有大镶嵌与小镶嵌之分。所谓大镶嵌，是指各圈层内部组构要素按土地利用分异所形成的团块状功能分区的空间组合形态。如在市区和郊区，有以单一要素为主的居住区、工业区、商业区、行政区、文化区、地外交通运输区、仓库区、郊区农业生产区、风景游览区以及特殊功能区等。也有以多种要素组合的工业-交通-仓库区、工业-居住-商业区、行政-居住-商业区、行政-文化-绿化区以及旧城区、新建区等。各区按各自功能特点与要求分布在不同的位置上，形成一幅有规律的块状和条带状空间镶嵌图。所谓小镶嵌，是指各功能分区内部组成要素按土地利用分异所形成的微观空间组形态。例如，在居住区内可由道路或自然、人工界限划分为居住小区、居住生活单元。

3.4　城市生态系统的功能

3.4.1　城市生态系统功能概述

生态系统的功能是指系统内生物与环境相互作用过程中，所发挥的创造物质、自身消费和维护生态环境质量的功效。城市生态系统有生产、消费和还原3种基本功能。

生态系统结构与功能具有相对统一性，结构是功能的基础，功能是结构的表现。城市生态系统通过物质循环、能量流动和信息传递，以生态流的方式，将城市的生产与生活、资源与环境、时间与空间、结构与功能以及与外部环境的关系以人为中心联系了起来。

3.4.2　生产功能

生产是城市生态系统内生物利用营养物质、原材料物质和能量产生新物质与精神，并固定能量的功能，即"同化过程"。该功能有生物性生产和社会性生产两种形式。城市内所有生物（包括人）都能进行生物性生产，绿色植物通过光合作用进行初级生产，绿色植物以后各营养级上的生物通过摄食低级营养物质进行次级生产。生物性生产环节按食物链展开，生产的结果是发育自身、繁衍后代。人的生物性生产具有突出的社会性，其食物来源广且大多加过工，其自身发育周期长且除身体发育外还有智力发育。

只有城市人群才能进行社会性生产。此种生产包括物质生产和精神生产，前者以创造社会物质财富、满足人的物质消费为目的，由少量第一产业人口从事农业采掘业生产，大量第二产业人口从事加工业，部分第三产业人口从事产品流通与服务；后者以创造社会精神财富，完善和丰富人的精神世界为目的，由部分第三产业人口从事教育以造就人才，从事科技以提高物质生产能力，从事文化以传播文明，从事管理以建立秩序等。物质生产通过资源利用链进行，精神生产则是在物质生产实践的基础上，通过人对客观世界的感知（实际上是一种生命-环境相互作用效应）进行的。城市生态系统的生物性生产不同于自然生态系统之处在于生产的人工化，如人工栽培、人工饲养、人工培育等，因而生产效率较高；社会性生产不同于其他人工生态系统之处在于其生产的密集化，如技术密集、资金密集、规模密集等，因而生产效率很高。

在城市内所有生物性消费、绿色植物通过呼吸作用，其他生物通过呼吸、运动、排泄等，消费营养物质和氧气，完成自身的新陈代谢功能。生物性消费与生物性生产同步进行，相辅相成，因而也与食物链关系密切，并产生生命-环境相互作用效应。

3.4.3　消费功能

消费是城市生态系统内生物消费营养物质、产品物质和能量以满足生理代谢与精神生活需要并释放能量的功能，即所谓的异化过程。该功能也有生物性消费和社会性消费两种形式。城市内所有生物都需生物性消费，绿色植物通过呼吸作用，其他生物通过呼吸、运动、排泄等，消费营养物质和氧气，完成自身的新陈代谢机能。生物性消费与生物性生产同步进行，相辅相成，因而也与食物链关系密切，并产生生命-环境相互作用效应。

只有城市人群才有社会性消费需求。此种消费也包括物质消费与精神消费，前者如穿着、居住、行走、使用消费以及对宽敞、优美的生活环境空间需求等，后者如文学戏曲、广播影视、音乐美术、参观游览消费以及对信息和时间的需求等。随着社会的进化，物质消费的重要性与物质消费量已大大超过"吃"的消费，是人的物质生活的主要内容；提供精神消费的媒体越来越先进，人的精神生活也越来越丰富。城市人群的社会性消费是社会性生产的动因和归宿，消费需求越高，生产越发展，生产力水平提高了，消费水平也相应提高。人的生产、生活活动的交替上升，促使城市系统不断地向前发展。

3.4.4　还原功能

还原是城市生态系统内各组成要素发挥自身机理协调生命-环境相互关系，增强生态系统稳定性与良性循环能力的功能。该功能有自然还原与人工还原两种形式。自然还原由生物的分解作用和自然要素的净化作用完成。动植物与微生物通过碎裂、混合、改变物理结构、摄食、排泄和酶化作用等，将复杂有机物分解为简单有机物和二氧化碳、氧气、矿物质等无机物，并将其归还环境，从而使生物与环境间物质与能量交换得以正常进行。分解还原实际上是生产、消费过程中的伴生物，在生物的新陈代谢机能中发挥着重要作用。大气环流对有毒、有害气体和尘埃的扩散，流动水体对废液、废渣的稀释与搬运，土壤对废液、废渣的吸收与分解，以及绿色植物对污染物的监测、吸收、过滤与阻隔等自然净化作用，是还原城市次生自然环境的物理、化学结构，预防、抑制，减轻环境污染的重要因素。

人工还原由合理开发利用资源、防治污染、防抗环境突变等人为作用完成。市区与广域环境中自然资源（尤其是不可更新资源）的保护性开发、计划性开发、综合利用、重复利用以及新资源的开发等，是资源永续利用和城市生态系统正常发挥生产、消费功能的保证。人们运用监测污染源、控制污染、治理污染和制订环保法规等手段，以清除生产、分解生产生活废弃物，改变污染物的有害性质，从而达到净化城市环境的目的。引起洪水、气候恶化、酸雨、地面沉降、疫病等环境突变的原因很多，其中的人为因素越来越突出。因此，提高人的生态意识，约束人的不理性行为，采取生物措施与工程措施以预防环境突变，实乃城市生态系统的重要生存保证，也是现代城市规划的重要内容。与自然还原相比，人工还原是生态系统还原功能的主导。人在发挥还原功能的同时，应注意不断调整生态系统的各种结构关系，尤其要不断完善生命-环境相互作用结构和要素空间组合结构，这样，人工还原功能才能以适度的途径、合理的方式和较高的效率进行。

当然，从以上分析可以看出，城市生态系统功能发挥的动力是系统内外连续的强大的高效率的物质流、能量流等功能流运动。

3.5 城市生态系统的生态流

3.5.1 生态流的概念

生态系统由坦斯利于 1935 年首次提出，指在一定时间和空间内、由生物群落及其环境组成的统一整体，各组成要素间借助能量流动、物质循环、信息传递而相互联系并相互制约，形成了具有自调节功能的复合体。在生态系统中，通常以"流"的形式定量表述各组分之间及其与环境之间不断地进行着物质的、能量的和信息的交换强度。自然生态系统一般被看作相对恒定的，任何新的系统组成都有可能打破原平衡系统的稳态，系统通过"流"（包括路径、方向、强度和速率等）去影响其他组分并进行自我修复。

生态流是反映生态系统中生态关系的物质代谢、能量转换、信息交流、价值增减以及生物迁徙等的功能流，是种群（出生与死亡）、物种（传播）、群落（演替）、物质（循环）、能量（流动）、信息（传递）、干扰（扩散）等在生态系统内空间和时间的变化。生态系统中的生态流可以聚集和穿越生态系统进行水平扩散，但需要通过克服空间阻力来影响并实现与之相联系的斑块之间的相互作用及动态，物质运动过程同时也伴随着一系列能量转化和信息传递过程，物质流可视为在不同能级上的有序运动，它们是生态过程的具体体现。

3.5.2　城市生态系统的物质流

城市是物质流高度密集的地方，是物资生产、流通、消费的热点。城市生态系统的物质流包括自然物质流（水、氧气、土、矿产、木材等）、农产品流（粮食、蔬菜、水果、副食等）、工业产品流（原材料、半成品、成品）及废物流（废水、废气、废渣等）。在进入城市空间的物质之中，一部分流通物质保持原形，返回城外，大多数物质随同城市的各种人类活动发生物理的、化学的变化。城市向外输出的主要是各种加工品、流通商品、固体废弃物、空气（包含污染气体）、废水（含有污染物质）、废热等。

不同规模、不同性质的城市，其物质输入、输出的规模、性质、代谢水平不同，如工业城市输入以原材料、能源资源为主，输出以加工产品为主；风景旅游城市输入以消费品为主，输出以废弃物垃圾为主。

城市物质流的传送方式有以下几种：①借助于各种交通及传递工具运送；②由人或动物运送；③借助于流体移动。城市物质流中变动最快、影响最大的是水、氧气、食物、燃料、建筑材料和纸。

城市物质流的输入输出收支平衡非常重要。凡输入近等于或略大于输出的城市，其规模和内部积蓄量变动较小，维持着相对的动态平衡；输入比输出大得多的城市是发展型的城市；输入比输出小得多的城市，是整体已开始衰落的城市。

3.5.3　城市生态系统的能量流

城市能量流包括自然能和辅助能。诸如太阳能、风能、地球能、生物能、辐射能都属于自然能，而煤、气、油、电等均属于辅助能。城市能量流的运送方式包括以物质为载体、通过电线运送、辐射传播和振动传播等方式。其中以物质为载体的运送方式，是指石油、煤、天然气等化学能源物质的输送。这类运输方式占主要地位，它们通过各种运输工具或管道从外部输入城市，在城市系统内经燃烧改变能源形态加以利用。也有像食品那样经过比较缓慢的反应发出能量的。还有如木材、纸制品等本来不是作为能源的物质，成为废弃物后当做垃圾燃烧而产生热能。

城市生态系统的能量流动过程如图 3.5.1 所示，原生能源是从自然界直接获取的能量，主要包括煤、石油、天然气、油砂、油页岩、太阳能、生物能、风能、水能、潮汐能、核能和地热能等。原生能源中有少数可直接利用，但大多数都需要经过加工后才能利用。

3.5.4　城市生态系统的信息流

生态系统区别于一般物理系统的一个显著特征是其内部有连续的信息积累。城市不

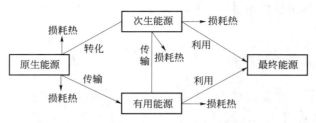

图 3.5.1 城市生态系统能量流动基本过程

只是一个进行物质能量交换的物理实体，更是一个有着自我调节、自我学习、自我组织功能的信息集合体。

1. 城市信息流

城市信息流是通过文字、语言、音像、思维及感觉来传播的（自觉地或不自觉地，系统地或零星地），包括听（会议、谈话、广播、录音、电话等）、读（报刊、杂志、书籍、档案等）、看（电视、录像、参观等）等被动式的传播及想（思考、推理、假设、联想等）、问（问别人、问自己、问计算机等）、写（笔记、文章、文件、著作等）等主动式的传播途径。

城市信息流包括经营信息（生产信息、流通信息）、生活信息（物质生活及精神生活信息）、科技信息（科技情报、期刊等）和社会信息（政治、军事信息）等有商品价值的功能性信息及城市各条条块块间的纵向控制信息（上下级关系、家庭关系等）、横向反馈信息（部门之间、同事之间、亲戚之间以及与城市外部环境之间关系等）等结构性信息。

人是城市信息流的载体，每个城市居民既是信息的源，也是信息的汇，还是信息的加工厂。而每一个家庭、社会团体、企事业单位和学校，则是按照一定信息规则组织起来的信息加工集团。各自通过汲取、加工和传播某些专门信息来维持自身的正常运转和为社会其他部门服务。几千年来，城市消耗了数不清的物质能量，留下的只有各行各业与环境斗争的丰富信息。人类社会的每一项重大变革，都是社会性技术或信息取得重大突破的结果。如此庞杂的信息，若处理得当，可以增加城市生态系统的有序度；若处理不当，失去控制或无组织的信息就不再构成资源而只能成为信息污染或噪音。因此，城市规划、改造和管理的关键就是要理顺信息流的关系。

2. 城市信息与城市发展

城市现代化的程度愈高，信息服务业也就愈发达。因为，当代城市发展规模巨大，来势凶猛，城市建设若无现代化的信息系统加以规划、管理和提供信息服务，是难以设想的。随着全世界城市化进程的加快，城市信息系统也就在 20 世纪 70 年代应运而生了。

城市信息系统涉及城市问题的许多方面。在它的数据库里，储存着从社会经济到自然资源与环境的各种因素；在它的知识库里，储存着应用于规划、建设、管理的各种分析模型和软件。它们服务于城市生态系统的各个层次和阶段，满足规划、建设、管理的各种不同的需求。

20 世纪 80 年代以来，城市信息系统的建设愈来愈受到应用部门的重视。许多现代城市一般从航空摄影测量和遥感着手，解决信息来源和更新，然后积累数据和地图，通过系列图或图集的编制，促进数据的标准化和规范化，以加速城市信息系统的建设。例如，伦敦首先着眼于绿地和环境污染，巴黎着眼于旅游和交通，香港和火奴鲁鲁（檀香山）着眼于地籍管理，洛阳着眼于腹地的地区经济，等等。

3.5.5　城市生态系统的人口流

城市人口流包括人口空间范围内的移动流（市内流动、城乡流动和城市间的流动）和时间范围内的变动流（人口出生、死亡、迁入、迁出的变动及职业、家庭结构的变动等）。城市人口空间流动的主要表现形式是交通流，城市与外部系统之间的人口流是靠公路、铁路、水路及航空等渠道来实现的，其人口流的结构和动态随城市性质、城市吸引力和时间而变化。政治中心城市以行政、外交、公务人员的出差、开会等流动为主；经济中心城市以经营管理人员的业务往来为主；旅游文化城市以游客的观光游览为主；而交通中心城市则以过往旅客的中转逗留为主。

3.5.6　城市生态系统的货币流

货币流是一种特殊的信息流，是城市正常功能的一种最重要的信息流。其中凝聚着各生产部门之间、生产与消费部门之间物质、能量流动的大量信息，反映了产品的价值和需求程度。自有城市以来，货币就一直是维持城市正常功能的一种最重要的信息流。货币资金的流通又称金融。

城市生态系统中的五种生态流，相辅相成、相生相克，是维持城市生态系统活力的基本流。其中任何一种流的阻塞或无序，都会导致城市功能的紊乱。

3.6　城市生态系统服务

3.6.1　生态系统服务的分类

生态系统服务是指对人类生存及生活质量有重要贡献的生态系统产品和生态系统功能，支撑着人类的生存和社会的发展。经济发展、科技进步和人口增长使很多自然生态系统失去了其基本服务和功能。关于生态系统服务的研究已成为当今国际生态学的热点和前沿课题，但我国在这方面的工作起步较晚。

1. 国外分类状况

生态系统提供的服务种类众多，并且各种要素之间联系紧密，相互之间的关系也是复杂多样。因而，国外不同的研究人员和研究机构从不同的关注角度出发，提出了各自不同的针对生态系统服务功能内容的划分标准。康兹坦泽等从生态系统的生产功能、基本功能、环境效益功能以及娱乐价值功能 4 个方面出发，针对地球上主要的 16 类生态系统进行分析，认为全球生态系统服务功能应包括水调节、食物生产、生物控制、侵蚀控制、沉积物保持和休闲娱乐等 17 类，同时还将上述的 17 类生态系统服务功能的价值进行了货币估算。联合国发布的《千年生态系统评估报告》则将生态系统服务功能分为支持功能、供给功能、文化功能与调节功能等 4 类，其划分依据为生态系统与人类获得生态效益的关系，但是该分类方法存在定义过于宽泛的缺点，对一些具体功能的评价难以衡量。

针对国外生态系统服务功能的分类研究成果，就目前来看，国际上应用较为广泛的当属康兹坦泽提出的分类标准，该分类标准被众多学者公认为是在生态系统服务功能研究领域最具有参考价值的研究成果之一，国际上众多相关研究均是参照此分类而进行的。

2. 国内分类状况

对于生态系统服务功能的分类，我国学者也进行了大量研究。欧阳志云等研究认为生态系统服务功能的内容主要在有机质的生产与合成、生物多样性的产生与维持、调节气候、减轻洪涝与干旱灾害、营养物质储存与循环、土壤肥力的更新与维持、环境净化与有害有毒物质的降解、传粉与种子的扩散、有害生物的控制等方面。谢高地等将生态系统服务功能划分为 3 大类，即生活与生产物质的供给、生命支持系统的维持和精神生活的享受，具体包括：①生态系统通过生产功能为人类提供直接商品或有可能形成商品的人类所必需的产品，如食物、木材、燃料等；②支撑和维持人类生存环境和生命支持系统的功能，如气象气候调节、生物多样性、传粉和种子传播等；③为人类社会提供生活休闲和娱乐、共享美学价值的功能，如旅行、钓鱼、捕猎、欣赏自然风光等。

由以上总结可以看出，目前关于生态系统服务功能的分类问题，不管是国内还是国外，都没有一个共识性的分类体系。这是因为生态系统类型多样，同时生态系统服务功能的范围又很难界定，各位学者的立足点或关注角度又有所不同。因而，在实际研究过程中应该根据实际问题来确定生态系统服务功能的内容，以便更好的分析问题和解决问题。

3.6.2 城市生态系统服务的价值类型

1. 直接价值

生态系统服务的直接价值是指可直接计量的价值，主要是生产生物资源的价值。这些资源可在市场上进行交易，如木材、薪柴、建材、药材、肉类、鱼贝类、毛皮等，通常这是唯一可在国家收入账户中反映出来的价值。但是许多时候，收获的这类资源（如村民收获的薪柴之类）常常不拿到市场上销售，而是供自己消费，因而单纯从市场交易额不能判别生物资源的全部价值。在实际计量某一区域的生物资源价值时，需要把全部收获的生物资源都计算在内，用一种假定的市场交易价值来计量它们。

2. 间接价值

生态系统服务的间接价值主要是指生态系统的间接的环境功能价值。这种价值远高于其直接生产可消费生物资源的价值。例如，森林的直接价值（木材）与其间接环境价值（涵养水源、保持水土、防风固沙、改善气候、保护鸟兽、吸收二氧化碳和制造氧气等）之比，美国森林为 1 : 9，芬兰森林为 1 : 3。

生态环境功能的价值计量，多是一种间接的不完全的估量方法。在开发建设活动的生态环境影响评价和生态环境保护中，研究生态环境功能并努力将其定量化，可以明确开发建设者所应承担的责任，以便采取预防或保护性措施。

3. 选择价值

生态系统服务的选择价值是一种未来价值或潜在价值，是难以计量的价值。出于认识上的局限，今天的人类不知道明天会遇到什么问题，需要什么或怎样去满足这些需要，更无法确定哪些是有用的而哪些是无关紧要的。例如，科学家在墨西哥的一座小山上发现了一种被当地人认为是杂草的多年生植物，后来用它杂交出了多年生的玉米。现在，人类种植的作物和饲养的家畜家禽都存在逐步退化的问题，而新品种的培育需要野生物种。生物多样性所提供的选择可能性是人类生存和发展必不可少的。生态系统服务的选择价值将随着人类科学技术的发展而不断提高。

4. 存在价值

生态系统服务的存在价值，也称内在价值，是指仅仅因其存在而显示的价值，是一种几乎无法计量的价值。如荒野地对清除现代人类紧张所发挥的"解痉"作用。生态系统服务的社会文化功能，许多就仅是由于生态系统的存在而产生，是与人类利用无关的价值。在地球各类生态系统中，任何组分都有各自的存在价值，由此才构成生态系统的整体性。

3.6.3　城市生态系统服务功能价值评估方法

1. 市场价值法

市场价值法作为目前在生态系统服务功能评价研究领域应用最为频繁、最易于操作的一种评价方法，主要适用于那些没有费用支出，但存在市场价格的生态系统功能，其主要利用市场来进行生态系统服务功能价值的计算。该方法虽然应用起来比较简单，但也不可避免地存在一些问题。这是因为市场价值法仅仅适用于那些可以通过现有的市场价格进行估算的生态系统产品或服务，但很多生态系统服务功能往往没有市场价格，因此在没有经过利用其他方法或手段进行必要转化之前是无法计算的。此外，该方法在评估过程中还要结合考虑一系列经济指标，因而常常受经济统计资料的限制。运用市场价值法进行生态系统服务功能价值评估通常包括两个步骤，首先是通过定量的方法来估算某一生态系统服务功能的效果，然后再结合现有市场价格来估算所评价生态系统的具体价值量。

2. 边际机会成本法

针对一些较为稀缺的自然资源以及生态资源的价值评估，在实际核算过程中往往要考虑其边际成本，这是因为这些资源的价格往往不是按照它的平均机会成本来计算的，而大多情况下决定于它的边际机会成本，其在一定程度上反映了单位或个人消耗一定量的自然资源或生态资源时社会整体所付出的价值。因而在遇到这种情况时，就要运用边际机会成本法进行生态系统服务功能价值的估算，在研究中指出，边际成本的内容包括边际生产成本、边际使用成本和边际外部成本三部分。边际机会成本法主要是对自然资源价值进行估算时使用，在核算其价值时既考虑了使用者在资源开发时所付出的代价，也揭示了资源开发对他人以及后代人因为不能使用该种资源而为此付出的代价或受到的利益损害。该方法在针对某种资源系统的生态价值估算时，较为全面、客观、准确。但这种方法所适用的生态类型不是很广泛，而且评价时考虑的其他的条件较多，因而具体操作时难度较大。

3. 费用支出法

某些生态系统服务的价值可以通过旅行费用来衡量，例如森林、河流、园林等的休憩和美学价值，因而其在旅行中具体的费用支出可以看做是某一生态系统的生态系统服务功能价值的具体体现。通过这一类生态系统进行娱乐、休闲时，其价值往往通过旅行者在旅行活动中所花费的交通、门票、住宿、餐饮等方面的经济费用来衡量。因而，费用支出法就是从消费者的角度出发来估算消费者为其所消费的具体的生态系统服务而支出的费用，并以此为标准来计算生态系统服务功能价值的一种方法。该方法在评估过程中简单易行，但其评价结果并不是十分准确。由于受到其他因素的影响，这种方法不能如实反映旅行者对于生态系统价值的支付意愿，例如交通便捷程度或距离远近对人们前往该地区意愿的影响。由此可见这种方法并不适用于任意地区，尤其是游客不易到达的区域。它只能评价旅行地的使用价值而不能评价其非使用价值，因而该方法广泛应用的可能性不大，而且其估算结果的精确性也尚需商榷。

4. 条件价值法

条件价值法通常被称为问卷调查法，是指对于某种环境或资源的服务功能或服务价值的具体估算可以通过制定一个涉及场景描述的社会调查问卷来替代。例如，关于某河流水质的调查问卷可能会要求受访者回答其是否愿意支付相关费用来改善河流水质和河水环境状况，从而满足其对游泳、划船和钓鱼等娱乐活动的要求。其核心是直接调查咨询人们对生态服务功能的支付意愿，并以支付意愿和净支付意愿来表达生态服务功能的经济价值。

该方法最大的优点就是其适用于环境物品、自然景观、人文景观以及自然资源等生态系统服务价值的评估，从而解决了那些不能直接通过市场价值法或替代市场技术去评估生态系统服务功能价值的评估问题。但是其缺点是在评价过程中存在较大的主观性，人为参与因素过多，从而导致评估结果的偏差较大，正确性大大降低。

5. 恢复和保护费用法

恢复和保护费用指的是当某种生态系统被破坏后，恢复到原来状态时所需花费，或者为保证某种生态系统不会遭到破坏所需要的花费，因而可以将恢复和保护费用法理解为为了估算保护和恢复某些生态系统的服务功能所需的最少费用的一种估算方法。例如当某一草原生态系统遭到破坏后，即可采用恢复和保护费用法，计算该草原生态系统恢复到原有状态而所需要的费用。

除此之外，生态系统服务功能的评价方法还包括替代花费法、生产成本法、影子成本法等。由于生态系统服务功能的研究内容非常丰富，并且对于生态系统服务功能价值的评估方法也是多种多样，因而在生态系统服务功能具体评价研究中应根据评价对象的特点和研究问题的侧重点来选择适宜的方法进行估算和评价。

第4章 城市生态用地

4.1 国内外土地利用分类体系

4.1.1 国外主要土地分类

各个国家由于其自然环境、发展状况和土地管理政策的不同，土地分类体系也根据目标的差异而各有侧重点。目前为止，国外的土地分类及相关研究中还没有把生态用地作为一项独立和专门的地类提出，但已有土地分类系统（表4.1.1）也体现出较为科学的分类思想，即一定程度上按照受人类干扰程度的强弱，对土地进行科学分类，强调土地的自然生态属性，已经渗透了生态用地的思想。

表 4.1.1　　　　　　　　部分国家及国际组织土地分类体系一级分类

美国（USGS）1976 年	欧盟（CORLNE）1985 年	日本现行分类	联合国（FAO/UNEP-LCCS）1993 年	韩国1993 年	俄罗斯2000 年
城市或建设用地	人工表面	农用地	内地水域	城市用地	农业用地
农业用地	农业用地	森林地	木本沼泽	准城市用地	居民用地
牧草地	森林或半自然区	原野	裸地	绝对农地	专业用土地
森林	湿地	水面	森林和林地	准农地	特别保护区和它的客体用地
水体	水体	道路用地	灌木群落	自然资源保护地	森林资源用地
湿地		宅地	矮灌群落		水资源用地
冰（苔）原		其他用地	草地		储备用地
多年积雪或结冰			耕地		
			建设用地		

德国于1985年制定的土地分类系统就非常重视土地的生态属性，绿地、农林用地、水域、灌溉用地和自然保护用地等地类被单独列为大类。1987年，德国的学者给出了更为

详细的土地分类，其中也将休养与休闲用地、农用地、森林用地、水域用地作为几个大类。美国的土地分类中将城市和城区用地与其他自然土地区别开来，强调了自然和人工区域土地服务功能的差异，但是城市及城区土地中的城市绿地、景观湿地等地类与建筑设施用地相比也具有一定的生态服务功能，是城市生态用地重要的组成部分。欧盟的土地分类中，把以人类活动强烈干扰的地块单独作为"人工表面"提出，但却忽略了人工的一些软化表面（如人工湿地等用地）也能够提供重要的生态系统服务，并且农业用地也是人为形成的地表，应该属于人工表面的范畴，所以这样的分类界定不明确，也没有很清楚地区分生态用地与非生态用地；而且大部分的土地分类体系都是针对全国或整个区域范围，对于城市这种受到人类生产和生活活动强烈干扰的土地利用情况的分类体系还有待进一步建立和完善。

国外在土地利用和城市规划中也开展了许多类似的工作，但是由于国外的分类系统也没有在明确意义上强调土地对人类社会的生态服务功能，无法确定到底城市中保留多少生态用地才能够保障城市正常的自然生态系统服务。因此提出生态用地的概念及分类体系并将其用于现有城市的可持续发展规划中具有重要的现实意义。

4.1.2　国内主要土地分类体系比较

我国第一次农业区划以来，土地分类进行了多次调整，原国家土地管理局、原建设部、农业部等部门按照各自的职能分工和管理需求，分别建立了不同的土地分类体系，见表4.1.2。

表 4.1.2　　　　　　　　　　　国内土地分类体系一级分类

农业区划 I（1981 年）	农业区划 II（1984 年）	中科院地理所分类体系（1983 年）	《城镇地籍调查规程》（1989 年）	《土地管理法》（1988 年）	《土地分类》（2002 年试行）	《土地利用现状分类》（GB/T 21010—2007）	《城乡规划法》（2007 年）
耕地	耕地	耕地	商业金融用地	农业用地	农业用地	耕地	居住用地
林地	林地	林地	工业仓储用地	建设用地	建设用地	园地	公共设施用地
园地	园地	园地	市政用地	未利用地	未利用地	林地	工业用地
牧草地	牧草地	牧草地	公共建设用地			草地	仓储用地
荒原地	居民与矿工用地	水域及湿地	住宅用地			商服用地	对外交通地
城乡居民用地	交通用地	城镇用地	交通用地			工矿仓储用地	道路广场用地
工矿用地	水域	工矿用地	特殊用地			住宅用地	市政公共设施用地
交通用地	未利用地	交通用地	水域用地			公共管理与公共服务用地	绿地
水域		特殊用地	农田			特殊用地	特殊用地

农业区划Ⅰ (1981年)	农业区划Ⅱ (1984年)	中科院地理 所分类体系 (1983年)	《城镇地籍 调查规程》 (1989年)	《土地管理法》 (1988年)	《土地分类》 (2002年试行)	《土地利用现状 分类》(GB/T 21010—2007)	《城乡规划法》 (2007年)
特殊用地 其他用地		其他用地	其他用地			交通运输用地 水域及水利 设施用地 其他用地	水域和 其他用地

从表4.1.2可以看出，我国土地分类中，有根据土地自然属性分类的，有根据土地经济属性分类的，还有根据土地的自然和经济属性以及其他因素进行综合性分类的。由于土地分类标准不统一，城市土地管理势必出现一系列的矛盾和问题。《土地利用现状调查技术规程》规定，土地利用现状按两级进行分类，其中一级类型按土地用途划分为耕地、园地、林地、牧草地、水域、未利用土地等；二级类型按利用方式、经营特点及覆盖特征划分为47类。这种土地资源分类和管理系统以土地资源的人类利用方式为主要依据，没有考虑到土地的生态服务功能，在一定程度上造成了土地资源的过度利用、生态环境用地不足等问题。现行《土地利用现状分类》（GB/T 21010—2007）于2007年8月由国土资源部颁布，是国家标准，在全国范围内统一执行。这一分类体系克服了《全国土地分类（试行）》中的一些问题，把未利用地具体化、明确化，突出了不同土地类型的功能和作用。但这一分类体系是针对全国范围内土地利用类型，不太适用于城市土地的规划和管理。

《城市用地分类与建设用地标准》（GBJ 137—90）（以下简称《分类标准》）于1991年3月1日由国务院和建设部颁布实施，这是国家以行政标准的形式对我国城市用地分类作出统一规定。《分类标准》将城市用地分为大类、中类和小类三个层次，共有10大类、46中类、73小类。为了加强城乡规划管理、协调城乡空间布局、改善人居环境、促进城乡经济社会全面协调可持续发展，2007年10月28日，国家颁布了《中华人民共和国城乡规划法》（以下简称《城乡规划法》），并于2008年1月1日起实施。《城乡规划法》主要根据土地利用的类型和功能，把城市用地分为10个大类。但该项法律的制定同样忽略了土地的生态服务差异，法律中仍存在一些不合理的地方。例如，居住用地中的居民区绿地、公共设施用地中的游乐用地和休闲疗养用地等与绿地相比，同样具有重要的土地服务功能，应该将它们与设施用地区别开来，突出它们的重要性并加以保护和调控。

土地资源利用及其管理问题已成为制约城市与国家可持续发展的瓶颈之一，生态系统的维持和发展，需要有一定的生态用地作为基础，所以在城市规划中必须要考虑到除建设用地之外的另一类土地即生态用地的合理规划，作为城市生态系统的支持和依托，为城市提供有形和无形的生态服务是必不可少的。因此，有必要从城市生态用地的保护和调控入手，建立一套基于城市土地服务功能的土地分类体系。

4.2 生态用地

4.2.1 生态用地概念界定

"生态用地"一词最早由董雅文等于 1999 年提出，随后石玉林在中国工程院咨询项目《西北地区水资源配置与生态环境保护》报告中对生态用地概念进一步加以阐述。由于与土地利用可持续性密切相关，生态用地的研究逐渐引起学者们的广泛关注，主要涉及生态用地的定义、分类体系和空间结构等方面的研究。然而，在国外的土地分类研究中尽管未将生态用地作为一项独立和专门的类型名称加以明确提出，但是在其土地分类体系中已经渗透了生态用地的思想，如欧洲土地利用分类体系中森林和半自然区、沼泽地、水体均具备自然类型的共同特征，不同于人工地表建筑和农业用地两类主要以人类生产或活动为目的的用地。但到目前为止，生态用地的概念和分类在学术界尚未达成共识。

基于国内外诸多学者的已有研究，可以界定生态用地的概念为，生态用地是以保护和稳定区域生态系统为目标，能够直接或间接发挥生态环境调节（防风固沙、保持水土、净化空气、美化环境）和生物支持（提供良好的栖息环境、维持生物多样性）等生态服务功能且其自身具有一定的自我调节、修复、维持和发展能力的人工硬化表面之外，其他能够直接或间接提供生态系统服务的土地。

4.2.2 生态用地分类体系

分类是将对象依据它们之间的相互关系进行排序和重置形成的特定组合。土地分类是对土地类型的划分，既是土地科学的基础任务，又是土地利用现状调查统计、评价和规划的重要环节，更是对土地实施有效管理的前提条件。

1. 已有分类方案

针对生态用地，国内学者从土地的覆盖状况、利用形式、内在功能、主要用途等角度出发，开展了一系列研究并提出众多分类方案，生态用地分类体系得到不断完善，但截至目前，生态用地分类尚未形成统一标准。有的分类体系理论性很强，但实际操作起来难度很大，很难与现行的土地利用检测与管理体系相衔接；有的分类虽然已在区域或城市尺度开展实践，但国家层面的分类系统研究仍很缺乏，已有分类标准和规范的差异性也很大。

2. 统一分类体系

土地是一个具有综合功能的系统，不仅要具有结构上的完整性，还必须实现功能上的连续性。土地系统的生产、生活、生态三大功能相互关联，形成统一整体而不可分割。从区域尺度上看，生态功能为土地系统所固有，是系统维持和发展的基础，也是生产功能、生活功能实现并可持续的前提条件；生产功能是影响土地生态系统服务功能发生转变的触发点；生活功能则主要取决于生产功能和生态功能的平衡关系和管理状况，体现系统综合发展水平。因此，基于生态系统服务的主体功能（价值）进行分类，应成为生态用地分类的基本原则和主要途径。

以生态系统服务主体功能为基础，可将生态用地划分为湿地、森林、草地和其他生态土地 4 个一级类型、19 个二级类型，见表 4.2.1。其中，作为"地球之肾"的湿地，考虑其广义的定义与范围，又细分为沼泽湿地、湖泊湿地、河流湿地、滨海湿地与人工湿地 5 个二级类型；作为"地球之肺"的森林，是地球上最大的陆地生态系统，对维系整个地球的生态平衡起着至关重要的作用，包括天然林和人工生态林，进一步细分为落叶林、阔叶林、混交林、灌木林与人工生态林 5 个二级类型；草地基于其自然属性和植被盖度，可细分为高盖度草地、中盖度草地、低盖度草地和人工生态草地 4 个二级类型；其他生态土地包括盐碱地、沙地、裸岩及裸土地、高寒荒漠及苔原、冰川及永久积雪 5 个二级类型。其他生态土地的生态功能较为脆弱，需要避免人类活动过度干扰，强化自然保留与修复，降低引发生态灾害的风险。在上述分类体系下，湿地、森林、草地统称为基础性生态用地，是具有较强的自我调节、自我修复、自我维持和自我发展能力的土地，能通过维持自身生态结构和功能对主体生态系统的稳定性、高生产力及可持续发展起到支撑和保育作用，对当地乃至区域自然生态环境起到重要的调节作用；其他生态土地则为保全性生态用地，即自身生态系统脆弱甚至生态功能退化的土地，应以生态修复和保护为主，人类活动过度干预会给生态安全带来负面影响。

表 4.2.1 生态用地统一分类体系

一级类		二级类		含义
编码	名称	编码	名称	
01	湿地			指天然或人工，常年或季节性，蓄有静止或流动的淡水、半咸水或咸水的沼泽地、泥炭地或水域
		011	沼泽湿地	地表过湿或有薄层常年或季节性积水，土壤水分几达饱和，生长有喜湿性和喜水性沼生植物的地段，主要包括藓类沼泽、草木沼泽、灌丛沼泽、森林沼泽、绿洲湿地等
		012	湖泊湿地	陆地表面洼地积水所形成的比较宽广的水域，包括永久性淡（咸）水湖、季节性淡（咸）水湖
		013	河流湿地	一定区域内由地表水和地下水补给，经常或间歇地沿着狭长凹地流动的水流，包括永久性河流、季节性或间歇性河流、洪泛平原湿地
		014	滨海湿地	海平面以下 6m 至大潮高潮位之上与外流江河流域相连的微咸水和淡浅水湖泊、沼泽以及相应河段间的区域，主要包括滩涂湿地、河口水域、三角洲湿地等
		015	人工湿地	人工建造和控制运行的与天然湿地类似的地面，主要包括水产池塘、水塘、蓄水区、灌溉地、运河与排水渠等
02	森林（地）			指建群种为乔木、竹类、灌木的连片林，乔木或竹类郁闭度不低于 20%，灌木覆盖度不低于 40%，主要生产木材和木材制品，物种多样性相对较高，生态系统较为复杂
		021	落叶林（地）	落叶林占 2/3 以上，其他林不超过 1/3，树木郁闭度不低于 20%、高度不低于 5m 的天然林地

续表

一级类		二级类		含义
编码	名称	编码	名称	
02	森林（地）	022	常绿林（地）	常绿林占 2/3 以上，其他林不超过 1/3，树木郁闭度不低于 20%、高度不低于 5m 的天然林地
		023	混交林（地）	常绿林和落叶林均在 1/3 和 2/3 之间，无明优势群，树木郁闭度不低于 20%、高度不低于 5m 的天然林地
		024	灌木林（地）	灌木覆盖度不低于 40%、高度一般在 5m 以下的天然林地
		025	人工生态林（地）	人工栽培的，用于生态保护、绿化、休闲等目的林地
03	草地			指由草本群落组成，以旱生、多年生丛生禾草、杂类草为主，覆盖度在 5% 以上的土地
		031	高盖度草地	覆盖度大于 50% 的自然-半自然草地
		032	中盖度草地	覆盖度在 20%～50% 的自然-半自然草地
		033	低盖度草地	覆盖度在 5%～20% 的自然-半自然草地
		034	人工生态草地	人工栽培的，用于生态保护、绿化、休闲等目的草地
04	其他生态土地			指除湿地、森林（地）、草地以外的其他生态用地
		041	盐碱地	表层盐碱聚集，只生长天然耐盐植物的土地
		042	沙地	表层为沙覆盖，基本无植被的土地，包括沙漠，不包括水系中的沙滩
		043	裸岩及裸土地	表层为土质，基本无植被覆盖的土地，以及表层为岩石或石砾、覆盖面积不低于 70% 的土地
		044	高寒荒漠及苔原	大陆性高山和高原上的荒漠及冻土地区
		045	冰川及永久积雪	表层被冰雪常年覆盖的土地

4.3 城市生态用地

4.3.1 城市生态用地的概念及内涵

城市是一类以人类活动为主导的"社会-经济-自然"复合生态系统，城市土地具有物理属性、生态属性、社会属性和经济属性，它是人类社会经济活动赖以生存的载体，也是提供自然生态服务的基础。生态用地是城市复合生态系统的重要组成部分，具有十分显著的生态服务功能。城市生态用地是保障城市社会经济持续发展和居民生活质量不断提高所必需的供给、支持、流通、调节、孕育等基本生态服务功能的最小用地，不但与城市所处的地理位置、自然资源种类、气候、土壤、地质等自然条件有关，而且取决于城市的发展水平、发展定位和城市中人群对生活质量的要求。随着城市化进程的加速，建设用地需求日益增加，各类用地之间矛盾愈加严重，生态用地不断遭到侵占，导致了土地生态系统服务功能的衰退。因此，保护生态用地，逐步恢复生态破坏严重地带，退还自然生态用地，不仅能够使土地生态服务得到有效保障，而且对于土地生态系统平衡，形成生态安全格局有着十分重要的作用。

4.3.2 城市生态用地的功能分类

1. 服务型生态用地

服务型生态用地是指地块功能是以为人群提供生态服务为主导功能的生态用地，该地块主要强调为城市人群提供特殊的生态服务，以及保持一定的景观效果，其综合生态功能相对较弱，系统也相对欠稳定，一般需要借助外力维持。城市中的人造生态单元绝大部分属于这种类型。这一类型的生态用地主要有居民区和工厂的绿地、道路两旁的绿化带、城市周边的防沙、防风林带，高速公路和铁路周围减弱噪声的防护林带，海岸的防潮林带，城市广场绿地，人工湖等。服务型生态用地有着明显的社会属性，它与城市的发展水平和人群对生活品质的要求是息息相关的，处于不同发展水平的城市对服务型生态用地的要求有着较大的差别。所以在某种程度上来说服务型生态用地的规模是不确定的，是可以随着城市的发展水平和人们生活要求的不同在一定范围内调整的。

2. 功能型生态用地

功能型生态用地是指地块功能是维持城市中自然或半自然生态系统稳定的生态用地，其支撑的生态单元与服务型生态用地相比，除具有生态服务功能外，结构更为完整，与外界的连通性更好，物质和能量交换的途径更为通畅，在自然或半人工控制的条件下能够稳定发展。功能型生态用地绝大部分为城市中的天然生态单元，主要包括城市范围内的自然保护区、天然河道、湖泊、湿地、城市范围内大面积、成规模的林地、草地等。

功能型生态用地是衡量城市生态环境好坏的决定因素，是维持整个城市生态环境的基础。它与城市的气候、土壤、水文、地形、地貌等自然条件密切相关，是在原有自然环境的基础上发展起来的，它的演化和发展主要还是遵循自然规律，具有鲜明的自然属性。相对于服务型生态用地，功能型生态用地的规划要固定一些。

4.3.3 城市生态用地的服务功能

城市生态用地是城市中重要的自然组分，既对城市生态环境质量的好坏起着至关重要的作用，又是保障高密度城镇居民身体健康及高质量精神生活的重要组分。城市生态用地服务功能主要体现在以下几个方面。

1. 供给功能

城市的运转离不开水、土地、能源的供给，城市生态用地作为这些资源的直接供给，在城市运转中承担着极其重要的作用。市域范围内的河、湖、海常作为居民生活用水、工业生产用水和城市生态用水的水源，有效地缓解了城市缺水问题。土地作为城市建设的基底，为城市建设发展提供了原始资源。森林、耕地、海域产出的丰富的物产资源，提供了城市居民活动正常进行所必需的基本生活条件。实验表明：为每个城市居民提供呼吸所需氧气需要 $10m^2$ 左右的森林面积（或 $25m^2$ 左右的草地），如果考虑城市中大量石化燃料燃烧时的耗氧量，为维持二氧化碳与氧气的平衡则需要人均 $30\sim200m^2$

的森林面积。

2. 生态功能

城市范围内各类型的生态用地对于局部气候的调节、大气的稳定、水土的保持、环境的净化、灾害的减缓、维持物种的多样性和碳氧平衡等方面有着极其重要的作用。城市绿地在降温增湿、遮阴、防风等诸多方面的功能可以调节和改善城市小气候；城市河流、湖泊等水域具有高热容性和流动性，加之河道风的流畅性，可以有效地调节城市小气候，增湿降温，同时市域内的河湖以及湿地等对防洪除涝也起着重要的调节作用。无论是水体还是森林绿地等各类城市生态用地都有很强的净化功能，通过生物和化学过程有效降解和转化各种污染物，改善水体、大气质量，净化城市生态环境。同时，城市各类生态用地也为动植物的繁衍提供了庇护场所，为城市生物多样性的保持提供了基础空间。

3. 景观功能

钢筋水泥构成的城市，硬质景观充斥着整个城市空间，难免使人感到枯燥与压抑。城市各类生态用地与其他景观设施组合形成丰富多变的审美元素，将人为美与自然美完美结合，相得益彰，尽显城市独具韵味的美感。城市中的绿地、水体以其活泼、多变、灵动的景观成为构成丰富城市景观的重要因素。远景中的山体绿化、滨水绿化等可以构成城市景观的背景和天际线轮廓；树木茂盛的林荫道形成了城市街道中的绿色景观；城市开敞空间上的绿化景观，建筑物旁的植物配置均可以成为城市景观的焦点或衬托景观焦点的环境；城市中的河流、湖泊等水体均是城市中最具有灵气的自然资源和珍贵的景观元素。城市生态用地的合理开发利用，可以极大地提高城市的文化品位和景观多样性。同时，各类生态用地相互交错，互成网络，构成市域乃至区域水脉贯通、绿荫连片的景观。

4.4 城市生态用地规划

4.4.1 城市生态用地规划的一般原则

1. 服务型城市生态用地规划的一般原则

服务型生态用地的规划，主要目的是满足人群对水、气、声等环境要素以及景观、休闲等活动需要。在做规划时，首先要调查和预测居民潜在生态需求愿望，重点污染源的分布情况，预测潜在污染源的分布和影响，然后结合现有的土地利用情况，基于科学依据做出相应的规定。这其中，具有防尘、防噪声、防潮等防护功能的生态用地规划是建立在实验科学的基础上，具有一定的刚性，各地差别不大。例如，几乎所有城市都规定新建产生有毒有害气体的工业项目应设立宽度不少于 50m 的防护林带，对于高速公路、铁路两侧绿化带的要求，各地也相差不大（20~30m）。而居住区绿化面积、城市人均公共绿地面积，城市绿地覆盖率等反映城市人居环境的指标则主要与城市的发展水平和实际土地利用情况有关。一般来说，发展水平较高、人口密度较小的城市这些指标要相应高一些。

　　市区内的广场绿地、人工湖、公园等公共绿地的布设，与城市发展水平和自然条件密切相关。一般来说，发展水平高、人口密度低的城市，公共绿地面积要大一些，而由于该类型生态用地主要以提供景观和休闲服务为主，所以对绿地斑块的面积大小和连通性并没有特殊的要求，但对于绿地斑块分布的均匀度要求较高，也就是要保证绿地斑块在城市范围内均匀分布，使市民能以最短的时间内接近。绿地斑块的分布可以利用景观斑块最小距离指数分析，景观斑块最小距离指数是用景观间的距离来构造的指数，是用来检验景观斑块是否服从随机分布。同时，也可用来反映景观斑块集聚程度和分离程度，是用来测度景观空间格局的重要指数之一。

　　景观斑块最小距离指数采用式（4.4.1）进行计算。

$$NNI = \frac{MNND}{ENND} \tag{4.4.1}$$

式中：NNI 为最小距离指数；$MNND$ 为斑块与其最近相邻斑块间的平均最小距离；$ENND$ 为在假定随机分布条件下 $MNND$ 的期望值。

　　$MNND$ 和 $ENND$ 的计算式见式（4.4.2）和式（4.4.3）。

$$MNND = \frac{\sum_{i=1}^{n} NND(i)}{N} \tag{4.4.2}$$

$$ENND = \frac{1}{2\sqrt{d}} \tag{4.4.3}$$

$$d = \frac{N}{A}$$

式中：$NND(i)$ 为斑块 i 与其最近相邻斑块间的最小距离；d 为景观里给定斑块类型的密度；N 为给定斑块类型的斑块数；A 为景观总面积。

　　若 NND 的取值为 0，则格局为完全团聚分布；若 NNI 的取值为 1，则格局为随机分布，若 NNI 取其最大值 2.149 时，则格局为完全规则分布。所以在做城市绿地规划时，可以计算不同规划方案间的最小距离指数，其值越大，绿地分布越均匀，也就越符合条件。

2. 功能型生态用地规划的一般原则

　　功能型生态用地规划的主要目的是维持和改善城市的自然和半自然生态系统，主要突出保护和维护的原则。城市范围内的自然保护区，有特殊意义的自然遗迹以及具有重要生态意义的地块在城市规划中属于严格保护范围，如我国拉萨拉鲁湿地自然保护区、香港米埔自然保护区、北京香山公园、广州越秀山、杭州西湖，以及新加坡武吉知马自然保护区等，都属于这一类型。

　　除了以上特殊区域外，绝大部分功能型城市生态用地是城市范围内的天然河道、湖泊、湿地以及林草地，按其性质不同，这部分地块可以分为陆地和水域两部分。尽管它们对维持城市生态系统稳定和发展具有重要意义，但在实践中经常被当做未利用荒地，成为城市扩张中首先被挤占的对象，所以在城市规划中如何确定这部分生态用地就显得尤为重要。依据景观生态学相关原理，保持一定的地块范围和地块之间足够的连通性是维护生态系统稳定的关键因素。水域规划（包括湖泊、河流、湿地）包括水体和水岸两部分，水体规划相对固定，而对水岸带的界定却存在着很大的争议。水岸带是与水体相邻的水陆交错带生态系统，它的植被群落和动物群落组成与高地有明显差别，主要生态功能包括增加物种多样性、相邻地区之间物质和能量的交换、为生物提供分散和迁移的路径，同时还具有保护水质、稳固堤岸、削减面源污染等环境功能，被称为水岸缓冲区，不同的生态环境服务功能对其宽度有不同的要求。

水岸缓冲区完成各种生态功能所需的宽度有着明显差异。在城市中，地表径流绝大部分通过市政管网收集，面源污染远低于纯农业区，而城市水岸缓冲区的生物多样性也远低于自然状态的河流。基于以上分析，认为城市规划中水岸缓冲区的单侧宽度如果在10~50m 范围内（具体可以根据水体宽度调整），即可以控制通过面源方式进入水体的污染物，保护依水而居的小型动物和鸟类。生物多样性高的自然河流和具有防洪功能的河流缓冲区，可以依据需要，适当加宽。

对于城市陆域范围的林草地来说，虽然学术界的共识是林草地块面积越大，其生态功能越强，系统越稳定，但由于物种和自然环境的差异，目前对于其最小规划面积还没有一统一的标准。而且由于受到各方面的压力，在城市中保留大面积的林草地相对比较困难。在这种情况下，建设生态廊道，保持地块之间较好的连通性在城市生态用地规划时就显得更为重要。水网和林草带是目前城市中最基本的生态廊道形式，其连接度可以用式（4.4.4）及式（4.4.5）来计算。

$$r = \frac{L}{3(V-2)} \tag{4.4.4}$$

$$a = \frac{L-V+1}{2V-5} \tag{4.4.5}$$

式中：r 为连通性指数；L 为连接廊道数；V 为节点数；a 为环度。

当 $r=1$ 时，表示所有节点都连通；当 $a=1$ 时，表示廊道网络具有最大的环路数。r 和 a 值越大，表明各生态单元间连通性越好，物种迁移可供选择的通道越多，各生态单元间的物质交换和能量交换更容易实现。

4.4.2　城市生态用地规划方法

4.4.2.1　中心城区生态用地定量规划

在中心城区尺度下，生态用地的主体是城市绿地系统和城市水系，因此在对城市生态用地进行定量规划时，需要根据不同类型依据相关标准分项确定。

城市绿地系统规划指标需满足基本规定如《城市绿化规划建设指标的规定》，并努力达到《生态县、生态市、生态省建设指标》和《国家生态园林城市标准》等较高要求。城市水系则需要在保持自然水系状态的前提下，符合《城市水系规划导则》中对城市水面率的要求及《城市蓝线管理办法》中对水系的规划管理要求。

4.4.2.2 市域生态用地定量规划

在市域尺度下，生态用地数量不仅要满足其生态功能和生态效益，同时也要考虑社会经济的约束和限制。因此定量规划中需对全部土地类型进行统一优化分析。

市域尺度下的生态用地定量规划可采取以下三种方法综合分析确定。

（1）与其他地区生态用地建设经验比对，可借鉴生态建设较先进城市的成功经验，参考其生态用地面积比例。

（2）采用土地利用结构数量优化方法，其主要包括土宜法、综合平衡法和模型法。以模型法中的线性规划模型为例，该模型应充分考虑方案的社会、经济、生态综合效益和各种限制因素，设置模型参数、变量、目标函数、约束条件，运用线性规划软件编程求解，可得到数量优化方案。

（3）情景分析，根据生态重要性综合评价结果提取不同比例生态用地做情境分析，分析不同情境下生态用地的空间结构及生态功能，确定适宜的生态用地数量既利于较好地开展生态环境保护和生态建设工作，又可满足未来社会经济发展对土地资源的需求。

4.4.2.3 城市生态用地空间规划

1. 中心城区生态用地空间规划

在中心城区尺度下，生态用地空间规划主要结合景观生态安全格局的规划方法，在景观生态分析和评价结果的基础上，依据景观生态规划自然性、异质性和多样性的原则，探讨景观的最佳结构，构建"点线面"相结合的生态用地系统，优化城市景观生态格局，以达到调控生态过程、提升生态品质的目的。

中心城区生态用地规划主要包括以下几个步骤。

（1）辨识重要生态源，构建面状生态用地。对现有功能重要或面积较大的绿地和水域以及生态脆弱区进行提取，作为重要的生态源，构建面状生态用地。提取生态源的核心区，利用最小累计阻力模型（MCR）进行水平格局分析，根据最小累计阻力确定缓冲区。

（2）建立生态用地网络，构建线状生态用地。结合城市水网和路网，构建生态水系、水系缓冲带和交通缓冲带，形成生态用地网络，提高生态用地的景观连通性。水系缓冲带和交通缓冲带应结合水体和道路的位置、规模和等级，生态功能的种类和重要程度以及城市规划相关要求进行宽度的划定。

（3）提取关键节点，构建点状生态用地。点状生态用地主要提供休闲娱乐功能，服务区和生态用地整体的景观可达性是重要的影响因素。利用 ArcGIS 软件的缓冲分析功能分析处于现状公共绿地服务半径的区域，提取服务盲区，结合现状，确定关键节点，在关键节点处规划小型公共绿地，使其分布趋向合理。

（4）生态用地分类。对构建的城市生态用地系统按其重要程度及需要保护程度分类，并提出相应的空间管制与生态建设措施。

2. 市域生态用地空间规划

市域生态用地空间规划利用景观生态规划的理论和方法，以福曼的"集中与分散"

景观格局思想为指导，采用"千层饼"规划模式与水平格局分析相结合的方法。市域生态用地规划主要包括以下几个步骤。

（1）提取特殊生态用地。特殊生态用地主要包括自然保护区、水源地保护区、水体和交通缓冲区等可以直接确定的强制性保护生态用地。这些地区都是生态重要性极高的地区，现有的保护范围一般具有法律效力，因此可以直接提取作为强制性保护生态用地。

同时结合市域水系和主要公路，构建水体缓冲区和公路防护林带，在保护水环境和减缓交通污染胁迫的同时，提高生态用地的景观连通性。

（2）生态重要性综合评价，构建生态重要性综合评价指标体系，进行生态重要性综合评价。根据市域生态用地的内涵，评价指标体系主要包括生态服务功能重要性和生态敏感性两方面，综合参考相关研究，以综合性、层次性、科学性、实用性和指标的可获取性为原则确定具体指标，并采用层次分析法（Analytical Hierarchy Process，AHP）和专家打分法确定各指标的权重。最终以 ArcGIS 软件为技术支持，采用加权叠加进行综合评价，并进行生态重要性综合评价分级。

（3）生态用地空间提取。基于已提取的特殊生态用地、生态用地数量规划确定的阈值、生态重要性综合评价和生态用地连通性，提取并构建完整的生态用地系统。

（4）生态用地分类。根据生态重要程度及敏感程度进行分级分类，并提出相应的空间管制与生态建设措施。

4.4.3　城市生态用地管理

1. 法律监督

加强土地利用的监督，特别是基本生态用地的监督。土地利用分类系统中需加入城市基本生态用地一类，土地管理法要求有明确的基本生态用地保护法律。当前任何城市开发用地应进行土地生态评价，确保开发后的土地基本生态功能至少不能小于未开发状态下的水平。由相关的土地生态审计部门进行定期的土地审计和评估。

2. 政策补偿

对基本生态用地的使用单位进行一定的经济补偿用以维持相当的生态服务功能水平。鼓励单位发展城市农业，国家对城市农业加大补贴力度，当面对粮食安全受到威胁的情况下，城市农业将会成为不可或缺的生产组成部分。积极引导城市房地产开发，集约化使用土地。生产力高的土地拒绝开发，生产潜力低但是具有良好生态服务的土地开发后，房地产开发单位必须有生态补偿措施对生态服务功能的丧失予以补偿，包括采用生态工程的手段集约化利用土地，恢复原有土地所具备的生态服务。以"谁开发，谁负责：谁补偿，谁受益"为宗旨，进行土地开发。

3. 技术支持

技术上积极发展城市立体农业、立体绿化。当前城市房地产业的发展，占用大量的土地，土地生态功能严重衰退，城市生态活力和弹性减小，遏制当前的趋势势在必行。

现代科学技术完全能支持发展城市立体农业和绿化，包括垂直绿化、屋顶农业、屋顶绿化、地下空间的开发等，这些作为城市开发的生态功能补偿机制和手段，在不久的将来将会对基本生态用地功能的丧失起到积极的补偿作用。

4. 空间管制与生态建设

生态用地规划的目的与最终落脚点是对其进行空间管制及生态建设，空间管制目的是对其进行保护，保持现有的生态功能，而生态建设旨在提升其生态环境质量，尤其是敏感性较高的生态用地，从而改善区域生态安全格局，提高区域生态安全性与稳定性。

城市生态用地主要由城市绿地和水系构成，管制措施可依据《城市绿线管理办法》《城市蓝线管理办法》等相关法规，对城镇建设行为的管制可参考《城市规划编制办法》中提出的"四区"空间管制。生态建设主要体现在城市绿地的品质提升与新建、城市水系的综合整治等。

4.5   城市基本生态控制线

随着我国城市化脚步的加快，在经济飞速增长的同时，建设用地以惊人的速度不断扩张，城市生态资源和生态格局遭受破坏，城市组团间的绿化隔离带逐渐被蚕食，城市以"摊大饼"的方式无序蔓延。为了防止城市生态环境的进一步恶化，我国多个城市开展了基本生态控制线的划定工作，作为控制城市非建设用地、保护城市生态资源和生态格局的重要实践手段。

4.5.1   基本概念及意义

生态控制线是为了保障城市基本生态安全，维护生态系统的科学性、完整性和连续性，防止城市建设无序蔓延，在尊重城市自然生态系统和合理环境承载力的前提下，根据有关法律、法规，结合城市实际情况划定的生态保护范围界线。

生态控制线的划定，可以保护城市基本生态环境，维护城市组团结构，对城市有限的土地资源进行强制性保护，从而缓解城市生态资源面临的巨大压力。违规使用生态控制线内的土地，会破坏城市生态系统的完整性，对城市生态环境造成污染。生态环境一旦遭到严重的破坏，就很难完成治理甚至不可逆转。因此，对生态控制线内的违规用地进行动态监测与预警是城市生态管理的重要工作。

4.5.2   基本生态控制线的范围

基本生态控制线内的土地主要是有关法律、法规和规范中明确的必须保护的土地，小部分是城市规划中为保持城市布局结构的合理性而确定的需要加以控制的土地。具体由以下几类土地叠加而成：

（1）一级水源保护区、风景名胜区、自然保护区、集中成片的基本农田保护区、森林及郊野公园。

（2）坡度大于 25% 的山地、林地以及区域内海拔超过 50m、区域外海拔超过 80m 的高地。

（3）主干河流、水库及湿地。

（4）维护生态系统完整性的生态廊道和绿地。

（5）岛屿和具有生态保护价值的海滨陆域。

（6）其他需要进行基本生态控制的区域。

4.5.3 控制与建设要求

除下列情形外，禁止在基本生态控制线范围内进行建设重大道路交通设施、市政公用设施、生态型农业设施、旅游设施、公园、军事、保密等特殊设施。

生态控制线内已建合法建筑物、构筑物，不得擅自改建和扩建。基本生态控制线范围内的原农村居民点应依据有关规划制定搬迁方案，逐步实施。确需在原址改造的，应制定改造专项规划，经规划主管部门会同有关部门审核公示后，报政府批准。

4.5.4 生态控制线与其他规划控制线的区别

生态控制线是为保障城市基本生态安全，维护生态系统的科学性、完整性和连续性，防止城市建设无序蔓延，在尊重城市自然生态系统和合理环境承载力的前提下，根据有关法律、法规，结合城市实际情况划定的生态保护范围界线。

城市绿线指城市各类绿地范围的控制线。城市绿地是指自然植被和人工植被为主要存在形态的城市用地。包含两个层次的内容，一是城市建设用地范围内用于绿化的土地；二是城市建设用地之外，对城市生态、景观和居民休闲生活具有积极作用、绿化环境较好的区域。部分城市绿线属于生态控制线。

城市蓝线指城市规划确定的江、河、湖、库、渠和湿地等城市地表水体保护和控制的地域界线。包括河道水体的宽度、两侧绿化带以及清淤路。根据河道性质的不同，城市河道的蓝线控制也不一样。城市蓝线基本上都是生态控制线。

城市紫线指国家历史文化名城内的历史文化街区和省、自治区、直辖市人民政府公布的历史文化街区的保护范围界线，以及历史文化街区外经县级以上人民政府公布保护的历史建筑的保护范围界线。对于文物保护规划中的园林、水系、古树名目等保护区属于生态控制线的内容。

第 5 章 城市景观生态

5.1 基本概念

5.1.1 景观

景观在美学上的意义，与风景相同。景观在汉语中的意思指某地区或某种类型的自然景色，也指人工创造的景色。景观一词的英文为"landscape"，来源于"land"加上词根"–scape"，使得一个具象的名词转为抽象的名词。在现代英语中，画家用它形容大地景观，而不是大地本身。

地理学上的意义，将景观作为地球表面气候、土壤、地貌、生物各种成分的综合体。在 19 世纪，地理学家用它去形容地形演化的最终结果。根据这一词源的历史，我们可以将这一词用于形容一种特别的景观对象。

景观生态学上的意义，景观是空间上不同生态系统的聚合。一个景观包括空间上彼此相邻、功能上互相联系、发生上有一定特点的若干个生态系统的聚合。从结构上而言景观是若干生态系统组成的镶嵌体，从功能上来说景观是各生态系统相互作用的产物。景观的形成主要受两方面的影响，一是地貌和气候条件，二是干扰因素。福曼在《景观生态学》中提出，景观是以类似方式重复出现的相互作用的若干生态系统的聚合所组成的异质性土地地域，并指出景观的 4 个特征：①生态系统的聚合；②各生态系统之间和物质能量流动的相互关系；③具有一定的气候和地貌特征；④与一定的干扰状况的聚合相对应。

景观的特征与表象是丰富的，人们对景观的感知和认识也是多样的。因此，对于景观不同学科有着不同的理解，甚至在同一学科中也长期存在着不同解释。通常我们对景观可以作如下理解：①景观由不同空间单元镶嵌组成，具有异质性；②景观是具有明显形态特征与功能联系的地理实体，其结构与功能具有相关性和地域性；③景观既是生物的栖息地，更是人类的生存环境；④景观是处于生态系统之上，区域之下的中间尺度，具有尺度性；⑤景观具有经济、生态和文化的多重价值，表现为综合性。

5.1.2　景观要素

景观是一个由不同生态系统组成的镶嵌体，其组成单元则称为景观要素。按自然环境或立地条件划分的单元称为景观成分，按人类活动的影响（如土地利用方式）划分的单元称为景观要素。景观和景观要素的概念既是本质区别的，也是相对的。景观的概念强调的是异质镶嵌体，而景观要素强调的是均质同一单元。景观和景观要素这个地位转换反映了景观问题与时间空间尺度问题密切相关。如村庄、农田、牧场、森林、道路和城市的异质性地域称之为景观，它们每一类即为景观要素。

按照各种景观要素在景观中的地位和形状，将景观要素分为斑块、走廊/廊道、本底。斑块（patch）是在外貌上与周围地区（本底）有所不同的非线性地表区域（最小景观单元）；廊道（corridor，也称为走廊）是与本底有所区别的带状土地；本底（matrix）是面积最大、连接度最高且在景观功能上起优势作用的景观要素类型。

1. 斑块

斑块又称为"拼块""饼块体""嵌块体"，等等。一般认为，斑块是一个在外观上与周围环境明显不同的非线性地表区域，实质上都是指组成景观的基本要素，即景观基本的单元，这些基本单元应是均匀的。

按照起源和类型，可将斑块分为干扰斑块、残余斑块、环境资源斑块、引入斑块四种类型。

在一个本底内发生局部干扰，就可能形成一个干扰斑块。干扰斑块和本底是动态的关系，是消失最快的斑块类型，斑块周转率最高，存留时间最短。但如果是慢性干扰，它的存留时间较长。干扰斑块存留时间的长短还要看斑块的具体类型。单一干扰能使一些原有物种灭绝速度以及新迁入物种的迁入速度大幅度增加，而后逐渐下降，最后斑块消失。

周围的土地受到干扰可以形成残余斑块。残余斑块的成因和干扰斑块相同，都是天然或人为造成，不过地位不同，结果也有所不同。长期的干扰和人类强烈的干扰也会形成残余斑块，例如被农田或城市包围的小片林地就属于残余斑块。干扰消失后，在自然界同化的作用下，干扰斑块将很快融合在基质中。一个残余斑块，如火烧迹地，尽管在外表上与干扰前的森林类似，实质上是不一样的。生物种的活动范围小了，食物种类少了，因为在演化的过程中，有些物种在干扰中淘汰掉了。这些种的重新进居取决于很远的种源，因而恢复很慢。

环境资源斑块起源于环境的异质性，例如长白山植物垂直分布、森林中的沼泽、沙漠中的绿洲月牙泉（沙漠第一泉）等。环境资源斑块具有以下 3 个特点：①在环境资源斑块和本底之间，生态交错区较宽，即两个群落的过渡比较缓慢；②环境资源斑块与本底之间因为受环境资源的制约，边界比较固定，周转率较低；③种群变动、迁入、灭绝变化水平低。

当人们向一块土地引入有机体，就会造成引入斑块。引入的物种可以是植物、动物或人。如果引入的是植物，如农田、树林、草地，则称之为种植斑块；引入斑块的另一种类型就是聚居地，是由于人为干扰造成的。

2. 廊道

景观中的廊道是与两边本底有显著区别的狭带状土地，既可以是一条孤立的带，也可能是某种类型斑块的连接带。廊道是斑块的一种特殊形式，高速公路、传输电缆、河流、树篱等廊道形式较为常见，目前尚没有一个公认的定量标准来区别廊道与斑块。一般来说，长宽比在10～20之间、分割景观，又连接斑块的斑块，可认为是廊道。

廊道的功能具有双重性：一方面，它可以将景观的不同部分分割开来；另一方面，它又将景观中某些不同的部分连接起来。这两方面的功能是矛盾的，但却集中于一体，区别在于作用的对象不同。廊道还具有运输、保护资源和观赏的功能。运输的功能是显而易见的，铁路、公路等是人与物在景观中移动的通路。对于被廊道隔开的景观要素而言，它又是一个障碍，因此廊道可以起到保护的作用。例如，举世闻名的万里长城就是为了抵御敌人的入侵而修建的人工廊道。总的来说，廊道本身就是一种资源。

廊道的结构参数包括廊道的弯曲度、廊道的连通性、廊道的宽度、廊道的连接、廊道的横断面、廊道的相对高度等。

（1）廊道的弯曲度。廊道的重要特征之一就是它的弯曲度和通直度，可以用廊道中两点间的实际距离与它们之间的直线距离之比来表示弯曲度。景观中两点间的实际距离越短，物体在廊道中的移动速度就越快。

（2）廊道的连通性。它以廊道的单位长度中裂口的多少来表示。无论从廊道的管道功能来看，还是从其障碍功能来看，连通性都是廊道的一个很重要的性能。例如，一条河流开了口，其原有的功能就会丧失，但有些景观中的廊道开口又是必需的。从侧重点而言，河流作为生态廊道，越长则惠及越多（如灌溉、物种的交流、气候的调节等），但是运河作为人工河道，更强调运输速率及经济性（如多目的地和目的地之间的便捷、通直）。

（3）廊道的宽度。廊道的宽度是指廊道横断面的宽度，一般会影响物种的移动。廊道的宽度不是固定的，可以根据实际情况的不同而有所变化。廊道的狭窄处称为狭点。

（4）廊道的连接。两个廊道的连接处或廊道与斑块的连接处称之为结点。结点在廊道中往往是不同群落的过渡带。

（5）廊道的横断面。廊道的横断面可以分为一个中央区和两个边缘区。中央区反映了廊道的主体功能，两个边缘区可能很相似，也可能有某些差别，这取决于廊道的宽度以及周围的性质。

（6）廊道的相对高度。从廊道与周围景观要素的垂直高度来看，可分为低位廊道和高位廊道。廊道植被低于周围植被者，称为低位走廊，如林间小路、峡谷等；廊道植被高于周围植被者，称为高位走廊，如农田防护林等。

与斑块相类似，廊道可以按起源划分为干扰廊道、残余廊道、环境资源廊道、种植廊道等四种类型。

城市化经验教训表明，如果在提高廊道的经济效益的同时，不注意提高廊道的环境与社会效益，那么就会严重破坏城市生态系统中人与城市环境的平衡，同时会加速市中心的衰亡，使城市进一步向外蔓延，造成土地资源的极大浪费，或造成其他环境问题。

各种廊道的持久性与其成因有密切关系。环境资源廊道一般具有相对的持久性。干扰廊道和残余廊道变化较快，要受因干扰所发生的植被演替过程所控制。种植廊道的持久性完全取决于人类的经营管理活动，一旦这种活动停止，种植廊道不可能继续存在。

3. 本底

一个景观可能是由几种类型的景观要素构成的。其中，本底是面积最大、连接度最强、对景观的功能所起的作用最大的那种景观要素。本底一般由相对面积、连通性、动态控制作用、孔性、网络、交点、网格大小等参数表达。

（1）相对面积。当一种景观要素类型在一个景观中所占面积最大时，既可认为它是该景观的本底。一般来说，本底面积应超过所有其他景观要素类型的总和，占到总面积的 50％ 以上；如果不符，应考虑其他标准。

（2）连通性。一个空间不被两段与该空间的周围相接的边界分开，则认为该空间是连通的。例如，一座房子，虽然分了好几间，相互之间也有隔墙，但是各个房间之间有过道相隔，还是认为它们是相通的。

当一个景观要素完全连通并将其他要素包围时，则可以将它视为本底。连通性高的本底可以作为一个障碍物，将其他要素分开。当这种连通性是以相互交叉带状形式实现时，就可以形成网状走廊，既便于物种的迁移，也便于种内不同个体或种群间的基因交换。这种网状走廊对于被包围的其他要素来说，则是它们成为被包围的生境岛。

（3）动态控制作用。在景观的动态变化趋势中起控制作用的景观要素类型，可认为它是该景观的本底。在运用动态作用进行判断时，必须进行野外调查，就森林景观来说，要研究植物种类成分以及他们的生长特征，判断哪个要素对景观动态控制作用更大。

（4）孔性。在本底中的斑块称为孔。单位本底面积上的斑块数目称为孔隙度，即孔性。所以孔性与斑块的密度和有密切的关系，但是与斑块的大小无关。计算孔性时，只计算有闭合边界的，没有闭合边界的斑块不算。孔性和连通性都是描述本底特征的重要指标。

孔性的生态意义在于：在一定程度上表明本底中不同斑块的隔离程度，隔离程度影响到动植物的基因交换，并进一步影响他们的遗传分化。各景观要素的边缘部分对动植物的分布和生存有很大的影响，孔性的高低可以说明边缘部分的多少，进而表明本底中环境受斑块影响的大小。

（5）网络。走廊若相互相交连通，则成为网络。网络是本底的一种特殊形式，网络在结构上的重要特点有交点和网络大小。

（6）交点。走廊之间的连接处即为交点。一个网络中不同走廊之间的交点可能是多种多样的，有十字形、T 形、L 形等；交点处及附近的环境条件与网络上的其他部位有所不同。

（7）网格大小。网格大小可以用网线间的平均距离或网格内的平均面积来表示。网格内景观要素的大小、形状、环境条件以及人类活动等特征对网格本身有重要影响，同时，网格又对被包围的景观要素予以影响。网格大小有重要的生态意义和经济意义。

5.1.3　景观格局

景观格局，一般是指其空间格局，即由自然或人为形成的，大小、形状、属性各异的景观要素在空间上的排列和组合，包括景观组成单元的类型、数目及空间分布与配置，比如不同类型的斑块可在空间上呈随机型、均匀型或聚集型分布。它既是景观异质性的具体体现，又是包括干扰在内的各种生态过程在不同尺度上作用的结果。

5.1.3.1　景观要素构型

景观要素在空间上的分布是有规律的，形成各种各样的排列形式，称为景观要素构型。从景观要素的空间分布关系上讲，最为明显的构型有 5 种，即均匀型分布格局、团聚式分布格局、线状分布格局、平行分布格局和特定组合或空间连接。

（1）均匀型分布格局，是指某一特定类型的景观要素之间的距离相对一致。例如，中国北方农村由于人均占有土地相对平均，形成的村落格局多是均匀地分布于农田间，各村距离基本相等，是人为干扰活动所形成的斑块之中最为典型的均匀型分布格局。

（2）团聚式分布格局，是指同一类型的斑块聚集在一起，形成大面积分布。例如，许多亚热带农业地区的，农田多聚集在村庄附近或道路一侧；又如，在丘陵地区，农田往往成片分布，村庄集聚在较大的山谷内。

（3）线状分布格局，是指同一类型的斑块呈线形分布，例如房屋沿公路零散分布或耕地沿河流分布的状况。

（4）平行分布格局，是指同类型的斑块平行分布，例如侵蚀活跃地区的平行河流廊道以及山地景观中沿山脊分布的森林带。

（5）特定组合或空间连接，是一种特殊的分布类型，大多数出现在不同的景观要素之间。比较常见的是城镇对交通的需求，呈现城镇总是与道路相连接的现象，这种是正相关空间连接；另一种是负相关连接，例如平原的稻田地区很少有大面积的林地出现，林地分布的山坡上也不会出现水田。

5.1.3.2　景观格局指数

不同的景观类型在维护生物多样性、保护物种、完善整体结构和功能、促进景观结构自然演替等方面的作用是有差别的；同时，不同景观类型对外界干扰的抵抗能力也是不同的。因此，对某区域景观空间格局的研究，是揭示该区域生态状况及空间变异特征的有效手段。可以将研究区域不同生态结构划分为景观单元斑块，通过定量分析景观空间格局的特征指数，从宏观角度给出区域生态环境状况。

常用的景观格局指数有景观破碎度、景观分离度、干扰强度和自然度、景观多样性指数、景观均匀度指数等。

1. 景观破碎度

破碎是将一个生境或土地类型分成小块生境或小块地的过程。破碎度表征景观被分割的破碎程度，反映景观空间结构的复杂性，在一定程度上反映了人类对景观的干扰程度。它是由于自然或人为干扰所导致的景观由单一、均质和连续的整体趋向于复杂、异质和不连续的斑块镶嵌体的过程，景观破碎化是生物多样性丧失的重要原因之一，它与自然资源保护密切相关。

景观破碎度的计算公式为

$$C_i = \frac{N_i}{A_i} \tag{5.1.1}$$

式中：C_i 为景观 i 的破碎度；N_i 为景观 i 的斑块数；A_i 为景观 i 的总面积。

2. 景观分离度

景观分离度是指某一景观类型中不同斑块数个体分布的分离度，计算公式为

$$V_i = \frac{D_{ij}}{A_{ij}} \tag{5.1.2}$$

式中：V_i 为景观类型 i 的分离度；D_{ij} 为景观类型 i 的距离指数；A_{ij} 为景观类型 i 的面积指数。

3. 干扰强度

干扰强度表示人类的干扰作用，干扰强度越小，越利于生物的生存，因此，其针对受体的生态意义越大。干扰强度可按式（5.1.3）进行计算。

$$W_i = \frac{L_i}{S_i} \tag{5.1.3}$$

式中：W_i 为受干扰强度；L_i 为第 i 类生态系统内廊道（如公路、铁路、堤坝、沟渠等）的总长度；S_i 为第 i 类生态系统的总面积。

干扰强度的倒数即为自然度。第 i 类生态系统类型的自然度为

$$N_i = \frac{1}{W_i} = \frac{S_i}{L_i} \tag{5.1.4}$$

4. 景观多样性指数

多样性指数是指景观元素或生态系统在结构、功能以及随时间变化方面的多样性，它反映了绿地景观类型的丰富度和复杂度。景观多样性指数常采用 Shannon 多样性指数和 Simpson 多样性指数进行表征。

（1）Shannon 多样性指数，计算公式为

$$H = -\sum_{k=1}^{m} P_k \ln P_k \tag{5.1.5}$$

$$H_{\max} = \ln m \tag{5.1.6}$$

式中：P_k 为斑块类型 k 在景观中出现的概率，可取值为斑块类型 k 所占景观总面积的比例；m 为景观中斑块类型总数。

（2）Simpson 多样性指数，计算公式为

$$H' = 1 - \sum_{k=1}^{m} P_k^2 \tag{5.1.7}$$

$$H'_{max} = 1 - \frac{1}{m} \tag{5.1.8}$$

多样性指数的大小取决于两个方面的信息：斑块类型的多少（即丰富度），各斑块类型在面积上分布的均匀程度。对于给定的 m，当各类斑块的面积比例相同时 $\left(即\ P_k = \frac{1}{m}\right)$，$H$ 达到最大值。

5. 景观均匀度指数

景观均匀度指数（landscape evenness index）反映景观中各斑块类型在面积上分布的均匀程度。以 Shannon 多样性指数为例，均匀度指数计算公式为

$$E = \frac{H}{H_{max}} = \frac{-\sum_{k=1}^{m} P_k \ln P_k}{\ln m} \tag{5.1.9}$$

$E \leqslant 1$，当 E 趋于 1 时，景观斑块类型分布的均匀程度也趋于最大。

计算某地区现状的景观指数，可以帮助理解和评价该地区的景观现状和土地利用格局。对不同时段的景观指数的计算，还可以了解和分析出该地区的景观格局变化和土地利用演变的趋势；分析发生这些变化的驱动因子和发展趋势，可为后续规划工作提供参考。总之，对景观格局的分析，有助于增加对规划区景观的理解程度，然后可以通过组合或引入新的景观要素来调整或构建新的景观结构，以增加景观异质性和稳定性，这景观规划与设计的重要内容。

5.2 城市景观要素

5.2.1 城市景观概述

城市景观指城市所有空间范围，即城市布局的空间结构和外观形态，包括城市区域内各种组成要素的结构及外观形态。城市景观由若干个以人与环境相互关系为核心的生态系统组成，人与环境的相互关系是城市景观的核心。城市占有一定的地理空间范围，具有独特的生物、非生物和社会经济要素。这些要素通过物质和能量代谢、生物地球化学循环，以及物质供应和废物处理等过程，相互联系在一起，形成具有一定组成、结构、空间格局和动态变化特征的统一体。在区域尺度上，城市景观的镶嵌性和分布格局，具有一定的重复性和规律性。对于一个城市来说，城市内部不同规模和属性的景观要素，作为斑块、廊道和本底三类结构成分，典型地和重复地镶嵌在一起，形成一定的景观格局。

街道和街区是城市景观的主要组成部分，共同构成城市景观的本底。城市景观中的本底、斑块与走廊之间没有严格的界限。

5.2.2 斑块

城市景观的斑块，主要指各呈连续岛状镶嵌分布的不同功能分区。城市景观的破碎

性决定了城市景观中斑块所占的比重非常高。生活水平的提高要求有更多用于休闲娱乐的场所，比如绿地和城市广场等，这些在城市景观中都属于斑块范畴。路网密度的提高在降低斑块面积的同时也改变其功能，斑块的异质性得到加强。而城市景观所具有的不稳定性和异质性也主要是由于斑块的变化引起的。在城市中，斑块构成城市功能的主体。

在城市景观中，斑块要素变化有两个特点：一是斑块数量增多，这是由于由建筑物构成的要素从基质向斑块转变的结果，也是路网密度增加的结果。二是斑块类型更加多样化，以休闲、游憩功能为主的斑块和以保护环境为主的斑块将呈现大幅度增加的趋势，各种城市广场的出现也增加了斑块类型的多样性。可以说，在城市景观中，最活跃的同时也是最多变的要素就是斑块。

5.2.3　廊道

城市廊道可以分为人工廊道和自然廊道两种类型。人工廊道是以交通为目的的铁路、公路、街道等，而自然廊道有以交通为主的河流和以环境效益为主的城市自然植被带等。

在自然景观中，廊道具有以下 4 个基本功能：①某些物种的栖息地；②物种迁移的通道；③分隔地区的屏障或过滤器；④影响周围基质的环境和生物源。在城市景观中，这四种功能显然是不可能完全具备的。由于城市景观以人工建筑为主，而城市又是以人为主体的生态系统，因此城市中的廊道的功能也是以为人类服务为主的。人类需求改变，城市功能发生变化，廊道的构成、形态和功能也会相应发生变化。通常我们将道路认定为廊道，主要是由于道路是一种线状或条带状景观，同时道路是物流和客流的主要通道。但在城市发展到一定阶段后，街道的功能已经有了变化，一方面它依然行使城市交通的功能，另一方面则逐步承担城市生活的功能，这导致街道在景观要素中从廊道逐渐蜕变为基质。其他具有廊道性质的景观要素也同样发生转变，一些原本属于廊道性质的景观要素由于功能改变或转入地下而逐渐消失，比如河流和一些管线系统等。

（1）河流。城市中的河流通常被当做自然廊道来研究。对于多数有河流经过的城市而言，流经城市的河流干流所占的面积都比较小，长度也非常有限，其边界通常是人工改造过的。历史上这些河流通常成为一种阻隔，但也因此成为交通通道。在桥梁大量修建的今天，这种现象逐步消失，至少对大多数城市而言，河流作为市内重要交通通道的现象已成为历史。虽然在有些城市中河流依然是交通运输通道，但主要是与城市外部之间的交流，与市内交通存在明显差异。随着环境保护意识的提高，河流作为污水直接排放地的现象也在减少。在很多城市，河流两侧一般不再作为居住区或商业用地，即使存在也离开一段距离。河流两侧更多被改造成绿地、公园等休闲场所，河流一般作为岸边绿地的延伸来布局。城市内部的支流则逐渐丧失其自然水道的特征，会逐渐消失，或被改造成其他用途。在很多城市这些支流及其两岸已经成为休闲娱乐的重要场所。河流作为廊道的作用在逐渐降低，而作为公园等休憩、运动场所的功能却得到了加强。河流在城市景观中逐渐向斑块转变。

（2）地下市政设施。由于城市生态系统缺乏生产者和分解者，为了保持系统的稳定，就必须不断从外界输入物质、信息和能量，同时将产生的废物排出系统外。在城市中，大量流动的除了人，更多的是能量、信息和物质。这些要素除了物质和人主要通过道路流动外，能量、信息等则通过各种管线流动。这些管线系统多分布于地下的市政设施中。就世界范围来看，地下市政设施包括了供、排水系统，能源供应系统，污水和生活垃圾处理系统，地下综合管线廊道（共同沟），地铁系统和地下街等。地下市政设施的发展，让城市景观中很多具有廊道性质的要素因此逐渐转入地下而在地表减少甚至于消失，地表景观中廊道要素的组成和功能逐渐变得单调。

（3）绿化带。绿化带在城市景观中一直扮演着廊道的角色，并且随着城市发展，特别是环境保护意识的加强而得到强化。道路两侧的行道树和道路中间的隔离带并不适合多数城市生物的生长，也不适合成为多数生物迁移通道。在城市中，绿化带主要提供两方面的功能：生态功能和美学功能。生态功能是绿化带最主要的功能。生态功能主要包括两方面，即屏障功能和通道功能。在城市里，由于人工建筑占绝对优势，导致光、粉尘、特别是噪声污染非常严重，城市生活和工作环境恶劣。绿化带则形成一种屏障，将道路和路边建筑物隔离开，降低噪声，吸附灰尘，净化空气，减少污染，形成相对独立的良好的生活和工作环境。同时绿化带可以降低地表温度，提供空气流通通道，改善气体循环，降低热岛效应。路网密度提高，绿化带的数量和长度增加；斑块面积越小，绿化带隔离功能所带来的改善环境的效果就越好。绿化带的美学功能在城市景观中同样非常重要。由于建筑材料相对单一，并且缺乏自然的色彩，因此城市景观缺乏一种生命活力。绿化带和绿地则起到一种点缀作用，给城市景观带来生命的气息，提高景观的美学价值。

总之，街道或廊道在城市建设和发展中是不可缺少的，但必须规划合理。

5.2.4 本底（基质）

城市景观中，占主体的组成部分是建筑群体，这是它区别于其他景观之处。人类为了工作、生活之便，建立起各种功能、性质和形状不同的建筑物。这些建筑物出现在城市的有限空间内，构成一幅城市的主体景观。廊道贯穿其间，即把它们分割开来，又把它们联系起来。因此，城市的本底是由街道和街区构成的。

对城市本底的判定，可以从相对面积、连接度和动态控制3方面来进行。从城市发展趋势来看，道路有取代建筑物成为城市景观本底的趋势。

（1）相对面积。城市化是社会发展的一个阶段。快速城市化带来了一系列的社会和环境问题，比如城市人口的急剧增加、交通拥挤、住房紧张、城市居住环境质量下降、城市热岛效应等。为了解决城市人口的迅速增长，缓解住房和工作场所的紧张状况，在土地资源十分紧缺的城市中建造摩天大楼就成了一种解决问题的途径。为改善城市环境，城市发展将从集中趋向有控制的分散，同时城市中绿地面积将大幅增加。而为了解决交通问题，城市路网密度必然要提高且道路宽度增加。而为了提高生活质量，发展城市低密度住宅也已经成为了一种需求。所有这些改变基本都是通过拆除建筑物以获取空间。城市中建筑物因不断被拆除导致所占面积比例在逐渐减少，而绿地和道路所占比例则逐步增加。

（2）连接度。破碎性是城市景观的一个突出特点，而城市景观破碎化主要是由于城市路网密度的提高造成的。城市中的建筑物总是被各级的道路所环绕，其连接度随路网发展而降低。道路在城市景观中始终是连接度最高的要素，并且路网密度越高，其连接度就越高。而路网密度通常随着城市发展是不断提高的。

（3）动态控制。道路交通系统是构成近代城市总体格局的骨架，交通方式和路网的改造已成为决定城市发展潜力和发展速度的重要指标。在旧城路网改造过程中，为保证城市核心区的交通可达性，公交线路和节点通常会围绕核心地块布局。而在新城区建设中，城市功能开始出现围绕公交线路节点采取组团式布局，这样有利于提高土地利用率和改善人们生活环境的质量。

5.3　城市景观特征

5.3.1　城市景观的基本特征

（1）复合性。城市中既有自然景观又有人工景观，既有静态的硬体设施又有动态的软体活动，城市景观表现为各要素的交织与并演。城市景观艺术是一门时空的艺术，它随观察者在空间中的移动而呈现出一幅幅连续的画面。城市整体景观由各个局部景观叠合而成。

（2）历时性。城市是历史的积淀，每个城市都有其自身的产生、发展过程，经历了一代又一代人的建设与改造，不同时代有不同的产生风貌。城市景观只是一个过程，没有最终结果。城市景观随着城市的发展而变化。

（3）地方性。每个城市都有其特定的自然地理环境，有各自的历史文化背景，以及在长期的实践中形成的特有的建筑形式与风格，加上当地居民的素质及所从事的各项活动构成了一个城市特有的景观。

5.3.2　城市景观的异质性

景观异质性是指景观中对一个物种或更高级生物组织的存在起决定性作用的资源在空间或时间上的变异程度。景观层次上的空间异质性，通常表现为空间组分异质性、空间构型异质性和空间相关异质性。空间组分异质性是指组成景观的各类生态系统的类型、数量及其面积比例关系。空间构型异质性是指景观中各类生态系统的空间分布、斑块大小和形状、景观对比度和连接度等。空间相关异质性则是各生态系统在景观中的空间关联程度、整体或参数的关联程度、空间分布梯度和趋势等。景观异质性除了受环境资源的自然地理异质分布格局的控制外，其主要来源还包括自然干扰、人类活动及植被的内源演替或种群的动态变化。

城市景观的异质性，首先表现为城市公园、绿地、水面、建筑物、街道等性质各异、功能不同的景观要素斑块的多样性，及其空间配置格局上的差异性。属于自然或半自然的城市公园和绿地，具有更多生态学和美学功能的景观要素。自然的、人工开挖或整修过的水体，也是城市景观中的"自然"组分，起着制造氧气、净化空气、供人娱乐、美化城市的作用。这类景观要素斑块的数量、大小和分布状况对城市景观整体的功能、质量和生态承载力有很大的影响，增加各种大小、形状和内在结构的自然斑块，调整和优化它们的空间分布格局，将会极大地改善城市景观的生态功能。

城市景观的异质性，还表现为城市景观的多元性。

（1）城市景观内容十分丰富，建筑、桥梁、道路、广场、绿化、水体、小品及雕塑等决定了景观的多样性。

（2）由于城市景观内涵十分丰富，涉及文化、生态、历史、建筑各个领域，各有其特定的意义与境界，决定了景观内涵的多义性。

（3）一个城市界域广阔，山川河流及其地势的变化，使其分布状态多种多样，或组团式、或带状、或辐射状，各状态之间常常以道路、桥梁、绿化与之连接，使城市景观在界限上具有连续性。

（4）城市的建筑高低错落，街道、广场、绿化、公共空间及山川河流等的变化，使其景观在空间上具有流动性。

（5）一个城市发展经历了较长的周期，几十年或几千年，在时间上具有较大的变化性。

5.3.3　城市景观的生态特征

（1）人类主导性。人类活动强烈影响着城市景观的自然条件、水文状况、气象特点、地表结构、动植物区系等。城市景观的特点，在很大程度上反映了当地的社会经济发展状况和历史文化特点，也是人类对理想生活环境梦想的现实表现。在城市景观中，主要的结构成分和景观的整体格局，都是人造的或人为地配置或调整过的多种主要生态过程，也是在人为控制或影响下进行的城市景观的功能需要人类的维护。这些都决定了城市景观的人类主导性。

（2）生态脆弱性。城市景观的生态过程，主要靠人为输入或输出不同性质的能量和物质来协调和维持。随着社会经济的发展，以及政治、文化等因素的变动，城市景观变化极快，特别是城市景观边际带的变化尤为明显。由于城市景观系统对人类调控的高度依赖性，城市的自然生态过程被大大简化和割裂，城市功能的连续性和完整性都很脆弱。一旦人类活动失调，就很容易导致城市功能，特别是城市生态衰退，城市的总体可持续性和宜人性下降。

（3）破碎性。城市内四通八达的交通网络，贯穿整个景观，将城市切割成许多大小不等的斑块，与大面积连续分布的农田和自然植被景观形成鲜明的对照。由于城市景观功能的多样性和城市景观人为活动的复杂性，城市景观要素斑块之间及其与城市外部之间的、与人类活动相关的能量和物质流通速率很高，而城市景观中的"自然"生态过程受阻，提高城市景观生态连通性，就成为维持城市景观生态过程和环境功能的基础。

5.3.4 城市景观的社会文化性

城市景观从表象上看，是物质实体与空间，但与人们的精神世界是连在一体，密不可分的。城市景观既反映了人类最基本的追求，如衣食住行等方面的差异，同时也反映了人们利用自然、改造自然的态度差异，更反映了人们价值观念、思维方式等的不同。从本质而论，城市景观是物化了的精神，它始终附着在知识、观念与艺术之上，是一定社会的政治和经济在观念形态上的反映。

城市景观的文化性不仅包括它的物质功用的方面，还包括它的精神功用的方面，精神功用的方面非常之多，诸如宗教。欧洲许多城市都有教堂，教堂作为宗教的物质载体，传达出的一种精神却是这个地方人们心灵上的支撑，所以，教堂往往成为城市最为亮丽的一道景观。著名的科隆大教堂，就像一座高耸入云的山，教堂墙体的精细装饰已经让人叹为观止，而教堂内的布置，特别是巨大的彩色玻璃上所制作的宗教人物画将人引向一个神圣、庄严、华丽的梦幻世界。教堂的基本格式虽然是一样的，但几乎每一座教堂形式上都有创造。一般来说，教堂都以高峻取胜，但是也有例外，威尼斯的圣马可教堂以巨大体量让人们为之倾倒。这座富丽堂皇堪与法国罗浮宫相媲美的教堂因为临近大海，某些景观似更胜一筹。

城市中许多文化设施，其物质载体是可以看成建筑的，作为建筑它融进整座城市的硬质景观，但是它的精神层面却是在打造这座城市最为重要的文化灵魂。除了宗教外，如承载这座城市历史文化和艺术珍品的博物馆、艺术馆，还有传承人类文化知识的各类学校在体现城市的文化品位上都有着极为重要的作用。法国巴黎的罗浮宫，这座昔日的皇宫今日的艺术馆，以其陈列、保管着人类最有价值的艺术珍品而享誉世界。巴黎的辉煌在很大程度上得益于这座建筑。

作为城市软质景观的文化对于城市来说，在某种意义上也许更为重要。有些城市实体性景观实在是平平，但它有着极具特色的软质景观，如湖南有一个名叫王村的小镇，就是因为在这里拍了一部有名的电影《芙蓉镇》从而改名为芙蓉镇，游客络绎不绝。

对于城市来说，文化是它的灵魂，城市文化既体现在它建筑上，也体现在市民的素质与生活方式上。城市虽然都是人建的，但它的形成却有客观的不为个人所左右的历史。一座城市成为什么样的城市，受到它的地理、功能、历史人文、生活习俗、宗教等多方面的影响。在漫长的成长历史过程中，城市形成了自己的文化特色与文化个性。

5.3.5 城市景观中的功能流

城市景观各要素之间，通 过各种"流"相互联系、相互影响，维持着城市生态系统的功能。从不同的角度可以分为不同类型的流，主要包括物质流、能量流、物种流、人口流和信息流等。研究城市的各种功能和过程及其调控手段，就是要研究这些流的流向、路径和速率，研究它们与景观格局的关系，以及如何通过调整景观格局进而优化城市功能。

（1）物质流。城市是物质和能量的消费中心，又是重要工业产品的生产中心，城市景观中的物质流和能量流，相对于其他景观来说，流通量大，流动速率高。城市景观中近自然生态系统主要出现在城市园林、公用绿地和水域，人为经营管理强度高，物质和能量的人为投入量大，同时受大气、水体和土壤污染的威胁也大。城市景观中的食物流是维持城市正常功能的基本物流之一，城市人口的食物大部分来自城市以外，而城市生活垃圾和粪便等，又绝大部分输出到城市以外，对城市郊区或其他景观的依赖性极大。除食物之外，为满足城市人口穿衣、住宿、卫生和娱乐等方面的生活需要，形成了城市景观中另一类生活用品流，其中又以人工合成的物质为主，多属于难降解物质。城市景观还具有生产功能，城市生产过程需要从外部输入原材料、能源和设备等，并向城市景观和外部输出产品和生产过程中的废弃物。如何实现城市生产生活物资的有效供应、废品的循环利用或合理处理，避免对城市景观和相邻景观造成污染是城市景观生态研究的重要内容。

（2）能量流。城市景观的能流也是以物质流为载体的，而物质流动也必然伴随着能量流动，但城市景观的能流中电力和燃料占有更重要的地位，需要一个良好的能源供应网络和分配系统，以支持城市的发展。

（3）物种流。城市景观中的物种流是保证城市生态可持续性的基础。由于城市的人类主导陛，城市景观中的生物多样性保护受到越来越多的重视。城市景观中的大型公园、保留的自然绿地、某些生产绿地能起到物种"源"的作用。而多数城市的"源"在城市外围的其他景观中，所以，近年来将城市周围绿地建设也纳入城市建设规划中，并通过河流及其河岸绿化带、道路绿化带，保留绿地廊道，连续的小型绿地斑块等，将城市景观中的生物生境斑块连接起来，建设物种运动的通道，以保护城市生物多样性，保持城市的自然风貌。

（4）人口流。城市景观中的人口流动十分频繁，而且与相邻景观间人口的输入输出流量也很大，需要发达的交通运输体系作支撑。保证城市景观中人口流动的畅通，既要研究人口流动的时间变化和波动特点，更要研究人口流动的空间特点应用网络分析和连通度分析方法，通过增加有效结点和连线，提高景观连通度。

（5）信息流。如果把以电台、电视台、报刊等新闻媒介和电话、传真等通信设备为载体，传播的各类信息作为城市信息流，景观生态学很少涉及，对保证城市信息流的畅通贡献不大。

5.4　城市自然与人文景观

5.4.1　城市自然景观

1. 自然景观的内涵

城市自然景观是城市发展和居民赖以维持生存和发展的重要资源综合体。从景观的角度看，城市的地貌气候自然植被应属于城市自然景观，城市园林绿地则是人工和自然耦合的城市景观，也被认为是城市自然景观。城市自然景观具有很高的美学和观赏价值，是城市宝贵的景观资源。

2. 自然景观分类

山石景观，山石构造景观在现代城市环境中呈现出多样化形式，利用现代技术和材料，山石景观展现在城市公共绿地、风景区、广场、居住小区等多种空间中，表现了山石在环境中较强的造型能力，成为创造个性空间的一个重要手段，山石以其独特的形态和自然的气息为人们生活环境增添了无限的情趣和遐想。

水文景观是以水为主体，是水景观与人类社会审美过程、文化活动等双向作用的产物，是在人类文明进化过程中所产生的一定地域内的水景观客体与有关它的观念形态（传说、典故、文学等）和有形实体（建筑、交通工具、服饰等）的完美统一。

3. 城市公园

1843 年，英国利物浦动用税收建造了公众可免费使用的伯肯海德公园，标志着世界上第一个城市公园的诞生。广义的城市公园泛指除自然公园以外的一切公园，包括综合公园和专类公园（如动物园、植物园、城市广场、主题公园等）。而狭义城市公园指一种为城市居民提供的、有一定实用功能的自然化的游憩生活境域，是城市的绿色基础设施，它作为城市的主要的开放空间，不仅是城市居民的主要休闲游憩活动场所，也是市民文化的传播场所。城市公园具有生态效应、文化娱乐等本质特征。城市公园的选址尽量利用城市的自然地形，河湖体系；在古树名木或植被丰富，已有茂密森林的地段建立公园；在历史古迹遗址上建公园；要考虑城市布局平衡的需要。

5.4.2　城市人文景观

1. 城市人文景观的内涵

部分或整体被改造的自然景观与人造地物实体的空间组合，统称为人文景观。被改造修复的自然景观和人类建造的景观并存；在很多地区自然景观与人文景观的界线是较难确定的。

按自然景观的被改造程度可以把景观划分为：轻微改变的景观、较小改变的景观、强烈改变的景观。

2. 城市化与景观的演变

城市化是城市人口增长和分布、土地利用方式、工业化过程的综合表现。

　　城市自然景观的演变和变异大都是城市化过程的产物。城市化地区兴修、建造的人工实体越多，对城市地区的自然景观影响越大，这种影响改造了自然环境，从改变景观个别组分开始，直至引起景观整体的变化。

3. 城市街景

　　街道的主要功能是交通运输，是城市生态系统一切生命流的必经之路。街道畅通才能保证城市功能的完善和通畅；城市的社区靠街道来分割划分和彼此联系，有利于城市社区的管理。

　　在城市中，街道是线性污染源。城市街道对城市局部气候也有影响。街道的走向，宽度，封闭度对城市风的走向和风速有很大的影响。合理的街道规划和设计，对空气的流通，城市余热的消散，污染物的稀释扩散以及城市噪声污染的治理都有一定的作用。

4. 城市广场

　　广场是城市景观的重要组成部分，是城市廊道间的结合点，又是城市居民社会活动的中心，具有供城市居民集会、游览休憩、商业集市等多种功能。

5.5　城市景观规划

5.5.1　城市景观规划的目的和基本原则

1. 规划目的

　　城市是以聚集的人类为主体的景观生态单元，高度人工化是城市景观区别于自然景观的最突出特征。人类对于城市系统的作用，既有开发创造，也有污染和破坏。

　　城市景观具有自然生态和文化内涵双重性。自然景观是城市的基础、文化内涵则是城市的灵魂。

　　城市景观规划总的目标是改善城市景观结构，改善城市景观功能，提高城市环境质量，促进城市景观的持续发展。

　　（1）安全性。保证居民生命财产安全，在重大灾害如地震、火灾中，作为疏散居民的场所，从而保证广大市民安全，这是社会目标。

　　（2）健康性。维护城市景观生态健康，即维持城市景观的生态平衡；保证市民在生理上及精神上的健康。这既是生态目标，又是社会目标，同时也是经济目标。

　　（3）便利性。经济有效地确保城市生活、游憩的方便，在居住区或居住小区范围内，步行可方便地到达，这是社会目标。

　　（4）舒适性。从自然生态和社会心理两个方面去创造一种能充分融技术和自然于一体、天人合一、情景交融的人类活动的最优环境，诱发人的创造精神和生产力，提供高的物质与文化生活水平，创造一个舒适优美的人居环境。这既是社会目标，又是生态目标。

2. 基本原则

　　（1）以人为主体。城市景观规划的最终目的是应用社会、经济、艺术、科技、政治等综合手段，来满足人在城市环境中的存在与发展需求。人是城市空间的主体，任何空间环境设计都应以人的需求为出发点，体现出对人的关怀。时代在进步，人们对居住环境的要求也在变化，城市景观规划要适应变化的需求，为居民营造一个舒适美好的城市空间，已成为规划建设城市的一项重要任务。

（2）尊重自然、和谐共存创建园林城市。从景观生态学角度考虑，城市景观设计首要原则是保护和尊重自然。保护自然资源是合理利用与改造自然的前提，是维持城市景观持续性的基础和保障。自然景观资源包括原始自然保留地、森林湖泊等，它们对生态以及环境平衡维系具有重要意义。城市景观设计过程中应贯彻保护自然资源的原则，保护自然景观资源，维持自然景观生态平衡，始终坚持自然优先的原则。

（3）延续历史、保持地域特色、开创未来。城市景观规划应体现城市的区域特征、民族风情和文化，并具有时代精神。随着经济的发展，城市规模的扩张，保持地方特色显得具有深刻的时代价值。在我国这样一个幅员辽阔的多民族国家也更具有重要的意义。目前，很多城市的建设总体上趋向于同一个模式，城市规划正在丧失其地方特色，这是我们要特别加以警惕的。

（4）协调统一、多元变化。景观是由一系列生态系统组成的具有一定结构与功能的整体，景观规划应把景观作为一个整体单位来思考和管理，达到整体最佳状态，实现优化利用，追求社会、经济和生态环境的整体最佳效益，努力创造一个社会文明、经济高效、生态和谐的城市生态系统。

多元变化有三方面的含义：一是要针对城市景观中自然生态组分少的特点，适当补充自然成分，协调城市景观结构；二是在补充自然成分中要注意物种的多样性，避免以往园林建设中的物种单调、结构简单的状况；三是廊道、斑块形式多样，大小斑块相结合，宽窄廊道相结合，集中与分散相结合。坚持多样性原则就是维持城市景观的异质性。

5.5.2　城市景观规划的内容

城市景观规划是以城市中的自然要素与人工要素的协调配合，以满足人们的生存与活动要求，创造具有地方特色与时代特色的空间环境为目的的工作过程，一般分为城市总体景观、城市区域景观与城市局部景观三个层次。

道路网络系统的规划是城市景观规划的重要组成部分。主要的规划思想是在区域范围内应减少过境公路对城市区的干扰，在城市范围内应寻求最合理的道路配置；从生态效益、社会效益、经济效益三方面统一协调考虑，合理规划设计道路的形态结构；在城市道路网络系统景观规划中，道路的宽度、平竖曲线度、坡度、道路交叉点、道路的连通性和道路密度等反映道路的形态结构和总体格局；加强道路的绿化体系建设，行道树和防护林的景观规划建设是减少道路对城市环境和生态平衡不利影响的有效途径。

城市植被系统景观规划。一个生态稳定的城市植被景观，其结构和功能要高度统一和谐，不仅外部符合美学规律，内部和整体结构更应该符合生态学原理；在城市植被景观的规划设计中，保证相当规模的绿色空间和植被覆盖是建造好城市植被景观的关键；城市植被景观应具有反映地方特色、城市特色的景观作用。

5.5.3　城市景观生态规划

城市景观生态规划就是根据景观生态学原理和方法，合理地规划景观空间结构，使廊道、嵌块体及本底等景观要素的数量及其空间分布合理，使信息流、物质流与能量流畅通，使景观不仅符合生态学原理，而且具有一定的美学价值而适于人聚居。

城市景观是经济实体、社会实体和自然实体的统一，它兼有两种生态系统—自然生态系统和人类生态系统的属性。因此，城市景观生态规划除收集和调查城市景观的基础资料，对城市进行景观生态分析与评价的基础工作外，其规划主要集中在三个方面：环境敏感区的保护、生态绿地空间规划和城市外貌与建筑景观规划。

环境敏感区是对人类具有特殊价值或具有潜在天然灾害的地区，属于生态脆弱地区，可分为生态敏感区、文化敏感区、资源生产敏感区和天然灾害敏感区。生态敏感区包括城市中的河流水系、滨河地区、特殊或稀有植物群落和部分野生动物栖息地等。文化敏感区指城市中文物古迹、革命遗址等具有重要历史、文化价值的地区。灾害敏感区包括城市可能发生的洪涝区、地质不稳定区和空气严重污染区等，在城市中首先保护环境敏感区，对不得已的破坏加以补偿。

一个城市，改善环境质量除了主要依靠对污染的防治和控制外，还要重视发挥自然景观对污染物的自净能力，特别是天然和人工水体。自然或人工植被、广阔的农业用地和空旷的景观地段，能起到景观生态稳定性的作用。城市规划学家很注重城市中的自然生态系统，他们认为保持一个绿化环境，这对城市文化来说是极其重要的，一旦这个环境被破坏、被掠夺、被消灭，那么城市也随之衰退。我国学者钱学森提出建设山水城市的设想，他提出城市应与园林山水相结合，保护自然景观与人文景观。

城市绿地可分为公共绿地、居住绿地、交通绿地和风景区绿地等。从景观生态学角度考虑，生态绿地不仅数量要多，而且分布均匀，大斑块与小斑块相结合。根据景观的集中与分散格局规划，生态绿地的空间配置要集中与分散相结合。通过集中使用土地，在建成区保留一些小的自然植被和廊道，同时在人类活动区沿自然植被和廊道周围地带设计一些小的人为斑块，如居住区和农业小斑块等。另外，城市中的绿地廊道最好与道路廊道结合起来，即在道路两边规划一定宽度与不同形态的植被带，这样有以下三点好处：一是改善道路的环境质量，有利于人们的身体健康（如降低噪声和减少废气）；二是增加绿地面积，便于绿地均匀分布于城市景观中；三是通过绿色廊道把景观中各斑块连接起来，有利于斑块中的小型动物迁移。

要创造一个良好的生产、生活环境和优美的城市景观，还要考虑景观的总体控制，即城市外貌与建筑景观的总体布局，根据城市的性质、规模、现状条件，确定城市建设艺术的轮廓，体现城市美学特征。城市外貌要与城市的地形等自然条件相适应。例如，平原城市，建筑群布局可紧凑整齐，在建筑群的景观布置上，高低搭配合适，广场、道路比例合理，使城市具有丰富的轮廓；丘陵山区地形变化大，一般采用分散与集中结合的方法，在高地上布置造型优美的园林风景建筑，丰富城市景观的视觉多样性。建筑景观不仅要体现建筑物的体量、轮廓、色彩和绿化等内容，还要与城市的性质、规模等相适应，并且建筑群之间要协调。

5.5.4　城市景观的地域特色

城市景观不仅是城市内部和外部形态的有形表现，它还包含了更深层次的文化内涵，是物质和精神的结合。城市是人类文化的结晶，城市的历史和文化孕育了城市的风貌和特色，城市的文化特色是城市发展、积累、积淀和更新的表现。

地域是自然要素和人文要素有机结合的综合体，也是人类对自然条件与人文条件的综合认识。地域的概念相对比较广，可将其分为区域性地域、系统性地域和人文性地域。地域的不同造成的地域文化也就不同，不同地域之间还有着非常明显的文化差异存在，但同时也伴随着密切的文化联系，也正是由于此种情况，不同的地域文化造就了不同的城市。一个城市的地域文化能够完善一个城市，它所反映的是一个城市的精神、经济环境等特定的资源文化。城市的地域文化是一个城市综合竞争力的关键性部分，也是城市发展的一个精神层面上的保证。

城市地域文化主要强调的是一个城市整体的发展理念，让城市能够通过系统性的操作模式将城市中的特色文化进行有效的整合和调整，从而形成一个系统性的以地域文化为基础的城市发展模式，城市地域文化不仅把握城市的特质和规律、运动和功能，更重要的还在于利用这特质和规律和功能去创造一个具有鲜明个性的城市。

第 6 章　城市生态环境承载力

6.1　城市承载力概述

6.1.1　承载力

"承载力"一词最早出自生态学,其作用是用以衡量特定区域在某一环境条件下可维持某一物种个体的最大数量。承载力原为力学中的一个指标,指物体在不产生任何破坏时的最大负荷。随着研究的不断深入,承载力概念的外延与内涵都发生了变化,并被赋予现代含义成为用来描述发展限制程度常用的一个指标。20 世纪 70 年代末至 80 年代初,西方国家在土地利用规划中首次引入了承载力的概念。

(1)资源承载力。一个国家或地区的资源承载力是指在可预见的时期内,利用本地资源及其他自然资源和智力、技术等条件,在保护符合其社会文化准则的物质生活水平下所持续供养的人口数量。

(2)环境承载力。某一环境状态和结构在不发生对人类生存发展有害变化的前提下,对所能承受的人类社会作用在规模、强度和速度上的限制,是环境有限的自我调节能力的量度。

(3)生态承载力。生态系统的自我维持、自我调节能力,资源与环境子系统的供容能力及其可维持的社会经济活动强度和具有一定生活水平的人口数量。

在资源承载力研究方面,主要集中在自然资源领域,包括土地资源、水资源、森林资源以及矿产资源等。但是,广义的资源应包括自然资源、经济资源和社会资源。虽然生态系统承载力比资源承载力、环境承载力更接近人类社会系统,但该研究尚处于探索阶段,其理论和研究方法还不够完善。现在的生态系统承载力研究主要是自然生态承载力的研究,较少考虑城市生态承载力研究。虽然环境承载力和生态承载力开始将社会经济要素纳入承载体系中,但总是将人口和经济单一考虑,很少将二者综合起来计算。当前很少有学者把资源承载力、环境承载力、生态系统承载力全部结合起来,综合放在城市系统中研究。

6.1.2　城市综合承载力

1. 城市综合承载力的概念

城市综合承载力是指在正常情况下，城市生态系统维系其自身健康、稳定发展的潜在能力，主要表现为城市生态系统对可能影响甚至破坏其健康状态的压力产生的防御能力、在压力消失后的恢复能力及为达到某一适宜目标的发展能力和城市的资源禀赋、生态环境、基础设施和公共服务对城市人口及经济社会活动的承载能力。城市综合承载力已经超越了原来资源环境承载力的概念，即整个城市能容纳多少人口，能承担多少就业，能提供什么程度的生活质量等，它是资源承载力、环境承载力、经济承载力和社会承载力的有机结合体。

城市综合承载力强调三个承载力：第一个是基于粮食安全底线的土地承载力，这是城镇化规模非常重要的一个约束条件；第二个是环境资源承载力，即生态或环境的安全格局的问题，这个承载力也对城镇化的模式包括规模和速度构成一种约束条件；第三个承载力是就业岗位的承载力。

城市综合承载力主要包括城市资源承载力、城市环境承载力、城市生态系统承载力、城市基础设施承载力、城市安全承载力、公共服务承载力这 6 种承载力。它们不是简单的相加，而是有机的结合。城市安全承载力、公共服务承载力，它们在城市综合承载力中起着越来越重要的作用，如就业岗位承载力等都是在城市综合承载力评价中必须考虑的关键因素。

2. 与相关概念的联系与区别

（1）城市综合承载力与城市可持续发展。承载力是可持续性发展的重要依据；承载力的不断提高是实现可持续发展的必要条件；承载力是区域可持续发展能力的组成部分。可持续发展是城市综合承载力理论的基础。由于城市系统具有对地区人口、资源、环境和经济协调发展的支撑能力，城市综合承载力理论必须置于可持续发展战略构架下，离开或偏离社会持续发展模式，城市综合承载力将没有现实意义。城市综合承载力是可持续发展理论在城市系统的具体体现和应用，是经济社会可持续发展的重要指标之一。

（2）城市综合承载力与城市综合竞争力。城市综合竞争力是指一个城市在国内外市场上与其他城市相比所具有的自身创造财富和推动地区、国家创造更多财富的能力。一个城市的综合竞争力离不开城市系统这个载体。城市综合承载力决定了城市的整体竞争力。提高城市竞争力是一种"需要"，而城市综合承载力则是一种"可能"，为满足"需要"，首先要创造"可能"。城市竞争力的强弱，关键在于衡量城市综合承载力的高低。因此，提高城市综合承载力是城市发展的首要任务。

（3）城市综合承载力与城市功能。城市综合承载力是一个新概念，它不同于以前比较常用的"城市功能"一词，它比"城市功能"更全面、更直接。从宏观角度看，它既包括物质层面的自然环境资源承载力（如水土资源、环境容量、地质构造等），也包括非物质层面的城市功能承载力（如城市吸纳力、包容力、影响力、辐射力和带动力等）。从微观角度上看，它是指城市的资源禀赋、生态环境、基础设施和公共服务对城市人口及经济社会活动的承载能力。

6.1.3 提高城市综合承载力的方法和途径

（1）加快推进经济结构调整和增长方式转变。由于城市资源的有限性、生态系统的脆弱性，必须把节约资源放在首位。发展循环经济，保护生态环境，落实节能减排工作，优化能源结构，开发可再生能源，注重城市建设和资源综合利用的有机统一，实现城市的可持续发展。

（2）切实做好城市规划工作。城市规划需根据城市的经济社会发展水平、区位特点、资源禀赋和环境基础等客观条件，根据城市资源承载力和环境生态承载力来合理确定各地城市发展规模、发展目标和发展可能。从整体和长远利益出发，合理、有序地配置空间资源，发挥城市聚集效益和辐射效益，增强城市的辐射力和带动力。城乡区域统一规划，统筹发展，注重优化整合城市群，全面促进大中小城市和小城镇协调发展，同时处理好城市与乡村统筹发展的关系，实现城市的可持续发展。

（3）加强城市基础设施建设。完善的基础设施对加速社会经济活动，促进空间分布形态演变，提高城市综合承载力起着巨大的推动作用。建立完善的基础设施，特别要注重公共交通的建设，提高交通效率，加强地下管网设施和地下空间的开发利用，加大市政公用事业市场化改革力度，充分发挥市场配置资源的基础性作用，增加市政公用产品和服务供给能力。

（4）加强城市减灾防灾。环境污染、工业事故等人为因素和地震、天灾等自然灾害会影响到城市安全和城市的正常运行。提高城市公共危机决策的管理质量及综合能力，准备好减灾抗灾及实施救援的空间，建立健全各类预警、预报机制，提高应对突发事件和抵御风险的能力。

6.2 环境容量

6.2.1 环境容量的概念

环境容量指某一环境在自然生态的结构和功能不受到损害，人类生存环境质量不下降的前提下，能容纳的污染物的最大负荷量。

环境容量是一个复杂的反映环境净化能力的量，其数值应能表征污染物在环境中的物理、化学变化及空间机械运动性质。环境容量是一个环境单元所允许承纳的污染物质的最大数量。环境容量是一个变量，受环境空间的大小、各环境要素的特性和净化能力、污染物的理化性质等影响。

环境容量可分为基本环境容量 K 和变动环境容量 R 两部分（图 6.2.1）。基本环境

容量 K 可以通过环境质量标准减去环境本底值求得，也被称为 K 容量或稀释容量，即在给定水域的来水污染物浓度高于出水水质目标时，依靠稀释作用达到水质目标所能承纳的污染物量；变动环境容量 R 是对该环境单元的自净能力而言，也被称为 R 容量或自净容量，即由于沉降、生化、吸附等物理、化学和生物作用，给定水域达到水质目标所能自净的污染物量。合理利用生态环境的稀释和自净容量，无疑对防治环境污染具有重要的经济价值。

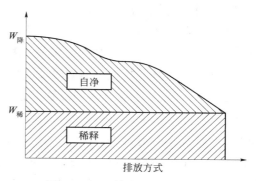

图 6.2.1　环境容量组成示意图

其中水环境容量既反映流域的自然属性（水文特性），又反映人类对环境的需求（水质目标），可采用式（6.2.1）表示。

$$水环境容量＝稀释容量＋自净容量 \qquad (6.2.1)$$

环境容量包括大气环境容量、水体环境容量和土地环境容量。

1. 大气环境容量

大气环境容量一般有两种类型：一种是某一环境区域内对人类活动造成影响的最大环境容纳量，若污染物排放量超过环境容量，这一环境的生态平衡和正常功能就会遭到破坏，称为该地区大气环境的"极限容量"；另一种是在某一地区，为达到一定的环境目标所允许的最大污染物排放量，称为该地区大气环境的"允许容量"。在现实的大气环境管理和污染控制过程中，具有指导意义的是大气环境的"允许容量"。

对于大气环境容量，主要考虑总悬浮微粒物、二氧化硫、氮氧化物、二氧化碳、臭氧、铅等污染物的容纳量。

总悬浮微粒物（Total Suspended Particulate，TSP），指用标准大容量颗粒采集器在滤膜上收集到的颗粒物的总质量，粒径小于 $100\mu m$。其中粒径小于 $10\mu m$ 的颗粒物称为 PM10，即可吸入颗粒。粒径小于 $2.5\mu m$ 的颗粒物称为 PM2.5，由于其粒径小，可进入人体肺泡，直接影响人体健康，引起了人们的普遍关注。

2. 水环境容量

水环境容量是指在不影响某一水体正常使用的前提下，满足社会经济可持续发展和保持水生态系统健康的基础上，参照人类环境目标要求，某一水域所能容纳的某种污染物的最大负荷量或保持水体生态系统平衡的综合能力。水体环境资源主要包括地表水体（河流、湖泊等）和地下水体。

水环境污染物的主要指标有化学需氧量、五日生物化学需氧量、氨氮、总氮、总磷、铜、汞、铅、铬、砷、钙、溶解氧、挥发酚、氰化物等。

化学需氧量（COD），又称化学耗氧量，是利用化学氧化剂（如高锰酸钾）将水中可氧化物质（如有机物、亚硝酸盐、亚铁盐、硫化物等）氧化分解，然后根据残留的氧化剂的量计算出氧的消耗量。

五日生物化学需氧量（BOD_5），又称五日生化耗氧量，表示在5天的时间内，微生物分解一定体积的水中的某些可被氧化物质，特别是有机物质，所消耗的溶解氧的数量，是水中有机物等需氧污染物质含量的一个综合指标。

氨氮（NH_3-N）是指水中以游离氨（NH_3）和铵离子（NH_4^+）形式存在的氮。氨氮是水体中的营养素，可导致水富营养化现象产生，是水体中的主要耗氧污染物，对鱼类及某些水生生物有毒害。

总氮（TN）水中各种形态无机和有机氮的总量。包括NO^{3-}、NO^{2-}和NH_4^+等无机氮和蛋白质、氨基酸和有机胺等有机氮，以每升水含氮毫克数计算。常被用来表示水体受营养物质污染的程度。

总磷（TP）水中各种形态磷的总量。即水样经消解后将各种形态的磷转变成正磷酸盐后测定的结果，以每升水含磷毫克数计算。

水环境容量具有以下基本特征：

（1）自然属性。水环境容量是水体的自然属性在社会发展到一定程度的附属概念。水环境容量不能独立存在，而是依附于一定的水体和人类社会，水环境容量的存在性及其附属性即为自然属性的表征。自然属性是社会属性的基础，水环境容量的自然属性是使其与人类活动密切相关的基石。

（2）社会属性。水环境容量的社会属性是自然属性的社会化，其社会属性表现在社会经济的发展对水生态系统的影响强度和人类对水环境要求的目标，是水环境容量的主要影响因素。人类用水环境容量来预测在某种环境目标条件下人类社会发展对水生态系统造成的压力，从而约束人们破坏自然资源的行为，唤起环境保护的意识。水环境容量是描述自然水体和人类需求之间关系的度量名词，没有人类社会，水环境容量就毫无意义。

（3）时空属性。计算水环境容量时首先要明确水域范围与研究时段，具有明显的时空内涵。空间内涵体现在不同区域社会经济发展水平、人口规模、生产技术条件及其水资源量、生态、环境等方面的差异，致使资源量相异，存在于不同区域的水体在相同时间段上的水环境容量是不同的。时间内涵表现在同一水体在不同历史阶段的水环境容量是变化的，社会经济发展水平、环境目标、科技水平、污水处理率等在不同历史发展阶段均有可能不同，从而不同程度地影响水生态系统，导致水环境容量不同。

（4）动态性。水环境容量的影响因素分为内部因素和外部因素。内部要素主要包括水文特征、水动力条件、物理特征、化学特征等。水生态系统是一个处于相对稳定的变化系统；外部因素涉及社会经济、环境目标、科学技术水平等诸多发展变化的量，社会经济的发展不可避免地带来污水排入水体致使内部因素变化。决定水环境容量的内部因素和外部因素都是随社会发展变化的，所以水环境容量是一个动态概念，水环境容量动态性的本质即为人类活动的动态性。

（5）多变性。水环境是一个复杂多变的复合体，容量大小除受水生态系统和人类活动的影响外，还取决于社会发展需求的环境目标。水体变化受气候、土壤、生物和人类活动影响，是一个不确定的随机过程；人类活动产生的污染物进入水体后，其成分和数量是随时间和空间而变化的不确定函数；社会发展需求的环境目标是一个时空函数。生态系统的随机性和外界影响的不确定性决定了水环境容量的多变性，水环境容量是水生态系统自然规律参数、社会发展变化和环境质量需求参数的多变量函数。

（6）多层面性。客观存在的水环境容量是多个变量的复合函数，多个变量可以归结到经济、社会、环境、资源四个不同层面，各个层面彼此关联、相互影响。从宏观的角度可分为两个层面，即自然环境与人类社会，每个层面下包含更多的分支因素。水环境容量包括稀释容量、迁移容量、净化容量。单项容量里面都包含了无数的物理迁移、化学转化过程。水环境容量的影响因素被喻为金字塔，从影响因素划分最细的最底层逐渐浓缩为水环境容量。

（7）系统性。河流、湖泊等水域一般处在大的流域系统中，水域与陆域、上游与下游、左岸与右岸构成不同尺度的空间生态系统，因此，在确定局部水域水环境容量时，必须从流域的角度出发，合理协调流域内各水域的水环境容量。

3. 土地环境容量

土地环境容量就其资源量的确定来说，有以下两个方面必须考虑：①土地环境资源总量应是市域范围内的国土总面积；②从城市环境污染影响出发，土地环境资源有效总量应为有土壤层覆盖和裸露的市域国土总面积。

城市土地污染物的主要指标包括：COD、BOD_5、汞、铬、砷、钙、二氧化硫、挥发酚、氰化物、油类等。

6.2.2　环境容量的应用

（1）环境容量是在环境管理中实行污染物浓度控制时提出的概念。污染物浓度控制的法令规定了各个污染源排放污染物的容许浓度标准，但没有规定排入环境中的污染物的数量，也没有考虑环境净化和容纳的能力，这样在污染源集中的城市和工矿区，尽管各个污染源排放的污染物达到（包括稀释排放而达到的）浓度控制标准，但由于污染物排放的总量过大，仍然会使环境受到严重污染。

因此，在环境管理上开始采用总量控制法，即把各个污染源排入某一环境的污染物总量限制在一定的数值之内。采用总量控制法，必须研究环境容量问题。

（2）环境容量是一种环境资源。在环境规划与管理过程中，人们认识到，如果将环境这样一个复杂的维持自组织的系统，视为一个容纳废弃物的"容器"，显然是不合适的。

环境容量应是一个描述系统性的、与人类社会行为息息相关的动态变化量。环境容量的概念表述了环境容纳污染物的能力，但这只是环境功能的一部分。在这一部分内，任一环境，它的环境容量越大，可接纳的污染物就越多，反之则越少。除此之外，环境还为人类提供生存和发展所必需的资源、能源，为人类提供各种精神财富和文化载体。

6.3 城市环境容量

6.3.1 城市容量

城市对各种城市活动要素的容纳能力，超过限度将使人体健康、生态环境、城市机能受到严重威胁和危害。一个城市的容量大小，受到生产力发展水平和地理环境的制约。城市容量包括用地容量、人口容量、环境容量、交通容量、建筑容量等，这些容量的总和即为城市容量。

6.3.2 城市环境容量

6.3.2.1 城市环境容量的概念

城市环境容量是指城市所在地域的环境在一定的时间、空间范围内，在一定的经济水平和安全卫生要求下，在满足城市生产、生活等各种活动正常进行的前提下，通过城市自然、现状、经济技术、历史文化等条件的共同作用，对城市建设发展的规模以及人们在城市中各项活动的状况提出的容许限度。简单地说就是环境对城市规模及人的活动提出的限度。

6.3.2.2 城市环境容量的制约条件

1. 城市自然条件

自然条件是城市环境容量中最基本的因素，它包括地质、地形、水文、气候、矿藏、动植物等条件的状况及其特征。由于现代科学技术的高度发展，人们改造自然的能力越来越强，容易使人们轻视自然条件在城市环境容量中的地位和作用，但其基本作用仍然不可忽视。

2. 城市现状条件

组成城市的各项物质要素的现有构成状况对城市发展建设及人们的活动都有一定的容许限度。这方面条件包括工业仓库、生活居住、公共建筑、城市基础设施、郊区供应等，综合起来又形成城市用地容量。在城市现状条件中，城市基础设施即能源、交通运输、通信、给排水等方面建设是社会物质生产以及其他社会活动的基础。基础设施的容量对整个城市环境容量具有重要的制约作用。

3. 经济技术条件

城市拥有的经济技术实力对城市发展规模也提出容许限度。和前几项相比，经济技术容量更具有灵活性和可调性。因为一个城市所拥有的经济技术条件越雄厚，则它所拥有的改造城市环境的能力也越大，从而人们在城市中从事各项活动的"自由程度"也越大。

4. 历史文化条件

历史和文化是有生命的、延续的，城市作为人类文化的载体使其得以源远流长。城市中历史形成的各种条件，环境以及文化达到的程度都会对城市环境容量产生影响。现代化进程对历史文化的"侵扰"，促使人们"思古之幽情"愈加强烈。历史文化条件对城市环境容量的影响也随之增强。

6.3.2.3　城市环境容量的特点

1. 有限性

由于城市是人口、社会生产最集中、经济活动最频繁的地方，人类活动强烈地改变了城市原有的自然条件。所以城市环境是一个不完全的生态系统。无法通过正常的生态循环来净化自身。同时，由于城市功能越来越复杂，也使得城市环境系统在某种意义上变得越来越脆弱，某一方面问题很容易影响整个环境，而限制了城市的发展。人们在城市中的活动一旦超越某个界限，城市的结构形式和总体布局一旦与城市环境容量不相适应，就必然对城市生产和生活产生恶劣影响。以交通结构为例，由于各自所受制约因素的不同，一般说道路建设的增长速度低于交通工具的增长速度，因此我国许多城市的交通感到紧张，阻碍城市的发展。对此不能简单以增加交通工具作为解决交通紧张的主要对策，而应把道路与交通工具综合一起考虑，逐步使道路和交通相适应，使交通处于合理的道路容量之内。

2. 可调性

可调性，即伸缩性。城市环境容量的可调性是指城市环境容量这个大系统具有一定的调节功能。即使某一因素超越了城市环境容量范围，也能在整体系统内获得缓解。但这种调节能力也具有一定的限度，超过这个限度就必然会对整个系统产生有害影响。以上海为例，上海城市发展建设的一个重要制约因素是土地。目前，在 $149km^2$ 的市区范围内居住着 584 万人口，城市人口规模和用地容量实际已不相适应，而上海在用地如此紧张情况下，社会经济活动能力和人民生活能达到目前水平，正是城市环境容量可调性的反应，但是不能认为目前状况是合理的。为了城市今后更好地发展，为了解决"挤"的问题、提高城市环境质量，对于上海这样的城市，除了采取在郊区兴建卫星城镇外，同时要适当扩大中心城市面积，以达到合理的城市环境容量。

3. 稳定性

指在一定时期，一定科学技术水平下，城市环境容量具有相对的稳定性。如把处于同样一定条件下的城市环境容量看成是一个数值，那么这些数值将是在一个有限的范围内上下波动，而不会产生很大的变化。

6.3.2.4　城市环境容量的衡量因子

1. 可能度

城市环境容量可能度是指城市环境对人们在城市中各种活动的范围、程度提供的各种可能性（不考虑各种可能性在环境质量方面存在的差异）。以城市用地为例，如果我们以每个城市人口占有城市用地面积（m^2/人）的指标说明单位城市用地容纳城市人口的各种不同可能性的话，各城市的数据是大不相同的。这就表明单位城市用地容纳人口的可能度由于各种原因是各不相同的，说明环境容量具有容纳人们活动的各种可能性。城市环境容量的"可能度"概念，反映城市环境容量所具有的"可调性"特点。

据此，人们在城市规划建设涉及城市环境容量时可有一定程度的自由，但同时也可能因此而忽略环境质量，任意提高城市环境容量可能度，这是需要在工作中注意的。

2. 合理度

所谓合理度，可将其看作符合城市发展根本利益的城市环境容量的可能度，是在经济效益和环境效益统一的基础上，对城市环境改造，利用的程度。仅仅了解城市环境容量对于人们在城市中活动的容纳限度的各种可能度还是不完全的。城市建设必须在保持城市生态环境平衡的基础上进行。探讨城市环境容量的可能度必须和探讨城市环境容量的合理度结合起来。脱离合理度的城市环境容量虽然可以具有一定的可能性，但它是不能令人满意的。仍以城市用地为例，如果用每人城市用地指标来表示单位城市用地所具有的容纳人口的各种可能度时，可能度数会明显地呈现出很大的差异。合理度的提出从根本上说是由经济基本规律所决定的，即由生产的目的所决定的，生产目的是最大限度地满足整个社会不断增大的物质和文化的需要。在建设作为社会经济、文化中心的城市时，最终目的也是不断改善人民生活，提高人们的物质和文化生活水平。建设好坏的衡量标准只能是经济效益、社会效益和环境效益的统一。

6.3.2.5 城市环境容量的类型

城市环境容量包括城市人口容量、城市大气环境容量、城市水环境容量、城市土壤环境容量、城市建筑容量、城市交通容量等内容。

1. 城市人口容量

城市人口容量指特定的时期内城市这一特定的空间区域所能相对持续容纳的具有一定生态环境质量和社会环境质量水平及具有一定活动强度的城市人口数量。生态系统理想化定义。当理想化地视生态系统为封闭系统时，生态系统所指维持的最高人口数。城市人口容量的主要制约因素及其作用机理影响城市人口容量的因素很多，某些因素之间的相互联系也十分紧密。影响、制约城市人口容量的因素归纳起来基本上是社会经济因素和资源环境因素两大方面。

（1）社会经济因素。构成对城市人口容量制约的社会经济因素有多个，主要有经济发展水平和城市各项设施的承载能力两大项。

1）经济发展水平。这是一个综合性的指标，其对城市人口容量的影响通过以下几个方面表现出来：

a. 就业岗位数量。处于不同经济发展阶段的城市所提供的就业岗位总量是不同的，而就业岗位数量是直接影响城市人口容量的首要社会经济因素。作为一个城市居民，首先必须有经济来源，产生对衣、食、住、行等方面的需求，才能在城市中生存。同时，只有当城市失业人员数量控制在低于一定比例之下（通常认为应低于5），社会才能够保持较为稳定的状态。

b. 生活水平。生活水平不同，对资源环境所造成的压力不同，消费能力也不同。生态系统中的每一种生物都要对其生存环境产生一定的生态作用，城市人口也同样要对城市生态系统产生一定的生态作用。一般地，城市单位人口的生态作用强度与该城市的经济发展水平、消费水平呈正相关关系。这说明，如果生活水平提高，但城市对与人口生态作用有关的商品供应能力和废弃物处理能力没有相应提高，则会使城市人口容量减少。同理，生活水平提高，购买商品能力增强，对城市消费品供应能力提出了较高要求。如果城市本身的生产能力有限，外界提供又受到一定限制，则使城市人口容量减小。再如，生活水平提高后，人们可能会购买汽车，汽车的增多导致了对城市道路和能源供应需求的增长，而如果一个城市在较短时间内很难修筑大量道路和增加大量能源供应时，也会使城市人口容量减小。

2）城市各项设施承载能力。严格地说，城市各项设施的承载能力也受制于城市的经济实力，如果经济实力强，则有能力提高设施承载能力，从而增加城市的人口容量。考量城市设施，主要有以下几个方面：

a. 交通设施。包括道路和车辆两个方面。

b. 商业服务设施。商业服务业有本身的规律性，一定的营业面积最多可以接待多少顾客是有一定限度的。如果商业服务设施不足，将使市民感到生活不便，也会使城市人口容量减小。

c. 提供住房能力。随着生活水平的提高，人们对住房从量到质的要求也随之提高。如果城市不能满足居民对住房的需求，则使城市人口容量减少。

d. 教育、医疗设施。如果不能提供足够的教育、医疗设施，也将使城市人口容量减少。

（2）资源环境因素。自然条件又称自然环境，是自然界中的一部分，是人们生产和生活所依赖的自然部分，如生物圈、岩石圈、水圈、大气圈等。自然资源是自然条件中可以被利用的部分，是在当前生产力水平和研究水平下，为了满足人类对生产和生活的需要，可以被利用的自然物质和自然能量。自然资源是人类生存发展必不可少的物质条件，自然资源通过数量、构成、质量、相互关系和分布制约着人口的数量和分布。著名的逻辑斯蒂增长曲线清楚地说明了这种制约关系，即在种群增长的初期，为适应期和建群期，种群增长较慢；然后是增长的对数期，种群高速增长；最后是增长末期，种群增长率不断下降，终于增殖数与死亡数基本相等，进入平衡期。逻辑斯蒂种群变动规律的基本思想是，由于受客观环境阻力的限制，种群不能无限增长。种群的数量，客观上要与其周围的环境资源保持协调。从生态学揭示的种群变动规律来看，在自然界，种群不能无限地持续增长，大多数的种群生长都受到资源环境阻力的制约，每个种群都有最大的个体数量，称为生境的负载能力，人类的增殖情况也是如此。城市的两大基本特点是高密度的人口聚落形式和开放的物质流和信息流。鉴于城市人口的高度集中，决定了其所需的大量物质与能源必须依靠外界输入，如果把经济承受能力和外界供给能力看作无穷大，可以认为这种物质流和能源流的流入是无限的，并不构成对城市人口容量的限制因素。因此，在这个意义上可以把食物及其相关物质、能源（煤、石油、天然气等）及其生产活动所需的某些矿产资源的供给看作无限的，并把它们从对城市人口容量的制约因素中剔除。真正对在城市中生存的人类至关重要而又无法依靠外界输入的自然资源和自然条件是土地资源、水资源和生态环境容量。

　　土地作为一种资源，具有三个基本特征，即位置固定、面积有限和不可替代。其中与城市人口容量关系密切的是面积的有限性。城市中的土地资源更多地是作为一种空间资源，是一种能够为城市居民提供生活、居住、工作等各项活动所需场所的空间资源。由于城市居住、经济活动的高密度特性和城市不可能无限外延的规定性，决定了城市土地资源的短缺特征。人口密度过高直接导致了交通拥挤、城市热岛现象更为显著、绿地减少等一系列现象的发生，造成城市生存环境恶化，从而引起城市衰退。所以土地资源的供给能力直接影响了城市的人口容量。

　　水是一种既不可替代、又不可缺少，极为宝贵的自然资源。水在城市发展中占有极其重要的地位和作用，是城市生存的首要条件，同时亦是城市经济持续增长和人口容量多少的决定性因素，还是改善城市生态环境的必备前提。

　　环境容量是指在人类生存和自然生态不致受害的前提下某一环境所能容纳的污染物的最大负荷，即环境所能接受的污染物限量或忍耐力的极限。城市环境容量指城市特定区域环境所能容纳的污染物最大负荷量，即城市自然环境对污染物的净化能力或为保持某种生态环境质量标准所允许的污染物排放总量。如果污染物排放数量超过了城市生态环境容量，就会造成城市生态系统的恶化。城市生态系统的恶化是通过人口密度而表现出来的。人口密度更为直接地表现了人口数量与环境的关系，在一定的社会经济条件下，人口密度与污染负荷存在着正相关关系。这说明了人口密度影响环境的本质是高密度的人口通过高强度的经济活动和资源利用对环境施加了更大的压力。

2. 城市大气环境容量

　　在满足城市大气环境目标值的条件下，某区域大气环境所能承纳污染物的最大能力，或能允许排放的污染物的总量。城市用地面积的空气量等于城市总人口与每人所需的空气量的乘积。

3. 城市水环境容量

　　在满足城市居民安全卫生使用城市水资源的前提下，城市区域水环境所能承纳的最大的污染物质的负荷量。城市水环境容量的影响因素有水体的自净能力、水质标准、水资源储量、城市需水量（生活用水、工业用水、园林绿化用水、农田水利用水）等。

4. 城市土壤环境容量

　　城市土壤环境容量为土壤对污染物质的承受能力或负荷量，可采用式（6.3.1）计算：

$$WQ = M(WS - B) \tag{6.3.1}$$

式中：M 为土壤质量，t；WQ 为绝对容量，g；WS 为环境标准的规定值，g/t；B 为环境背景值，g/t。

5. 城市建筑容量

　　建筑容量主要指城市对各类建筑的容纳能力，与城市建设用地面积的大小和建筑密度有关。从景观特色、空间形态、防灾要求、环境设计等角度出发考虑，建筑密度应有一定的限制。

6. 城市交通容量

在特定服务水平和既定供需特征下，单位时间内城市交通系统所能服务的最大出行数。特定服务水平是指城市所能接受的交通服务水平，对交通容量达到最大时的状态进行界定，建立评价体系；既定供需特征是指体现供需平衡关系，在既有道路网、轨道网基础上展开工作，需求的迭代规则；城市交通系统不仅包括道路交通，也须将其他客运交通一并纳入。

6.4 城市环境承载力

6.4.1 环境承载力的概念

由于环境承载力的内涵非常丰富，在不同的角度对环境承载力的理解也不尽相同。从"容量"角度来看，环境承载力是指在一定生活水平和环境质量要求下，在不超出生态系统弹性限度条件下环境子系统所能承纳的污染物数量，以及可支撑的经济规模与相应人口数量；从"阈值"角度来看，环境承载力是指在某一时期，某种环境状态下，某一区域环境对人类社会经济活动的支持能力的阈值；从"能力"角度来看，环境承载力是指在一定的时期和一定区域范围内，在维持区域环境系统结构不发生质的改变，区域环境功能不朝恶性方向转变的条件下，区域环境系统所能承受的人类各种社会经济活动的能力。

环境承载力与环境容量及环境承载量密切相关。环境容量是一个复杂的反映环境净化能力的量，其数值应能表征污染物在环境中的物理、化学变化及空间机械运动性质。环境承载量是指某一时刻环境系统所承受的人类系统（社会和经济系统）的作用量。环境承载力是指某一时刻环境系统所能承受的人类社会、经济活动的能力阈值。因此可以说，环境承载量是对环境容量的扩充，环境承载力是环境承载量的极限值。

6.4.2 环境承载力的内涵

环境承载力是环境系统功能的外在表现，即环境系统具有依靠能流、物流和负熵流来维持自身的稳态，有限地抵抗人类系统的干扰并重新调整自组织形式的能力。环境承载力是描述环境状态的重要参量之一，即某一时刻环境状态不仅与其自身的运动状态有关，还与人类作用有关。环境承载力既不是一个纯粹描述自然环境特征的量，又不是一个描述人类社会的量，它反映了人类与环境相互作用的界面特征，是研究环境与经济是否协调发展的一个重要判据。

环境承载力是环境系统固有功能的表现，它不仅与环境系统本身的结构有关，还与外界（人类社会经济活动）的输入输出有关。若将环境承载力（EBC）看成一个函数，那么它至少包含三个自变量：时间（T）、空间（S）、人类经济行为的规模与方向（B），如式（6.4.1）所示：

$$EBC = f(T, S, B) \qquad (6.4.1)$$

环境承载力的特点是时间性、区域性、主客观的结合性。为了方便量化描述，将环境承载力划分为：①环境能够容纳污染物的量；②环境持续支撑经济社会发展规模的能力；③环境维持良好生态系统的能力。

6.4.3 环境承载力指标体系

由于环境是人类活动（主要是社会经济活动）的受体，环境承载力的大小可以用人类活动的方向、强度、规模来表示和度量。由于社会经济环境巨系统的复杂性，人类活动的多样性，衡量承载力的指标体系难以涵盖人类活动的全部，也不可能对具体指标作硬性的统一规定，只能从各子系统中选择有代表性、易量化的指标作定性定量相结合的分析。

环境承载力综合分析指标包括两部分，即资源环境承载力指标和社会经济开发强度指标。资源环境承载力指标，如水环境容量、大气环境容量、水资源可供利用量、土地资源可供利用量等；社会经济开发强度指标，如反映区域开发强度的总人口量、工业总产值、污染物排放量、水资源利用量、土地资源利用量等。

环境承载力综合分析的目的在于确定区域开发强度是否与该地区资源环境承载力相协调，归根结底是解决区域社会经济与资源环境协调发展的问题。因此，环境承载力可以用两类变量-发展变量与限制变量之间的关系来表征。

区域发展因子是描述区域开发活动强度的变量。用以度量研究区域内社会经济发展（生活活动与经济开发活动）对环境作用的强度，以各种资源利用量与向环境排放的各种污染物量表示，它们的全体构成发展变量集，集合中的元素称为发展因子。这些发展因子可表示为 n 维空间的矢量，如式（6.4.2）所示。

$$d^r = (d_1, d_2, \cdots, d_n) \qquad (6.4.2)$$

限制因子与发展因子相对应，是环境条件的一种表示，是环境状况对人类活动限制作用的表现。与发展变量一样，限制变量的全体构成限制变量集，集合中元素称为限制因子。限制因子同样以 n 维空间的矢量描述，如式（6.4.3）所示。

$$c^r = (c_1, c_2, \cdots, c_n) \qquad (6.4.3)$$

环境承载力即为不突破限制因子阈值前提下，发展变量的阈值，同样可以表示成 n 维空间的矢量，如式（6.4.4）所示。

$$d^{r*} = (d_1{}^*, d_2{}^*, \cdots, d_n{}^*) \qquad (6.4.4)$$

因此，某一区域的开发强度和资源环境的协调程度可以用环境承载力利用强度 $I^r = (I_1, I_2, \cdots, I_n)$ 来表征，见式（6.4.5）。

$$I_k = \frac{d_k}{d_k^*} \quad (k = 1, 2, \cdots, n) \qquad (6.4.5)$$

为了更直观明了地表述环境承载力，在环境承载力利用强度的基础上，可以采用环

境承载力综合指数（C）来表示，其数学表达式为

$$C = \sqrt{\frac{(\max I_k)^2 + (AVEI_k)^2}{2}} \quad (k = 1, 2, \cdots, n) \tag{6.4.6}$$

由此可见，当 $0 \leqslant C \leqslant 1$ 时，区域开发强度没有超过环境承载力，而且 C 越小，区域越有开发潜力；当 $C > 1$ 时，区域开发强度超过了环境承载力。

通过环境承载力指标体系，可以间接量化表达某一区域的环境承载量和环境承载力。环境承载力可以被应用于环境规划，并作为其理论基础之一，成为从环境保护方面规划未来人类行为的一项依据。

6.4.4　环境承载力的特征

环境承载力是判断人类社会经济活动与环境是否协调的依据，具有以下主要特征：

（1）客观性。体现在一定时期、一定状态下的环境承载力是客观存在的，是可以衡量和评价的，它是该区域环境结构和功能的一种表征。

（2）主观性。体现在人们用怎样的判断标准和量化方法去衡量它，也就是人们对环境承载力的评价分析具有主观性。

（3）区域性和时间性。不同时期、不同区域的环境承载力是不同的，相应的评价指标的选取和量化评价方法也应有所不同。

（4）动态性和可调控性。环境承载力是随着时间、空间和生产力水平的变化而变化的。对环境加以保护，环境承载力可以得到提升。人类可以通过改变经济增长方式、提高技术水平等手段来提高区域环境承载力，使其向有利于人类的方向发展。

从上述的环境承载力的定义和特征可以看出，环境承载力既不是一个纯粹描述自然环境特征的量，又不是一个描述人类社会的量，它与环境容量是有区别的。环境容量强调的是环境系统对其上自然和人文系统排污的容纳能力，侧重体现和反映了环境系统的自然属性，即内在的自然秉性和特质。环境承载力则强调在环境系统正常结构和功能的前提下，环境系统所能承受的人类社会经济活动的能力，侧重体现了环境系统的社会属性，即外在的社会秉性和特质。环境系统的结构和功能是其承载力的根源。从一定意义上讲，没有环境的容量，就没有环境的承载力。

6.5　城市生态承载力

6.5.1　生态承载力

1. 生态承载力的概念

生态承载力是某区域在特定时期特定社会发展水平下，在不损害区域生态系统的生产力和功能完整即在生态容量内，其复合生态系统对人类社会经济活动的可持续的最大支持能力。亦即是某一时期某一地域某一特定的生态系统，在确保资源的合理开发利用

和生态环境良性循环发展的条件下，可持续承载的人口数量、经济强度及社会总量的能力。生态承载力是生态系统的自我维持、自我调节能力，资源与环境的供应与容纳能力及其可维持的社会经济活动强度和具有一定生活水平的人口数量。

对于某一区域，生态承载力强调的是系统的承载功能，而突出的是对人类活动的承载能力，其内容包括资源子系统、环境子系统和社会子系统。生态承载力可以分为土地资源承载力、水资源承载力等类型。

2. 生态承载力的内涵

生态承载力包括两层基本含义：第一层涵义是指生态系统的自我维持与自我调节能力，以及资源与环境子系统的供容能力，为生态承载力的支持部分；第二层涵义是指生态系统内社会经济子系统的发展能力，为生态承载力的压力部分。

生态系统的自我维持与自我调节能力是指生态系统的弹性大小，资源与环境子系统的供容能力则分别指资源和环境的承载能力大小；而社会经济子系统的发展能力指生态系统可维持的社会经济规模和具有一定生活水平的人口数量。

3. 生态承载力的特征

（1）客观性。生态承载力的客观承载性是生态系统最重要的固有功能之一，这种固有功能一方面是为生态系统抵抗外力的干扰破坏提供了基础，另一方面为生态系统向更高层次的发育奠定了基础。

（2）可变性。生态系统的稳定性是相对意义的稳定，是可以改变的，而不是固定不变。所以说，生态承载力虽然客观存在，但是不是固定不变的，因此认为应按照对自己有利的方式去积极提高系统的生态承载力。

（3）层次性。生态环境的稳定性不仅表现为小单元的生态系统水平上，而且表现在景观、区域、地区以及生物圈各个层次的生态系统水平上。同样，生态系统的承载力也表现在上述各个层次水平上，在不同层次水平上，生态承载力不同。

6.5.2 生态承载力计算方法

生态承载力研究是生态环境规划和实现生态环境协调发展的前提，其研究方法目前尚处于探索阶段。目前常用的测算方法主要有自然植被净第一性生产力测算法、生态足迹法、供需平衡法、综合评价法、状态空间法等。

1. 自然植被净第一性生产力测算法

自然植被净第一性生产力作为表征植物活动的关键变量，是陆地生态系统中物质与能量运转研究的重要环节，国外很多学者对植被净第一性生产力进行了研究，建立了一些模型，根据模型的难易程度，对各种调控因子的侧重及对净第一性生产力调控机理解释的不同。我国的净第一性生产力研究起步较晚，研究过程中一般采用气候统计模型。

2. 生态足迹法

生态足迹法是由加拿大生态学家提出并逐步完善，其定义为：指能够持续的生产任何已知人口所消费的所有资源、能源和吸纳这些人口所产生的所有废弃物所需要的生物生产土地的总面积和水资源量。生态足迹理论认为，任何个人或区域人口的生态足迹，应该是生产这些人口所消费的所有资源和吸纳这些人口所产生的废弃物而需要的生态生产性土地的面积总和。在计算生态足迹的思路上，将现有的耕地、牧地、林地、建筑用地、海洋的面积乘以相应的均衡因子和当地的产量因子，就可以得到生态承载力。

3. 供需平衡法

一些学者认为区域生态环境承载力体现了一定时期、一定区间的生态环境系统，对区域社会经济发展和人类各种需求（生存需求、发展需求和享乐需求）在量（各种资源量）与质（生态环境质量）方面的满足程度，据此认为衡量区域生态环境承载力应从该地区现有的各种资源量（P_i）与当前发展模式下社会经济对各种资源的需求量（Q_i）之间的差量关系 $[(P_i-Q_i)/Q_i]$，以及该地区现有的生态环境质量（$CBPI_i$）与当前人们所需求的生态环境质量（$CBQI_i$）之间的差量关系 $[(CBPI_i-CBQI_i)/CBPI_i]$ 入手。结合完整的指标体系，依据这种差量度量评价方法，王中根等人对西北干旱区河流流域进行了生态承载力评价分析，证明此方法能够简单、可行地对区域生态承载力进行有效的分析和预测。

4. 综合评价法

高吉喜认为承载力概念可通俗地理解为承载媒体对承载对象的支持能力。如果想要确定一个特定生态系统承载情况，必须首先知道承载媒体的客观承载能力大小以及被承载对象的压力大小，然后才可了解该生态系统是否超载或低载。所以，研究者提出承压指数、压力指数和承压度用以描述特定生态系统的承载状况。

（1）生态系统承载指数。根据生态承载力定义，生态承载力的支持能力大小取决于生态弹性能力、资源承载能力和环境承载能力 3 个方面，因此生态承载指数也相应地从这 3 个方面确定，分别为生态弹性指数、资源承载指数和环境承载指数。

生态弹性指数表达式为

$$CSI^{eco} = \sum_{i=1}^{5} S_i^{eco} W_i^{eco} \tag{6.5.1}$$

式中：S_i^{eco} 为生态系统特征要素，$i=1$，2，3，4，5 分别代表地形地貌、土壤、植被、气候和水文要素；W_i^{eco} 为相应的权重值。

资源承载指数表达式为

$$CSI^{res} = \sum_{i=1}^{4} S_i^{res} W_i^{res} \tag{6.5.2}$$

式中：S_i^{res} 为资源组成要素，$i=1$，2，3，4 分别代表土地资源、水资源、旅游资源和矿产资源；W_i^{res} 为要素 i 的相应权重值。

环境承载指数表达式为

$$CSI^{env} = \sum_{i=1}^{3} S_i^{env} W_i^{env} \tag{6.5.3}$$

式中：S_i^{env} 为环境组成要素，$i=1$，2，3 分别代表水环境、大气环境和土壤环境；W_i^{env} 为要素 i 的相应权重值。

（2）生态系统压力指数表达式。生态系统的最终承载对象是具有一定生活质量的人口数量，所以生态系统压力指数可通过承载的人口数量和相应的生活质量来反映，其表达式为

$$CPI^{pop} = \sum_{i=1}^{n} P_i^{pop} W_i^{pop} \qquad (6.5.4)$$

式中：CPI^{pop} 为以人口表示的压力指数；P_i^{pop} 为第 i 类群的人口数量；W_i^{pop} 为第 i 类群人口的生活质量权重值。

（3）生态系统承载压力度表达式为

$$CCPS = \frac{CCP}{CCS} \qquad (6.5.5)$$

式中：CCS 和 CCP 分别为生态系统中支持要素的支持能力大小和相应压力要素的压力大小。

5. 状态空间法

状态空间是欧氏几何空间用于定量描述系统状态的一种有效方法。通常由表示系统各要素状态向量的三维状态空间轴组成。利用状态空间法中的承载状态点，可表示一定时间尺度内区域的不同承载状况。利用状态空间中的原点同系统状态点所构成的矢量模数表示区域承载力的大小，并由此得出其数学表达式为

$$RCC = |M| = \sqrt{\sum_{i=1}^{n} x_{ir}^2} \qquad (6.5.6)$$

式中：RCC 为区域承载力的大小；$|M|$ 为代表区域承载力的有向矢量的模数；x_{ir} 为区域人类活动与资源处于理想状态时在状态空间中的坐标值。

考虑到人类活动与资源环境各要素对区域承载力所起的作用不同，状态轴的权重也不一样，当考虑到状态轴的权时，承载力的数学表达式为

$$RCC = |M| = \sqrt{\sum_{i=1}^{n} w_i x_{ir}^2} \qquad (6.5.7)$$

式中：w_i 为 x_{ir}^2 轴的权重值。

6.5.3 生态足迹

生态足迹（ecological footprints）由加拿大大不列颠哥伦比亚大学规划与资源生态学教授里斯于 1996 年提出，指的是支持一定地区的人口所需的生产性土地和水域的面积，以及吸纳这些人口所产生的废弃物所需要的土地之总和（包括陆地和水域）。生态足迹将人类活动对生物圈的影响归纳到一个数字上去，即人类活动排他性占有的生态生产性土地。

1. 五个基本假设

（1）人类能确定自身消费的资源及其产生废物的数量。

（2）自然生态服务总供给能力和人类对自然的总需求数量能够相比较。

（3）资源和废物流能够转换成相应的生态生产性土地面积。

（4）每单位不同地区的土地面积均能转化为全球均衡土地面积。

（5）各类土地在空间上是互斥的。

2. 生态足迹计量分析方法

生态足迹计量分析的重点是生态足迹计算。按照数据的获取方式，计算一个地区的生态足迹通常有两种方法：第一种是自下而上法，即通过发放调查问卷、查阅统计资料等方式先获得人均的各种消费数据；第二种是自上而下法，根据地区性或全国性的统计资料查取地区各消费项目的有关总量数据，再结合人口数得到人均的消费量值。无论哪种方法，生态足迹的计算都遵循以下 5 个步骤和具体方法。

（1）计算各主要消费项目的人均年消费量值。

1）划分消费项目。瓦克纳格尔在 1997 年计算 52 个国家和地区的生态足迹时，将消费分为消费性能源和食物，而在 1998 年对智利首都圣地亚哥的研究中将消费分为粮食及木材消费、能源消费和日常用品消费等项目。

2）计算区域第 i 项年消费总量，计算公式为

$$消费＝产出＋进口－出口 \tag{6.5.8}$$

3）计算第 i 项的人均年消费量值 C_i（kg）。

（2）计算为了生产各种消费项目人均占用的生态生产性土地面积。利用生产力数据，将各项资源或产品的消费折算为实际生态生产性土地的面积，即实际生态足迹的各项组分。设生产第 i 项消费项目人均占用的实际生态生产性土地面积为 A_i（hm²/人），其计算公式为

$$A_i = \frac{C_i}{P_i} \tag{6.5.9}$$

式中：P_i 为相应的生态生产性土地生产第 i 项消费项目的年平均生产力，kg/hm²。

（3）计算生态足迹。

1）汇总生产各种消费项目人均占用的各类生态生产性土地，即生态足迹组分。

2）计算等价因子（γ）。6 类生态生产性土地的生态生产力是存在差异的。等价因子就是一个使不同类型的生态生产性土地转化为在生态生产力上等价的系数。其计算公式为

$$某类生态生产性土地的等价因子＝\frac{全球该类生态生产性土地的平均生态生产力}{全球所有各类生态生产性土地的平均生态生产力}$$

$$\tag{6.5.10}$$

3）计算人均占用的各类生态生产性土地等价量。

4）求各类人均生态足迹的总和 ef：

$$ef = \sum \gamma A_i \tag{6.5.11}$$

5）计算地区总人口 N 的总生态足迹 EF：

$$EF = N \cdot ef \qquad (6.5.12)$$

（4）计算生态容量。

1）计算各类生态生产性土地的面积。

2）计算生产力系数。由于同类生态生产性土地的生产力在不同国家和地区之间是存在差异的，因而各国各地区同类生态生产性土地的实际面积是不能直接进行对比的。生产力系数就是一个将各国各地区同类生态生产性土地转化为可比面积的参数，是一个国家或地区某类土地的平均生产力与世界同类平均生产力的比率。例如，加拿大牧地的生产力系数等于 2.04，表明相同面积条件下加拿大的牧地生产力要比世界平均的牧地生产力高出 104%。

3）计算各类人均生态容量。计算公式为

某类人均生态容量＝各类生态生产性土地的面积×等价因子×生产力系数

$$(6.5.13)$$

4）总计各类人均生态容量，求得总的人均生态容量。

（5）计算生态盈余（或生态赤字）。计算公式为

生态盈余（或生态赤字）＝生态承载力－生态足迹 （6.5.14）

如区域的生态足迹超过区域所提供的生态承载力，就出现生态赤字；如小于区域生态承载力，则表现为生态盈余。

3. 生态足迹的应用意义

（1）通过生态足迹数值判断发展的可持续性，同时根据生态赤字判断该地区面临的生态危机严重程度。

（2）生态足迹指标体系和其他社会经济发展指标体系结合，全面反映社会经济的发展，为经济计划、发展战略、环境保护提供更科学、全面、真实的参考数据。

（3）指导区域规划开发。分析区域可容纳的人口数量及相应设施占地面积，计算人均生态占用面积，指导城市发展规模。

（4）区域生态评价。例如，生物多样性的评价和横向比较。

4. 生态足迹方法的优缺点

（1）优点。

1）提供全球可比性的生态足迹，从一个全新的角度审视可持续性。

2）具有一定的政策性，通过比较生态足迹的"需求"与"供给"，反映了区域人类活动对自然资源的利用情况，提供理解可持续发展底线的直观框架，使决策者对发展状态有清楚的认识。

3）分析方法所需资料获得较容易，计算方法可操作性较好等。

生态足迹研究方法自其被提出以来备受学者们的青睐，对生态足迹方法本身的研究和实证分析方兴未艾。生态足迹方法中引入诸如经济学中的投入-产出法、能值法、成分综合法、结合 GIS 和 RS 耦合分析法、产量因子计算法等手段，对生态足迹方法本身进行着扩展；实证研究在国家、区域和城市尺度上大量开展之后，开始尝试计算如旅游

业、贸易、交通运输、畜牧产品、农作物和制造业等产业的生态足迹，同时在更小的范围内开展，例如居民家庭甚至个人生态足迹的计算；生态足迹的时间序列和时段分析的成果也推陈出新，在传统的表达区域某年份的生态基础上发展出长期时间序列动态分析方法。生态足迹理论和方法经过 20 多年的发展，出现了适用于宏观和微观尺度的各种模型，研究方法与研究尺度也不断演进，日趋丰富与多元化。

（2）缺点。

1）均衡因子缺少科学解释。生态足迹方法中采用均衡因子将 6 类不同的生物生产性面积折算为具有相同生态生产力的生物生产性面积，并标准化为统一的、可进行全球比较的单位-全球公顷。均衡因子表示某类生物生产性面积生产力与全球全部的生物生产性面积平均生产力的比率。生态足迹方法中采用均衡因子，将 6 类不同生态生产力的土地加和，暗示着具有相同均衡因子的两类因素间存在着替代性。均衡因子采用定值时，这种替代性是不科学的。生态足迹方法中采用均衡因子，并没有考虑土地质量的差异、土地的社会属性等问题。事实上，很多情况下这种替代性并不一定存在，或并不能只是通过采用均衡因子来简单说明。在生态足迹计算中，耕地与建设用地采用的均衡因子相同，计算中通常采用数值为 2.8。因此，耕地与建设用地、化石能源与森林便具有相同的生产力，而土地用作耕地与建设用地对环境产生的影响是截然不同的，森林的作用远不止于吸收化石能源燃烧产生的温室气体。

2）产量因子的时空变化认识不足。生态足迹的生态承载力计算中引入产量因子，将区域内生物生产性面积折算成具有全球平均生物生产力的生物生产性面积，再通过均衡因子折算成全球公顷。区域生物生产性面积的生产力，因自然条件、生产技术、经营管理等在区域间与年际间存在着变化（全球平均生物生产力也存在年际变化），这样将导致产量因子在空间与时间上存在差异。计算不同国家区域、城市等空间层次和在研究时期内时段间等时间序列尺度上的生态足迹变化时，应采用当地、当时的产量因子，而不是采用同一个定值，特别是在进行时间序列的研究中采用的固定产量因子值是不合理的。

3）土地利用的可持续方式不明确。生态足迹方法提出的初衷是作为可持续发展的政策指导和规划工具，作为决策者决策参考依据。生态足迹方法通过所提供的具有综合性、可在国家或区域间进行比较的、标准化的生态足迹指标，对比不同消费模式对生物生产性面积的使用；采用生态赤字或盈余（生态足迹与生态承载力间的差）来确定区域资源是否能自给自足。生态足迹是从社会经济系统的"需求"与自然系统的"供给"两方面反映人类对自然资源和服务的使用，但生态足迹方法中并没有对土地利用可持续与否进行明确区分，也没有指出如何利用土地才是可持续的。同时，如果生态足迹可作为决策参考，那么就应能提供明确的决策目标与措施，而实际上从生态足迹方法中并不能明确地看出区域存在关键的环境问题：最小化土地利用（减少对区域或全球的影响）和最大化区域的生产力（以平衡生态足迹的增长）都与生态足迹方法评价的结论相一致。另一方面，在生态足迹方法计算中仅关注土地的单一功能。事实上，土地生产是多种经营机制并存，如套作、轮作等，使土地能提供多种功能与服务，而这些不同的功能与服务之间并不是简单的替代关系。

4）能源利用情景假设不科学。生态足迹中的化石能源用地是指吸收化石燃料产生二氧化碳的土地面积，即假设"区域存在可生长化石作物的土地，该土地足以补偿日渐减少的化石燃料存量"。生态足迹方法中假设的这种能源情景并不科学。同时，还应注意到如二氧化碳等温室气体的排放及其在大气中的积累，是一种全球性的问题。通过国家或区域生态足迹的计算，并不能充分说明该国家或该区域二氧化碳等气体排放对全球升温的贡献，存在尺度上的不一致问题。

5）区域间足迹比较有失公平。由于环境的可进入性和环境与资源的禀赋差异，会造成国家或地区间的经济发展规模与发展程度的很大差异，这样可能导致出现人类聚居、工业集中发展的国家或地区，导致国家或地区生态足迹过大，出现更大的生态足迹赤字。

6）贸易调整缺少可持续性基础。生态足迹与区域可提供的生物生产性面积或者生态承载力的比较，暗示系统的自给自足状况。同时，由于国家与国家、区域与区域间存在着贸易活动，区域的发展模式和自身的生态承载力受到贸易活动的影响（由于区域的贸易进口，一定程度上增加了区域内生态承载力。随着经济的发展，资源消费与废物排放增多，会造成区域自身承载力的下降）。生态足迹方法没有对可持续的贸易活动进行定义，也没有区分贸易进出是否以可持续的土地利用为基础。

7）作为可持续性指标尚存争议。生态足迹作为可持续性评价指标并不充分。单一的生态足迹指标中并没有包括经济和社会指标，它对可持续性的反映有很大的局限性。如果自然资产只是靠自身运作经营，而没有人类活动的参与，在评价可持续性时也就无需加入经济和社会指标。但生态足迹方法中存在着人类的活动因素（资源消费和废物排放）。

第 7 章　城市环境污染与防治

7.1　城市水污染与防治

7.1.1　水体的自净作用及水体污染

1. 水体自净作用

水体自净作用指水体中的污染物质在河水向下流动过程中其浓度自然降低的现象。其机制有物理净化、化学净化、生物净化 3 种。

（1）物理净化。污染物质由于稀释、扩散、沉淀等作用而使污染物质浓度降低的过程。

（2）化学净化。污染物质由于氧化、还原、分解和吸附凝聚等化学或物理化学作用而使污染物质浓度降低的过程。

（3）生物净化。由于水中生物活动，尤其是微生物对有机物氧化分解的作用而使污染物质浓度降低的过程。

2. 水体污染

污染物进入水体后，其含量超过水体的自净能力，使水质变坏、水的用途受到影响，这种情况称为水体污染。水体污染表现为颜色改变，浑浊，散发臭味，某些生物减少、死亡，而某些生物聚集和增长等。但有时水污染不能用感官识别，必须通过仪器分析。

7.1.2　城市水污染

城市水污染包括地表水污染和地下水污染。流经城市的地表水相较于流经其他地区的地表水来说，污染更为严重。城市中人口密度相对较大，生活污水的排放大量增加且成分复杂，而且城市经济较为发达，工业废水排放必然也会相应增加。《地表水环境质量标准》（GB 3838—2002）中规定，按照地面水使用目的和保护目标，地面水分为五大类。

(1) Ⅰ类。主要适用于源头水，国家自然保护区；

(2) Ⅱ类。主要适用于集中式生活饮用水、地表水源地一级保护区，珍稀水生生物栖息地，鱼虾类产卵场，仔稚幼鱼的索饵场等；

(3) Ⅲ类。主要适用于集中式生活饮用水、地表水源地二级保护区，鱼虾类越冬、回游通道，水产养殖区等渔业水域及游泳区；

(4) Ⅳ类。主要适用于一般工业用水区及人体非直接接触的娱乐用水区；

(5) Ⅴ类。主要适用于农业用水区及一般景观要求水域。

根据《2014 中国环境状况公报》，2014 年全国 202 个地级及以上城市的地下水水质监测情况中，水质为优良级的监测点比例仅为 10.8%，较差级的观测点占比达到 45.4%，具体表现为城市区域污染源点多、面广、强度大，极易污染水资源，即使是发生局部污染，也会因水的流动性而使污染范围逐渐扩大。

7.1.3　城市水污染源

污染源按人类社会活动功能分为工业污染源、农业污染源、生活污染源等。

(1) 工业污染源。工业废水大都具有量大、面广、成分复杂、不易净化、难处理等特点，是水域的一个重要污染源。不同行业、不同种类的工业企业，废水的排放量以及废水的成分也各不相同。其排放的主要污染物有酚、氰、重金属、石油类、酸碱盐类和各种有机物等。

(2) 农业污染源。农业污水的主要成分为氮污染物、磷污染物、有机含氧污染物、有毒有机物和泥沙等。农业污染源主要指的是农药和化肥的不正确使用所造成的污染。如长期滥用有机氯农药和有机汞农药，污染地表水，会使水生生物、鱼贝类有较高的农药残留，加上生物富集，如食用会危害人类的健康和生命。

(3) 生活污染源。人类生活过程中产生的污水，是水体的主要污染源之一，主要是粪便和洗涤污水。城市每人每日排出的生活污水量为 150～400L，其量与生活水平有密切关系。生活污水中含有大量有机物，如纤维素、淀粉、糖类和脂肪蛋白质等，也常含有病原菌、病毒和寄生虫卵，无机盐类的氯化物、硫酸盐、磷酸盐、碳酸氢盐和钠、钾、钙、镁等。居民生活污水，具有固定源、分布广、排量大等特点。

7.1.4　水体污染的主要污染物

1. 无机无毒物

无机无毒物如酸、碱、无机盐等，其破坏了水体的自然缓冲作用，抑制细菌和微生物的生长，妨碍水体自净，腐蚀管道，船舶，改变水体的 pH 值，改变水中的生物种类。

2. 无机有毒物

无机有毒物具有强烈的生物毒性，排入水体影响鱼类、水生生物的生长，并通过食物链进入人体，具有明显的积累性。如重金属，原子排序在 21～83 的过渡元素等，特别是汞、镉、铅、铬等重金属以及非金属砷。

（1）汞（Hg）。电器、电解、涂料、农药、造纸、医药等废水。农药中的有机汞可能从土壤转入水体，毒性更大。有机汞，如烷基汞（$CH_3 - C_2H_5Hg$）、甲基汞（$C_6H_5Hg -$）等，容易进入组织并有很高的积累作用。无机汞在水中微生物的作用下转化为有机汞，随后进入生物体，通过食物链逐渐浓缩，最后进入人体。

（2）镉（Cd）。主要来源于电镀、电池、颜料等工业。毒性大，为人体新陈代谢不需要的元素，但蓄积性强，动物吸收的镉很少能排出，在饮用水中超过 0.1mg/L 就产生蓄积作用，引起贫血、肝病乃至死亡。

（3）铅（Pb）。主要来源于蓄电池、油漆、颜料等工业，含铅汽油使用后污染空气，进入水体。人体每天若摄取量超过 0.3～1.0mg，超过部分不能排出就可能在体内积累，长期会发生铅中毒，表现贫血、神经炎、肾炎等。

（4）铬（Cr）。主要来源于电镀、制革、照相、颜料等工业，六价铬具有强烈的毒性，易溶于水，有强的氧化性，对皮肤、黏膜有强烈的腐蚀性，摄入量达 2.5mg/kg 体重时可发生毒物性胃炎、尿毒症，乃至死亡。

（5）砷（As）。As_2O_3 即砒霜，长期饮用含有砷 0.2mg/L 的水会导致慢性中毒，如肝肾炎症、神经麻痹、皮肤溃疡、致癌等。

3. 耗氧有机物

污水中经常含有大量的有机物，在水体中经微生物最终分解成简单的无机物，这个过程需要消耗水中的氧，而在缺氧条件下就发生腐败分解，恶化水质。另外水中有机物使水中细菌繁生。对于水体中的耗氧有机物含量，通常采用的指标有生物化学需氧量（BOD）、化学需氧量（COD）、总有机碳（TOC）、总需氧量（TOD）等。

生物需氧量（BOD）是指在一定期间内，微生物分解一定体积水中的某些可被氧化物质，特别是有机物质，所消耗的溶解氧的数量，以毫克/升或百分率表示。它是反映水中有机污染物含量的一个综合指标。如果进行生物氧化的时间为五天就称为五日生化需氧量（BOD_5），相应地还有 BOD_{10}、BOD_{20}。

化学需氧量（COD）是废水、废水处理厂出水和受污染的水中，能被强氧化剂氧化的物质（一般为有机物）的氧当量，即利用化学氧化剂（如高锰酸钾或重铬酸钾）将水中的氧化物质（如有机物、亚硝酸盐、亚铁盐、硫化物等）氧化分解，然后根据残留的氧化剂的量计算出氧的消耗量。在河流污染和工业废水性质的研究以及废水处理厂的运行管理中，它是一个重要的而且能较快测定的有机物污染参数。

总有机碳（TOC）是评价水体需氧量的综合指标。该指标的测定是在特定的燃烧器中，以铂为催化剂在 900℃ 的温度条件下使水样汽化燃烧，然后测定气体中二氧化碳的含量以确定水样中的含碳量，减去无机碳素的含量，可得 TOC。

总需氧量（TOD）。水中有机物除有机碳外，还含有氢、氮、硫等元素，它们的全部氧化需氧量为 TOD。测定方法为：在含有一定量氧气的氮气流中注入一定量的水样，装入具有铂催化剂的燃烧管，900℃条件下燃烧，有机物因燃烧而消耗部分氧，然而用氧电极测定剩余的氧，求得 TOD，一般测定一次仅需几分钟。

4. 有毒有机物

有毒有机物主要是煤气、焦化、木材加工、有机合成、制药、油漆等工业废水中的酚类化合物。酚是一种原生质毒物，可使蛋白质凝固，主要作用于神经系统，高浓度酚引起急性中毒，低浓度酚引起蓄积性慢性中毒，如头晕、贫血等症状。水中浓度为 $0.1 \sim 0.2mg/L$ 时，鱼类带有酚的刺激性气味（煤油味），而无法食用。一般规定地面水的最高含量为 $0.002mg/L$。

5. 放射性物质

天然地下水或地表水均含有某些放射性同位素，如 $_{238}U$、$_{236}Ra$、$_{232}Th$ 等，但一般十分微弱，强度只有约 $10^{-6} \sim 10^{-7} \mu c/L$，对生物不会产生危害。人工污染源主要来自核工业、反应堆设施的废水、铀矿开采洗矿等的废水，以及放射性废物未经处理经径流而入水体。

7.1.5　水体的富营养化过程

1. 水体富营养化

水体富营养化指的水中的氮、磷等营养物质输入输出失去平衡，营养成分过多而造成的水质污染现象。一般来讲，水体富营养化分为天然形成的富营养化和人为原因造成的富营养化，二者的共同特征是水体中的氮、磷营养物质富集，促使水体中其他藻类和浮游生物迅速繁殖，水体溶解氧的功能下降，使水体中的鱼类、虾类或者其他类生物大量死亡。腐烂的鱼类、虾类尸体需要在有氧的情况下分解，进一步增加了对水中溶解氧的需求，在这种恶性循环的情况下，水体污染会越来越严重。

2. 水体富营养化产生的原因

（1）工业废水的排放。随着全球工业化进程的不断加快，世界各国都在加快步伐发展工业经济。然而在看到工业发展取得可喜成就的同时，还要看到取得成就后所付出的代价，为了能实现工业经济的快速发展，获取更多的经济效益，大部分的工业废水都没有经过污水净化处理就直接排放到江河水体中，工业废水中含有大量的氮、磷等营养物质及其他的有毒物质，在长时间的排放过程中，这些营养物质越积越多，造成水体的富营养化。

（2）生活污水的排放。随着社会的不断发展与进步，人们的生活水平不断提高，在生活水平提高的同时也加大了生活污水的排放。据有关数据显示，2010 年全国生活污水的排放量高达 320 亿 t，已超过工业废水的排放量，在这些生活污水中富含氮、磷等有机物，其中磷主要来自人们生活中所用的洗涤剂。

（3）农田化肥、农药的使用。我国是人口大国，为了能满足人口对粮食的需求，现代农业会在农业生产中使用大量的化肥、农药，以起到增肥、杀虫增产增收的目的，但是在农业生产取得丰收的同时，由于化肥、农药的大量使用也对环境造成了极大的污染，农药、化肥会伴随着雨水渗入到土壤中或者进入周边的水域中，化肥中的主要成分氮、磷等有机物沉积到水域中造成水体的富营养化。

3. 水体富营养化的特征

随着氮、磷等营养物质进入水体，导致水体呈现以下富营养化的特征：浮游生物大量繁殖，水中溶解氧含量降低；因占优势的浮游藻类颜色不同，水面往往呈现蓝、红、棕、乳白等颜色，海水中出现叫"赤潮"、淡水中称"水华"；蓝绿藻类大量繁殖，占据愈来愈大的水体空间，甚至填满水域，鱼类难以生存；藻类的种类减少，从硅藻、绿藻为主转为蓝藻为主；蓝藻中的不少种类具有胶质膜，有的种类有毒，不是好的鱼类食料。一般的，水体中总磷和无机氮分别超过 $20mg/m^3$ 和 $300mg/m^3$，就认为该水体处于富营养状态。

7.1.6　城市水污染的防治

1. 控制水污染的方法

（1）改革或改进生产工艺，减少污染物质。

（2）重复利用废水，使排放量减到最低水平。

（3）回收废水中有用物质。

（4）加强对水体及污染源的监测。

（5）充分利用水体的净化能力。

2. 水污染的控制措施

防治水污染，必须从多个方面考虑，有针对性地采取得力的控制措施。

（1）减少耗水量。通过企业的技术改造，推行清洁生产，降低单位产品用水量，一水多用，提高水的重复利用率等，都是在实践中被证明了是行之有效的。

（2）建立城市污水处理系统。为了控制水污染的发展，工业企业还必须积极治理水污染，尤其是有毒污染物的排放必须单独处理或预处理。随着工业布局、城市布局的调整和城市下水道管网的建设与完善，可逐步实现城市污水的集中处理，使城市污水处理与工业废水治理结合起来。

（3）产业结构调整。水体的自然净化能力是有限的，合理的工业布局可以充分利用自然环境的自然能力，变恶性循环为良性循环，起到发展经济，控制污染的作用。关、停、并、转那些耗水量大、污染重、治污代价高的企业。也要对耗水大的农业结构进行调整，特别是干旱、半干旱地区要减少水稻种植面积，走节水农业与可持续发展之路。

（4）控制农业面源污染。农业面源污染包括农村生活源、农业面源、畜禽养殖业、水产养殖的污染。要解决面源污染比工业污染和大中城市生活污水难度更大，需要通过综合防治和开展生态农业示范工程等措施进行控制。

（5）开发新水源。我国的工农业和生活用水的节约潜力不小，需要抓好节水工作，减少浪费，达到降低单位国民生产总值的用水量。南水北调工程的实施，对于缓解山东华北地区严重缺水有重要作用。修建水库、开采地下水、海水淡化等可缓解日益紧张的用水压力，但修建水库、开采地下水时要充分考虑对生态环境和社会环境的影响。

（6）加强水资源的规划管理。水资源规划是区域规划、城市规划、工农业发展规划的主要组成部分，应与其他规划同时进行。

3. 城市水体富营养化控制技术

城市水体富营养化的技术主要分为物理方法、化学方法、生物修复三大类。

（1）物理方法。主要包括挖掘底泥、深层曝气、注水冲稀以及底泥表面敷设塑料等。挖掘底泥，可减少以至消除潜在性内部污染源；可定期或不定期采取人为湖底深层曝气而补充氧，使水与底泥界面之间不出现厌氧层，经常保持有氧状态，有利于抑制底泥磷释放。此外，在有条件的地方，用含磷和氮浓度低的水注入湖泊，可起到稀释营养物质浓度的作用。物理方法的缺点是成本高，不能从根本上解决营养成分对藻类的刺激问题。

（2）化学方法。主要包括凝聚沉降和使用除藻剂。一般用于絮凝的化学物质包括各种铝盐和铁盐，它能与磷酸盐生成不溶性沉淀物，从而减少了水体中磷的含量。而近年来人们采用较多的是合成有机聚合物，加入阳离子聚合物后浮游生物的絮凝性能明显提高。使用除藻剂能及时有效地对藻类的生长进行短期控制，这种方法适合于水华盈湖的水体，常用除藻剂有硫酸铜等。使用化学制剂除藻，由于向水中引入了新的化学成分，对藻类有抑制性，但是对其他生物也可能有毒性危害。

（3）生物修复。恢复或重建湖泊水生植被是富营养化浅水湖泊生态恢复的重要环节。多稳态理论、生物操纵理论以及上行控制和下行控制理论是恢复或重建水生植被、实现由藻型到草型转变的重要理论基础。生态恢复的前提是控制外源营养负荷，然后在实施综合措施的基础上如疏浚或钝化底泥控制内源负荷，通过生物操纵或理化手段控制藻类等恢复或重建水生植被。

7.2 城市大气污染与防治

7.2.1 大气污染

1. 大气污染的概念

大气污染是指大气中一些物质的含量达到有害的程度以至破坏生态系统和人类正常生存和发展的条件，对人或物造成危害的现象。大气污染物由人为源或者天然源进入大气（输入），参与大气的循环过程，经过一定的滞留时间之后，又通过大气中的化学反应、生物活动和物理沉降从大气中去除（输出）。输出的速率小于输入的速率，就会在大气中相对集聚，造成大气中某种物质的浓度升高。当浓度升高到一定程度时，就会直接或间接地对人、生物或材料等造成急性、慢性危害。

2. 大气污染现状

近几年城市较为突出的大气环境问题就是雾霾，很多城市出现了 PM2.5 指数高达

1000 的严重空气污染。造成大气污染的除了 PM2.5 和可吸入颗粒物（PM10）等主要污染物之外，在个别工业城市，二氧化硫、氮氧化合物浓度较高也是造成污染的重要原因。在冬季，尤其在北方需要供应取暖的城市中，56％的城市 TSP 指数超过国家空气质量二级标准，部分城市颗粒物平均浓度超过三级标准，以典型的北方工业城市，沈阳、长春、哈尔滨等为例，PM2.5 指数经常突破 1000，对市民的安全生活和安全出行都带来了极大的不便。

3. 城市酸雨

中国的酸雨分布地区面积达 200 多万 km^2，中国酸雨区，以德、法、英等国为中心并波及大半个欧洲的北欧酸雨区，包括美国和加拿大在内的北美酸雨区是世界三大酸雨区。酸雨污染主要分布在长江以南-云贵高原以东地区，主要包括浙江、上海、江西、福建的大部分地区，湖南中东部、重庆南部、江苏南部和广东中部。酸雨对土壤、水体、森林、建筑、名胜古迹等人文景观均带来严重危害，不仅造成重大经济损失，更危及人类生存和发展。

7.2.2　城市大气污染的污染源

按污染源存在的形式，污染源分为固定源（工业企业、农田）、流动源（交通工具）；按人类社会活动功能分为工业污染源、农业污染源、交通运输污染源和生活污染源等。

（1）工业污染源。由火力发电、钢铁、化工和硅酸盐等工矿企业形成的污染源。排放源集中、浓度高、局地污染强度高。

（2）农业污染源。不当施用农药、化肥、有机粪肥等过程产生的有害物质挥发扩散，以及施用后期氮氧化物、甲烷、挥发性农药成分从土壤中逸散进入大气等形成的污染源。

（3）交通运输污染源。流动污染源，主要污染物是烟尘、碳氢化合物、氮氧化物、金属尘埃等。

（4）生活污染源。燃烧化石燃料而向大气排放烟尘、二氧化硫、氮氧化物等污染物，属于固定源，具有分布广、排量大等特点。

7.2.3　主要大气污染物

大气污染物按其属性，一般分为物理性（如噪声、电离辐射、电磁辐射等）、化学性和生物性三类。其中以化学性污染物种类最多、污染范围最广。污染物在大气中的物理状态可分为颗粒和气态两种形式，故大气污染物可概括为颗粒污染物和气态污染物两大类。

1. 颗粒污染物

在大气污染中，颗粒污染物指沉降速度可以忽略的固体粒子、液体粒子或它们在气体介质中的悬浮体系。从大气污染控制的角度，按照其来源和物理性质，可分为粉尘、烟、飞灰、黑烟、雾等。

（1）粉尘。指悬浮于气体介质中的小固体颗粒，受重力作用能发生沉降，但在一段时间内能保持悬浮状态。它通常是由于固体物质的破碎、研磨、分级、输送等机械过程，或土壤、岩石的风化等自然过程形成的。颗粒的尺寸范围一般为 $1\sim200\mu m$。属于粉尘类的大气污染物的种类很多，如黏土粉尘、石英粉尘、煤粉、水泥粉尘、各种金属粉尘等。

（2）烟。一般指由冶金过程形成的固体颗粒的气溶胶。它是熔融物质挥发后生成的气态物质的冷凝物，在生成过程中总是伴有诸如氧化之类的化学反应。烟颗粒的尺寸很小，一般为 $0.01\sim1\mu m$。产生烟是一种较为普遍的现象，如有色金属冶炼过程中产生的氧化铅烟、氧化锌烟等。

（3）飞灰。指随燃料燃烧产生的烟气排出的分散得较细的灰分。

（4）黑烟。一般是指由燃料燃烧产生的能见气溶胶。

（5）雾。气体中液滴悬浮体的总称。在气象中，指造成能见度小于 1km 的小水滴悬浮体。在工程中，雾一般泛指小液体粒子悬浮体，它可能是由于液体蒸气的凝结、液体的雾化及化学反应等过程形成的，如水雾、酸雾、碱雾、油雾等。

2. 气态污染物

气态污染物是以分子状态存在的污染物。气态污染物可分为含硫化学物、含氮化合物、碳的氧化物、有机化合物、卤素化合物等。

（1）含硫化合物。含硫化合物主要指二氧化硫（SO_2），它主要来自化石燃料的燃烧过程，以及硫化物矿石的焙烧、冶炼等过程。火力发电厂、有色金属冶炼厂、硫酸厂、炼油厂以及所有烧煤或油的工业炉窑等都排放二氧化硫烟气。

（2）含氮化合物。氮和氧的化合物有 N_2O、NO、NO_2、N_2O_3、N_2O_4 和 N_2O_5 等氮氧化物（NO_x）。其中污染大气的主要是 NO 和 NO_2。NO 毒性不太大，但进入大气后可被缓慢地氧化成 NO_2，当大气中有 O_3 等强氧化剂存在时，或在催化剂作用下，其氧化速度会加快。NO_2 的毒性约为 NO 的 5 倍。当 NO_2 参与大气的光化学反应，形成光化学烟雾后，其毒性更强。人类活动产生的 NO_x，主要来自各种工业炉窑、机动车和柴油机的排气，其次是硝酸生产、硝化过程、炸药生产及金属表面处理等过程。其中由燃料燃烧产生的 NO_x 约占 90% 以上。

（3）碳的氧化物。CO 和 CO_2 是各种大气污染物中发生量最大的一类污染物，主要来自燃料燃烧和机动车排气。CO 是一种窒息性气体，进入大气后，由于大气的扩散稀释作用和氧化作用，一般不会造成危害。但在城市冬季采暖季节或在交通繁忙的十字路口，当气象条件不利于排气扩散稀释时，CO 的浓度有可能达到危害人体健康的水平。CO_2 是无毒气体，但当其在大气中的浓度过高时，使氧气含量相对减小，便会对人产生不良影响。

（4）有机化合物。种类很多，从甲烷到长链聚合物的烃类。大气中的挥发性有机化合物（VOCs），一般是 $C_1\sim C_{10}$ 化合物，它不完全相同于严格意义上的碳氢化合物，因为它除含有碳和氢原子外，还常含有氧、氮和硫的原子。甲烷被认为是一种非活性烃，人们常以非甲烷总烃类（NMHC）的形式报道环境中烃的浓度。多环芳烃类（PAHs）中的苯并芘，是强致癌物质。VOCs 是光化学氧化剂臭氧和过氧乙酰硝酸酯（PAN）的前体物，也是温室效应的贡献者之一。VOCs 主要来自机动车和燃料燃烧排气，以及石油炼制和有机化工生产等。

（5）卤素化合物。主要来自生产卤素及其化合物的化工厂排放的废气，包括氯、氟、氟化氢、氯化氢等，也是形成酸雨的成分。目前最引人注目的是氟氯甲烷（CF_2Cl_2），即氟利昂制冷剂，当它泄露进入大气后，由于是化学惰性化合物而不易降解，结果随大气运动扩散使全球大气中含量均匀。其垂直向的扩散可达大气的平流层，受高能紫外光作用发生光化学反应，破坏臭氧层，成为平流层中危害极大的污染物。

7.2.4　影响大气污染的因素

产生大气污染物的三个要素是污染源、大气状态、受体。大气污染分为污染物排放、大气相互作用和对接受体的影响三个过程。大气污染可看作是污染源排放出的污染物、对污染物起着稀释扩散作用的大气，以及承受污染的物体三者相互关联所产生的一种效应。所以，一个地区的大气污染程度，除了决定于污染物本身的性质、排放量、距污染源距离、污染途径等之外，还主要靠大气的流动，以及与周围空气混合稀释的程度，影响污染物的时空分布的浓度。由于气象条件的不同，污染物作用于承受者的污染程度也就不一样。在自然条件下，风、雨、云、雾、大气稳定度以及特殊的逆温层等气象条件，都对大气污染有一定的影响，其中风和温度层结是影响污染物扩散的主要气象因素。

由于大气中各种迁移转化过程造成大气污染物在时间上、空间上的再分布称大气扩散。大气污染物的扩散是污染物从发生到产生环境效应之间必经的环节，大气污染物扩散有利于减轻局部地区大气污染，但同时也使影响范围扩大，并转化为二次污染的可能性增大。影响大气扩散能力的主要因素有两个方面：一是气象动力因子，如风、湍流；二是热力学因子，即温度层结等。

1. 气象因素

（1）风和湍流。一般把空气的水平运动称为风。风在不同时刻有着相应的风向和风速。污染物排入大气，在风的作用下，沿着风向运动。因此，风对污染物在大气中的第一个作用仅是输送作用。要了解污染物的去向，首先要识别风向。污染区总是在污染源的下风向。风的第二个作用是对污染物具有冲淡稀释作用。随着风速的增大，单位时间内从污染源排放出来的污染物被很快拉长，这时混入的大气量越多，污染物浓度越小。因此，在其他条件不变的情况下，污染物浓度与风速成反比，即风速增加一倍，下风向污染物浓度将减少一半。

湍流运动的结果使气体各部分得到充分混合。因此，进入大气的污染物，由于湍流混合作用，逐渐分散稀释，这种因湍流混合而使气体分散稀释的过程为大气扩散。近地层大气湍流的形成和它的强度受两种因素决定，一种是机械的或者动力的作用引起的湍流，叫机械湍流。机械湍流主要决定于风速分布和地面粗糙度，当空气流过地表面时，将随地面的起伏而抬升或下沉，于是产生垂直方向的湍流，风速越大，机械湍流越强。另一种是热力因素，这是由于大气的垂直方向温度变化引起的湍流，亦称为热力湍流。热力湍流主要是由大气垂直稳定度所引起，大气污染物的扩散，主要是靠大气湍流的作用。

（2）温度层结，即垂直方向上的温度梯度。近地面大气层中气温垂直分布一般有 3 种情况：*

1）气温随高度递减。这种情况一般出现在晴朗的白天，风速不大时。地面由于受太阳的辐射，贴近地面空气增温较厉害，热得快，热量不断由低层向高层传递，但混合较慢，形成气温下高上低的状况。

2）气温随高度逆增。这种现象一般出现在少云、无风的夜晚。夜间太阳辐射为零，地面无热量收入，但地面辐射却存在，而少云天气逆辐射很少，地面大量辐射失去热量而不断冷却，近地面空气也随之冷却，热量又不断地由上面向下传递，气温不断由下向上冷却，形成气温下低上高的现象。

3）气温基本上不随高度变化。这种情况一般出现于多云天或阴天，风速比较大的情况下。白天，由于云层反射到达地面的太阳辐射减少，地面增温不厉害。夜间，又因云的存在，大大加强了大气的逆辐射，有效辐射减弱，地面冷却不厉害，因此有云时，气温随高度变化不明显。风速较大时，气层上下交换激烈，空气混合较好，也形成气温随高度变化不明显。

（3）大气的稳定度。大气中某一高度上的气体在垂直方向上的稳定程度。如果一个气团在做垂直运动，在上升或下降时会出现三种情况：一是垂直运动的气块受外力作用离开原来的位置，当外力作用消失后继续上升且加速前进，这时大气处于不稳定状态；二是垂直运动的气块当外力消失后即减速或最后回到原来的位置，则大气处于稳定状态；三是垂直运动的气块，如失去外力的作用则停止在这一位置，则大气处于平衡状态。

（4）逆温。

1）辐射逆温。由地面长波辐射冷却而形成的。一般是在晴朗无风的夜晚，地面强烈地辐射，地面和近地面的大气层迅速降温，上层大气降温较慢，因而出现辐射逆温。辐射逆温多发生在对流层的接地层。一般逆温时的临界风速大约是 2.5m/s。日出后太阳辐射的加强，地面和近地面大气层增温，逆温消失。因此，辐射逆温具有明显的日变化，层结厚度可从几十米到几百米，多出现在冬季冷高压控制下。

2）地形逆温。由于局部地区的地形形成，主要在盆地和谷地，日落后山坡散热快，使坡面的大气温度比谷底要低，冷气团沿斜坡向下滑，使谷底盆地的暖气流被抬升，形成了上部气温比底部气温高的逆温现象。

3）下沉逆温。由空气下沉压缩增温而形成。即当上层空气下沉时，落入高压气团中，因受压而变热，使气温高于下层的空气。多出现在离地面 1000m 以上的高空，厚度可达数百米。下沉逆温多发生在亚热带反气旋区，有时下沉逆温和辐射逆温会同时发生，高空为下沉逆温，低空为辐射逆温。

4）锋面逆温。由锋面上暖空气和锋面下冷空气的温差而造成。当对流层中的冷暖空气相遇时，暖空气密度小就会爬到冷空气上面去形成一个倾斜的过渡区，称锋面。在锋面上，如果冷暖空气温度相差得大，也可以出现逆温，这种逆温称为锋面逆温。逆温高度随观测点距地面锋线的距离及锋面坡度而定，在逆温层中湿度分布通常是上湿下干。

（5）云、雾天气形成。云层影响太阳的辐射，它的存在总效果是减小气温随高度的变化，影响大气的稳定度。雾像一顶盖子，促使空气污染的加剧。各种形式的降水，特别是降雨，能有效地吸收、淋洗空气中的各种污染物，所以大雨之后，空气格外新鲜。影响污染物的扩散、稀释有关的气象因素都不是单一起作用的，这些因子都受到整个大气运动的制约。大气运动的结果可以影响到地表辐射的效果，导致温度的垂直变化和风的强弱，影响大气扩散稀释能力。造成大气污染的因素与气团类型密切联系着，极地气团控制的天气，因极地气团来自较冷地区，在移动过程中，下部受热而增温，容易造成在较厚的一层大气中的不稳定趋势。同时，由于白天太阳辐射的影响，使不稳定有所增强，而在晴朗的夜晚，当有效辐射增强时，靠近地面的大气层中可以形成逆温。

低气压控制的天气，由于气流上升，风速较大，大气处于中性或不稳定状态，有利于大气污染物的稀释扩散。高压控制的天气，因有大范围空气下沉，往往在几百米至一二千米的高度上形成下沉逆温，将排出烟气压制不能抬升，甚至自烟囱排出口逆吹向地面，高压控制伴随而来的小风速和稳定层结，十分不利于污染物的稀释扩散。

2. 地理因素

城市下垫面中高层建筑、体型大的建筑，都能造成气流在小范围内产生湍流，阻碍污染物扩散而停留在某地段，加重污染，一般是在背风区，风速下降局部地区产生涡流，不利于气体扩散。

城市的热岛效应也影响大气污染，热岛效应造成城乡间的局部环境差异，郊区空气向市区流动，市区低层的热空气受到较强的扰动，从而使市区底层的大气趋于中性或不稳定，而上层大气仍保持稳定状态，构成了城市夜间特有的混合层。这种混合层的厚度有时可达 200～300m，处于混合层顶部的污染排放物弥漫地面，产生污染危害。

7.2.5　大气污染的生态效应

1. 酸雨

酸雨是指 pH 值小于 5.6 的降水，具有腐蚀性。它危害森林和树林，破坏水生和陆地生态环境，造成农作物减产。我国年均降水 pH 值低于 5.6 的区域面积已超过全国国土面积的 46%，其中华中地区、西南地区酸雨最严重，中心区域酸雨年均 pH 值低于 4.0（最小的达 3.1），酸雨频率在 80% 以上。

2. 温室效应

温室效应是由于大气中二氧化碳等温室气体含量增加，阻止了地球热量的散失，使全球气温升高的现象。城市夏季的温度一般比周边郊区的温度高 $2\sim5℃$。城区的燃油、燃煤产生大量的二氧化碳，高炉、空调、机动车排热，城区内混凝土建筑物（楼房、水泥马路等）过分集中，水面、绿地面积减少，人口聚居密度增大，城市蓄积的热量难以散发等因素，加剧了城市热岛效应。

3. 大气中的颗粒物

颗粒物是指均匀地分散在大气中的相对稳定的液体或固体微粒，是大气中对人类和生态系统造成危害最严重的大气成分之一。按颗粒物的大小，可以将其分为总悬浮颗粒（TSP）和可吸入粒子（PM10）。TSP 是直径小于 $100\mu m$ 的颗粒物质的总称，而 PM10 是指直径小于 $10\mu m$ 的细颗粒。

4. 汽车尾气

汽车尾气在一定条件下会生成高浓度的臭氧污染物，汽车排放的氮氧化物和碳氢化合物是光化学烟雾的前体物质。城市的大气污染有一个显著的特征，即大气污染是在酸雨、二氧化硫污染问题未得到解决的背景下，又出现了越来越严重的氮氧化物及光化学烟雾污染。多种不同类型的污染问题同时出现在大气中，有可能导致相互之间发生不利的复合作用，使空气污染在本质上变得非常复杂。

7.2.6 城市大气污染的防治

（1）采取各种措施，减少污染物的产生。如区域采暖和集中供热、改善燃料构成、进行技术更新、改善燃烧过程、改革生产工艺、综合利用"废气"、开发新能源等方式。

（2）采用各种技术，控制污染物排放。如采用烟尘治理技术、二氧化硫治理技术、光化学烟雾的治理技术等。

（3）合理利用环境自净能力。例如做好总体规划，合理产业布局；做好城市规划，完善基础设施建设；调整工业结构、合理工业布局；做好大气环境规划，科学利用大气环境容量；选择有利污染物扩散的排放方式；发展绿色植物，增强自净能力等。

（4）加强大气管理。严格执行《环境空气质量标准》（GB 3095—2012）、《锅炉大气污染物排放标准》（GB 1371—014）、《轻型汽车污染物排放限值及测量方法（中国第五阶段）》（GB 18352.5—2013）等标准规范。

7.3 城市噪声污染与防治

7.3.1 噪声

声音是人类传递信息的一种载体。但随着人们生活和生产活动的频繁和多样化，出现了一些妨碍正常生活与工作、令人们感到不愉快的声音称为噪声。噪声对人们的生活和工作的环境造成的不良影响称为噪声污染。

环境声学中通常用声压来作为度量声音强弱的物理量。声压是声波在传播中空气压力超过静态大气压力的部分，单位为微巴（μbar）。人们能听到的声压范围很广，人能听到的最小声压为 $2 \times 10^{-4} \mu bar$，人耳感到疼痛的声压为 $2 \times 10^{2} \mu bar$，喷气发动机为 $2 \times 10^{3} \mu bar$。

在环境声学中，一般用声压级来代替声压作为声音物理量度的指标。因为用声压表示声音大小时，从听阈到痛阈的变化范围达 100 万倍（$2 \times 10^{-4} \sim 2 \times 10^{2} \mu bar$）。而用声压级表示时，其变化范围仅为 0~120dB，计算大为简化。声压级符号为 L_p，常用单位为分贝（dB）。

7.3.2　城市噪声的来源和特征

1. 噪声的来源

声音是由物体振动而产生的，所以把产生振动的固体、液体和气体通常称为声源。声音能通过固体、液体和气体介质向外界传播并且被感受目标所接收。人耳就是人体的声音感受器官。在声学中把声源、介质和接收器称为声的三要素。

产生噪声的声源很多，按其污染源种类来分，有交通运输噪声、工业噪声、施工噪声和社会生活噪声等。

（1）交通运输噪声。城市噪声的 30% 以上是由交通噪声造成的，国外很多城市的交通污染甚至还占到了 70% 以上，汽车、火车和飞机产生的噪声是主要的噪声源。汽车一般为 80~90dB，车速增加 1 倍，噪声增加 6~10dB。

（2）工业噪声。工业噪声是工业生产中由生产加工和设备运行产生的噪声，一般的工业噪声都在 60dB 以上，大型的鼓风机、水泵、球磨机以及空压机的噪声还能达到 100dB 以上，电厂排气放空作业的噪声甚至还在 130dB 以上。工业噪声干扰的范围具有相对的固定性，企业工人和工厂周围的居民是被干扰的对象。

（3）施工噪声。现代的建筑施工和传统的建筑施工存在很大的不同点，现代的施工机械和施工水平有了很大的进步，机器设备和施工工人可以不分季节不分昼夜地施工。

（4）社会生活噪声。生活噪声主要是指商业、娱乐业、服务业、宣传活动和家用电器等产生的各种噪声，生活噪声具有声源密度大、噪声声级高和污染面宽的特点。

2. 噪声污染的特征

水和大气等化学污染的污染过程较为缓慢而隐蔽，传播的途径也比较多，但是城市噪声污染具有传播迅速直观的特点，人们可以及时迅速地感觉到声源。由于噪声主要是由人体耳朵来感觉，因此严重的噪声就会直接对人的生理和心理产生影响，加之噪声声源的广泛性，城市生活的各种声音既给人们带来了存在感又给人们造成了困扰。城市噪声污染的上述特性还带来了控制上的困难，城市很多无形的噪声很难在短时间内得到有效的处理。

7.3.3 噪声的特点

噪声具有以下特点：

（1）能量性，噪声本身就是一种能量，不具有污染物质的积累性，只要停止污染源的工作，噪声立即消失。

（2）噪声的能量转换系数极低，约百万分之一。

（3）难避性，人耳没有保护功能。

（4）局限性，不能扩散到很远的地方。

（5）危害的潜伏性，对噪声的习惯是以噪声性耳聋为代价的，即听阈偏移。

7.3.4 噪声危害

1. 噪声对人心理的影响

心理主要是指人对客观物质世界产生的主观反应，噪声不仅会对人们的思维造成干扰，使人们的精神无法集中，还会导致人们精神的紊乱，对人们的工作、休息和睡眠产生影响。很多国家制定的听力保护标准都在 80～90dB 之间，实践也证明了 40dB 以上的声音就会使 10％以上的人受到影响，70dB 以上的声音则会影响到 50％以上的人群。

2. 噪声对人们生理的影响

城市噪声首先危害到的是人们的听力系统，长期处于噪声环境下的人们容易产生听觉疲劳，对声音变得不敏感，严重的还会造成听觉器官的病变，导致噪声性的耳聋，这种是职业性的听力损失。城市噪声还会诱发人体机能的其他疾病，比如头晕头痛、消化不良、神经衰弱、高血压和心血管疾病等。

7.3.5 噪声的控制

噪声的传播一般有噪声源、传播途径和接受者三个因素。传播途径包括反射、衍射等各种形式的声波行进过程。只有当声源、声的传播途径和接受者三个因素同时存在时，噪声才能对人造成干扰和危害。因此，控制噪声主要从声源控制、传播途径控制、保护接受者三个方面考虑。

（1）声源控制。控制声源是城市噪声污染治理的有效措施，声源主要是社会生活、工业生产、建筑施工以及交通运输中的噪声。政府部门要对市场进行规范化和对居民生活中产生的噪声进行有效的控制和管理。

（2）传播途径控制。阻断噪声传播，在传音途径上降低噪声，控制噪声的传播，改变声源已经发出的传播途径，如使用吸声、隔声屏障等措施，合理规划城市和建筑布局等。

（3）保护接受者。受音者或受音器官的噪声防护。在声源和传播途径上无法采取措施，如达不到预期效果时，就需要对受声者或受声器官采取防护措施。如长期职业性噪声暴露的工人可以戴耳塞、耳罩或头盔护耳器。

7.4 城市土壤及固体废弃物污染与防治

7.4.1 土壤污染

1. 土壤

土壤是地球陆地表面能获得植物收获的疏松表层,是地球上大多数生物生长、发育和繁衍栖息的场所,更是人类生存和发展的基础,是人类工作的对象。同时,人类的生活、生产活动也对土壤本身产生影响,这既包括促进了土壤的形成和发展,也包括使土壤发生退化和污染。

2. 土壤污染源及主要污染物

土壤污染是由于具有生理毒性的物质或过量的植物营养元素进入土壤而导致土壤性质恶化和植物生理功能失调的现象。根据污染物质的性质不同,土壤污染物分为无机物和有机物两类。无机物主要有汞、铬、铅、铜、锌等重金属和砷、硒等非金属;有机物主要有酚类、有机农药类、油类、苯并芘类和洗涤剂类等。这些化学污染物主要是由污水、废气、固体废物、农药和化肥带进土壤并积累起来的。

(1)化学污染物。包括无机污染物和有机污染物。前者如汞、镉、铅、砷等重金属,过量的氮、磷植物营养元素以及氧化物和硫化物等;后者如各种化学农药、石油及其裂解产物,以及其他各类有机合成产物等。

(2)物理污染物。指来自工厂、矿山的固体废弃物,如尾矿、废石、粉煤灰和工业垃圾等。

(3)生物污染物。指带有各种病菌的城市垃圾和由卫生设施(包括医院)排出的废水、废物以及厩肥等。

(4)放射性污染物。主要存在于核原料开采和大气层核爆炸地区,以锶和铯等在土壤中生存期长的放射性元素为主。

3. 土壤污染的影响和危害

土壤污染后的影响和危害是严重的,土壤中污染物的浓度超过植物的忍耐限度,就会破坏植物根系正常的吸收和代谢功能,使植物光合作用显著衰退,农作物和牧草产量大幅度下降。而且一些污染物在植物体内积累残留,既影响植物的生长发育,又可能导致遗传变异,还可能将通过食物链进入人体,危害人类健康。

土壤污染后,其污染物质还会因雨水冲刷淋溶渗漏而进入地下和地表水体,从而污染水源。土壤中的污染物还可能破坏土壤生态系统平衡,影响土壤微生物种群结构,使有害微生物大量繁殖和传播,造成疾病蔓延。当然,土壤污染物也会通过扬尘进入大气,使空气质量下降。

4. 土壤污染的防治

土壤污染具有隐蔽性,即从开始污染到导致后果有一个长时间、间接、逐步积累的过程，污染物往往通过农作物吸收、再通过食物链进入人体引发人们的健康变化，才能被认识和发现。而且进入土壤的污染物移动速度缓慢，土壤污染和破坏后很难恢复，又往往不易采取大规模的治理措施。所以防止土壤污染比治理污染更具现实意义。

土壤污染的防治措施有控制和消除土壤污染源、生物防治、施加抑制剂、控制氧化还原条件、增施有机肥、改良砂性土壤、改变耕作制、换土和深翻等。

7.4.2 固体废物污染与防治

1. 固体废物及其分类

固体废物是指在生产、生活和其他活动中产生的丧失原有利用价值或者虽未丧失利用价值但被抛弃或者放弃的固态、半固态和置于容器中的气态的物品、物质以及法律、行政法规规定纳入固体废物管理的物品、物质。固体废物的分类方式很多，《中华人民共和国固体废物污染环境防治法》根据产生源及对环境的危害程度将固体废物分为工业固体废物、生活垃圾和危险废物三类。

（1）工业固体废物。主要来源于工业部门生产活动过程中产生的废弃物，主要包括煤炭工业生产的煤矸石，供热系统锅炉以及电厂产生的粉煤灰和炉渣，冶金工业产生的钢渣、高炉渣、有色金属冶金渣和赤泥等，化学工业生产过程中产生的电石渣、石膏、碱渣等硫铁矿渣，金属矿石开采后产生的尾矿和废石等。工业废物特点是成分复杂，体积量大，并且大多含有有毒成分，对环境污染大，对人的身体危害严重。主要来源于工业生产中排入环境的废渣、粉尘和其他废弃物。

（2）生活垃圾。是指人们日常生活过程中所产生的固体废物。生活垃圾又可以分为农村生活垃圾和城市生活垃圾两种。生活垃圾的成分主要有金属、厨余垃圾、废弃包装用品、废旧电池等。城市生活垃圾一般通过卫生填埋、焚烧、堆肥（如好氧堆肥和厌氧堆肥两种方法）等处理方法。

（3）危险废物。通常指被国家危险废弃物鉴别标准和鉴别方法认定为具有危害性的废物。它主要来自于工业固体废物、城市生活垃圾、医疗垃圾、残余农药等，若得不到妥善处理将会严重污染环境并威胁人的安全。其特点是具有毒性、传染性、放射性等。危险废物的处理技术一般分化学处理（中和、沉析、絮凝、氧化、还原、电解、破乳等）、物理处理（分离和固化）、生物处理（用于修复被有机物污染的土壤）。

2. 固体废物的特点与危害

（1）固体废物具有以下特点：

1）资源和废物的相对性。固体废物具有鲜明的时间和空间特征，是在错误时间放在错误地点的资源。从时间方面讲，它仅仅是在目前的科学技术和经济条件下无法加以利用，但随着时间的推移，科学技术的发展，以及人们的要求变化，今天的废物可能成为明天的资源。从空间角度看，废物仅仅相对于某一过程或某一方面没有使用价值，而并非在一切过程或一切方面都没有使用价值。一种过程的废物，往往可以成为另一种过程的原料。固体废物一般具有某些工业原材料所具有的化学、物理特性，且较废水、废气容易收集、运输、加工处理，因而可以回收利用。

2) 富集终态和污染源头的双重作用。固体废物往往是许多污染成分的终极状态。例如，一些有害气体或飘尘，通过治理最终富集成为固体废物；一些有害溶质和悬浮物，通过治理最终被分离出来成为污泥或残渣；一些含重金属的可燃固体废物，通过焚烧处理，有害金属浓集于灰烬中。但是，这些"终态"物质中的有害成分，在长期的自然因素作用下，又会转入大气、水体和土壤，故又成为大气、水体和土壤环境的污染"源头"。

3) 危害具有潜在性、长期性和灾难性。固体废物对环境的污染不同于废水、废气和噪声。固体废物呆滞性大、扩散性小，它对环境的影响主要是通过水、气和土壤进行的。其中污染成分的迁移转化，如浸出液在土壤中的迁移，是一个比较缓慢的过程，其危害可能在数年以致数十年后才能发现。从某种意义上讲，固体废物，特别是有害废物对环境造成的危害可能要比水、气污染造成的危害严重得多。

（2）固体废物的危害主要表现为堆积量大、成分复杂、性质多种多样，特别是在废水、废气治理过程中所排出的固体废物，浓集了许多有害成分。因此，固体废物对环境的危害极大，污染也是多方面的。如侵占土地、破坏地貌和植被、污染土壤和地下水、污染水体、污染大气、造成巨大的直接经济损失和资源能源的浪费。

3. 固体废物资源化利用

固体废物是"错误时间放置在错误地点的资源"。许多固体废物经过处理仍有较高的利用价值：一些工业固体废物可以作为二次资源加以利用，这种二次资源与自然资源相比具有生产效率高、能耗低、环境废物少等优点；一些农业固体废物和部分生活垃圾是农业生产必不可少的优质有机肥源。因此世界各国都非常重视和发展固体废物的综合开发利用。固体废物主要利用途径有作为建筑材料、工业原料、能源等，固体废物在农业上也可得到利用。

7.5　城市其他污染与防治

7.5.1　电磁污染

1. 电磁波

电磁波是电场和磁场周期性变化产生的波，是一种可向周围空间传播的能量，也称为电磁辐射。随着科学技术的发展，电气与电子设备在工业生产、科学研究与医疗卫生等各个领域中得到了广泛的应用。各种视听设备、微波加热设备等进入人们的生活之中，应用范围不断扩大，设备功率不断提高。所有这些都导致了地面上的电磁辐射大幅度增加，已直接威胁到人类的身心健康。

2. 电磁污染源

影响人类生活的电磁污染源有天然污染源和人为污染源两种。

（1）天然污染源。天然的电磁污染源最常见的是雷电，此外宇宙的电磁场源以及火山喷发、地震和太阳黑子活动引起的磁暴等也都会产生电磁干扰。

（2）人为污染源。人为的电磁污染主要有脉冲放电、高频交变电磁场、射频电磁辐射等。

3. 电磁污染的危害

（1）危害人体健康。生物机体在射频电磁场的作用下，会吸收一定的辐射能量，而产生生物效应。这种效应主要表现为热效应。当射频电磁场的辐射强度被控制在一定范围时，可对人体产生良好的作用（如用理疗梳治病），但当它超过一定范围时，会破坏人体的热平衡，对人体产生危害。

（2）干扰通信系统。如果对电磁辐射的管理不善，大功率的电磁波在区域环境中会互相产生干扰，导致通信系统受损，造成严重事故。特别是信号的干扰与破坏，可直接影响电子设备、仪器仪表的正常工作，使信息失误、控制失灵、通信不畅。

4. 电磁污染的防护

为了从根本上防治电磁辐射污染，首先，要从国家标准出发，对产生电磁波的各种工业和家用电器设备，提出较严格的设计指标，尽量减少电磁能泄漏；其次，通过合理的工业布局，使电磁污染源远离居民密集区；最后，对已经进入到环境中的电磁辐射，采取一定的技术防护手段，以减少对人的危害。常用的防护电磁辐射的方法有屏蔽防护、吸收防护和个人防护等。

7.5.2　光污染

1. 光污染的概念

光污染是人类活动改变了周围的光环境，使变得不适宜，进而使人的视觉和健康受到危害的现象。进入生态环境中的各种可见光、不可见光和反射性物质，如果超过正常生存所能承受的指数，就会造成生态环境恶化。

2. 光污染的危害

环境中可见光污染比较多见的是眩光污染。眩光是一种过强的光辐射。眩光污染能引起头晕目眩，伤害人的眼睛，使视力下降，甚至失明。在燃烧、冶炼以及焊接等过程中产生的强光，烧玻璃时所放射出来的强光，都会给人体和视觉带来危害。尤其是行驶在路上的汽车突然开亮的前灯、闪光的信号灯、机场的灯光标记等耀眼光源，对视觉的危害更为严重。

3. 光污染的防治

由于光污染不能通过分解、转化、稀释来消除，因此只能加强预防。这就需要弄清形成光污染的原因和条件，提出相应的防护措施和方法，并制定必要的法律和法规。主要防治措施有：正确使用灯光，协调亮度；加强人工光源的有效管理；制定相应的政策和法规；改善不合理的照明条件；减少光污染源；加强个人防护措施等。

7.5.3　热污染

1. 热污染的概念

由于人类的活动使局部环境或全球环境发生增温，并可能对人类和生态系统产生直接或间接、即时或潜在危害的现象称为热污染。

2. 热污染的来源

热污染主要来自能源物质燃烧排放出的热量，也包括居民生活和交通工具等排放出的废热。以火力发电过程的热量为例，在燃料燃烧的能量中，40％转化为电能，12％随烟气排放，48％随冷却水进入地表水体。在核电站，能耗的33％转化为电能，其余的67％均变为废热全部转入水中。

热污染除影响全球或区域性自然环境热平衡外，还会对大气和水体造成危害。热污染对大气环境的影响表现不太明显。而温热水排入水体后会在局部范围内引起水温升高，使水质恶化，对水生生物和人类的生产、生活活动造成危害。水温升高时，藻类种群将发生变化。在正常藻类种群的河流中，在20℃时硅藻占优势，在30℃时绿藻占优势，在35～40℃时蓝藻占优势。蓝藻占优势时，则发生水体污染，水味道劣化，甚至使人、畜中毒。

3. 热污染的防治

（1）综合利用废热。充分利用工业的余热，是减少热污染的最主要措施。生产过程中产生的余热种类繁多，有高温烟气余热、高温产品余热、冷却介质余热和废气废水余热等。这些余热都是可以利用的二次能源。我国每年可利用的工业余热相当于5000万t标煤的发热量。在冶金、发电、化工建材等行业，通过热交换器利用余热来预热空气、原燃料、干燥产品、生产蒸气、供应热水等。此外还可以调节水田水温，调节港口水温以防止冻结。

（2）加强隔热保温。在工业生产中，有些窑体要加强保温、隔热措施，以降低热损失。如水泥窑筒体用硅酸铝毡、珍珠岩等高效保温材料，既减少热散失，又降低水泥熟料热耗。

（3）寻找新能源。利用水能、风能、地热能、潮汐能和太阳能等新能源，既解决了污染物，又是防止和减少热污染的重要途径。

4. 废热的综合利用

对于工业排放的高温废气，可通过利用排放的高温废气预热冷原料气、利用废热锅炉对冷水或冷空气加热，用于供暖或淋浴等途径加以利用。对于温热废水，可通过利用电站温热水进行水产养殖（如国内外已试验成功用电站温排水养殖非洲鲫鱼），或利用温热水调节港口水域的水温防止港口冻结等途径加以利用。

第 8 章 城市环境评价

8.1 环境评价

8.1.1 环境评价概述

环境是指影响人类生存和发展的各种天然的和经过人工改造的自然因素的总体，包括大气、水、海洋、土地、矿藏、森林、草原、野生生物、自然遗迹、人文遗迹、自然保护区、风景名胜区、城市和乡村等。

环境质量（environment quality）是环境系统客观存在的一种本质属性，并能用定性和定量的方法加以描述的环境系统所处的状态。环境始终处于不停的运动和变化之中，作为环境 状态表示的环境质量，也是处于不停的运动和变化之中。引起环境质量变化的原因主要有两个方面：一方面是由于人类的生活和生产行为引起环境质量的变化；另一方面是由于自然的原因引起环境质量的变化。

环境评价包括环境影响评价和环境质量评价，是按照一定的评价标准和方法对一定区域范围内的环境质量进行客观的定性和定量调查分析、评价和预测。环境评价是对环境系统状况的价值评定、判断和提出对策，主要是掌握和比较环境质量状况及其变化趋势；寻找污染治理重点；为环境综合治理和城市规划及环境规划提供科学依据；研究环境质量与人群健康关系；预测评价拟建的项目对周围环境可能产生的影响。

环境质量评价是对环境质量优与劣的评定过程，该过程包括环境评价因子的确定、环境监测、评价标准、评价方法、环境识别，因此环境质量评价的正确性体现在上述 5 个环节的科学性与客观性。

环境影响评价是指对规划和建设项目实施后可能造成的环境影响进行分析、预测和评估，提出预防或者减轻不良环境影响的对策和措施，进行跟踪监测的方法与制度。通俗说就是分析项目建成投产后可能对环境产生的影响，并提出污染防治对策和措施。

8.1.2 环境质量评价

8.1.2.1 环境质量评价的内容

区域环境质量评价主要包括对污染源、环境质量和环境效应 3 部分的评价，并在此基础上作出环境质量综合评价，提出环境污染综合防治方案，为环境污染治理、环境规划制定和环境管理提供参考。环境质量变异过程是各种环境因子综合作用的结果，包括如下 3 个阶段：

（1）人类活动导致环境条件的变化。如污染物进入大气、水体、土壤，使其中的物质组分发生变化。

（2）环境条件发生一系列链式变化。如污染物在各介质中迁移、转化，变成直接危害生命有机体的物质。

（3）环境条件变化产生综合性的不良影响，如污染物作用于人体或其他生物，产生急性或慢性的危害。

因此，环境质量评价是以环境物质的地球化学循环和环境变化的生态学效应为理论基础的。

按照环境要素分类，环境质量评价可分为单要素评价和综合评价两类。单要素评价是指只对某一个环境领域进行质量评价，如水环境质量评价、大气环境质量评价、声环境质量评价等；综合评价则指对一个地区的各环境要素进行联合评价。

8.1.2.2 环境质量评价的基本要素

环境质量评价必须具备以下一些基本的要素：

（1）监测数据。采用任何一种环境质量评价方法都必须具备准确、足够而有代表性的监测数据，这是环境质量评价的基础资料。

（2）评价参数即监测指标。实际工作中可选最常见、有代表性、常规监测的污染物项目作为评价参数。此外，针对评价区域的污染源和污染物的排放实际情况，增加某些污染物项目作为环境质量的评价参数。

（3）评价标准。通常采用环境卫生标准或环境质量标准作为评价标准。

（4）评价权重。在评价中需要对各评价参数或环境要素给予不同的权重以体现其在环境质量中的重要性。

（5）环境质量的分级。根据环境质量的数值及其对应的效应作质量等级划分，以此赋予每个环境质量数值含义。

8.1.2.3 环境质量评价的评价方法

环境质量评价是选择一定数量的评价参数进行统计分析后，按照一定的评价标准进行评价，或转换成在综合加权的基础上进行比较。

最常用的环境质量评价方法是数理统计法和环境质量指数法。

1. 数理统计法

大量监测数据蕴藏着环境质量的空间分布及其变化趋势，是环境质量评价的基础资料。数理统计方法是对环境监测数据进行统计分析，求出有代表性的统计值，然后对照卫生标准，作出环境质量评价。数理统计方法是环境质量评价的基础方法，其得出的统计值可作为其他评价方法基础数据资料，因此，一般来讲其作用是不可取代的。数理统计方法得出的统计值可以反映各污染物的平均水平及其离散程度、超标倍数和频率、浓度的时空变化等。

数理统计法是环境质量评价的基础方法，其得到的统计值可作为其他评价方法的基础资料。

2. 环境质量指数法

环境质量指数（environmental quality index）是将大量监测数据经统计处理后求得其代表值，以环境卫生标准（或环境质量标准）作为评价标准，把它们代入专门设计的计算式，换算成定量和客观评价环境质量的无量纲数值，这种数量指标称为环境质量指数，也称环境污染指数。

环境质量指数可分为单要素的环境质量指数和总环境质量指数两大类。单要素的环境质量指数，有大气质量指数（air quality index）、水质指数（water quality index）、土壤质量指数（soil quality index）等。它们或是由若干个用单独某一个污染物或参数反映环境质量的"分指数"，或是用该要素若干污染物或参数按一定原理合并构成反映几个污染物共同存在下的"综合质量指数"。若干个单要素环境质量指数按一定原理综合成"总环境质量指数"用于评价这几个主要环境因素作用下形成的"总环境质量"。

环境质量指数法的特点，是能适应综合评价某个环境因素乃至几个环境因素的 总环境质量的需要。此外，大量监测数据经过综合计算成几个环境质量指数后，可提纲挈领地表达环境质量，既综合概括，又简明扼要。环境质量指数可用于评价某 地环境质量各年（或月、日）的变化情况，或比较环境治理前后环境质量的改变即考核治理效果，以及比较同时期各城市（或各监测点）的环境质量。它也适用于向 管理部门和公众提供关于环境质量状况的信息。

环境质量指数的计算，有比值法和评分法两种。比值法是以 C_i/S_i 的形式作为各污染物的分指数。评分法是将各污染物参数按其监测值大小定出评分，应用时根据污染物实测的数据就可求得其评分。从几个分指数可以构成一个综合质量指数，常用的方法有简单叠加、算术均数和加权平均等。

8.1.3　环境影响评价

8.1.3.1　环境影响评价的内容

环境影响评价是指对区域的开发活动（由于土地的利用方式改变等）给环境质量带来的影响进行评价。

环境影响评价是我国环境保护法律制度中的一项重要制度。所谓环境影响评价制度是对可能影响环境的工程建设和开发活动，预先进行调查、预测和评价，提出环境影响及防治方案的报告，经主管部门批准后才能进行建设的法律制度。我国已制定《中华人民共和国环境影响评价法》及其相关技术规程和导则，全面保障环境影响评价制度的落实。

环境影响评价主要分为 3 个层次：

（1）现状环境影响评价。在项目已经建设、稳定运行一段时间后，产生的各类污染物达标排放，与周围环境已经形成稳定系统，根据各类污染物监测结果来评价该建设项目建设后对该地域环境是否产生影响，是否在环境可接受范围内。

（2）环境预测与评价。根据地区发展规划对拟建立的项目进行环境影响分析，预测该项目建设后产生的各类污染物对外环境产生的影响，并作出评价。

（3）跟踪评价。主要是针对大型建设项目和环评规划，在建设过程中或者建设后项目实施过程中进行跟踪评价，当项目出现了与预定的结果较大的差异时必须改进的一种评价制度，跟踪评价是现阶段环境管理的重要手段之一。

8.1.3.2 建设项目环境影响评价

建设项目环境影响评价，广义指对拟建项目可能造成的环境影响（包括环境污染和生态破坏，也包括对环境的有利影响）进行分析、论证的全过程，并在此基础上提出采取的防治措施和对策；狭义指对拟议中的建设项目在兴建前即可行性研究阶段，对其选址、设计、施工等过程，特别是运营和生产阶段可能带来的环境影响进行预测和分析，提出相应的防治措施，为项目选址、设计及建成投产后的环境管理提供科学依据。

建设项目环境影响评价不是一般的预测评价，它要求可能对环境有影响的建设开发者，必须事先通过调查、预测和评价，对项目的选址、对周围环境产生的影响以及应采取的防范措施等提出建设项目环境影响报告书，经过审查批准后，才能进行开发和建设。

根据我国环境保护法律和有关行政法规的规定，建设项目对环境可能造成重大影响的，应当编制环境影响报告书，对建设项目产生的污染和对环境的影响进行全面、详细的评价。具体建设项目大体上包括：一切对自然环境产生影响或排放污染物对周围环境产生影响的大中型工业建设项目；一切对自然环境和生态平衡产生影响的大中型水利枢纽、矿山、港口、铁路、公路建设项目；大面积开垦荒地和采伐森林的基本建设项目；对珍稀野生动植物资源的生存和发展产生严重影响，甚至造成灭绝的大中型建设项目；对各种生态类型的自然保护区和有重要科学价值的特殊地质、地貌地区产生严重影响的建设项目等。建设项目对环境可能造成轻度影响的，应当编制环境影响报告表，对建设项目产生的污染和对环境的影响进行分析或者专项评价；建设项目对环境影响很小的，也需要填报环境影响登记表。

8.1.3.3 规划环境影响评价

规划环境影响评价是指将环境因素置于重大宏观经济决策链的前端，通过对环境资源承载能力的分析，对各类重大开发、生产力布局、资源配置等提出更为合理的战略安排，从而达到在开发建设活动源头预防环境问题的目的。即在政策法规制定之后，项目实施之前，对有关规划的资源环境的可承载能力进行科学评价。其中的一个重要内容是，分析规划中对环境资源的需求，根据环境资源对规划实施过程中的实际支撑能力提出相应措施。通过规划环评，能够有效设定整个区域的环境容量，限定区域内的排污总量。

实践经验表明，规划环境影响评价是控制快速工业化、城市化过程中环境风险的根本手段。其关键在于，不仅要对单个项目进行环境影响评价，还要对发展规划进行环境影响评价；不仅对工业规划进行环境影响评价，还要对城市规划进行环境影响评价。

规划环境影响评价实质上属于战略环境影响评价，其具有一定的前瞻性，它有助于解决项目层次上不能长期解决的冲突，并且能够分析大量项目的累积环境影响。并且其要求从多方面详细论述环境保护和经济发展的战略性对策，规划环境影响评价必须在建设活动的详细规划前进行，制定出合理的规划方案，使其取得最大的经济、社会和环境效益。

8.1.3.4　战略环境影响评价

战略环境影响评价是指对政府政策、规划或计划及其替代方案可能产生的环境影响进行规范的、系统的综合评价，并把评价结果应用于负有公共责任的决策中。通俗地说，战略环境影响评价是对政府政策、规划及计划的环境影响评价。战略环境影响评价包括我国现在要求的规划环境影响评价，还包括国外已经有的（我国未来也可能有的）政策环境影响评价和计划环境影响评价等形式。

战略环境影响评价是为了针对项目环境影响评价的缺陷而提出的。项目环境影响评价自 20 世纪 60 年代在西方发达国家提出并实施以来，在控制和减少环境污染和生态破坏方面发挥了重要作用，但是其不足也日益明显：建设项目处于整个决策链（战略→政策→规划→计划→项目）的末端，因此项目环境影响评价只能做修补性的努力；对单个项目的认可或否决，并不能影响最初的决策和布局。而环境问题在人们着手制定政策、规划和计划时就已经潜在地产生了。

例如，2015 年 10 月 27 日，环境保护部副部长潘岳在京津冀、长三角、珠三角等三大地区战略环境影响评价项目启动会暨环境保护部环境影响评价专家咨询组成立会议上强调，环保部根据严守空间红线、总量红线、准入红线"三条铁线"的要求，启动对京津冀等三大地区进行战略环境影响评价。在上述三大地区的战略环境影响评价中，将用空间红线来约束无序开发，守住生态底线；用总量红线来调控开发的规模和强度，根据环境质量来分配控制重点行业污染物排放总量，使重点产业发展规模控制在资源环境可承载范围之内；用准入红线推动经济转型，强化产业准入源头控制，明确资源型、风险型、污染型和 行业差别化准入管理要求。战略环境影响评价工作要在更高平台、更大范围、更深层次发挥源头预防的作用，为经济绿色化转型提供有力的支撑和保障。

8.2　城市环境质量评价

8.2.1　评价目的

城市环境质量评价的目的在于客观地描述城市环境质量状况，为环境管理提供适时的技术支持和服务。同时可以检验环境管理的效果，为环境目标的实现提供支持；分析各类污染源排放对环境质量的影响，为污染控制和治理提供依据；评价环境监测网络设置的合理性，为调整环境监测网络提供依据；检验环境监测的效能，为调整环境监测点位、项目、频次提供依据；及时发布各类环境质量报告，满足人民群众对环境质量知情权的需要。

8.2.2　城市地表水环境质量评价

城市地表水环境质量评价是根据监测数据对城市河流、湖泊、水库的水质现状、变化趋势及其变化原因进行评价，是城市环境质量评价中的一种单要素评价。城市地表水环境质量评价是根据城市地表水体的用途，选定评价参数，按照水环境质量标准和所选的评价方法，对水体质量或综合体的质量进行定性或定量评价的过程。

1. 现状评价

现状评价是根据近期城市水体水质监测资料，对水体水质的现状进行评价。进行水质评价首先要确定评价项目、评价指标、评价标准和评价时段。对不同功能的水体选择的评价项目不一定相同，不同的评价时段对同一水体评价的结果也不一定相同。

2. 评价指标

指用于表征水环境质量的指标，如水质类别、达标率、综合污染指数、污染分担率等。具体评价标准见《地表水环境质量标准》（GB 3838—2002）。评价时段可分月、水期、季度、年度和水质自动监测系统实施周报。

3. 评价方法

（1）污染指数法。污染指数评价法是用水体各监测项目的监测结果与其评价标准之比作为该项目的污染分指数，然后通过各种数学手段将各项目的分指数综合得到该水体的污染指数，作为水质评定尺度。目前常用的有综合污染指数法、内梅罗污染指数法等。

（2）模糊综合评价法。由于水体环境本身存在大量不确定性因素，各个项目的级别划分、标准确定都具有模糊性。因此，模糊数学在水质综合评价中得到了广泛的应用。模糊综合评价法的基本思路是：由监测数据确立各因子指标对各级标准的隶属度集，形成隶属度矩阵，再把因子的权重集与隶属度矩阵相乘，得到模糊积，获得一个综合评判集，表明评价水体水质对各级标准水质的隶属程度，反映综合水质级别的模糊性。根据隶属度确定的方法，又有模糊聚类法、模糊贴近度法、模糊距离法等。

（3）灰色评价法。由于对水环境质量所获得的数据都是在有限的时间和空间范围内监测得到的，信息是不完全的或不确切的，因此可将水环境系统视为一个灰色系统，即部分信息已知，部分信息未知或不确知的系统。灰色系统的原理也较多地应用于水质综合评价。其基本思路是：计算水体水质中各因子的实测浓度与各级水质标准的关联度，然后根据关联度大小确定水体水质的级别。对处于同类水质的不同水体可通过其与该类标准水体的关联度大小进行优劣比较。灰色系统理论进行水质综合评价的方法主要有灰色聚类法、灰色关联评价法、灰色贴近度分析法、灰色决策评价法等。

（4）物元分析法。物元分析法是物元分析理论在水环境质量评价领域的应用。其思路是：根据各级水质标准建立经典域物元矩阵，根据各因子的实测浓度建立节域物元矩阵，然后建立各污染指标对不同水质标准级别的关联函数，最后根据其值大小确定水体水质的级别。

（5）单因子评价法。现行国家水质标准中已确定悲观评价原则，即以水质最差的单项指标所属类别来确定水体综合水质类别。其方法是：用水体各监测项目的监测结果对照该项目的分类标准，确定该项目的水质类别，在所有项目的水质类别中选取水质最差类别作为水体的水质类别。另外，还有一些评价方法，如密切值法、集对分析法、层次分析法等，适用于某些特定场合，但应用受到一定限制。

4. 水质类别规定

（1）河流断面水质类别。每个河流断面水质类别是根据断面的水质评价项目中污染最重的项目所达到的水质类别来确定的。描述断面水质类别时，使用"符合""达到""满足""为"等词语。

（2）城市河段水质类别。城市河段一般设置对照断面、控制断面和消减断面，确定河段的水质类别，采用的方法有平均水质类别，即将河段各个断面的各项污染物进行算术平均，取其污染最重的项目所达到的水质类别来确定该河段的水质类别；河长加权法，如果掌握各个断面代表的河段长度，则可以根据各级水质类别断面代表的河段长度之和占评价河段总长度的百分比来表征评价河段的水质状况。评价时需要指出河段的实际总长度和参加评价的河段总长度。河流的水质状况通常以百分比的方式来表示，即断面类别比例来表示根据评价河流中各级水质类别的断面数占河流所有评价断面总数的百分比来表征评价河流的水质状况。

（3）城市湖库水质类别，采用平均水质类别和面积加权法来表达。平均水质类别指将湖库的各个点位的各项污染物进行算术平均，取其中污染最重的项目所达到的水质类别来确定该湖库的水质类别；面积加权法，指如果掌握湖库中各个点位代表的水域面积，则可以根据各类水质类别的点位代表水域面积之和占评价水域总面积的百分比来表征评价湖库的整体水质状况。评价水域面积不一定是水域总面积，它是该湖库中所有参评点位代表的水域面积的总和。评价时需要指出湖库的水域总面积和参加评价水域总面积。湖库富营养化程度的评价采用综合营养状态指数法，主要评价指标有叶绿素 a（chla）、总磷（TP）、总氮（TN）、透明度（SD）、高锰酸盐指数（COD_{Mn}）等。

5. 城市地表水水质达标评价

（1）断面水质达标率。地表水断面监测结果以《地表水环境质量标准》（GB 3838—2002）中Ⅲ类为标准进行衡量，计算断面达标频次之和占监测断面总频次的百分比。计算公式为

$$地表水断面达标率 = \frac{断面达标频次之和}{断面监测总频次} \times 100\% \qquad (8.2.1)$$

（2）河流、水系水质达标率。采用断面比率法或河长（面积）比率法来表示。断面比率法即评价河流达标断面数占监测断面数之百分比；河长（面积）比率法即达标河长（面积）占监测总河长（面积）的百分比。

（3）地表水功能区达标率。功能区达标率。单个功能区达标率按评价时段不同分月、季度、年度计算达标率。计算方法是将断面监测结果按相应水体功能区标准衡量，评价时段内断面达标频次之和占断面监测总频次的百分比。计算公式为

$$地表水功能区达标率 = \frac{断面达标频次之和}{断面监测总频次} \times 100\% \tag{8.2.2}$$

河流、湖库功能区达标率。评价河流或湖库功能区达标率时，按已有各类功能区的监测断面（点位）的达标个数计算各类功能区和总功能区的达标率。按达标的各类功能区的河流长度（湖库面积）占总河长（湖库面积）的比例为达标率。对于城市地表水功能区达标评价，可用城市地表水功能区达标个数占全部功能区个数的比例达到 85％ 以上时，该城市地表水功能区达标。

8.2.3　城市空气环境质量评价

8.2.3.1　评价项目

统一评价项目，按照《环境空气质量标准》（GB 3095—2012）规定的环境空气功能区分类、标准分级、污染物项目、平均时间及浓度限值、监测方法、数据统计的有效性规定及实施与监督等项目评价。特殊评价项目，如无动力被动式采样监测项目，如降尘、硫酸盐化速率等，应对其结果及其影响进行评价，但考虑到缺少统一的标准限值，可不作达标评价，不参与空气质量级别评价。在方法操作条件可比的情况下，进行时间序列或不同区域污染程度的比较，以反映现阶段城市空气污染特征。评价分析光化学烟雾或臭氧污染、交通环境空气质量时，增加氮氧化物（NO_x）和非甲烷烃（NMHC）。此外，为了环境管理需要、反映当地空气污染特征或变化，可增加地方环境质量标准规定而国家《环境空气质量标准》中未规定的区域性特异污染项目。

8.2.3.2　评价标准

环境空气质量评价标准执行《环境空气质量标准》（GB 3095—2012）规定的浓度限值标准和空气污染指数（API）分级限值以及《空气质量日报技术规定》（中国环境监测总站综字〔2000〕026 号）的相关要求。

8.2.3.3　现状评价

根据城市空气监测数据及其统计指标（污染物浓度水平及分散度、超标或达标情况、空气质量级别、污染指数及污染负荷等），分析评价空气污染物的污染状况、空气质量达标等情况。

8.2.3.4　评价指标

（1）测点/城市空气质量评价指标。

1）污染物浓度水平。平均浓度及浓度范围、浓度频率分布图、百分位浓度、达标

或超标比率、最大超标倍数。

2) 空气质量状况。空气质量级别及达标情况、达标天数比例。

3) 污染特征分析。计算污染指数及污染物的污染负荷，确定主要污染物。

(2) 区域/城市空气质量评价指标。

1) 污染物浓度水平。统计范围内各城市污染物的浓度均值的范围及污染物的平均浓度、浓度频率分布图、百分位浓度、各污染物浓度达标或超标城市比例。

2) 空气质量状况。空气质量达标城市比例及不同空气质量级别城市比例。

3) 污染特征分析。计算污染指数及污染物的污染负荷，确定主要污染物；计算分析以不同污染物为主要污染物的城市比例。

8.2.3.5　功能区达标评价

城市空气功能区达标评价指标及标准。依据经地方政府批准的城市空气质量功能区划，确定监测点位所在功能区类型及其应执行的空气质量标准级别。目前，空气质量按功能区达标评价，主要根据空气中二氧化硫、二氧化氮、TSP、PM10 的年均浓度值评价。若考虑一氧化碳和臭氧时，则一氧化碳按照最大日均浓度值，臭氧则按照最大小时浓度值评价达标情况。

功能区达标评价方法有以下两种：

(1) 某一点位的二氧化硫、二氧化氮、TSP、PM10 的年均浓度值均达到该点所属功能区相应的空气质量标准限值要求，则该点位达标；同一功能区中，所有监测点位均达标，则该功能区达标。所有功能区达标，则该城市空气质量功能区达标。

(2) 同一类功能区中所有监测点位二氧化硫、二氧化氮、TSP、PM10 年均浓度的算术均值均达到该类功能区相应的空气质量标准限值要求，则该类功能区达标；所有类别功能区达标，则该城市空气质量功能区达标。

功能区达标率计算方法，根据功能区空气达标情况，计算达标功能区数量占已划定的功能区总数的比例，即为功能区达标率。

8.2.3.6　污染指数评价

污染指数是依据环境质量标准将有关的污染物浓度等标化，计算得到简单的无量纲的指数，可以直观、简明、定量地描述和比较环境污染的程度。

但任何一种污染指数方法和模式，都有其特点和局限性。因此，对指数评价方法和模式的使用，可以根据适用性来选用相应的空气质量评价指数方法（模式）。选用任何污染指数方法（模式），必须说清其适用范围，注意参数选择及权重分配的合理性、标准适用及级别判定的科学性、计算方法的规范性。

1. 空气污染指数（API）

(1) API 分级限值标准和计算方法执行《空气质量日报技术规定》（中国环境监测总站综字〔2000〕026 号），API 分级限值标准见表 8.2.1 和表 8.2.2。

表 8.2.1　　　　　　　　　　　空气污染指数对应的污染物浓度限值

污染指数 API	污染物浓度/(mg/m³)					取值原则
	SO₂ (日均值)	NO₂ (日均值)	PM10 (日均值)	CO (小时值)	O₃ (小时值)	
50	0.050	0.080	0.050	5	0.120	国家环境空气质量一级标准
100	0.150	0.120	0.150	10	0.200	国家环境空气质量二级标准
200	0.800	0.280	0.350	60	0.400	
300	1.600	0.565	0.420	90	0.800	根据污染物浓度水平对人体健康影响确定分级浓度限值
400	2.100	0.750	0.500	120	1.000	
500	2.620	0.940	0.600	150	1.200	

表 8.2.2　　　　　　　　　　空气污染指数范围及相应的空气质量级别

空气污染指数 API	空气质量级别	空气质量状况	活动建议
0～50	Ⅰ	优	可正常活动
51～100	Ⅱ	良	
101～150	Ⅲ₁	轻微污染	敏感人群考虑限制较长时间的户外活动
151～200	Ⅲ₂	轻度污染	易感人群（如有心脏病或呼吸系统疾病者）宜减少体力消耗及户外活动
201～250	Ⅳ₁	中度污染	老年人、儿童及易感人群应避免户外活动，并减少体力活动
251～300	Ⅳ₂	中度重污染	
>301	Ⅴ	重度污染	一般人群应避免户外活动并减少体力活动

API 计算方法如下：

1) 污染物分指数的计算。当污染物 X 的浓度 $C_{X,j} < C_X \leqslant C_{X,j+1}$ 时，其分指数采用式（8.2.3）进行计算。

$$I_X = \frac{C_X - C_{X,j}}{C_{X,j+1} - C_{X,j}}(I_{X,j+1} - I_{X,j}) + I_{X,j} \qquad (8.2.3)$$

式中：I_X 为污染物 X 的污染分指数；C_X 为污染物 X 的浓度监测值；$I_{X,j}$ 为第 j 转折点污染物 X 的污染分项指数值；$I_{X,j+1}$ 为第 $j+1$ 转折点污染物 X 的污染分项指数值；$C_{X,j}$ 为第 j 转折点污染物 X（对应于 $I_{X,j}$）浓度限值；$C_{X,j+1}$ 为第 j 转折点污染物 X（对应于 $I_{X,j+1}$）浓度限值；

对于污染物 X 的第 j 个转折点（$C_{X,j}$，$I_{X,j}$）的分指数值和相应的浓度值，可由表 8.2.1 确定。

2) 空气污染指数的确定。取各种污染物的污染分指数最大者为该区域或城市的空气污染指数 API，该项污染物即为该区域或城市空气中的首要污染物，可采用式（8.2.4）计算。

$$API = \max(I_1, I_2, \cdots, I_X, \cdots, I_n) \tag{8.2.4}$$

式中：I_X 为污染物 X 的分指数；n 为污染物的项目数。

（2）由于 API 以污染物的短期浓度标准及健康影响的短期基准为分级限值标准，因此，API 主要适用于空气质量日报、预报的短期空气质量评价。

（3）由于 API 分级限值标准与 API 指数为分段线性关系，以及逐日 API 可能取自不同的首要污染物，因此，不得使用 API 平均值评价较长周期（月、季、年）空气质量级别及空气质量状况。

（4）使用 API 评价较长周期（月、季、年）空气质量级别及空气质量状况时，要报告该周期内 API 范围，不同空气质量级别的天数占获得有效数据天数的比例。

2. 综合污染指数

（1）综合污染指数是各项空气污染物的单项因子的指数和。空气综合污染指数的数学表达式见式（8.2.5）和式（8.2.6）：

$$P = \sum_{i=1}^{n} P_i \tag{8.2.5}$$

其中

$$P_i = \frac{C_i}{S_i} \tag{8.2.6}$$

式中：P 为空气综合污染指数；P_i 为 i 项空气污染物的分指数；C_i 为 i 项空气污染物的季或年均浓度值；S_i 为 i 项空气污染物的环境质量标准限值；n 为计入空气综合污染指数的污染物项数。

空气综合污染指数数值越大，表示空气污染程度越严重，空气质量越差；反之，空气综合污染指数数值小，表示空气污染程度较轻，空气质量较好。

综合污染指数主要用于同一评价时段内同级评价范围之间空气质量状况（或污染程度）的比较，或同一评价范围内不同时段的空气质量整体变化趋势分析。

综合污染指数中评价参数的选取既要注意全面性，又要注意避免重复选取具有相关性或来源有同一性的污染物（如颗粒物中的 TSP 及降尘）。使用综合污染指数比较同一城市（或区域）空气污染年际变化、比较不同城市（或区域）之间污染程度时，要注意计算综合污染指数的污染物项目数必须相同。

评价城市空气污染的状况和特征时，综合污染指数采用《环境空气质量标准》（GB 3095—2012）中二级标准。标准取值周期与污染物浓度平均值时间周期必须一致。

（2）污染物负荷系数。计算公式见式（8.2.7）和式（8.2.8）：

$$f_i = \frac{P_i}{P} \tag{8.2.7}$$

其中

$$P = \sum_{i=1}^{n} P_i \tag{8.2.8}$$

式中：f_i 为污染物 i 的负荷系数；P_i 为污染物 i 的分指数；P 为环境空气污染综合指数。

根据 f_i 的大小确定全市或全区各采样点的主要、次要、最小污染物，评价各污染物对空气质量的影响程度。单项污染物的污染负荷系数（或其分指数）越大，其对综合污染指数的贡献越大,对空气污染程度的影响越大。

8.2.4 城市声环境质量评价

1. 基本评价量

以等效连续噪声级(Leq)为基本评价量,同时辅以累积百分声级(Ln)、不同声级覆盖下的面积分布和人口分布、超过某声级的区域面积和人口比例、不同声级覆盖下的道路长度、超过某声级的路段长度及比例、机动车流量、道路宽度、路网密度、不同类型机动车比例、道路条件、道路两侧边界条件、固定噪声源分布及其对外环境的影响、噪声标准适用区域划分等。

2. 现状评价

(1)区域环境噪声。不对单点监测结果进行评价。不计算单点的标准偏差。对全市各测点监测结果进行统计平均,其中 Leq 和 Ln 采用面积加权平均(采用等间隔布点方法时等效于算术平均);声源构成采用简单相加法统计各类声源影响的测点数及其所占比例。计算全市各测点测量结果的标准差,采用 5dB 分级,统计不同声级下的覆盖面积和人口(最好能有每个网格内的人口数,如无可采用各区平均人口密度或全市平均人口密度),不作达标评价。

(2)道路交通噪声。不对单个监测路段(点位)进行评价。不计算单点的标准偏差。对全市各路段监测结果进行统计平均,其中 Leq、Ln、平均车流量和平均路宽采用长度加权平均。采用 5dB 分级,统计不同声级下的覆盖路段长度及其所占比例,不作达标评价,但需计算超过 70dB 的路长度及其占监测总路段长度的比例。对各条道路进行统计评价,比较各条道路的声级高低,从道路条件、车流量、车辆构成、路面状况、道路宽度、交通管理、道路两侧边界条件等方面分析原因,提出有针对性的对策和建议。

(3)功能区噪声。按不同功能区分别评价。描绘各功能区 24h 等效声级变化曲线图,统计达标和超标的时段及其比例。分别计算昼间(16h)和夜间(8h)的等效声级 L_d 和 Ln,对照标准进行评价。计算昼夜等效平均声级 L_{dn},采用昼间标准评价。同一类功能区有多个功能块并分别布有测点时,对各功能块分别评价,并用达标功能块的数量占该类功能区所有监测功能块的比例计算该类功能区达标率,高空噪声监测不作评价。

3. 定性评价

(1)区域环境噪声。对城市区域环境噪声评价,可参照表 8.2.3 进行等级评价。

表 8.2.3　　　　　　　　　城市区域环境噪声质量等级划分　　　　　　　　单位:dB

污染程度	重度污染	中度污染	轻度污染	较好	好
等效连续噪声级 Leq	>65.0	60.1~65.0	55.1~60.0	50.1~55.0	≤50.0

影响城市区域环境噪声的主要噪声源判别:兼顾影响范围最大和声强强度最高两个方面分别给出主要噪声源。省级以上综合评价时区域环境噪声污染程度排序按等效声级

从大到小排列。

（2）道路交通噪声。对道路交通噪声评价，可参照表 8.2.4 进行等级评价。

表 8.2.4　　　　　　　　　　　道路交通噪声质量等级划分　　　　　　　　　　单位：dB

污染程度	重度污染	中度污染	轻度污染	较好	好
等效连续噪声级 Leq	＞74.0	72.1～74.0	70.1～72.0	68.1～70.0	≤68.0

省级以上综合评价时道路交通噪声污染程度排序按等效声级从大到小排列。

8.2.5　环境质量评价方法

（1）污染指数法。指数评价法将监测点的原始监测数据统计值与评价标准之比作为分指数，然后通过数学综合成为环境质量评定尺度。

（2）主成分分析法。将原来多个变量转化为少数几个综合指标，其核心是降维处理，用主成分变量去解释综合性指标。

（3）因子分析法。因子分析的基本目的就是用少数几个因子去描述许多指标或因素之间的联系，即将相关比较密切的几个变量归在同一类，每一类变量就成为一个因子。

8.3　城市规划环境影响评价

8.3.1　环境影响评价概述

1. 相关概念

（1）环境要素。指构成环境整体的各个独立的、性质各异而又服从总体演化规律的基本物质组分，也叫环境基质。环境要素一般是指水、大气、生物、土壤、岩石等自然环境要素。

（2）累积影响。指当一种活动的影响与过去、现在及将来可预见的活动的影响叠加时，造成的环境影响的相互作用的后果。

（3）环境敏感区。指依法设立的各级各类自然、文化保护地，以及对建设项目的某类污染因子或者生态影响因子特别敏感的区域，主要包括以下区域：

1）自然保护区、风景名胜区、世界文化和自然遗产地、饮用水水源保护区。

2）基本农田保护区、基本草原、森林公园、地质公园、重要湿地、天然林珍稀濒危野生动植物天然集中分布区、重要水生生物的自然产卵场及索饵场、越冬场和洄游通道、天然渔场、资源型缺水地区、水土流失重点防治区、沙化土地封禁保护区、封闭及半封闭海域、富营养化水域。

3）以居住、医疗卫生、文化教育、科研、行政办公等为主要功能的区域，文物保护单位，具有特殊历史、文化、科学、民族意义的保护地。

2. 环境影响评价的工作程序

环境影响评价工作一般分三个阶段，即前期准备、调研和工作方案阶段，分析论证和预测评价阶段，环境影响评价文件编制阶段。

3. 环境影响评价的基本原则

按照以人为本、建设资源节约型、环境友好型社会和科学发展观的要求，遵循以下原则开展环境影响评价工作：

（1）依法评价原则。环境影响评价过程中应贯彻执行我国环境保护相关的法律法规、标准、政策，分析建设项目与环境保护政策、资源能源利用政策、国家产业政策和技术政策等有关政策及相关规划的相符性，并关注国家或地方在法律法规、标准、政策、规划及相关主体功能区划等方面的新动向。

（2）早期介入原则。环境影响评价应尽早介入工程前期工作中，重点关注选址（或选线）、工艺路线（或施工方案）的环境可行性。

（3）完整性原则。根据建设项目的工程内容及其特征，对工程全部内容、全部影响时段、全部影响因素和全部作用因子进行分析、评价，突出评价重点。

（4）广泛参与原则。环境影响评价应广泛吸收相关学科和行业的专家、有关单位和个人及当地环境保护管理部门的意见。

4. 环境影响因素识别与评价因子筛选

（1）环境影响因素识别。在了解和分析建设项目所在区域发展规划、环境保护规划、环境功能区划及环境现状的基础上，分解和列出建设项目的直接和间接行为，以及可能受上述行为影响的环境要素及相关参数。

影响识别应明确建设项目在施工过程、生产运行、服务期满后等不同阶段的各种行为与可能受影响的环境要素间的作用效应关系、影响性质、影响范围、影响程度等，定性分析建设项目对各环境要素可能产生的污染影响与生态破坏，包括有利与不利影响、长期与短期影响、可逆与不可逆影响、直接与间接影响、累积与非累积影响等。对项目实施形成制约的关键环境因素或条件，应作为环境影响评价的重点内容。环境影响因素识别方法可采用矩阵法、网络法、GIS 支持下的叠加图法等。

（2）评价因子筛选。依据环境影响识别结果，并结合区域环境功能要求或所确定的环境保护目标，筛选确定评价因子，应重点关注环境制约因素。评价因子须能够反映环境影响的主要特征和区域环境的基本状况。

5. 环境影响评价的工作等级

（1）评价工作等级划分。建设项目各环境要素专项评价原则上应划分工作等级，一般可划分为三级。一级评价对环境影响进行全面、详细、深入评价；二级评价对环境影响进行较为详细、深入评价；三级评价可只进行环境影响分析。建设项目其他专题评价可根据评价工作需要划分评价等级。

（2）评价工作等级划分的依据。各环境要素专项评价工作等级按项目特点、所在地区的环境特征、相关法律法规、标准及规划、环境功能区划等因素进行划分。其他专项评价工作等级划分可参照各环境要素评价工作等级划分依据。

（3）评价工作等级的调整。专项评价的工作等级可根据项目所处区域环境敏感程度、工程污染或生态影响特征及其他特殊要求等情况进行适当调整，但调整的幅度不超过一级，并应说明调整的具体理由。

6. 环境影响评价范围的确定

根据建设项目可能影响范围（包括直接影响、间接影响、潜在影响等）确定环境影响评价范围，其中项目实施可能影响范围内的环境敏感区等应重点关注。

7. 环境影响评价方法的选取

环境影响评价采用定量评价与定性评价相结合的方法，应以量化评价为主。评价方法应优先选用成熟的技术方法，鼓励使用先进的技术方法，慎用争议或处于研究阶段尚没有定论的方法。当选用非导则推荐的评价或预测分析方法，应根据建设项目特征、评价范围、影响性质等分析其适用性，环境影响评价结论要明确。

8.3.2 城市规划环境影响评价总则

1. 评价目的

通过评价，提供规划决策所需的资源与环境信息，识别制约规划实施的主要资源（如土地资源、水资源、能源、矿产资源、旅游资源、生物资源、景观资源和海洋资源等）和环境要素（如水环境、大气环境、土壤环境、海洋环境、声环境和生态环境），确定环境目标，构建评价指标体系，分析、预测与评价规划实施可能对区域、流域、海域生态系统产生的整体影响、对环境和人群健康产生的长远影响，论证规划方案的环境合理性和对可持续发展的影响，论证规划实施后环境目标和指标的可达性，形成规划优化调整建议，提出环境保护对策、措施和跟踪评价方案，协调规划实施的经济效益、社会效益与环境效益之间以及当前利益与长远利益之间的关系，为规划和环境管理提供决策依据。

2. 评价原则

（1）全程互动。评价应在规划纲要编制阶段（或规划启动阶段）介入，并与规划方案的研究和规划的编制、修改、完善全过程互动。

（2）一致性。评价的重点内容和专题设置应与规划对环境影响的性质、程度和范围相一致，应与规划涉及领域和区域的环境管理要求相适应。

（3）整体性。评价应统筹考虑各种资源与环境要素及其相互关系，重点分析规划实施对生态系统产生的整体影响和综合效应。

（4）层次性。评价的内容与深度应充分考虑规划的属性和层级，并依据不同属性、不同层级规划的决策需求，提出相应的宏观决策建议以及具体的环境管理要求。

（5）科学性。评价选择的基础资料和数据应真实、有代表性，选择的评价方法应简单、适用，评价的结论应科学、可信。

3. 评价范围

（1）按照规划实施的时间跨度和可能影响的空间尺度确定评价范围。

（2）评价范围在时间跨度上，一般应包括整个规划周期。对于中、长期规划，可以规划的近期为评价的重点时段；必要时，也可根据规划方案的建设时序选择评价的重点时段。

（3）评价范围在空间跨度上，一般应包括规划区域、规划实施影响的周边地域，特别应将规划实施可能影响的环境敏感区、重点生态功能区等重要区域整体纳入评价范围。

（4）确定规划环境影响评价的空间范围一般应同时考虑三个方面的因素：一是规划的环境影响可能达到的地域范围；二是自然地理单元、气候单元、水文单元、生态单元等的完整性；三是行政边界或已有的管理区界（如自然保护区界、饮用水水源保护区界等）。

4. 评价工作流程

（1）在规划纲要编制阶段，通过对规划可能涉及内容的分析，收集与规划相关的法律、法规、环境政策和产业政策，对规划区域进行现场踏勘，收集有关基础数据，初步调查环境敏感区域的有关情况，识别规划实施的主要环境影响，分析提出规划实施的资源和环境制约因素，反馈给规划编制机关。同时确定规划环境影响评价方案。

（2）在规划的研究阶段，评价可随着规划的不断深入，及时对不同规划方案实施的资源、环境、生态影响进行分析、预测和评估，综合论证不同规划方案的合理性，提出优化调整建议，反馈给规划编制机关，供其在不同规划方案的比选中参考与利用。

（3）在规划的编制阶段，应针对环境影响评价推荐的环境可行的规划方案，从战略和政策层面提出环境影响减缓措施。如果规划未采纳环境影响评价推荐的方案，还应重点对规划方案提出必要的优化调整建议。编制环境影响跟踪评价方案，提出环境管理要求，反馈给规划编制机关。如果规划选择的方案资源环境无法承载、可能造成重大不良环境影响且无法提出切实可行的预防或减轻对策和措施，以及对可能产生的不良环境影响的程度或范围尚无法做出科学判断时，应提出放弃规划方案的建议，反馈给规划编制机关。

（4）在规划上报审批前，应完成规划环境影响报告书（规划环境影响篇章或说明）的编写与审查，并提交给规划编制机关。

5. 评价方法

规划环境影响评价主要来自两方面：一是传统的建设项目环境影响评价方法；二是经济部门和规划研究的方法。

（1）核查表。将可能受规划行为影响的环境因子和可能产生的影响性质列在一个清单中，然后对核查的环境影响给出定性或半定量的评价。核查表方法使用方便，容易被专业人士及公众接受。在评价早期阶段应用，可保证重大的影响没有被忽略。但建立一个系统而全面的核查表是一项烦琐且耗时的工作；同时由于核查表没有将"受体"与"源"相结合，并且无法清楚地显示影响的过程、影响程度及影响的综合效果。

（2）网络和系统图解法。描述一个有因果关系的链网络或网回路或系统图中的环境或社会的各种组分，让使用者通过一系列链接关系追踪原因和结果。它可以分析各种活动带来的多样影响，追踪那些由直接影响对其他资源产生的间接影响。这样就可以确定一项规划对各个资源、生态系统和人类社区的多重影响的累积。网络和系统图解法常常是评价人员识别一个规划产生累积效应的原因和结果关系的最佳方法。

（3）数学模型和模拟。数学模型是用数学公式来描绘事物累积变化的过程例如，河流污染、土壤侵蚀。在建设项目环境影响评价和环境规划中采用的环境数学模型同样可运用于规划环境影响评价。数学模型可以用作设计规划决策的辅助工具，更多的是应用于幕景分析与预测各种环境影响。模型法与构建专家系统相结合可更好地评估规划中的多个变化幕景的环境效应。模型也适用于社会经济分析，包括宏观经济学模型，或者社区水平上的人口统计学模型。用于规划影响评价时，将最优化分析与模拟（仿真）模型结合起来，能提供量化因果关系，主要用于选择最佳方案或者否定其他被选方案。

（4）图形叠置法和地理信息系统（GIS）。将评价区域特征包括自然条件、社会背景、经济状况等的专题地图叠放在一起，形成一张能综合反映环境影响的空间特征的地图。

图形叠置法用于规划影响评价的最直接方式是将不同的规划行为产生的各种影响叠置起来组成综合的累积影响图。例如，沉降到湖泊上的空气污染物和排人湖泊中的水污染物的综合影响。一个森林覆盖的流域内多种土地使用方法的累积影响。用图形叠置法将反映不同地貌特征的专业地图联合起来应用，以评价规划区域发展与资源的适宜度和环境恶化的风险。在发展机遇和环境、社会经济约束条件（如在濒危物种栖息地开发公共交通路线）下可以建立一个环境适宜性图用于各种人类行为的环境影响评价。

叠图法能够直观、形象、简明地表示各种单个影响和复合影响的空间分布。但无法在地图上表达源与受体的因果关系，因而无法综合评定环境影响的强度或环境因子的重要性。

8.3.3　规划分析

1. 基本要求

规划分析应包括规划概述、规划的协调性分析和不确定性分析等。通过对多个规划方案具体内容的解析和初步评估，从规划与资源节约、环境保护等各项要求相协调的角度，筛选出备选的规划方案，并对其进行不确定性分析，给出可能导致环境影响预测结果和评价结论发生变化的不同情景，为后续的环境影响分析、预测与评价提供基础。

2. 规划概述

简要介绍规划编制的背景和定位，梳理并详细说明规划的空间范围和空间布局，规划的近期和中、远期目标、发展规模、结构（如产业结构、能源结构、资源利用结构等）、建设时序，配套设施安排等可能对环境造成影响的规划内容，介绍规划的环保设施建设以及生态保护等内容。如规划包含具体建设项目时，应明确其建设性质、内容、规模、地点等。其中，规划的范围、布局等应给出相应的图、表。分析给出规划实施所依托的资源与环境条件。

3. 规划协调性分析

（1）分析规划在所属规划体系（如土地利用规划体系、流域规划体系、城乡规划体系等）中的位置，给出规划的层级（如国家级、省级、市级或县级）、规划的功能属性（如综合性规划、专项规划、专项规划中的指导性规划）、规划的时间属性（如首轮规划、调整规划；短期规划、中期规划、长期规划）。

筛选出与本规划相关的主要环境保护法律法规、环境经济与技术政策、资源利用和产业政策，并分析本规划与其相关要求的符合性。筛选时应充分考虑相关政策、法规的效力和时效性。

（2）分析规划目标、规模、布局等各规划要素与上层位规划的符合性，重点分析规划之间在资源保护与利用、环境保护、生态保护要求等方面的冲突和矛盾。

（3）分析规划与国家级、省级主体功能区规划在功能定位、开发原则和环境政策要求等方面的符合性。通过叠图等方法详细对比规划布局与区域主体功能区规划、生态功能区划、环境功能区划和环境敏感区之间的关系，分析规划在空间准入方面的符合性。

筛选出在评价范围内与本规划所依托的资源和环境条件相同的同层位规划，并在考虑累积环境影响的基础上，逐项分析规划要素与同层位规划在环境目标、资源利用、环境容量与承载力等方面的一致性和协调性，重点分析规划与同层位的环境保护、生态建设、资源保护与利用等规划之间的冲突和矛盾。

（4）分析规划方案的规模、布局、结构、建设时序等与规划发展目标、定位的协调性。

通过这些协调性分析，从多个规划方案中筛选出与各项要求较为协调的规划方案作为备选方案，或综合规划协调性分析结果，提出与环保法规、各项要求相符合的规划调整方案作为备选方案。

4. 规划的不确定性分析

规划的不确定性分析主要包括规划基础条件的不确定性分析、规划具体方案的不确定性分析及规划不确定性的应对分析 3 个方面。

（1）规划基础条件的不确定性分析。重点分析规划实施所依托的资源、环境条件可能发生的变化，如水资源分配方案、土地资源使用方案、污染物排放总量分配方案等，论证规划各项内容顺利实施的可能性与必要条件，分析规划方案可能发生的变化或调整情况。

（2）规划具体方案的不确定性分析。从准确有效预测、评价规划实施的环境影响的角度，分析规划方案中需要具备但没有具备、应该明确但没有明确的内容，分析规划产业结构、规模、布局及建设时序等方面可能存在的变化情况。

（3）规划不确定性的应对分析。针对规划基础条件、具体方案两方面不确定性的分析结果，筛选可能出现的各种情况，设置针对规划环境影响预测的多个情景，分析和预测不同情景下的环境影响程度和环境目标的可达性，为推荐环境可行的规划方案提供依据。

5. 规划分析的方式和方法

主要分为定性分析、定量分析和空间模型分析 3 种。

（1）定性分析。分为因果分析法、比较法。

（2）定量分析。描述性系统分析的目的是用简单的形式提炼出大量数据资料所包括的基本信息。定量分析包括频数和频率分析、集中量数分析、离散程度分析和回归分析。

（3）空间模型分析。城市规划各个物质因素都在空间上占据一定的位置，形成错综复杂的相互关系。除了用数学模型，文字说明表达外，还可以用空间模型的方法来表达。空间模型分析包括实体模型分析和概念模型分析。

8.3.4 规划区现状调查与评价

1. 基本要求

通过调查与评价，掌握评价范围内主要资源的赋存和利用状况，评价生态状况、环境质量的总体水平和变化趋势，辨析制约规划实施的主要资源和环境要素。

现状调查与评价一般包括自然环境状况、社会经济概况、资源赋存与利用状况、环境质量和生态状况等内容。实际工作中应遵循以点带面、点面结合、突出重点的原则，选择可以反映规划环境影响特点和区域环境目标要求的具体内容。

现状调查可充分收集和利用已有的历史（一般为一个规划周期，或更长时间段）和现状资料。资料应能够反映整个评价区域的社会、经济和生态环境的特征，能够说明各项调查内容的现状和发展趋势，并注明资料的来源及其有效性；对于收集采用的环境监测数据，应给出监测点位分布图、监测时段及监测频次等，说明采用数据的代表性。当评价范围内有需要特别保护的环境敏感区时，需有专项调查资料。当已有资料不能满足评价要求，特别是需要评价规划方案中包含的具体建设项目的环境影响时，应进行补充调查和现状监测。

对于尚未进行环境功能区或生态功能区划分的区域，可按照《声环境功能区划分技术规范》（GB/T 15190—2014）、《环境空气质量功能区划分原则与技术方法》（HJ/T 14—1996）、《近岸海域环境功能区划分技术规范》（HJ/T 82—2001）或《生态功能区划暂行规程》中规定的原则与方法，先划定功能区，再进行现状评价。

2. 现状调查内容

（1）自然地理状况调查。内容主要包括地形地貌，河流、湖泊（水库）、海湾的水文状况，环境水文地质状况，气候与气象特征等。

（2）社会经济概况调查。内容一般包括评价范围内的人口规模、分布、结构（包括性别、年龄等）和增长状况，人群健康（包括地方病等）状况，农业与耕地（含人均），经济规模与增长率、人均收入水平，交通运输结构、空间布局及运量情况等。重点关注评价区域的产业结构、主导产业及其布局、重大基础设施布局及建设情况等，并附相应图件。

（3）环保基础设施建设及运行情况调查。内容一般包括评价范围内的污水处理设施规模、分布、处理能力和处理工艺，以及服务范围和服务年限；清洁能源利用及大气污染综合治理情况；区域噪声污染控制情况；固体废物处理与处置方式及危险废物安全处置情况（包括规模、分布、处理能力、处理工艺、服务范围和服务年限等）；现有生态保护工程建设及实施效果；已发生的环境风险事故情况等。

（4）资源赋存与利用状况调查。一般包括评价范围内的以下内容：

1）主要用地类型、面积及其分布、利用状况，区域水土流失现状，并附土地利用现状图。

2）水资源总量、时空分布及开发利用强度（包括地表水和地下水），饮用水水源保护区分布、保护范围，其他水资源利用状况（如海水、雨水、污水及中水）等，并附有关的水系图及水文地质相关图件或说明。

3）能源生产和消费总量、结构及弹性系数，能源利用效率等情况。

4）矿产资源类型与储量、生产和消费总量、资源利用效率等，并附矿产资源分布图。

5）旅游资源和景观资源的地理位置、范围和主要保护对象、保护要求，开发利用状况等，并附相关图件。

6）海域面积及其利用状况，岸线资源及其利用状况，并附相关图件。

7）重要生物资源（如林地资源、草地资源、渔业资源）和其他对区域经济社会有重要意义的资源的地理位置、范围及其开发利用状况，并附相关图件。

（5）环境质量与生态状况调查。一般包括评价范围内的以下内容：

1）水（包括地表水和地下水）功能区划、海洋功能区划、近岸海域环境功能区划、保护目标及各功能区水质达标情况、主要水污染因子和特征污染因子、主要水污染物排放总量及其控制目标、地表水控制断面位置及达标情况、主要水污染源分布和污染贡献率（包括工业、农业和生活污染源）、单位国内生产总值废水及主要水污染物排放量，并附水功能区划图、控制断面位置图、海洋功能区划图、近岸海域环境功能区划图、主要水污染源排放口分布图和现状监测点位图。

2）大气环境功能区划、保护目标及各功能区环境空气质量达标情况、主要大气污染因子和特征污染因子、主要大气污染物排放总量及其控制目标、主要大气污染源分布和污染贡献率（包括工业、农业和生活污染源）、单位国内生产总值主要大气污染物排放量，并附大气环境功能区划图、重点污染源分布图和现状监测点位图。

3）声环境功能区划、保护目标及各功能区声环境质量达标情况，并附声环境功能区划图和现状监测点位图。

4）主要土壤类型及其分布，土壤肥力与使用情况，土壤污染的主要来源，土壤环境质量现状，并附土壤类型分布图。

5）生态系统的类型（森林、草原、荒漠、冻原、湿地、水域、海洋、农田、城镇等）及其结构、功能和过程。植物区系与主要植被类型，特有、狭域、珍稀、濒危野生动植物的种类、分布和生境状况，生态功能区划与保护目标要求，生态管控红线等；主要生态问题的类型、成因、空间分布、发生特点等。附生态功能区划图、重点生态功能区划图及野生动植物分布图等。

6）固体废物（一般工业固体废物、一般农业固体废物、危险废物、生活垃圾）产生量及单位国内生产总值固体废物产生量，危险废物的产生量、产生源分布等。

7）调查环境敏感区的类型、分布、范围、敏感性（或保护级别）、主要保护对象及相关环境保护要求等，并附相关图件。

3. 现状分析与评价

（1）资源利用现状评价。根据评价范围内各类资源的供需状况和利用效率等，分析区域资源利用和保护中存在的问题。

（2）环境与生态现状评价。

1）按照环境功能区划的要求，评价区域水环境质量、大气环境质量、土壤环境质量、声环境质量现状和变化趋势，分析影响其质量的主要污染因子和特征污染因子及其来源；评价区域环保设施的建设与运营情况，分析区域水环境（包括地表水、地下水、海水）保护、主要环境敏感区保护、固体废物处置等方面存在的问题及原因，以及目前需解决的主要环境问题。

2）根据生态功能区划的要求，评价区域生态系统的组成、结构与功能状况，分析生态系统面临的压力和存在的问题，生态系统的变化趋势和变化的主要原因。评价生态系统的完整性和敏感性。当评价区面积较大且生态系统状况差异也较大时，应进行生态环境敏感性分级、分区，并附相应的图表。当评价区域涉及受保护的敏感物种时，应分析该敏感物种的生态学特征；当评价区域涉及生态敏感区时，应分析其生态现状、保护现状和存在的问题等。明确目前区域生态保护和建设方面存在的主要问题。

3）分析评价区域已发生的环境风险事故的类型、原因及造成的环境危害和损失，分析区域环境风险防范方面存在的问题。

4）分性别、年龄段分析评价区域的人群健康状况和存在的问题。

（3）主要行业经济和污染贡献率分析。分析评价区域主要行业的经济贡献率、资源消耗率（该行业的资源消耗量占资源消耗总量之比）和污染贡献率（该行业的污染物排放量占污染物排放总量之比），并与国内先进水平、国际先进水平进行对比分析，评价区域主要行业的资源、环境效益水平。

（4）环境影响回顾性评价。结合区域发展的历史或上一轮规划的实施情况，对区域生态系统的变化趋势和环境质量的变化情况进行分析与评价，重点分析评价区域存在的主要生态、环境问题和人群健康状况与现有的开发模式、规划布局、产业结构、产业规模和资源利用效率等方面的关系。提出本次规划应关注的资源、环境、生态问题，以及解决问题的途径，并为本次规划的环境影响预测提供类比资料和数据。

4. 制约因素分析

基于上述现状评价和规划分析结果，结合环境影响回顾与环境变化趋势分析结论，重点分析评价区域环境现状和环境质量、生态功能与环境保护目标间的差距，明确提出规划实施的资源与环境制约因素。

5. 现状调查与评价的方式和方法

现状调查的方式和方法主要有资料收集、现场踏勘、环境监测、生态调查、问卷调查、访谈、座谈会等。环境要素的调查方式和监测方法可参照《环境影响评价技术导则 大气环境》（HJ 2.2—2008）、《环境影响评价技术导则 地面水环境》（HJ/T 2.3—93）、《环境影响评价技术导则 声环境》（HJ 2.4—2009）、《环境影响评价技术导则 生态影响》（HJ 19—2011）、《环境影响评价技术导则 地下水环境》（HJ 610—2016）、《区域生物多样性评价标准》（HJ 623—2011）等环境标准和有关监测规范执行。

现状分析与评价的方式和方法主要有专家咨询、指数法（单指数、综合指数）、类比分析、叠图分析、灰色系统分析、生态学分析法（生态系统健康评价法、生物多样性评价法、生态机理分析法、生态系统服务功能评价方法、生态环境敏感性评价方法、景观生态学法等）。

8.3.5 城市规划环境影响识别与评价指标体系构建

1. 基本要求

按照一致性、整体性和层次性原则，识别规划实施可能影响的资源与环境要素，建立规划要素与资源、环境要素之间的关系，初步判断影响的性质、范围和程度，确定评价重点。并根据环境目标，结合现状调查与评价的结果，以及确定的评价重点，建立评价的指标体系。

2. 环境影响识别

重点从规划的目标、规模、布局、结构、建设时序及规划包含的具体建设项目等方面，全面识别规划要素对资源和环境造成影响的途径与方式，以及影响的性质、范围和程度。如果规划分为近期、中期、远期或其他时段，还应识别不同时段的影响。识别规划实施的有利影响或不良影响，重点识别可能造成的重大不良环境影响，包括直接影响、间接影响，短期影响、长期影响，各种可能发生的区域性、综合性、累积性的环境影响或环境风险。

对于某些有可能产生具有难降解、易生物蓄积、长期接触对人体和生物产生危害作用的重金属污染物、无机和有机污染物、放射性污染物、微生物等的规划，还应识别规划实施产生的污染物与人体接触的途径、方式（如经皮肤、口或鼻腔等）以及可能造成的人群健康影响。对资源、环境要素的重大不良影响，可从规划实施是否导致区域环境功能变化、资源与环境利用严重冲突、人群健康状况发生显著变化三个方面进行分析与判断。

（1）导致区域环境功能变化的重大不良环境影响，主要包括规划实施使环境敏感区、重点生态功能区等重要区域的组成、结构、功能发生显著不良变化或导致其功能丧失，或使评价范围内的环境质量显著下降（环境质量降级）或导致功能区主要功能丧失。

（2）导致资源、环境利用严重冲突的重大不良环境影响，主要包括规划实施与规划范围内或相邻区域内的其他资源开发利用规划和环境保护规划等产生的显著冲突，规划实施导致的环境变化对规划范围内或相关区域内的特殊宗教、民族或传统生产、生活方式产生的显著不良影响，规划实施可能导致的跨行政区、跨流域以及跨国界的显著不良影响。

（3）导致人群健康状况发生显著变化的重大不良环境影响，主要包括规划实施导致具有难降解、易生物蓄积、长期接触对人体和生物产生危害作用的重金属污染物、无机和有机污染物、放射性污染物、微生物等在水、大气和土壤环境介质中显著增加，对农牧渔产品的污染风险显著增加，规划实施导致人居生态环境发生显著不良变化。

通过环境影响识别，以图、表等形式，建立规划要素与资源、环境要素之间的动态响应关系，给出各规划要素对资源、环境要素的影响途径，从中筛选出受规划影响大、范围广的资源、环境要素，作为分析、预测与评价的重点内容。

3. 环境目标与评价指标确定

环境目标是开展规划环境影响评价的依据。规划在不同规划时段应满足的环境目标可根据国家和区域确定的可持续发展战略、环境保护的政策与法规、资源利用的政策与法规、产业政策、上层位规划，规划区域、规划实施直接影响的周边地域的生态功能区划和环境保护规划、生态建设规划确定的目标，环境保护行政主管部门以及区域、行业的其他环境保护管理要求确定。

评价指标是量化了的环境目标，一般首先将环境目标分解成环境质量、生态保护、资源利用、社会与经济环境等评价主题，再筛选确定表征评价主题的具体评价指标，并将现状调查与评价中确定的规划实施的资源与环境制约因素作为评价指标筛选的重点。评价指标的选取应能体现国家发展战略和环境保护战略、政策、法规的要求，体现规划的行业特点及其主要环境影响特征，符合评价区域生态、环境特征，体现社会发展对环境质量和生态功能不断提高的要求，并易于统计、比较和量化。评价指标值的确定应符合相关产业政策、环境保护政策、法规和标准中规定的限值要求，如国内政策、法规和标准中没有的指标值也可参考国际标准确定；对于不易量化的指标可经过专家论证，给出半定量的指标值或定性说明。

4. 环境影响识别与评价指标确定的方式和方法

环境影响识别与评价指标确定的方式和方法主要有核查表、矩阵分析、网络分析、系统流图、叠图分析、灰色系统分析、层次分析、情景分析、专家咨询、类比分析、压力-状态-响应分析等。

8.3.6　城市规划环境影响预测与评价

1. 基本要求

系统分析规划实施全过程对可能受影响的所有资源、环境要素的影响类型和途径，针对环境影响识别确定的评价重点内容和各项具体评价指标，按照规划不确定性分析给出的不同发展情景，进行同等深度的影响预测与评价，明确给出规划实施对评价区域资源、环境要素的影响性质、程度和范围，为提出评价推荐的环境可行的规划方案和优化调整建议提供支撑。

环境影响预测与评价一般包括规划开发强度的分析，水环境（包括地表水、地下水、海水）、大气环境、土壤环境、声环境的影响，对生态系统完整性及景观生态格局的影响，对环境敏感区和重点生态功能区的影响，资源与环境承载能力的评估等内容。

环境影响预测应充分考虑规划的层级和属性，依据不同层级和属性规划的决策需求，采用定性、半定量、定量相结合的方式进行。对环境质量影响较大、与节能减排关系密切的工业、能源、城市建设、区域建设与开发利用、自然资源开发等专项规划，应进行定量或半定量环境影响预测与评价。对于资源和水环境、大气环境、土壤环境、海洋环境、声环境指标的预测与评价，一般应采用定量的方式进行。

2. 环境影响预测与评价的内容

（1）规划开发强度分析。

1）通过规划要素的深入分析，选择与规划方案性质、发展目标等相近的国内、外同类型已实施规划进行类比分析（如区域已开发，可采用环境影响回顾性分析的资料），依据现状调查与评价的结果，同时考虑科技进步和能源替代等因素，结合不确定性分析设置的不同发展情景，采用负荷分析、投入产出分析等方法，估算关键性资源的需求量和污染物（包括影响人群健康的特定污染物）的排放量。

2）选择与规划方案和规划所在区域生态系统（组成、结构、功能等）相近的已实施规划进行类比分析，依据生态现状调查与评价的结果，同时考虑生态系统自我调节和生态修复等因素，结合不确定性分析设置的不同发展情景，采用专家咨询、趋势分析等方法，估算规划实施的生态影响范围和持续时间，以及主要生态因子的变化量（如生物量、植被覆盖率、珍稀濒危和特有物种生境损失量、水土流失量、斑块优势度等）。

（2）影响预测与评价。

1）预测不同发展情景下规划实施产生的水污染物对受纳水体稀释扩散能力、水质、水体富营养化和河口咸水入侵等的影响；对地下水水质、流场和水位的影响；对海域水动力条件、水环境质量的影响。明确影响的范围与程度或变化趋势，评价规划实施后受纳水体的环境质量能否满足相应功能区的要求，并绘制相应的预测与评价图件。

2）预测不同发展情景规划实施产生的大气污染物对环境敏感区和评价范围内大气环境的影响范围与程度或变化趋势，在叠加环境现状本底值的基础上，分析规划实施后区域环境空气质量能否满足相应功能区的要求，并绘制相应的预测与评价图件。

3）声环境影响预测与评价按照《环境影响评价技术导则　声环境》（HJ 2.4—2009）中关于规划环境影响评价声环境影响评价的要求执行。

4）预测不同发展情景下规划实施产生的污染物对区域土壤环境影响的范围与程度或变化趋势，评价规划实施后土壤环境质量能否满足相应标准的要求，进而分析对区域农作物、动植物等造成的潜在影响，并绘制相应的预测与评价图件。

5）预测不同发展情景对区域生物多样性（主要是物种多样性和生境多样性）、生态系统连通性、破碎度及功能等的影响性质与程度，评价规划实施对生态系统完整性及景观生态格局的影响，明确评价区域主要生态问题（如生态功能退化、生物多样性丧失等）的变化趋势，分析规划是否符合有关生态红线的管控要求。对规划区域进行了生态敏感性分区的，还应评价规划实施对不同区域的影响后果，以及规划布局的生态适宜性。

6）预测不同发展情景对自然保护区、饮用水水源保护区、风景名胜区、基本农田保护区、居住区、文化教育区域等环境敏感区、重点生态功能区和重点环境保护目标的影响，评价其是否符合相应的保护要求。

7）对于某些有可能产生具有难降解、易生物蓄积、长期接触对人体和生物产生危害作用的重金属污染物、无机和有机污染物、放射性污染物、微生物等的规划，根据这些特定污染物的环境影响预测结果及其可能与人体接触的途径与方式，分析可能受影响的人群范围、数量和敏感人群所占的比例，开展人群健康影响状况分析。鼓励通过剂量-反应关系模型和暴露评价模型，定量预测规划实施对区域人群健康的影响。

8）对于规划实施可能产生重大环境风险源的，应进行危险源、事故概率、规划区域与环境敏感区及环境保护目标相对位置关系等方面的分析，开展环境风险评价；对于规划范围涉及生态脆弱区域或重点生态功能区的，应开展生态风险评价。

9）对于工业、能源、自然资源开发等专项规划和开发区、工业园区等区域开发类规划，应进行清洁生产分析，重点评价产业发展的单位国内生产总值或单位产品的能源、资源利用效率和污染物排放强度、固体废物综合利用率等的清洁生产水平；对于区域建设和开发利用规划，以及工业、农业、畜牧业、林业、能源、自然资源开发的专项规划，需要进行循环经济分析，重点评价污染物综合利用途径与方式的有效性和合理性。

（3）累积环境影响预测与分析。识别和判定规划实施可能发生累积环境影响的条件、方式和途径，预测和分析规划实施与其他相关规划在时间和空间上累积的资源、环境、生态影响。

（4）资源与环境承载力评估。评估资源（水资源、土地资源、能源、矿产等）与环境承载能力的现状及利用水平，在充分考虑累积环境影响的情况下，动态分析不同规划时段可供规划实施利用的资源量、环境容量及总量控制指标，重点判定区域资源与环境对规划实施的支撑能力，重点判定规划实施是否导致生态系统主导功能发生显著不良变化或丧失。

3. 环境影响预测与评价的方式和方法

规划开发强度分析的方式和方法主要有情景分析、负荷分析（单位国内生产总值物耗、能耗和污染物排放量等）、趋势分析、弹性系数法、类比分析、对比分析、投入产出分析、供需平衡分析、专家咨询等。环境要素影响预测与评价的方式和方法可参照

《环境影响评价技术导则 大气环境》（HJ 2.2—2008）、《环境影响评价技术导则 地面水环境》（HJ/T 2.3—93）、《环境影响评价技术导则 声环境》（HJ 2.4—2009）、《环境影响评价技术导则 生态影响》（HJ 19—2011）、《环境影响评价技术导则 地下水环境》（HJ 610—2016）、《外来物种环境风险评估技术导则》（HJ 624—2011）、《生物遗传资源经济价值评价技术导则》（HJ 627—2011）、《区域生物多样性评价标准》（HJ 623—2011）等环境标准等执行。

累积影响评价的方式和方法主要有矩阵分析、网络分析、系统流图、叠图分析、情景分析、数值模拟、生态学分析法、灰色系统分析法、类比分析等；环境风险评价的方式和方法主要有灰色系统分析法、模糊数学法、数值模拟、风险概率统计、事件树分析、生态学分析法、类比分析等；资源与环境承载力评估的方式和方法主要有情景分析、类比分析、供需平衡分析、系统动力学法、生态学分析法等。

8.3.7 其他程序

1. 规划方案综合论证和优化调整建议

（1）基本要求。依据环境影响识别后建立的规划要素与资源、环境要素之间的动态响应关系，综合各种资源与环境要素的影响预测和分析、评价结果，论证规划的目标、规模、布局、结构等规划要素的合理性以及环境目标的可达性，动态判定不同规划时段、不同发展情景下规划实施有无重大资源、生态、环境制约因素，详细说明制约的程度、范围、方式等，进而提出规划方案的优化调整建议和评价推荐的规划方案。

规划方案的综合论证包括环境合理性论证和可持续发展论证两部分内容。其中，前者侧重于从规划实施对资源、环境整体影响的角度，论证各规划要素的合理性；后者则侧重于从规划实施对区域经济、社会与环境效益贡献，以及协调当前利益与长远利益之间关系的角度，论证规划方案的合理性。

（2）规划方案综合论证。针对规划方案的环境合理性论证有以下几个方面：

1）基于区域发展与环境保护的综合要求，结合规划协调性分析结论，论证规划目标与发展定位的合理性。

2）基于资源与环境承载力评估结论，结合区域节能减排和总量控制等要求，论证规划规模的环境合理性。

3）基于规划与重点生态功能区、环境功能区划、环境敏感区的空间位置关系，对环境保护目标和环境敏感区的影响程度，结合环境风险评价的结论，论证规划布局的环境合理性。

4）基于区域环境管理和循环经济发展要求，以及清洁生产水平的评价结果，重点结合规划重点产业的环境准入条件，论证规划能源结构、产业结构的环境合理性。

5）基于规划实施环境影响评价结果，重点结合环境保护措施的经济技术可行性，论证环境保护目标与评价指标的可达性。

（3）规划方案的可持续发展论证包括以下方面：

1）从保障区域、流域可持续发展的角度，论证规划实施能否使其消耗（或占用）资源的市场供求状况有所改善，能否解决区域、流域经济发展的资源瓶颈；论证规划实施能否使其所依赖的生态系统保持稳定，能否使生态服务功能逐步提高；论证规划实施能否使其所依赖的环境状况整体改善。

2）综合分析规划方案的先进性和科学性，论证规划方案与国家全面协调可持续发展战略的符合性，可能带来的直接和间接的社会、经济、生态环境效益，对区域经济结构的调整与优化的贡献程度，以及对区域社会发展和社会公平的促进性等。

（4）不同类型规划方案综合论证重点为：

1）进行综合论证时，可针对不同类型和不同层级规划的环境影响特点，突出论证重点。

2）对资源、能源消耗量大、污染物排放量高的行业规划，重点从区域资源、环境对规划的支撑能力、规划实施对敏感环境保护目标与节能减排目标的影响程度、清洁生产水平、人群健康影响状况等方面，论述规划确定的发展规模、布局（及选址）和产业结构的合理性。

3）对土地利用的有关规划和区域、流域、海域的建设、开发利用规划，以及农业、畜牧业、林业、能源、水利、旅游、自然资源开发专项规划，重点从规划实施对生态系统及环境敏感区组成、结构、功能所造成的影响，以及潜在的生态风险，论述规划方案的合理性。

4）对公路、铁路、航运等交通类规划，重点从规划实施对生态系统组成、结构、功能所造成的影响、规划布局与评价区域生态功能区划、景观生态格局之间的协调性，以及规划的能源利用和资源占用效率等方面，论述交通设施结构、布局等的合理性。

5）对于开发区及产业园区等规划，重点从区域资源、环境对规划实施的支撑能力、规划的清洁生产与循环经济水平、规划实施可能造成的事故性环境风险与人群健康影响状况等方面，综合论述规划选址及各规划要素的合理性。

6）城市规划、国民经济与社会发展规划等综合类规划，重点从区域资源、环境及城市基础设施对规划实施的支撑能力能否满足可持续发展要求、改善人居环境质量、优化城市景观生态格局、促进两型社会建设和生态文明建设等方面，综合论述规划方案的合理性。

（5）规划方案的优化调整建议。根据规划方案的环境合理性和可持续发展论证结果，对规划要素提出明确的优化调整建议，特别是出现以下情形时：

1）规划的目标、发展定位与国家级、省级主体功能区规划要求不符。

2）规划的布局和规划包含的具体建设项目选址、选线与主体功能区规划、生态功能区划、环境敏感区的保护要求发生严重冲突。

3）规划本身或规划包含的具体建设项目属于国家明令禁止的产业类型或不符合国家产业政策、环境保护政策（包括环境保护相关规划、节能减排和总量控制要求等）。

4）规划方案中配套建设的生态保护和污染防治措施实施后，区域的资源、环境承载力仍无法支撑规划的实施，或仍可能造成重大的生态破坏和环境污染。

5）规划方案中有依据现有知识水平和技术条件，无法或难以对其产生的不良环境影响的程度或者范围作出科学、准确判断的内容。

规划的优化调整建议应全面、具体、可操作。如对规划规模（或布局、结构、建设时序等）提出了调整建议，应明确给出调整后的规划规模（或布局、结构、建设时序等），确保资源与环境承载力可以支撑调整后的规划方案的实施。优化调整后的规划方案作为评价推荐的规划方案。

2. 环境影响减缓对策和措施

规划的环境影响减缓对策和措施是对规划方案中配套建设的环境污染防治、生态保护和提高资源能源利用效率措施进行评估后，针对环境影响评价推荐的规划方案实施后所产生的不良环境影响，提出的政策、管理或者技术等方面的建议。环境影响减缓对策和措施应具有可操作性，能够解决或缓解规划所在区域已存在的主要环境问题，并使环境目标在相应的规划期限内可以实现。

环境影响减缓对策和措施包括影响预防、影响最小化及对造成的影响进行全面修复补救 3 方面的内容。

（1）预防对策和措施可从建立健全环境管理体系、建议发布的管理规章和制度、划定禁止和限制开发区域、设定环境准入条件、建立环境风险防范与应急预案等方面提出。

（2）影响最小化对策和措施可从环境保护基础设施和污染控制设施建设方案、清洁生产和循环经济实施方案等方面提出。

（3）修复补救措施主要包括生态修复与建设、生态补偿、环境治理、清洁能源与资源替代等措施。

如规划方案中包含有具体的建设项目，还应针对建设项目所属行业特点及其环境影响特征，提出建设项目环境影响评价的重点内容和基本要求，并依据本规划环境影响评价的主要评价结论提出相应的环境准入（包括选址或选线、规模、清洁生产水平、节能减排、总量控制和生态保护要求等）、污染防治措施建设和环境管理等要求。同时，在充分考虑规划编制时设定的某些资源、环境基础条件随区域发展发生变化的情况下，提出建设项目环境影响评价内容的具体简化建议。

3. 环境影响跟踪评价

对于可能产生重大环境影响的规划，在编制规划环境影响评价文件时，应拟订跟踪评价方案，对规划的不确定性提出管理要求，对规划实施全过程产生的实际资源、环境、生态影响进行跟踪监测。

跟踪评价取得的数据、资料和评价结果应能够为规划的调整及下一轮规划的编制提供参考，同时为规划实施区域的建设项目管理提供依据。

跟踪评价方案一般包括评价的时段、主要评价内容、资金来源、管理机构设置及其职责定位等。其中，主要评价内容包括以下方面：

（1）对规划实施全过程中已经或正在造成的影响提出监控要求，明确需要进行监控的资源、环境要素及其具体的评价指标，提出实际产生的环境影响与环境影响评价文件预测结果之间的比较分析和评估的主要内容。

（2）对规划实施中所采取的预防或者减轻不良环境影响的对策和措施提出分析和评价的具体要求，明确评价对策和措施有效性的方式、方法和技术路线。

（3）明确公众对规划实施区域环境与生态影响的意见和对策建议的调查方案。

（4）提出跟踪评价结论的内容要求（环境目标的落实情况等）。

4. 公众参与

对可能造成不良环境影响并直接涉及公众环境权益的专项规划，应当公开征求有关单位、专家和公众对规划环境影响报告书的意见。依法需要保密的除外。公开的环境影响报告书的主要内容包括规划概况、规划的主要环境影响、规划的优化调整建议和预防或者减轻不良环境影响的对策与措施、评价结论。

公众参与可采取调查问卷、座谈会、论证会、听证会等形式进行。对于政策性、宏观性较强的规划，参与的人员可以规划涉及的部门代表和专家为主；对于内容较为具体的开发建设类规划，参与的人员还应包括直接环境利益相关群体的代表。处理公众参与的意见和建议时，对于已采纳的，应在环境影响报告书中明确说明修改的具体内容；对于不采纳的，应说明理由。

5. 评价结论

评价结论是对整个评价工作成果的归纳总结，应力求文字简洁、论点明确、结论清晰准确。在评价结论中应明确给出以下内容：

（1）评价区域的生态系统完整性和敏感性、环境质量现状和变化趋势以及资源利用现状，明确对规划实施具有重大制约的资源、环境要素。

（2）规划实施可能造成的主要生态、环境影响预测结果和风险评价结论，对水、土地、生物资源和能源等的需求情况。

（3）规划方案的综合论证结论。主要包括规划的协调性分析结论，规划方案的环境合理性和可持续发展论证结论，环境保护目标与评价指标的可达性评价结论，规划要素的优化调整建议等。

（4）规划的环境影响减缓对策和措施，主要包括环境管理体系构建方案、环境准入条件、环境风险防范与应急预案的构建方案、生态建设和补偿方案、规划包含的具体建设项目环境影响评价的重点内容和要求等。

（5）跟踪评价方案。跟踪评价的主要内容和要求。

（6）公众参与意见和建议处理情况，不采纳意见的理由说明。

第 9 章 城市生态评价

9.1 城市生态评价的内容与方法

9.1.1 生态评价概述

生态评价是对一个区域内各个生态系统，特别是起主要作用的生态系统本身质量的评价，是利用生态学的原理和系统论的方法，对自然生态系统许多重要功能进行系统评价，广义上可以理解为对复合生态系统中各子系统（即自然或环境子系统，社会子系统、经济子系统）执行的整个系统功能的评定。生态评价可分为生态环境质量评价和生态影响评价。生态环境质量评价是根据特定的目的，选择具有代表性、可比性、可操作性的评价指标和方法，对生态环境质量的优劣程度进行定性或定量的分析和判别。生态影响评价是对人类的开发行为可能导致的生态环境影响进行预测和分析，并提出减少影响或改善生态环境的策略和措施。

生态评价根据合理的指标体系和评价标准，运用恰当的生态学方法，评价某区域生态环境状况、生态系统环境质量的优劣及其影响作用关系。生态评价的基本对象是区域生态系统和生态环境，即评价生态系统在外界干扰作用下的动态变化规律及其变化程度。生态评价主要任务是认识生态环境的特点与功能，明确人类活动对生态环境影响的性质、程度，确定为维持生态环境功能和自然资源可持续利用而应采取的对策和措施。

1. 生态评价的类型

（1）按时间可分为回顾性评价、现状评价、影响评价、预测评价。

（2）按生态环境要素可分为单要素评价和多要素综合评价。

（3）按评价的生态系统类型可分为城市生态系统评价、农业生态系统评价、森林生态系统评价、湿地生态系统评价等。

（4）根据评价的主题和侧重点不同可分为生态适宜性评价、生态敏感性评价、生态风险性评价、生态安全评价等类型，这些评价均是制定生态规划的基础依据。

2. 生态评价的标准

由于研究系统的复杂性，使其评价标准不仅复杂，且因地而异。一般情况下，生态评价标准可考虑从国家、行业和地方规定的标准、背景或本底值、类比标准和科学研究以判定的生态标准等进行选择。

3. 生态评价的基本方法

当前，常采用的生态评价方法主要包括图形叠加法、生态机理分析法、类比法、列表清单法、质量指标法（综合指标法）、景观生态学方法、系统分析法、生产力评价法和数学评价法等。生态学是自然保护的基础，要了解一个保护区的意义和作用，对其进行生态评价是十分重要的事情，对一个保护区进行生态评价，实际上是对其中各个生态系统特别是起主要作用的生态系统本身质量的评价。因此，生态评价本身既是对自然的客观认识，同时也涉及人类的生产和生活的影响。

生态系统是由生物和环境所组成的，要评价生态系统和整个保护区，首先要分别对动植物物种、生态环境进行评价，然后对生态系统和保护区进行整体性评价，这样才能对保护区有分析的和综合的认识。

9.1.2 生态适宜性分析

1. 生态适宜性分析的内涵

生态适宜性分析指运用生态学、经济学、地学、农学及其他相关学科的知识和方法，根据区域发展的目标来分析区域的资源与环境条件，了解区域自然资源的生态潜力和对区域发展可能产生的制约因素，并与区域现状资源环境进行匹配分析，划分适宜性等级的过程。

生态适宜性分析是现代生态规划以及区域环境影响评价的重要组成部分，是在对规划区域的自然、生态、社会以及经济多方面调查的基础上，从城市复合生态系统的角度出发对区域范围内资源的合理利用方式，进而可以从资源利用合理性的角度进行区域功能区划并对资源利用方式的有效性进行评价。

生态适宜性分析是为了避免区域生态环境的不可逆变化而确定资源开发的适宜性和限制性，是生态规划的核心，也是制定生态规划方案的基础。其目标是以规划范围内生态类型为评价单元，根据区域资源与生态环境特征，发展需求与资源利用要求，选择有代表性的生态特性，从规划对象尺度的独特性、抗干扰性、生物多样性、空间地理单元的空间效应、观赏性以及和谐性分析规划范围内在的资源质量以及与相邻空间地理单元的关系，确定范围内生态类型对资源开发的适宜性和限制性，进而划分适宜性等级。

2. 生态适宜性分析的一般步骤

适宜性分析是生态规划的重要手段之一。麦克哈格"千层饼模式"❶ 是生态规划的经典方法之一。麦克哈格在其生态规划方法中，基于生态适宜性概念，提出了生态适宜性分析的 7 个步骤：确定研究分析范围及目标，收集自然、社会、经济资料，提取分析有关信息，分析相关环境与资源特性及划分区域适宜性等级，资源评价与分级准则，资源不同利用方向的相容性，综合发展（利用）的适宜性分区。这 7 个步骤的层次关系如图 9.1.1 所示。

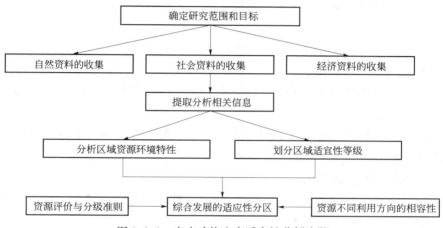

图 9.1.1　麦克哈格生态适宜性分析步骤

3. 生态因子的选择与指标体系的确定

（1）生态因子的选择有以下两种方法：

1）定性法。即以经验来确定生态因子及其权重。常用的方法有三种：一是问卷-咨询选择法；二是部分列举-专家修补选择法；三是全部列举-专家取舍选择法。

2）定量法。即先在构成土地的生态属性中，从实践经验出发，初步选取一些初评因子，然后对初评因子的指标数量化，再通过一些数学模型定量确定分析因子及其权重，如采用逐步回归分析法、主成分分析法等。

（2）指标体系的确定。可针对各类发展用地自身的要求，制定该用地适宜性评价的体系标准，从而分析对该类用地适宜的用地模式；也可针对整体发展而研究其生态适宜模式，从而得出总体较优的生态发展模式。

4. 生态适宜性分级标准的制定

（1）单因子分级。首先应对每个因子进行分级并逐一评价，进行单因子分级评分时，一方面要考虑该生态因子对给定土地利用类型的生态作用；另一方面则要充分考虑

---

❶　麦克哈格提出了将景观作为一个包括地质、地形、水文、土地利用、植物、野生动物和气候等决定性要素相互联系的整体来看待的观点。这一观点强调景观规划应该遵从自然固有的价值和自然过程，完善了以因子分层分析和地图叠加技术为核心的生态主义规划方法，麦克哈格称之为"千层饼模式"。

用地的生态特色。单因子分级一般可分为 5 级，即很不适宜、不适宜、基本适宜、适宜、很适宜；也可分为很适宜、适宜、基本适宜 3 级。

（2）综合适宜性分级。在各单因子分级评分基础上，进行各种用地类型的综合适宜性分析。综合适宜性分级可根据综合适宜性的计算值分为很不适宜、不适宜、基本适宜、适宜、很适宜 5 级；也可分为很适宜、适宜、基本适宜 3 级。

1）很不适宜。指对环境破坏或干扰的调控能力很弱，自动恢复很难，使用土地的环境补偿费用很高。

2）不适宜。指对环境破坏或干扰的调控能力弱，自动恢复难，使用土地的环境补偿费用多。

3）基本适宜。指对环境破坏或干扰的调控能力中等，自动恢复能力中等，使用土地的环境补偿费用中等。

4）适宜。指对环境破坏或干扰的调控能力强，自动恢复快，使用土地的环境补偿费用少。

5）很适宜。指对环境破坏或干扰的调控能力很强，自动恢复很快，使用土地的环境补偿费用很少。

5. 生态适宜性的分析方法

（1）形态法。采用形态法进行生态适宜性分析的步骤为：选取评价因素→单因素评价→确定各因素权重→综合评价。

形态法的优点是较为直观、明了，其缺点一是要求规划者具有很深的专业素养和经验，因而限制了其应用的广泛性；二是作适宜性分析时，缺乏完整一致的方法体系，从而易导致规划者的主观判断。

（2）地图叠加法。采用地图叠加法进行生态适宜性分析的步骤为：

1）确定规划目标及所涉及的因子，建立规划方案及措施与环境因子的关系表。

2）调查各因子在规划区域的分布状况，建立生态目录。

3）将各单要素适宜性图叠加得到综合适宜性图。

4）土地利用分区。

地图叠加法的优点是一种形象直观，可将社会、自然环境等不同量纲的因素进行综合系统分析的一种土地利用生态适宜性的分析方法，其缺陷是叠加法实质上是等权相加方法，而实际上各个因素的作用是不相等的。而且当分析因子增加后，用不同深浅颜色表示适宜等级并进行叠加的方法相当烦琐，且很难辨别综合图上不同深浅颜色之间的细微差别。但地图叠加法仍是生态规划中应用最广泛的方法之一。

（3）因子加权平均法。因子加权的基本原理与地图叠加法相似，加权求和的方法克服了地图叠加法中等权相加的缺点，以及地图叠加法中烦琐的照相制图过程，同时，避免了对阴影辨别的技术困难。加权求和法的另一优点是适应计算机，从而使其在近年来被广泛运用。

（4）生态因子组合法。该方法需要专家建立一套完整的组合因子和判断准则，这是运用生态因子组合法的关键一步。生态因子组合法分为层次组合法和非层次组合法。

1）层次组合法。首先用一组组合因子去判断土地的适宜度等级，而后，将这组组合因子看做一个单独的新因子与其他因子进行组合判断土地的适宜度。这种按一定层次组合的方法即为层次组合法，适用于判断因子较多的情况。

2）相反则为非层次组合法。显然，非层次组合法适用于判断因子较少的情况。

9.1.3　生态敏感性评价

1. 生态敏感性评价的内涵

生态敏感性是指生态系统对各种自然环境变化和人类活动干扰的反应或敏感程度，即生态系统在遇到干扰时产生生态失衡与生态环境问题的难易程度和可能性大小。

生态敏感性评价是根据主要生态环境问题的形成机制，分析生态环境敏感性的区域分异规律，对特定生态环境问题进行评价，而后对多种生态环境问题的敏感性进行综合分析，明确区域生态环境敏感性的分布特征，以更好地制定生态环境保护和建设规划，避免生态建设引发新的环境破坏。实质是在不考虑人类活动影响的前提下，评价具体的生态过程在自然状况下潜在的产生生态环境问题的可能性大小。

2. 生态敏感性评价的内容

（1）评价要求包括以下方面：

1）应明确区域可能发生的主要生态环境问题类型与可能性大小。

2）应根据主要生态环境问题的形成机制，分析生态环境敏感性的区域分异规律，明确特定生态环境问题可能发生的地区范围与可能程度。

3）首先针对特定生态环境问题进行评价，然后对多种生态环境问题的敏感性进行综合分析，明确区域生态环境敏感性的分布特征。

（2）评价内容。根据《生态功能区划暂行规程》，生态敏感性评价主要包括以下内容：土壤侵蚀敏感性、沙漠化敏感性、盐渍化敏感性、石漠化敏感性、生境敏感性、酸雨敏感性等。

3. 生态敏感性评价的方法

生态敏感性评价可以应用定性与定量相结合的方法进行。在评价中应利用遥感数据、地理信息系统及空间模拟等先进的方法与技术手段，编绘区域生态环境敏感性空间分布图。在制图中，应对所评价的生态环境问题划分不同级别的敏感区，并在各种生态环境问题敏感性分布的基础上，进行区域生态环境敏感性综合分区。敏感性一般分为 5 级：极敏感、高度敏感、中度敏感、轻度敏感、不敏感。

（1）土壤侵蚀敏感性评价。土壤侵蚀敏感性评价目的是为了识别容易形成土壤侵蚀的区域，评价土壤侵蚀对人类活动的敏感程度。内容包括影响土壤侵蚀敏感性的因素和土壤侵蚀敏感性综合评价。

1）土壤侵蚀模数和估算。土壤侵蚀模数一般采用通用土壤侵蚀方程（USLE）进行计算，见式（9.1.1）：

$$A = R \cdot K \cdot LS \cdot C \cdot P \tag{9.1.1}$$

式中：A 为土壤侵蚀量；R 为降水侵蚀力指标；K 为土壤质地因子；LS 为坡长坡度因子；C 为地表植被覆盖因子；P 为土壤保持措施因子。

2) 影响土壤侵蚀敏感性的因素分析。根据目前对中国土壤侵蚀和有关生态环境研究的资料，确定影响土壤侵蚀的各因素的敏感性等级，见表 9.1.1。

表 9.1.1　　　　　　　　　　　土壤侵蚀敏感性影响的分级

分级	不敏感	轻度敏感	中度敏感	高度敏感	极敏感
R 值	<25	25～100	100～400	400～600	>600
土壤质地	石砾、沙	粗砂土、细砂土、黏土	面砂土、壤土	砂壤土、粉黏土、壤黏土	砂粉土、粉土
地形起伏范围/m	0～20	20～50	51～100	101～300	>300
植被	水体、草本沼泽、稻田	阔叶林、针叶林、草甸、灌丛和萌生矮林	稀疏灌木草原、一年二熟粮作、一年水旱两熟	荒漠、一年一熟粮作	无植被
分级赋值 C	1	3	5	7	9
分级标准 SS	1.0～2.0	2.1～4.0	4.1～6.0	6.1～8.0	>8.0

降水侵蚀力（R）值：可以利用降水资料计算的中国 100 多个城市的 R 值，采用内插法，用地理信息系统绘制 R 值分布图，然后根据表 9.1.1 中的分级标准，绘制土壤侵蚀对降水的敏感性分布图。

坡度坡长因子（LS）：对于大尺度的分析，坡度坡长因子 LS 是很难计算的。这里采用地形的起伏大小与土壤侵蚀敏感性的关系来估计。在评价中，可以应用地形起伏度，即地面一定距离范围内最大高差，作为区域土壤侵蚀评价的地形指标。推荐选用 1:100 万的地形图，最小单元为 5km×5km 进行地形起伏度提取。然后用地理信息系统绘制区域土壤侵蚀对地形的敏感性分布图。

土壤质地因子（K）：土壤对土壤侵蚀的影响主要与土壤质地有关。土壤质地影响因子 K 可用雷诺图表示。通过比较土壤质地雷诺图和 K 因子雷诺图，将土壤质地对土壤侵蚀敏感性的影响分为 5 级（表 9.1.1）。根据土壤质地图，绘制土壤侵蚀对土壤的敏感性分布图。

覆盖因子（C）：地表覆盖因子与潜在植被的分布关系密切。根据植被分布图的较高级的分类系统，将覆盖因子对土壤侵蚀敏感性的影响分为 5 级（表 9.1.1）。并利用植被图绘制土壤侵蚀对植被的敏感性分布图。

3) 土壤侵蚀敏感性综合评价。土壤侵蚀敏感性指数的计算，采用式（9.1.2）计算：

$$SS_j = \sqrt[4]{\prod_{i=1}^{4} C_i} \tag{9.1.2}$$

式中：SS_j 为 j 空间单元土壤侵蚀敏感性指数；C_i 为 i 因素敏感性等级值。

土壤侵蚀敏感性加权指数的计算，可采用式 (9.1.3) 计算：

$$SS_j = w_i \sum_{i=1}^{4} c(i, j) w_i \tag{9.1.3}$$

其中

$$w_i = \frac{x_i}{\sum\limits_{i=1}^{4} c(i, j) w_i} \tag{9.1.4}$$

式中：w_i 为 i 空间单元影响土壤侵蚀敏感性因子的权重；x_i 为影响因子 i 对土壤侵蚀的相对重要性，可通过专家调查法得到。

4）土壤侵蚀敏感性分布图。将计算得到的土壤侵蚀敏感性指数，按照敏感性分级赋值标准进行级别划分（表 9.1.1），并通过 GIS 生成土壤侵蚀敏感性分布图。

（2）土地沙漠化敏感性评价。风蚀沙化是指在具有沙物质分布的干旱、半干旱地区，不同的时间尺度上，以风为动力，参与其他条件作用的一系列气候地貌过程。人类活动是风蚀沙化重要的诱导因素，风蚀沙化的产物就是沙地和荒漠化土地。土地沙漠化可以用湿润指数、土壤质地及起风的天数、植被覆盖等来评价区域沙漠化敏感性程度。其指标及分级标准见表 9.1.2。

表 9.1.2　　　　　　　　　　　　　沙漠化敏感性分级指标

敏感性指标	湿润指数	冬春季大于 6m/s 大风的天数/d	土壤质地	植被覆盖（冬春）	分级赋值 D	分级标准 DS
不敏感	>0.65	<15	基岩	茂密	1	1.0～2.0
轻度敏感	0.5～0.65	15～30	黏质	适中	3	2.1～4.0
中度敏感	0.20～0.50	30～45	砾质	较少	5	4.1～6.0
高度敏感	0.05～0.20	45～60	壤质	稀疏	7	6.1～8.0
极敏感	<0.05	>60	沙质	裸地	9	>8.0

沙漠化敏感性采用式 (9.1.5) 进行计算：

$$DS_j = \sqrt[4]{\prod_{i=1}^{4} D_i} \tag{9.1.5}$$

式中：DS_j 为 j 空间单元沙漠化敏感性指数；D_i 为 i 因素敏感性等级值。

（3）土地盐渍化敏感性评价。盐渍化敏感性是指旱地灌溉土壤发生盐渍化的可能性。

在盐渍化敏感性评价中，首先应用地下水临界深度（即在一年中蒸发最强烈季节而引起土壤表层开始积盐的最浅地下水埋藏深度）来划分敏感与不敏感地区，再运用蒸发量、降雨量、地下水矿化度与地形指标划分等级。

盐渍化敏感性指数采用式 (9.1.6) 进行计算：

$$YS_j = \sqrt[4]{\prod_{i=1}^{4} S_i} \tag{9.1.6}$$

式中：YS_j 为 j 空间单元盐渍化敏感性指数；Y_i 为 i 因素敏感性等级值。

（4）石漠化敏感性评价。石漠化，即岩溶石漠化，是指在热带、亚热带湿润地区岩溶及其发育的自然背景下，由于受人为活动干扰，在降雨、径流和不合理人为作用下表层土壤逐步丧失、植被退化乃至出现大面积岩石裸露的土地退化乃至消失的过程和现象。石漠化敏感性主要根据其是否为喀斯特地形及其坡度与植被覆盖度来确定。

（5）生境敏感性评价。生境是指生物生长、繁衍的场所，由生物与外界非生物环境所组成，生境作为生物栖息的空间，影响了生物的生长、发育，决定生物种内、种间竞争强度和食物链的特征，控制了生物的繁衍。生境敏感性是指重要物种的栖息地对人类活动的敏感程度。根据生境物种丰富度，即评价地区国家与省级保护对象的数量来评价生境敏感性。

（6）酸雨敏感性评价的方法。生态系统对酸雨的敏感性是整个生态系统对酸雨的反应程度。生态系统的酸雨敏感性特征可由生态系统的气候特性、土壤特性、地质特性以及植被与土地利用特性来综合描述。

9.2　城市生态风险评价

9.2.1　生态风险

1. 风险的概念

风险即是指不幸事件发生的概率及其发生后果将会造成的灾害，可以称为"风险度"或"风险值"。风险度通常定义为随机事件的标准差与其均值的比值。显然，它代表了随机事件的分散程度，风险度越大，其风险就越大。风险值用来表示生态系统在不良事件影响下的整体损失。

2. 生态风险及其成因

生态风险就是指在一定区域内，具有不确定性的事故或灾害对生态系统及其组分可能产生的作用，这些作用的结果可能导致生态系统结构和功能的损伤，从而危及生态系统的安全和健康。

生态风险的成因包括自然的、社会经济的和人们生产实践的诸种因素。其中自然的因素如全球气候变化引起的水资源危机、土地沙漠化与盐渍化等；社会经济方面的因素包括市场、资金的投入产出、流通与营销、产业结构布局等；人类生产实践的因素包括传统经营方式和技术产出的生态风险、资源开发利用方面的风险等。生态风险的原因也可分为生物技术引起的生态风险、生物入侵引起的生态风险、人类干扰引起的生态风险3 个方面。

3. 生态风险的特点

生态风险除了具有一般意义上"风险"的涵义外，还具有不确定性、危害性、内在价值性、客观性等特点。

（1）不确定性。生态系统具有哪种风险和造成这种风险的灾害即风险源是不确定的。人们事先难以准确预料危害性时间是否会发生以及发生的时间、地点、强度和范围，最多具有这些事件先前发生的概率信息，从而根据这些信息区推断和预测生态系统所具有的风险类型和大小。

（2）危害性。生态风险评价所关注的事件是灾害性事件，危害性是指这些事件发生后对风险承受者即受体的作用效果，这里指生态系统及其组分具有的负面影响。虽然某些时间发生以后对生态系统或其组分可能是有利的，如台风带来降水缓解旱情等，但进行生态风险评价时将不考虑这些正面的影响。

（3）内在价值性。生态风险评价的目的是评价具有危害和不确定性事件对生态系统及其组分可能造成的影响，在分析和表征生态风险时应体现生态系统自身的价值和功能。这一点与通常经济学上的风险评价及自然灾害风险评价不同，针对生态系统所作的生态风险评价是不可以将风险值用简单的物质或经济损失来表示的。固然生态系统中物质的流失或物种的灭绝将会给人们造成经济损失，但生态系统更重要的价值在于其本身的健康、安全和完整。

（4）客观性。生态风险存在的客观必然性来源于任何生态系统都是处于开放和不断运动发展过程中，它必然会受诸多具有不确定性和危害性因素的影响，也就必然存在风险。

9.2.2　生态风险评价

1. 风险评价的概念

风险评价，就是定量地确定在一个或多个引发因子作用下风险源可能产生或已经产生的生态负效应的概率及强度的过程，进而为科学评价某种人为或自然活动对环境的影响及生态效应提供了一种工具，同时也为达到资源的可持续利用提供了一条重要途径。一般来说，这是一种系统过程，即估算由于出现一些系统失误，或一些类型的危害，在整个失误系统范围内的所有重要的风险因子造成的后果，这种后果可能导致特定形式的系统反应或系统危害。

2. 生态风险评价的概念

美国国家环保局将生态风险评价定义为"研究一种或多种胁迫因子形成或可能形成的不利生态效应的可能性的过程"。其中"可能性"指风险描述可以是定性描述或定量分析。"不利生态效应"指生态风险评价涉及对生态系统的有价值的结构或功能特征的人为改变或有危害趋势。当然，"不利"的定义依赖于环境。"可能形成或正在形成"是指生态风险评价可以预测未来风险，也可以回顾性地评价已经或正在发生的生态危害。"一种或多种胁迫因子"是指生态风险评价可以追溯单一或多重化学、物理、生物学胁迫因子。

生态风险评价将风险的思想和概念引入到生态环境影响评价中，而与一般生态影响评价的重要区别在于它强调不确定性因素的作用，在整个分析过程中要求对不确定性因素进行定性和定量化研究，并在评价结果中体现风险程度。

3. 生态风险评价的方法

生态风险评价的方法研究与应用是一个不断发展的过程，国内外学者对其一直进行着不断的探索。传统的方法不断改进的过程中，新的方法也不断被提出。

拉奇概括了与环境监测和评价相关的 5 种生态风险评价的基本方法，即动物毒性法、生态健康法、模拟法、专家判断法和政治过程法。

（1）动物毒性法。该方法以健康风险评价为基础，尽管许多生态学家指出它的一系列问题，但目前它仍是一种占优势的方法。

（2）生态健康法。一种对有限性做出反应的方法，它依赖于生态健康和与人类健康有关的大范围的类似问题。

（3）模拟法。结合了许多模型，从系统方法到不同的生态指示剂。其中动物毒性法和生态健康法是生态风险评价中占优势的两种模拟方法。

（4）专家判断法。该方法在生态风险评价中没有系统、固定的程序或模式，但是用到了许多评价类型。

（5）政治过程法。该方法不是一种首要的生态风险评价的科学方法，但它是一种重要的政治方法。

瑞典学者霍坎松提出了生态风险指数法，不仅反映了某一特定环境下沉积物中各种污染物对环境的影响，反映了环境中多种污染物的综合效应，而且用定量方法划分了潜在生态风险程度。因而生态风险指数法是沉积物质量评价中应用最为广泛的方法之一。

9.2.3　城市生态风险与评价

生态风险是指特定生态系统中具有不确定性的事故或灾害对生态系统及其组分所发生的非期望事件的概率和后果，包括对生态系统结构、生态过程和功能的危害，从而损害生态系统的安全和健康。

城市生态风险可以认为是城市发展与城市建设导致城市生态环境要素、生态过程、生态格局和系统生态服务发生的可能不利变化，以及对人居环境产生的可能不良影响。城市生态风险评价具有多风险源、多风险受体、复杂暴露途径等特点，目的是为了明确城市生态风险评价的对象、范围和技术方法，揭示城市生态风险产生的机理与过程，为城市生态学发展提供理论基础。

根据生态风险评价框架，城市生态风险评价与研究的内容可以分为：

（1）城市生态风险源与驱动力。城市生态风险源包括自然风险源和人为风险源的强度和频率，驱动力即引发城市生态风险的城市经济社会活动的类型与程度。

（2）城市生态风险受体。指受到人类活动不良影响的城市生态系统不同等级功能实体，如个体、种群、群落、城市生态系统和城市整体等。

（3）城市生态风险评价终点。是风险受体受到胁迫后产生的生态响应，城市生态风险评价终点通常是与人群健康和城市经济社会发展密切相关的城市生态系统结构、过程、功能要素，以及城市整体水平的性质和功能变化。

（4）城市生态系统评价方法。除了与自然生态系统风险评价方法类似大多选择基于生态系统模型的方法以外，更多地需要耦合社会经济需求。

9.2.4　城市生态风险源与驱动力

城市生态风险主要来源包括人为风险源和自然风险源。人为风险源的驱动力为城市经济社会活动，包括人口高度密集、土地利用改变和不透水地表增加、工业生产和污染物排放、交通压力增加等。人为风险源可以分为物理胁迫、化学胁迫和生物学胁迫等。

自然风险源主要指洪涝灾害等气候变化和突发性灾害事件。城市生态风险评价中自然风险源具有偶然性、小概率和高强度的特点，并且与人为风险源紧密相关。人为风险源具有经常性和可控制性，概率大但是强度可以预测与控制。

1. 城市物理胁迫

城市物理胁迫大多与城市规划管理有关，与城市化驱动因子的关联性最强，包括不透水地表、河岸带、跨河桥、取水、河流作业、灌渠改造等。城市不透水地表比例的增加是产生城市热岛效应的直接因素之一。与乡村相比，城市不透水地表还导致了城市的蒸散发从 40％降低到 25％，地表径流从 10％增加到 30％，地下水从 50％下降到 32％，导致城市河流地貌的改变。

城市生态风险物理胁迫是城市化不可避免的过程，依据城市生态用地的数量计算及空间配置等城市生态学原理与方法能够实现对城市物理胁迫最大程度的控制与管理。

2. 城市化学胁迫

城市化学胁迫主要与污染物排放有关，也是传统生态风险评价中最受关注的胁迫类型，是目前城市生态风险评价研究中的主要人为风险源。城市经济开发区的发展导致各种大气污染物排放增加。城市工业活动与汽车交通排放是形成城市土壤、大气和水体面源或点源重金属和有机物污染的重要来源。土壤中镉、铬、铜、镍和锌含量与城市化及工业化景观指数呈极显著相关关系。工业活动排放的重金属种类通常与工业类型有关。对城市不同功能区土壤重金属及多环芳烃（PAHs）含量的调查发现，城市中心、老居民区、主要交通干道等土壤中重金属和多环芳烃含量较高。

综上所述，城市生态风险的化学胁迫大多并非来自人类主观行为，是城市人类活动驱动下产生的负面效应，能够通过相应的环境管理与控制技术得到改善。

3. 城市生物学胁迫

城市生物学胁迫主要指外来物种与病原菌，是当前比较受关注的胁迫类型。生物入侵是个全球性的问题，国际旅游和贸易增加了生物资源在全球不同地区之间的流通，增加了生物和病原菌的入侵机会。与自然生态系统相比，城市受到的人为干扰频繁，更容易受到生物入侵胁迫，而城市绿地是外来物种进入城市生态系统的主要通道。

此外，有害生物传播和传染性病原菌风险也是城市生态风险评价的重要内容之一，典型的例子是 2008 年的传染性非典型肺炎（SARS）流行病爆发及 2013 年春季人感染禽流感事件。与其他两种人为风险源相比，城市生态风险中的生物学胁迫与自然风险源的关系更为密切。因此，对生物学胁迫的控制不仅要考虑到人类活动的因素，还需要结合城市自然生态环境条件。

9.2.5　城市生态风险评价中的受体与评价终点

根据城市功能实体等级，城市生态风险受体可以从人体和人群、生物个体、种群、群落、生态系统以及城市整体水平这几个层次来讨论。城市生态风险评价终点即为城市不同等级功能实体的结构、过程、功能要素等对胁迫的响应。随着功能实体等级的升高，响应的时间和空间跨度依次增大，譬如陆地生态系统时间尺度可以从几年到几十年甚至更长时间，水域生态系统相对较短，一般为数天到数年。

在城市生态风险评价中，不同等级的评价终点相互作用，互相关联。人类是最重要的风险受体，人体和人群的健康状况、过敏症状，以及流行病、地方病、老龄化等是城市生态风险的重要评价终点。

1. 城市生态系统生物个体、 种群、 群落水平上的评价终点

生物个体、种群、群落水平上的评价终点主要体现在城市自然生态系统中这些风险受体对环境胁迫的响应。城市化对城市自然生态系统中的微生物、植物、动物群落水平上的结构与功能的影响受到了广泛关注，包括动植物和土壤微生物多样性降低，以及植物群落结构的变化等。

2. 城市生态系统水平上的评价终点

城市生态系统水平上的评价终点更多地体现了社会、经济等要素。在城市生态系统水平上选择评价终点时，除了要考虑关键性的生态系统要素外，更需要从系统的功能出发，选择具有重要生态学及经济社会意义的生态系统组成和结构、生态过程及生态系统服务。常见的城市生态系统水平上的评价指标包括生态系统过程指标（生物量、产量、物质动态变化），生态系统四大要素（大气、水、土壤环境质量及生物多样性），城市生态系统服务功能（如环境净化、灾害防护、调节气候、固氮释氧，以及其他直接价值和间接价值等）。城市生态系统水平上的评价终点在目前的城市生态风险评价研究中应用较为普遍。

3. 城市整体水平上的评价终点

城市整体水平上的评价终点包括景观格局、生态要素质量、生态过程、服务功能，以及城市自然与社会灾害、事件发生频率等。生态要素质量是最直观也是最受关注的城市整体水平上的评价终点，与城市人居环境及社会经济状况密切相关。譬如城市热环境、大气质量、水环境质量以及 GDP、人口密度等，其中水环境质量包括水源地的水质与水量。城市化过程中人类活动（如石油燃料、氯氟烃排放、颗粒物排放、森林砍伐和植被消失等）导致的城市热环境、水环境等评价终点的变化只有通过长期观察才能显现。生态过程评价终点主要针对人类社会行为的变化，反映了城市社会经济发展及运行模式，如城市物质和能量流、水资源利用、污染物排放强度等。

　　城市整体水平上的服务功能评价终点主要包括调节气候、净化污染物、调节水文、固碳、提供栖息地、文化服务等，其中提供栖息地功能包括人居环境、基础设施等。城市突发事件与灾害发生频率在所有评价终点中最具有社会学和生态学意义，能够体现城市整体情况，包括大气灰霾、酸雨、流行病、城市内涝、水体富营养化的发生等。城市化的特征会使它们更容易或更不容易受到这些灾害的影响，其风险能够通过这些灾害事件的发生频率高于一定级别（如每 $100hm^2$ 范围内的水灾事件数目）来评估。目前在城市生态风险评价中应用较多的整体水平上评价终点为自然灾害的发生和景观格局的变化。城市整体水平上的评价终点与城市社会、经济等要素关联最为密切，充分体现了城市化特征，反映了城市化过程及城市功能。然而城市整体水平上的评价终点往往缺乏与生物及人体和人群的直接联系，但景观格局变化在高质量卫星和航拍影像以及地理信息数据的支持下较容易定量化，且能够较好地反映人类对陆地环境的物理性干扰。

　　4. 以服务功能为评价终点

　　服务功能包括城市生态系统及城市整体水平上的服务功能，是这两个等级水平上的重要评价终点。评价终点的选择必须依据生态风险评价目标确定，决策者对生态风险评价结果关注较少的原因之一是风险评价科学工作者与利益方之间存在交流障碍。风险评价者没有对科学管理环境的最终目标进行明确阐述，即利益方和决策者不知道要"保护什么"。而要引起决策者的注意，必须要让利益方明白哪些服务和功能是有利的，并且需要管理的。风险评价工作者的研究重点在于应用何种工具（即评价指标）来表达这些服务功能。

　　服务功能作为生态风险评价终点的优点有以下几个方面：

　　（1）便于与公众交流，基于服务功能的环境及管理政策往往能够较好地解释系统对人类的价值。

　　（2）体现整体性和囊括性，在生态风险评价中采用服务功能为评价终点，有利于把各种不同的生态系统评价方法与社会-生态评价方法整合在一起。

　　（3）便于价值定量化。服务功能可以采用"货币形式"进行价值定量，使决策者能够较易通过净环境利益了解系统的生态恢复或修复所带来的服务功能与损坏系统所产生的不良环境效应之间的利益差。

　　尽管服务功能在城市生态风险评价中具有很好的应用前景，目前相关实际应用的报道仍较为少见。

9.2.6　城市生态风险评价方法

　　综合指数法和模型模拟法是城市生态风险评价的重要手段，其共同优点是包含了风险源强度、风险受体与评价终点特征等信息，能够对风险产生的概率、强度及时空特征进行系统全面的估计和预测。

1. 综合指数法

综合指数法能够综合多个因素指标进行评价并定量化。对于非定量化因子，采用质量等级评分，并兼顾专家意见，由定性转向定量。大尺度生态风险评价中应用较为广泛的改进的综合指数法主要有生物效应评价指数法、证据权重法及相对风险法。

2. 模型模拟法

模型模拟法是生态风险评价的最主要、应用最广泛的方法。综合应用多种模型组合，即系统模型（system model）法，是今后大尺度生态风险评价方法包括城市生态风险评价方法的发展方向。系统模型法由问题分析模型、情景组合模型、基准模型、情景选择模型和风险定量模型5个子模型组成。

（1）问题分析模型（problem decomposition model，PDM）包括所有的能导致风险产生的子问题，即维持和增加特定生态系统服务功能所涉及的一系列生态需求及其相关的生态指示指标。

（2）情景组合模型（scenario composition model，SCM）评估下一级子问题，这些子问题与高风险情况相关，即对胁迫较敏感的生态指标。

（3）基准模型（criteria model，CM）对情景组合模型中的子问题和基础数据库中有关高风险/低风险环境基准值进行比较分析，即通过对比相关基准值，对指定生态指标进行定量化。

（4）情景选择模型（scenario selection model，SSM）基于基准值进行高风险情景模拟，即针对特定胁迫采用土壤生态系统脆弱性基准值、土壤质量基准值等。

（5）风险定量模型（risk quantification model，RQM）对每一个所选情景进行风险等级预测与评估。

系统模型法能够减小在风险评价过程中由于易混淆的多重因子、复杂的交互作用以及数据缺口而产生的不确定性，因此具有重要的应用前景。

社会-生态学模型是评价城市生态风险的常用模型，是模型模拟法的重要模型之一。城市生态系统是一个以人类活动为中心的社会-经济-自然复合生态系统，采用社会-生态学模型评价城市生态风险能够使评价过程与相关法律法规相结合，评价结果符合社会经济利益和目标。目前较受关注的社会-生态学模型包括净利益分析模型、社会-生态系统脆弱性模型、综合坝评估模型。

1）净利益分析模型（NBAM），主要用于植物入侵的风险与利益预测评估。

2）社会-生态系统脆弱性模型（SSVM），以生态系统服务及其相关的生态系统性质变化为评价终点的评价模型。

3）综合坝评估模型（IDAM），针对某些人类活动，如建坝所产生的生态风险，该模型在单一成本-效益评价中综合了生物物理、社会经济及地理政治条件等。然而至今为止，这些模型还没有在城市生态风险评价中广泛应用，需要结合案例深入探讨。

采用综合指数法和模型模拟法进行城市生态风险评价时，必须有一个能够反映城市生态系统质量或城市生态系统服务功能或城市生态系统脆弱性的基准值，基于此定量或定性表征城市生态风险。

9.3 城市生态安全评价

9.3.1 生态安全的内涵

1. 生态安全的概念

生态安全是近些年来提出的一个比较新的概念，目前尚未形成一个统一的定义。一般认为，生态安全的概念始于环境安全。1997 年，时任世界观察研究所所长的布朗在其著作《建立一个持续发展的社会》中明确提出了环境安全这一问题。1989 年，国际应用系统分析研究所（IIASA）提出了狭义和广义两种生态安全的概念。狭义的生态安全是指自然和半自然生态系统的安全即生态系统完整性和健康的整体水平反映；广义的生态安全是指在人的生活、健康、安乐、基本权利、生活保障来源、必要资源、社会秩序和人类适应环境变化的能力等方面不受威胁的状态，包括自然生态安全、经济生态安全和社会生态安全，组成一个复合人工生态安全系统。

从生态系统的角度定义生态安全，即一个生态系统的结构是否受到破坏，其生态功能是否受到损害，具体包含以下含义：一是生态系统自身是否安全，即其自身结构是否受到破坏；二是生态系统对于人类是否安全即生态系统所提供的服务是否满足人类的生存需要；三是防止由于生态环境的退化对经济基础构成威胁，主要指环境质量状况低劣和自然资源的减少和退化削弱了经济可持续发展的支撑能力；四是防止由于环境破坏和自然资源短缺引发人民群众的不满，特别是环境难民的大量产生，从而导致国家的动荡。从广义、狭义两方面界定生态安全的概念，广义的生态安全包括生物细胞、组织、个体、种群、群落、生态系统、生态景观、生态区、陆（地）海（洋）生态及人类生态；狭义的生态安全专指人类生态系统的安全，即以人类赖以生存的环境（或生态条件）的安全为思考的主体。生态安全包括饮用水与食物安全、空气质量与绿色环境等基本要素，即人类在生产、生活和健康等方面不受生态破坏与环境污染等影响的保障程度。

2. 生态安全的特征

（1）全球性。当今世界已经处于全球化时代，经济一体化使得国与国之间的经济安全密切相关。生态安全也是跨越国界的，诸如气候变化、臭氧层破坏、土地沙化、生物多样性迅速减少、有毒化学品污染危害、水源和海洋污染等环境问题，已成为当前世界各国面临的全球性问题。

（2）整体性。全球生态环境是一个相连通的有机整体，某一局部环境的破坏可能会引发其他部分甚至全局性的灾难，即"蝴蝶效应"。

（3）综合性。生态安全既包括自然、生态环境方面，也涉及经济社会方面的一些问题，这些因素相互作用和影响，使得生态安全复杂化。此外，其涉及的学科包括生态学、环境学、经济学及管理学等，具有综合性。

（4）区域性。生态安全的区域性是指生态安全问题是以某个区域的问题表现出来的，研究生态安全问题时应该有针对性，不能泛泛而谈，具体状况因选取的区域和对象而异。

（5）战略性。作为国家安全的重要组成部分，生态安全关系到国计民生，其与国防安全、经济安全、政治安全等一样具有重要的战略地位。社会和经济的可持续发展都离不开生态安全的支持。

（6）长期性。对生态安全的损害可能在较短时间内就形成，而很多生态环境问题出现后，其治理和恢复需要很长的时间和较高的经济付出，代价相当高。

（7）动态性。生态安全受众多因素影响，这些因素在不断地变化，且不同时间里不同地区或评价对象的评价指标选取不同，使得生态安全指数随时间的变化而呈现动态变化，安全状况由不安全转为安全或由安全转为不安全。

（8）不可逆性。生态环境的承载力度有限，一旦生态破坏超过其自身修复的"阀值"，后果往往难以逆转，就像某些野生动物或植物灭绝后就会永远消失一样，人力很难使其恢复。

（9）"代际"化。生态危机或治理生态危机的成本与生态安全的效益将在"代际"间进行转移。

3. 城市生态安全

城市生态安全是关系到城市居民生存安全的环境容量具备最低值、战略性自然资源存量的最低人均占有量有保障、重大生态灾害能够得到抑制等一系列要素的总称。它是区域、国家乃至全球生态安全的基础与核心。

作为一种高度人工化的"自然-经济-社会"复合生态系统，城市只有在该复合生态系统总体实现平衡的基础上才能实现自身的生态安全。人是这一人工生态系统的主导因素，由人类活动链接起来的城市自然、经济和社会生态系统相辅相成，因而城市生态安全评价研究应以人为最重要和最活跃的因素对该人工生态系统安全进行研究。由此，城市生态安全需综合考虑自然、经济和社会三方面的安全，并且突出强调人类活动与自然生态系统功能间的关系。

在对城市生态安全概念理解的基础上，将反映城市生态安全水平的因素分为两大类：一是直接表现生态环境质量的系列因素，如水质量、大气质量、固体废弃物处置、绿化水平、噪声等；二是间接影响环境质量的经济、社会因素，如人均 GDP、产业结构、基础设施提供、研发支出等。

9.3.2　城市生态安全评价

1. 评价指标的设置原则

城市生态安全评价指标依据城市生态系统的关键组分与过程的完整性和稳定性、服务功能的可持续性、资源的可供给性和干扰性，选择既可反映城市生态系统结构、功能和过程，又能反映生态安全的评价标准相对性和发展特征的相关指标。

（1）科学性。指标体系既能较客观和真实地反映生态系统安全的内涵，又能较好地量度生态系统安全主要目标实现的程度。在科学基础上，物理意义明确，测定方法标准，计算方法规范。

（2）前瞻性。综合评价既要反映目前的现状，也要通过表述过去和现状资源、经济、社会和环境各要素之间的关系，借以指示未来的发展趋向。

（3）可操作性。体系中的指标应有可测性和可比性，指标体系应尽可能简化，计算方法简单，数据容易获得。评价指标不是越多越好，保证数据的易得性和可靠性，注意选取综合指标和主要指标反映城市化、现代化和国际性城市发展水平。

（4）系统性。全面反映城市生态系统健康的各个方面，符合其目标内涵，但要避免指标之间的重叠性，使评价目标与指标有机联系为一个层次分明的整体。

（5）层次性。根据评价需要和生态系统安全的复杂程度，指标体系可分解为若干层次结构，使指标体系合理、清晰。

（6）动态性与稳定性。指标是一种随时空变动的参数，不同发展水平应采用不同的指标体系，同时又应保持指标在一定时期内的稳定性，便于进行评价。

2. 指标选取的原则

（1）科学性与实用性原则。在设计指标体系时，要考虑理论上的完备性、科学性和正确性，即指标概念必须明确，且具有一定的科学内涵。科学性原则还要求权重系数的确定以及数据的选取、计算与合成等要以公认的科学理论为依托，同时又要避免指标间的重益和简单罗列另一方面也必须考虑资料的可取性、可操作性和统一可比性。在强调科学性的同时，尽可能不采用深奥的专业术语，给公众了解、认识和参与生态城市建设的机会。

（2）主成分性与独立性原则。根据一般的复杂巨系统理论，应从众多的变量中依其重要性和对系统行为贡献率的大小顺序，筛选出数目足够少但却能表征该系统本质行为的最主要成分变量，这为主成分性原则。但所选指标变量如果过少，就有可能不足以或不能充分表征系统的真实行为或真实的行为轨迹；指标变量如果过多，资料难以获取，综合分析过程也很困难，同时不能很好地兼顾到决策者应用上的方便，且大大增加了复杂性和冗余度。

（3）整体性与层次性原则。指标体系作为一个整体，应比较全面地反映生态城市的发展特征，即既要有反映城市社会、经济、资源、环境等各子系统发展的主要特征和状态的指标，又要有反映以上各子系统相互协调的动态变化和发展趋势的指标。城市是由许多同一层次中具有不同作用和特点的功能团以及不同层次中复杂程度、作用程度不一的功能团所构成的，因此选择指标也具有层次性，即高层次的指标包含描述低层次不同方面的指标。高层次指标是低一层次指标的综合并指导低一层次指标的建设；低层次指标是高一层次指标的分解，是高一层次指标建立的基础。

（4）定性与定量相结合原则。衡量生态城市的指标要尽可能地量化。任何事物都具有质的规定性和量的规定性，但对于一些在目前认识水平下难以量化且意义重大的指标，可以用定性指标来描述。

（5）简洁与聚合原则。简洁与聚合常常被作为指标体系设计的主要原则。简洁使指标容易使用，聚合有助于全面反映问题，但它们往往又是相悖的。其中难度最大、争议最多的是指标的聚合或合成问题。指标的合成是生态城市指标体系研究的关键技术，尤其是部分综合指标的价值如何以货币来衡量更需要精确科学的方法。

（6）时空耦合原则。生态城市指标体系的研究总是在一定空间范围内进行。生态城市的建设与发展是一个动态的时空耦合过程，指标体系中除了有反映城市发展的静态指标，更要有动态指标既要从时间序列又要从空间序列来评价和判定。

（7）可操作性原则。是指标的可取性具有一定的现实统计基础、可比性，各具特征的不同城市应该有一个基本统一的指标体系来统一衡量、对比、评价，可测性所选的指标变量必须在现实生活中是可以测量得到的或可通过科学方法聚合生成的，可控性研究评价生态城市指标体系的最终目的是调控城市发展的方向、模式等，故其指标必须是人类能根据城市生态价值、区域可持续发展需要来理性调控的等。

（8）动态性与政策友好性导向性原则。任何事物都是发展的，衡量城市发展水平的有关指标的评价目标值或阈值必定要具有动态性。所谓政策友好性，即所选的指标体系及其目标值要符合本城市该阶段的各类方针政策，要求一方面符合政策的规定性，另一方面有利于促进政策的实施。

3. 确定指标的标准值

按照上述构建的城市生态安全评价指标体系框架，根据以下原则确定各单项指标的标志值。

（1）凡已有国家标准的或国际标准的指标，尽量采用规定的标志值。

（2）参考国外具有良好特色的城市的现状值。

（3）参考国内城市的现状值作趋势外推，确定标志值。

（4）依据现有的环境与社会、经济协调发展的理论，力求定量化做出标志值。

（5）对那些目前统计数据不十分完整，但在指标体系中有十分重要的指标，在缺乏有关指标统计数据前，暂用类似指标代替。

通过对我国城市生态安全存在的问题的了解，从生态安全的内涵出发，依据层次分析法原理，按照上述指导思想和构建原则，设计能够反映城市社会、经济、资源与环境协调发展的指标，形成具有目标层、项目层和指标层共三个层次的城市生态安全评价指标体系。第一层次是目标层，也即评价目标，即生态安全评价综合指数；第二层次是项目层，包括生态系统压力、生态系统状和生态系统响应；第三层次是指标层，即每一个评价因素有哪些具体指标来衡量。

4. 城市生态安全评价等级的划分

在对城市生态安全进行评价时，一般可以从两个角度来研究：一是对区域内各个时期的生态安全指标的数值进行相对比较，来分析在该研究时期内的相对发展趋势，这往往比较容易做到；二是首先确定研究区域生态安全的理想标准，或者把生态安全水平分为几个等级，然后用研究区域的生态安全指标数值与之相比较来判断其生态安全状况。显然从第二个角度研究得出的评价结果更能反映研究区域生态环境质量的优劣，特别是能够衡量生态安全及环境受影响的范围和程度，从而能够提供给人们进行生态安全建设的有用信息，具有较强的可操作性和实际意义。

9.4 城市生态系统健康评价

9.4.1 生态系统健康

1. 生态系统健康的概念

生态系统健康是指生态系统所具有稳定性和持续性，即在时间上具有维持其组织结构、自我调节和对胁迫的恢复能力，并认为生态系统健康可以通过活力、组织结构和恢复力三个特征来定义。

从生态系统自身出发，可将生态系统健康的定义为：

（1）健康是生态内稳定现象。

（2）健康是没有疾病。

（3）健康是多样性或复杂性。

（4）健康是稳定性或可恢复性。

（5）健康是有活力或增长的空间。

（6）健康是系统要素间的平衡。

也就是说，测定生态健康应该包括系统恢复力、平衡能力、组织（多样性）、活力（新陈代谢）。

城市生态系统健康，可以定义为符合一定城市发展适宜目标的城市生态系统状态。它不仅要从生态学角度强调生态系统结构合理、功能高效与完整，而且更加强调生态系统能维持对人类的服务功能以及人类自身健康及社会健康不受损害。

2. 生态系统健康的内涵

生态系统健康是生态系统的综合特征，它具有活力、稳定和自调节的能力。换言之，一个生态系统的生物群落在结构、功能上与理论上所描述的相近，那么它们就是健康的，否则就是不健康的。健康的生态系统具有弹性、保持内稳定性。生态系统健康是生态系统发展的一种状态。在此状态下，地理位置、光照水平、可利用的水分、养分及再生资源都处在适宜或十分乐观的水平。或者说，处在可维持该生态系统生存的水平。

9.4.2 生态系统健康评价

1. 生态系统健康评价的特点

（1）生态系统健康评价不应该建立于单个物种的存在、缺失或某一状态为基础的标准上。

（2）系统健康评价应该能反映人们对生态系统可能发生的相应变化的认识。

（3）虽然作为最佳的评价健康度量应该是简单的，可以系列化、有可分辨的变化状态。

（4）系统健康评价的标准应该与在数量值上的变化相对应，即使给几十年，发生的数量改变也不应该出现间断。

（5）在考虑到最小数量的观察，系统健康的度量应该与观察的次数不具相关性。

2. 城市生态系统健康评价的思路

目前常用的评价方法主要基于指标体系法。选择适宜的可定量的指标，构建指标体系来评价生态系统的健康状况。然后对比现状值计算每个因子的隶属度，再对所有的因子进行加权计算，得到最终的健康评价。

（1）城市生态系统健康评价指标体系包括活力、组织结构、恢复力、生态系统服务功能和人群健康的状况 5 个评价要素，每个评价要素下设有具体评价指标。

（2）考虑到健康状态的相对性，可利用模糊数学的方法构建城市生态系统健康评价模型，将健康状态划分为 5 个级别，分别设置不同级别的指标标准值。

（3）通过计算每个评价指标的现状值对应于不同状态评价标准的隶属度，并根据每个评价指标对应于 5 个评价要素的重要性将各隶属度进行赋权累加，从而获得 5 个评价要素对应于不同健康状态的隶属度。

（4）最后再根据 5 个评价要素对应于城市生态系统健康的重要性，再次进行赋权累加，获得城市生态系统对应于不同健康状态的隶属度。根据最大隶属度原则，判断城市生态系统健康状态。最后根据计算结构进行评价分析，为生态规划服务。

3. 城市生态系统健康评价的方法

根据上述评价思路，城市生态系统健康评价方法包括评价指标体系、评价标准、评价模型、权重的确定方法、隶属度的计算方法 5 部分。

（1）评价指标体系。选择活力、恢复力、组织结构、生态系统服务功能、人群健康状况作为城市生态系统健康评价的 5 个要素，针对每个要素的内涵提出相应的指标，最后构成城市生态系统健康评价指标体系。

1）活力。即其活性、代谢及初级生产力，可用初级生产力和经济系统中单位时间的货币流通率来表示。对城市生态系统来说，可用经济生产力、能流和物流的利用效率来表示。

2）组织结构。指生态系统组成及途径的多样性，城市生态系统的结构包括经济结构、社会结构、自然结构，可分别用相应的几个指标来评价其结构是否合理。

3）恢复力。是生态系统维持结构与格局的能力，即胁迫消失时，系统克服压力及反弹回复的容量。由于城市生态系统的分解者功能微乎其微，城市发展产生的大量废物得不到分解，几乎全部用人工的废物处理设施来还原。因此城市生态系统的恢复力可理解为城市废物处理能力、物质循环利用率等。

4）生态系统服务功能。这是人类评价生态系统健康的一条重要标准。不健康的生态系统对人类的服务功能的质和量均会减少。城市生态系统对人类的服务功能主要表现在它是提供人类生产、生活的载体，城市环境质量的好坏及人们的生活便利程度直接影响着生态系统服务功能的优劣。

5）人群健康的状况。生态系统的变化可通过多种途径影响人类健康，人类的健康本身可作为生态系统健康的反映。对以人为主体的城市生态系统来说，人类健康状况则更值得关注，可从身体健康和文化水平两方面来反映城市人群的整体健康状况。

（2）评价标准。城市生态系统健康评价指标确定后，就需要明确各项指标的健康标准，才能对城市生态系统的健康状况进行评价。目前学术界尚没有统一认可的城市生态系统健康标准，基于生态城市是健康城市的这一认识，将健康标准划分为五级，即病态、不健康、临界状态（亚健康）、健康、很健康等。以相关文献中对生态城市的建议值作为很健康的标准值，以全国最低值为病态的限定值，在前者基础上向下浮动 20％作为较健康和一般健康的标准值，在后者基础上向上浮动 20％作为不健康和一般健康的标准值，前后两次确定的一般健康标准值相互调整得到临界状态（亚健康）值。

（3）评价模型。利用模糊数学建立城市生态系统健康评价模型。评价模型可以表述为

$$H = W \times R = \{H1、H2、H3、H4、H5\}$$
$$= \{病态、不健康、亚健康、健康、很健康\} \qquad (9.4.1)$$

式中：H 为城市生态系统健康状况矩阵；W 为城市生态系统健康评价要素的权重矩阵，$W = (w_1，w_2，\cdots，w_n)$；R 为各生态系统健康评价要素对应于五级健康标准的隶属度矩阵。$H1$、$H2$、$H3$、$H4$、$H5$ 分别代表城市生态系统对应于病态、不健康、亚健康、健康、很健康五级健康标准的隶属度（隶属度为 $0 \sim 1$ 的数值），其健康状态根据最大隶属度原则判定，假如 $H5$ 最大，那么生态系统的健康状态为很健康。其计算公式对正向指标（指标值越大，健康程度越高）和负向指标（指标值越小，健康程度越高）有所不同。

（4）权重的确定方法。目前对指标权重的确定方法主要有层次分析法、专家打分法、德尔菲法、灰色关联度法等。下面着重介绍层次分析法。

1）层次分析法的概念。层次分析法就是把复杂问题中的各个因素通过划分相互关系的有序层次，根据对一定客观现实的判断就每一层次的相对重要性给予定量表示，利用数学方法确定每一层次要素的相对重要值权值，并通过排序来分析和解决问题的一种方法。

目前，AHP 应用在能源政策分析、产业结构研究、科技成果评价、发展战略规划、人才考核评价以及发展目标分析的许多都取得了令人满意的成果。

2）层次分析法基本步骤如下：

a. 建立层次结构模型，该结构图包括目标层、准则层、方案层。

b. 构造判别矩阵：是层次分析法的关键的一步，从第二层开始用成对比较矩阵和 1～9 尺度。

c. 层次单排序及其一致性检验。对每个成对比较矩阵计算最大特征值及其对应的特征向量，利用一致性指标、随机一致性指标和一致性比率做一致性检验。若检验通过，特征向量（归一化后）即为权向量；若不通过，需要重新构造成对比较矩阵。

d. 求层次总排序及其一致性检验。计算最下层对最上层总排序的权向量，利用总排序一致性比率进行检验。若通过，则可按照总排序权向量表示的结果进行决策，否则需要重新考虑模型或重新构造那些一致性比率较大的成对比较矩阵。

3）层次分析法的优点如下：

a. 系统性。层次分析法把研究对象作为一个系统，按照分解、比较判断、综合的思维方式进行决策，成为继机理分析、统计分析之后发展起来的系统分析的重要工具。

b. 实用性。层次分析法把定性和定量方法结合起来，能处理许多用传统的最优化技术无法着手的实际问题，应用范围很广，同时，这种方法使得决策者与决策分析者能够相互沟通，决策者甚至可以直接应用它，这就增加了决策的有效性。

c. 简洁性。具有中等文化程度的人即可以了解层次分析法的基本原理并掌握该法的基本步骤，计算也非常简便，并且所得结果简单明确，容易被决策者了解和掌握。

4）层次分析法的局限性如下：

a. 只能从原有的方案中优选一个出来，没有办法得出更好的新方案。

b. 层次分析法法中的比较、判断以及结果的计算过程都是粗糙的，不适用于精度较高的问题。

c. 从建立层次结构模型到给出成对比较矩阵，人主观因素对整个过程的影响很大，这就使得结果难以让所有的决策者接受。当然采取专家群体判断的办法是克服这个缺点的一种途径。

（5）隶属度的计算。在式（9.4.1）中，R 为各生态系统健康评价要素对各级健康标准的绿树度矩阵，其表达为

$$R = \begin{vmatrix} R_{11} & R_{12} & R_{13} & R_{14} & R_{15} \\ R_{21} & R_{22} & R_{23} & R_{24} & R_{25} \\ R_{31} & R_{32} & R_{33} & R_{34} & R_{35} \\ R_{41} & R_{42} & R_{43} & R_{44} & R_{45} \\ R_{51} & R_{52} & R_{53} & R_{54} & R_{55} \end{vmatrix} \qquad (9.4.2)$$

式中：R_{ij} 为第 i 个要素对第 j 级标准的隶属度。

可以采用分段函数法计算各因子对各等级的隶属度矩阵。如用 a_1、a_2 表示相邻两个等级标准的界限值，则在分段函数中，隶属度的计算公式如下：

1）逆向因子。因子 x_i 对 a_1 所在等级的隶属度函数为

$$A(x) = \begin{cases} 1 & x \leqslant a_1 \\ \dfrac{a_2 - x}{a_2 - a_1} & a_1 \leqslant x \leqslant a_2 \\ 0 & x > a_2 \end{cases} \tag{9.4.3}$$

因子 x_i 对 a_2 所在等级的隶属度函数为

$$A(x) = \begin{cases} 0 & x \leqslant a_1 \\ \dfrac{x - a_1}{a_2 - a_1} & a_1 \leqslant x \leqslant a_2 \\ 1 & x > a_2 \end{cases} \tag{9.4.4}$$

2）正向因子。因子 x_i 对 a_1 所在等级的隶属度函数为

$$A(x) = \begin{cases} 0 & x \leqslant a_1 \\ \dfrac{a_2 - x}{a_2 - a_1} & a_1 \leqslant x \leqslant a_2 \\ 1 & x > a_2 \end{cases} \tag{9.4.5}$$

因子 x_i 对 a_2 所在等级的隶属度函数为

$$A(x) = \begin{cases} 1 & x \leqslant a_1 \\ \dfrac{x - a_1}{a_2 - a_1} & a_1 \leqslant x \leqslant a_2 \\ 0 & x > a_2 \end{cases} \tag{9.4.6}$$

第10章 城市功能区划

10.1 城市功能区概述

10.1.1 城市功能区的概念

城市的不同空间承担着不同的功能，相似的功能一般在空间呈现集聚特征。城市功能区是能实现相关社会资源空间聚集、有效发挥某种特定城市功能的地域空间，是城市有机体的一部分。城市功能区作为实现城市经济社会各类职能的重要空间载体，集中反映了城市的特性，是现代城市发展的一种形式。

功能区的分类标准有很多，根据与经济的相关程度，分为非经济功能区和经济功能区。非经济功能区是指行政区、居住区等与产业活动无直接关系的聚集区域。经济功能区是体现一个城市或区域经济核心发展能力的重要标志。按照基本的土地利用方式，可以将城市分为商业区、居住区和工业区三种基本的功能区。另外根据特殊功能需要可以设置文教区、行政区、旅游度假区、商务区、科技园区以及各类开发区。从城市空间的主体功能看，可以将城市功能区划分为生产空间、生活空间和生态空间3种类型。

10.1.2 城市功能区的演化模式

进入20世纪后，西方发达国家人口向城市迁移的速度加快，土地资源变得紧张，用地功能竞争激烈，城市内部出现了工业、商业、行政、居住区等复杂的功能区空间布局结构。越来越多的学者，对城市结构提出各种理论，解释城市结构的发展过程和形成方式，功能分区的特点和分布规律。

从功能区的形成与发展模式看，可以分为以下5种类型：

（1）市场自发形成的功能区。如美国硅谷、伦敦金融城等城市功能区都是典型的以市场为主导的发展模式。

（2）自发形成与后期政府规划引导形成的功能区。如纽约曼哈顿CBD就是市场和政府两种力量结合形成的，通过政府规划引导市场主体有序集聚发展，优化功能区发展环境。

（3）政府主导规划与开发的功能区。如东京的新宿商务区是东京都为了应对"空心化"而投入大量资金建设的。

（4）政府规划引导与企业化运作的功能区。如巴黎拉德芳斯商务区是该模式的典型代表，在政府规划的前提下成立专业化的开发公司实际运营管理。

（5）政府规划引导与多主体参与开发的功能区。如荷兰阿姆斯特丹史基浦机场航空城是中央政府、地方政府、机场、专业开发机构和协作机构合作开发的典型案例。

城市功能区的开发，对于加快所在区域的城市建设步伐，促进区域经济发展，提升区域综合竞争力具有重要作用。

10.1.3　城市功能区的功能特点

1. 城市功能的载体

城市是社会生产力发展的必然产物。早期人类社会的生产力水平发展到一定阶段，对社会分工和社会交往（经济和非经济的）的依赖日渐增强，客观上要求社会物质资源和空间资源实现优化配置，实现多种社会功能集成的"城市"由此产生。一个实现资源优化配置的现代城市，是由多个特点清晰明确的功能区组成的。城市的职能就是由这些功能区充分地发挥自己作用来实现的。从动态的角度讲，城市功能区的形成过程是产业或者城市功能要素在特定的城市空间集聚的过程。这个过程与城市政府对城市的定位和城市功能的布局有着直接的关系。

城市的功能，就是所有功能区功能的集合体。产业集聚和功能优化是城市功能区的本质特征，每个功能区都有自己所承担的主要功能，确保自己所占有的资源禀赋优势充分发挥，也使整个城市在多元功能整合的基础上进入更高的运行层次。

2. 明显的聚集效应

聚集效应来源于企业的外部经济和范围经济，正因为聚集能降低彼此运行的成本，提高运营的效率，所以产业组织或产业群在地域上的聚集构成了城市空间的结构形态。同一类经济社会活动的土地利用方式相同，决定了其对空间区位、基础设施等发展环境的要求往往是相同的，这会导致同一类活动在城市空间上的聚集，从而形成城市功能区。城市的集聚功能表现在以下几个方面：①重要的资源转换中心，将汇集和吸引的资源转换成各种产品、货物和信息知识产品；②价值增值中心，在资源要素的转换过程中，创造出新价值；③物资集散和流转中心；④资金配置中心；⑤信息交换处理中心；⑥人才集聚中心。

城市功能区的聚集效应表现为与核心功能相关的社会资源的密集分布，即表现为对诸如人才、信息、资本、物质要素、技术等社会资源的高势能吸纳和高效率利用，是城市集聚效应的最集中的体现，可以在相对有限的地域空间中创造出巨大的经济产出。

3. 辐射扩散效应

城市功能区通常具有较强的辐射扩散能力，相关区域、相关产业都会受其影响。功能区的辐射扩散功能在于：①扩张自身市场性权利的作用范围；②构筑更大空间的集聚协作体系；③扩散功能区的优势能力，如技术、管理、观念、资金等，向周边地区渗透，带动周边地区发展。但这种扩散能力的大小也是有差别的，与行政区和居住区等非经济功能区相比，产业区、商务区等经济功能区具有更强的辐射扩散能力，会推动周边地区经济、社会的演化与发展。

4. 较高的社会经济效益

经济功能区的主导产业通常都具有较高的经济效益，而且具有多层次、长产业链的特征。经济功能区是区域比较优势和核心竞争力的现实表现，是城市经济发展的动力源泉，是推动经济增长的引擎，是区域主要的收入来源。非经济功能区的高效益反映在社会效益上。行政功能区内行政机关密集，方便处理社会事务，提高了城市运行的效率。

在全球化、知识经济、信息技术革命的背景下，地区经济发展更加依赖功能区产业群的创新动力，更加依赖由功能区作为载体的区域竞争力。由功能区形成的独占性比较优势是区域竞争优势的核心。打造强势经济功能区、确定地区经济在全球化经济体系中的地位，发挥比较优势，是后发展国家或地区寻求超常规经济发展的战略选择。

5. 具有明显的"城市名片"效应

城市功能区尤其是经济功能区是一个城市最具代表性的地区，是"城市名片"，是一个城市的品牌和现代化的象征与标志。城市功能区的成功建设对提高城市的知名度和美誉度，扩大城市的影响，提升城市的文化品位具有很大意义。如纽约依靠曼哈顿CBD的影响，确立了其国际大都市的形象。

10.1.4 城市经济功能区

经济功能区一般都有自己的主导产业，有较强的发展能力、经济控制能力和聚集扩散能力。在现代城市发展的进程中，经济功能区不仅要满足本城市的功能需求，而且会在更大区域的产业分工体系中占据重要位置，满足区域乃至全球化不同经济功能的需求。随着社会经济的发展和社会分工的进一步深化，经济功能区的细分成为一种必然趋势。按照主导产业的不同，经济功能区可细分为工业区、科技园区、商务区、商业区和旅游区等。

传统工业区是依托区域丰富的煤、铁等资源，以大型工业企业为核心逐渐发展起来的工业地域。传统工业区以煤炭、钢铁、机械、化工等传统工业为主。由于这些传统工业占地多、耗水耗电多、排污量和噪声污染大，因此工业区一般布局在城郊，区内大都是低矮的工业厂房，如德国鲁尔工业区、美国五大湖工业区等。第三次科技革命的发展在推动经济发展的同时对传统工业造成了较强的冲击，使传统工业区开始走向衰落，而在发达国家的一些没有传统工业基础的区域逐渐出现了以灵活多变的中小企业为主的工业地域，即新兴工业区，如德国慕尼黑、意大利普拉托等。与传统工业区相比，新兴工业区实现了产业结构的更新，主要以低能耗、污染小的轻型工业为主。

科技园区是在以微电子技术为核心的新技术革命推动下，电子信息、航空航天、生物工程等一系列新兴产业逐步形成发展起来，并带动了一批以这些新兴产业为主导的科技园区的发展。科技园区以技术创新为特色，以发展高新技术、推动高技术产业化为基本目的。世界各国的科技园区名称各不相同，如美国称为"科技工业园"，日本称为"科学城"，中国则称为高新技术开发区。虽然各地科技园区受本地文化、经济发展水平以及发展方式的不同的影响而略显不同，但总体上都呈现以下特征：①园区以高技术企业为主，其产品以高技术含量和高附加值为特征；②园区实行有利于技术创新的公共政策；③一流的大学、重要的研究机构是园区发展的重要依托；④良好的基础设施是园区发展的基本条件等。

商务区是一个城市现代化的象征与标志，是城市的功能核心，一般位于城市的黄金地带。区内集中了大量的金融、商贸、文化等服务业企业以及大量的商务办公设施和酒店、公寓等配套设施，土地利用率较高。区内还具有完善的交通、通信等现代化的基础设施和良好的发展环境，有大量的公司、金融机构、企业财团在这里开展各种商务活动。

商业区是指城市内部市级或区级商业网点集中的地区。商业区一般都位于城市中心或交通方便、人口众多的地段。通常以大型批发中心和大型综合性商店为核心。商业区的特点是商店多、规模大、商品种类齐全，特别是中档商品和名优特种商品的品种多，可以满足消费者多方面的需要，向消费者提供最充分的商品选择余地。城市中的商业街既有历史形成的传统商业街，如北京王府井、上海南京路等，也有一些现代化的专业商业街，如北京马连道茶叶街、三里屯的酒吧一条街、东直门内的簋街等。

旅游区是表现社会经济、文化历史和自然环境统一的旅游地域单元。一般包含许多旅游点，由旅游线连接而成。特色旅游区是指将物质、精神或文化等要素与旅游紧密结合，赋予其更丰富的含义，从而实现吸引游客，刺激旅游消费目的旅游区。将旅游与文化、特别是与民族文化相结合的旅游区，是特色旅游区发展的主流。如代表美国文化的迪斯尼乐园、代表中国宋代文化的杭州宋城等，都因将文化深植于旅游而获得了巨大的成功。

10.1.5 城市功能区的空间布局模式

功能区的出现和发展促进了城市结构的优化。因此城市结构的特点，就是一个城市内部功能区分布和发展的特点，而从功能区的角度进行研究，城市结构理论也就是城市功能区的分布和发展理论。

归纳起来，基本的城市内部空间结构模式主要有同心圆模式、扇形模式、多核心模式 3 种。

1. 同心圆模式

美国芝加哥大学社会学教授 E. W. 伯吉斯于 1925 年最早提出同心圆城市地域结构

理论。这一理论认为，城市以不同功能的用地围绕单一的核心，有规则地向外扩展形成同心圆结构。这一理论实质上是将城市的地域结构分为中央商务区、居住区和通勤区三个同心圆地带。中央商务区主要由中心商业街、事务所、银行、股票市场、高级购物中心和零售商店组成。中央商务区的外层是居住区。而通勤区位于居住环境较好的郊区，分布着各种低层高级住宅和娱乐设施。高收入阶层往返于城郊间的通勤区。

新中国成立以来，北京的功能区形成和发展的过程基本上是同心圆模式，内城是整个城市核心地区，居住区大量分布于二环到五环之间，而远郊地区则分布着别墅、联排别墅（Townhouse）等低密度住宅。但北京的同心圆模式没有特别清晰的功能分区，核心地区聚集着城市的多种功能（如行政中心、历史文化中心、商务中心、商业中心等），而由于时间距离等原因，城郊间的通勤不是富有的远郊居住者的主流选择。

2. 扇形模式

美国土地经济学家 H. 霍伊特通过对 142 个北美城市房租的研究和城市地价分布的考察得出以下结论：高地价地区位于城市一侧的一个或两个以上的扇形范围内，成楔状发展；低地价地区也在某一侧或一定扇面内从中心部向外延伸，扇形内部的地价不随离市中心的远近而变动。城市的发展总是从市中心向外沿主要交通干线或沿阻碍最小的路线向外延伸。也就是说，城市地域的某一扇形方向的性质一旦决定，随着城市成长扇形向外扩大以后也不会发生很大变化。

按照霍伊特的扇形理论，城市地域结构被描述为：中央商务区位居中心区；批发和轻工业区沿交通线从市中心向外呈楔形延伸；由于中心区、批发和轻工业对居住环境的影响，居住区呈现为由低租金向中租金的过渡，高房租却沿一条或几条城市交通干道从低租金区开始向郊区成楔形延伸。

3. 多核心模式

美国地理学者 C. D. 哈里斯和 E. L. 乌尔曼在研究不同类型城市地域结构情况下发现，除了 CBD 为大城市的中心外，还有支配一定区域的其他中心存在。这些核心的形成主要有以下 4 方面原因：①某些活动需要专门性的便利，如零售业地区在通达性最好的地方、工业需要广阔的土地和便利的交通；②由于同类活动因素集聚效果而集中；③不同类活动之间可能产生利益冲突；④某些活动负担不起理想区位的高地价。

哈里斯和乌尔曼认为，越是大城市，核心就越多，越专业化；行业区位、地租房价、集聚效益和扩散效益是导致城市地域结构分异、功能分区的主要因素。这一理论认为，城市是由若干不连续的地域所组成，这些地域分别围绕不同的核心而形成和发展。中央商务区不一定居于城市的几何中心，但却是市区交通的焦点。批发和轻工业区虽靠近市中心，但又位于对外交通联系方便的地方。居住区分为 3 类：低级住宅区靠近中央商务区和批发、轻工业；中级住宅区和高级住宅区为了寻求好的居住环境常常偏离城市的一侧发展，而且它们具有相应的城市次中心。重工业区和卫星城则布置在城市的郊区。

10.2 城市功能区划的理论和方法

10.2.1 城市功能区划基本理论

1. 城市复合生态系统理论

不同学科对城市有不同角度的理解,马世骏等从现代生态学角度提出,城市是一个"社会-经济-自然"复合生态系统,其中自然及物理组分是人类赖以生存的基础,城乡的工农业生产、各种经济活动和代谢过程是生存发展的活力和命脉;而人的社会行为及文化观念则是演替与进化的动力泵。系统应以物质能量的高效利用、社会自然的协调发展、系统动态的自我调节为系统调控的目标。

城市复合生态系统有 3 种主要功能:第一功能是生产,为社会提供丰富的物质和信息产品,包括第一性生产、第二性生产、流通服务及信息生产等。第二功能是生活,为城乡居民提供方便的生活条件和舒适的栖息环境。第三功能是还原,保证城乡自然资源的永续利用和社会、经济、环境的平衡发展。系统的功能是靠连续的物流、能量流、信息流、货币流及人口流来维持的,任何阻碍流动的行为、因素都将影响整个系统的正常运转和发展。城市复合生态系统理论的核心在于生态综合,强调物质、能量和信息 3 类关系的综合,竞争、共生和自然能力的综合,生产、消费与还原功能的协调,社会、经济与环境目标的耦合,时、空、量、构与序的统筹,科学、哲学、工程学方法的联姻,等等。

2. 可持续发展理念

可持续发展理念是 1987 年世界环境与发展委员会在《我们共同的未来》中提出的,其含义是既满足当代人的需求,又不危及后代人满足其需求能力的发展。它具有以下 4 个特点:①强调持续性,要求人类的经济和社会发展必须控制在资源和环境的承载力范围内;②体现公平性(包括代际之间的公平和代内之间的公平);③追求的是社会、经济和环境的协同发展;④推崇人与自然和谐、发展与环境相协调的价值观。

3. 生态承载力-生态足迹理论

生态承载力是指某一生态环境状态和结构在不发生对人类生存与发展造成有害变化的前提下,所承受的人类社会作用。城市的可持续发展必须建立在生态承载力的基础之上,任何发展都不能超越城市的生态承载能力,否则只能得到短期的经济效益,而破坏了长远发展的基础。生态足迹是指生产人们所消费的资源和吸纳所产生的废物而需要的生物生产土地面积的总面积和水资源面积。将生态足迹需求与自然资源所提供生态服务的能力作比较,可以反映出在一定的社会发展阶段和技术条件下,人们社会经济活动与当时的生态承载力之间的差距。通过分析城市为满足现有的消费水平所需要的生态足迹,以及城市现状可提供的生态足迹,以生态赤字(或生态盈余)的量化方式判断城市生态环境的协调情况,从而为具体规划提供科学的依据。

4. 基于生态系统管理理念

20世纪80年代起，基于生态系统管理理念被广泛研究与应用，但目前尚未形成统一的或公认的定义和理论框架。一些学者认为，基于生态系统管理是指在对生态系统组成、结构和功能过程充分理解的基础上，恢复或维持生态系统整体性和可持续性，其中保持生态系统的整体性是强调的重点。因此不同专业的学者们均认为要打破传统的由行政边界分割形成的管理范围，改变为根据生态系统分布的空间范围划定管理范围，保证每个管理单元都是相对完整的生态系统。

5. 生态系统健康理论

生态系统健康理论也是20世纪80年代兴起的一个研究领域。一般认为，健康的生态系统是稳定持续、在长时间内能够维持自身组织结构和自主性、对外界胁迫具有恢复能力的生态系统，且认为可以从活力、组织结构和恢复力三方面来评价生态系统是否健康。健康的生态系统意味着生态系统能正常发挥功能，能实现生态系统的最佳服务。

6. 协调发展理论

把一个地区人类的社会经济活动与所处的地理环境看做一个内在联系的系统，着重研究两者之间相互作用的规律及协调双方的关系，目的是使人类社会实现可持续发展。

10.2.2　城市功能区划的基本思路

城市功能区划是将城市划分为若干个分区，并确定各分区主导社会经济活动类型的过程。在对城市进行功能区划的过程中，基于生态系统管理的理念，应考虑保持各分区自然生态系统的完整性，因此必须根据所区划城市自然生态系统的空间分布特征来进行分区。而在确定各分区主导社会经济活动类型的过程中，以可持续发展原则为指导，须考虑如何在不破坏生态系统健康及资源承载力的前提下，确定符合社会经济发展需要，保障代内与代际公平发展的社会经济活动类型。

1. 主要步骤

（1）在城市功能区划的第一环节——区划方面，可进行生态区划工作，即根据城市自然生态系统的相似性和差异性将城市划分为若干个生态单元，作为功能分区的基本单元。

（2）在城市功能区划的第二环节——确定各分区主导社会经济活动类型方面，可分"三步走"：

1）基于自然生态维护优先原则，以生态系统健康等理论作为指导，进行只考虑能够维护自然生态系统健康的功能类型范围的功能区划，即进行"基于自然生态维护优先的功能区划"。

2）在生态优先功能区划确定的功能类型范围内，考虑不破坏资源承载力且符合社会经济发展需要的功能类型。以资源定位原则为指导，分析资源的适宜性来确定功能类型，通常能使资源得以持续利用，不破坏资源承载力，且通过分析区域优势资源所在，选取可获得较大效益的某优势资源利用方式所对应的产业作为经济发展方向，可以使经济朝着持续快速的方向发展，符合社会经济发展的需要，因此可在"基于自然生态维护优先的功能区划"的基础上进行"基于资源定位的功能区划"。在综合以上两项功能区划结果之后，遵循"以海定陆"原则，考虑海域功能区划对陆域功能区划的限定因素，以及各单元功能之间的组合关系等，可形成功能区划的初步方案。

3）可针对初步方案开展公众参与，即遵循公众参与原则，进行"基于公众意愿的功能区划"。根据该功能区划结果进行总结分析，得出基于持续发展理念的城市功能区划的最终结果。

2. 特点

（1）该功能区划思路强调将城市生态系统与资源所支持或所能承受的功能类型作为功能区划的基础，改变了传统城市功能区划以达到社会经济目标为主要目的来进行功能区划的状态。先考虑生态、资源的特征与保护的需要，后考虑社会经济持续发展的需要，跳出了传统功能区划先考虑社会经济发展然后考虑生态与资源保护，依此再制定环境、生态等方面专项规划的思维模式。

（2）较好地把握了城市复合生态系统的特点，在优先考虑维护自然生态系统健康的前提下，从考虑资源特征发挥资源优势、达到最大效益的角度定位社会经济活动的类型，以满足社会经济持续发展的需要。另外，通过公众参与功能区划来保障社会各阶层的长久利益，最终达到自然、社会、经济子系统协调。

（3）避免了土地适宜性评价、生态适宜性评价等的缺陷。美国学者麦克哈格于1969年创立的适宜性评价成为之后一些功能区划的主要方法，但适宜性评价通常将自然生态维护与资源利用的思路混合在一起考虑区域适宜的功能类型（土地利用方式或资源利用方式），较少首先从维护自然生态系统健康的角度筛选要考虑的功能类型，这样并不能保证所选择的功能类型不对区域自然生态系统造成破坏。城市功能区划首先整体地从维护自然生态系统健康的角度筛选要考虑的功能类型，再从资源的持续与最佳利用的角度选择功能类型，从根本上保证了区域自然生态系统的健康。

10.2.3 城市功能区划的方法

1. 城市功能类型选择

在进行城市功能区划之初，必须明确城市需要哪些功能类型。城市所需的功能类型需要根据城市发展战略来确定。城市发展战略的制定从区域的角度来说，首先，应对城市所在区域的发展背景与发展趋势进行分析，进而对城市区位的优势和劣势进行分析；其次，应考虑城市自身的特征，基于城市自然生态、资源等特点进行城市本位优势和劣势分析；最后，确定城市的核心优势，从而确定城市的发展战略（包括主导产业与产业结构等）。在确定主导产业时，与城市功能区划的思路类似，应首先筛选出对自然生态系统健康不造成破坏的产业；其次，在所选产业范围内选择可获得较大效益的某些优势资源利用方式所对应的产业，作为备选主导产业；最后，通过公众参与，确定主导产业。主导产业确定后，根据城市发展战略分析未来的产业结构，确定其他辅助产业类型，再结合考虑一般城市所需的基本功能类型，便可确定城市功能的结构，进而最终确定城市所需的功能类型。

2. 生态区划

城市生态区划是根据城市自然生态系统的相似性和差异性，将城市划分为若干个生态单元。以基于生态系统管理理念为指导，在生态区划时应遵循以下原则：①保持生态系统完整性，根据自然生态系统相似性和差异性分区；②为了最大限度利用资源与减缓资源利用冲突，考虑资源分布状况和有效利用；③适当考虑行政区划；④适当考虑人类活动影响。选择生态区划指标，关键是要能反映区域分异规律。区划时可采用一种或多种技术方法。方法选择应考虑城市生态的分异程度以及资料的类型，主要方法包括主导标志法、叠图法、聚类分析法和遥感解译法等。

3. 基于自然生态维护优先的功能区划

该步骤的总体策略是：①针对城市各单元建立表征生态系统健康状况的指标体系，描述各单元指标的状况；②分析各单元指标在维护自然生态系统健康原则下适宜的社会经济活动特征，通过对各类功能与各单元各指标适宜社会经济活动特征的符合度进行评价；③得出各单元适宜的功能类型。

（1）依据生态系统相关理论，首先构建表征单元生态系统健康状况的通用指标体系，作为生态单元确定表征生态系统健康状况指标体系的参考。指标的选取主要考虑以下几方面：

1）选择一个健康生态系统所需的内在必要组成作为指标。基于生态学理论可知，一个健康的生态系统首先要具备非生物环境不受破坏、可保证系统正常运行的条件，其次其物种必须多样化，最后还必须具有较为复杂的营养结构、能流与物流过程。以上可作为衡量生态系统健康与否的基本指标。其中，营养结构、能流与物流过程的复杂程度不易衡量，可以从景观生态学中寻找替代指标。如果自然景观在城市中所占面积较大，连通程度较高，具有动态控制能力，那么可认为自然生态系统的结构和生态过程较为丰富。因此，营养结构、能流与物流过程指标可用自然景观优势度来衡量。

2）选择表征生态系统关键与脆弱组分健康与否的指标。一个生态系统中往往存在着关键与脆弱的组分，前者由于重要，一旦受到破坏生态系统健康必然受到严重影响，后者则由于脆弱易受破坏，生态系统健康也易受影响，因此这些组分的健康状况也必须作为指标的组成。

通常被称为"生态敏感区"的区域，对生态系统而言，至少具有关键性或脆弱性特征。从景观生态学角度来看，一个生态单元的关键组成包括构成景观安全格局的关键性的局部、战略点、位置关系等（生态敏感区中属于关键性的区域实际上也是此类），还包括生态系统健康理论中强调的人群；而其脆弱组成主要包括生态敏感区中属于脆弱性的这类区域。此外，自然保护区属于重点保护对象，也应作为指标之一。

（2）基于自然生态维护优先的功能区划，其详细步骤如下：

1）各单元表征生态系统健康状况的指标体系建立及单元各指标状况分析。首先，对各单元的生态系统状况进行调查分析；其次，依据前面建立的通用指标体系根据每个单元的情况建立针对各单元的指标体系；再次，根据各指标对单元生态系统健康的重要性赋予每个指标权重；最后，对单元各指标的状况进行——分析。

2）单元各指标在维护自然生态系统健康原则下适宜的社会经济活动特征分析。要科学地分析单元各指标在维护自然生态系统健康原则下适合什么样的社会经济活动特征，需要依靠一些分析准则。从特定角度看，人类社会经济活动对于自然生态系统是一种"干扰"。根据维护自然生态系统健康原则下可接受的干扰的不同情况，可以构建 3 项分析准则：①能够使生态系统朝着健康方向发展（正向干扰）的所有指标；②在生态系统承载范围内（可承载的负向干扰）的非生物环境类指标；③能够维持现有生态系统健康状况（干扰接近零）的所有指标。

相对而言，物种多样性、自然生态（景观）的结构与功能等受破坏后其恢复能力比环境要弱，因此环境类的指标可选择所有准则分析，但与前者相关的指标则最好选择①和③进行分析。另外，生态系统的承载力大小目前科学上还难于准确计算，在运用准则②时，应根据单元实际情况运用预警原则（precautionary principle）谨慎分析判断。

3）各类功能与单元各指标适宜社会经济活动特征的符合度评价。首先，对城市拟配置的各类功能通常的生态影响特征进行分析。可针对生态健康各指标来进行，其中为分析城市功能对自然景观优势度的影响，可对城市功能发挥作用时的建设强度（包括建筑密度和规划布局的规整性）进行分析。其次，对各类功能与单元各指标适宜社会经济活动特征的符合程度进行评价，可将符合程度划分为若干个等级，每个等级用不同的分值代表，由此建立符合度评价标准进行评价打分。在评价中如果出现所分析的功能"不符合"单元某指标适宜的社会经济活动特征，则应将该功能排除，不作为单元功能的考虑对象，这体现了生态维护优先原则。

4）基于维护自然生态系统健康的单元适宜功能分析。将出现"不符合"的城市功能排除，而后将其他各类功能针对每一指标的评价分值乘以指标的权重后加和，即可得出各类功能对单元适宜度总分值。对所有功能的适宜度总分值进行排序，即可得出单元适宜的功能类型排序，这就是该功能区划的结果。

（3）技术方法方面，自然景观优势度指标的计算可采用对应的景观生态学公式；在确定生态系统健康指标体系各指标权重时，可运用专家咨询法和层次分析法；在进行各类功能与单元各指标适宜社会经济活动特征的符合度评价时，可以采用矩阵分析法进行。

4. 基于资源定位的功能区划

该步骤主要策略是：首先，针对各单元建立资源指标体系，分析各类城市功能所需资源类型及其重要程度；其次，进行单元资源适宜功能分析，同时对某些具有优势资源的单元进行各类优势资源不同利用方式可能产生效益的评价；最后，综合两方面结果确定功能区划方案。

任何城市功能都必须利用自然、社会、经济各范畴的资源。其中自然环境资源是人类活动必需的基础资源，包括实物、空间和提供的服务等。社会资源中，与城市长远功能定位相关的主要是对外交通条件、传统文化、科技、教育、人才等。城市一定时期的经济发展特点在现实中对城市功能的定位影响最大，但从城市长远的发展来看，可作为确定城市功能基础条件的主要是优势产业以及体现城市发展阶段的"三产"结构状况，而其他短期内城市呈现的经济优势不足以作为考虑的因素。

以下对该功能区划各步骤进行一一阐述。该功能区划考虑的功能类型是基于自然生态维护优先的功能区划中排除符合度评价出现"不符合"后的功能类型。

（1）各单元资源指标体系建立及单元各指标状况分析。首先，对各单元的资源状况进行调查分析；其次，依据通用指标体系建立各单元的指标体系；最后，对单元各指标的状况进行一一分析，同时分析单元的优势资源所在。

（2）各类城市功能所需资源类型及其重要程度分析。由于不同功能类型对资源类型需求不同，不同资源要素对城市功能的重要程度也不同，因此宜针对不同的城市功能分析其所需资源类型及所需资源类型对该城市功能的重要程度。这可通过分析资源指标体系中各资源指标对各类功能的权重来实现，其中不是该功能所需的资源权重设为 0。

（3）基于资源特征的单元适宜功能分析。首先，进行单元各资源指标对各类城市功能的适宜度评价。资源状况有利于城市功能发挥，则其适宜度就高，反之就低。与基于自然生态维护优先功能区划中的符合度评价相同，评价时可将适宜度划分为若干个等级，每个等级用不同的分值代表，由此建立评价标准，采用专家评分法进行评价打分，评价等级与分值设置应与基于生态优先功能区划中的符合度评价相同。其次，评价完成后，将每一功能的各指标分值乘以对应的权重后加和，就可得到单元资源对每一功能类型的适宜度总分值。最后，将所有功能的适宜度总分值算出后排序，就可得出单元适宜的功能类型排序。

（4）单元优势资源不同利用方式可能产生效益评价。有些资源往往是一种或几种城市功能的主要支撑资源，在单元资源适宜功能分析基础上，对于具有较具优势的城市功能主要支撑资源的单元，与城市主导产业选择相同，可以对各类优势资源不同利用方式（对应不同的城市功能）可能产生的效益分别进行评价，来辅助单元适宜功能的分析。

（5）基于资源定位的功能区划结果。将资源效益评价结果纳入资源适宜功能评分结果中。技术方法方面，在确定单元资源指标体系各指标对各类功能的权重时可采用层次分析法；在进行各类功能所需资源类型分析及单元资源适宜功能分析时可采用矩阵分析法；在单元优势资源不同利用方式可能产生效益的评价中，与城市主导产业选择相同，可采用净效益评价法与机会成本法。

5. 城市功能区划初步方案的形成

（1）将前述两类功能区划中各类功能的适宜度分值加和（两类功能区划的适宜度分值均为无量纲的相对分值，且评价时评价等级与分值设置完全相同），求出总适宜分值。

（2）对各总分值进行排序，选择总分值排序靠前的功能类型作为单元的备选功能类型。

（3）在此基础上，考虑海域功能区划对陆域功能区划的限定因素，各单元功能之间的组合关系，以及单元备选功能与主导产业、城市功能结构的匹配情况，就可形成功能区划的初步方案。

6. 基于公众意愿的功能区划

依据功能区划的初步方案可开展公众参与，进行基于公众意愿的功能区划。公众参与开展之后，把各单元多数公众选择的功能类型作为该功能区划的结果。

7. 基于持续发展理念的城市功能区划结果

对基于公众意愿的功能区划结果进行分析总结，形成进一步方案，经过反复征询公众意见之后，最终形成功能区划结果。

10.3　城市生态功能区划

10.3.1　生态功能区划

1. 生态功能区划的概念

生态功能是指自然生态系统支持人类社会和经济发展的功能。生态功能区划是根据区域生态环境要素、生态环境敏感性与生态服务功能空间分异规律，将区域划分成不同生态功能区的过程。

生态功能区划目的是为制定区域生态环境保护与建设规划、维护区域生态安全以及资源合理利用与工农业生产布局、保育区域生态环境提供科学依据，并为环境管理部门和决策部门提供管理信息与管理手段。

生态功能区划的目标是：明确区域生态系统类型的结构与过程及其空间分布特征；明确区域主要生态环境问题、成因及其空间分布特征；评价不同生态系统类型的生态服务功能及其对区域社会经济发展的作用；明确区域生态环境敏感性的分布特点与生态环境高敏感区；提出生态功能区划，明确各功能区的生态环境与社会经济功能。

生态功能区划对于区域生态环境规划具有重要意义，主要体现在以下方面：

（1）生态功能区划是实施区域生态环境分区管理的基础和前提。其要点是以正确认识区域生态环境特征，生态问题性质及产生的根源为基础，以保护和改善区域生态环境为目的，依据区域生态系统服务功能的不同、生态敏感性的差异和人类活动影响程度，分别采取不同的对策。它是研究和编制区域环境保护规划的重要内容。

（2）由于生态环境问题形成原因的复杂性和地方上的差异性，使得不同区域存在的生态环境问题有所不同，其导致的结果也可能存在较大的差别。这就要求我们在充分认识客观自然条件的基础上，依据区域生态环境主要生态过程、服务功能特点和人类活动规律进行区域的划分和合并，最终确定不同的区域单元，明确其对人类的生态服务功能和生态敏感性大小，有针对性地进行区域生态建设政策的制订和合理的环境整治。而这些正是生态功能区划的目的。

（3）生态功能区划是生态保护决策科学化（从经验到科学）、管理定量化（从定性到定量）、资源开发合理化、运作过程信息化的重要基础性工作，在参与政府管理、指导生态保护和规范生态建设中具有十分重要的作用。

生态功能区划在城市生态规划中具有重要的地位及作用。生态功能区划是城市生态规划的一项基础工作，是实施区域生态环境分区管理的基础和前提，其主要作用是为区域生态环境管理和生态资源配置提供一个地理空间上的框架，为管理者、决策者和科学家提供以下服务：①对比区域间各生态系统服务功能的相似性和差异性，明确各区域生态环境保护与管理的主要内容；②以生态敏感性评价为基础，建立切合实际的环境评价标准，以反映区域尺度上生态环境对人类活动影响的阈值或恢复能力；③根据生态功能区内人类活动的规律以及生态环境的演变过程和恢复技术的发展，预测区域内未来生态环境的演变趋势；④根据各生态功能区内的资源和环境特点，对工农业生产布局进行合理规划，使区域内的资源得到充分利用，又不对生态环境造成很大影响，持续发挥区域生态环境对人类社会发展的服务支持功能。

2. 生态功能区划与生态功能分区的区别与联系

生态功能分区是依据区域生态环境敏感性、生态服务功能重要性以及生态环境特征的相似性和差异性而进行的地理空间分区。它是进行生态规划的一项基础工作，其主要作用是为区域生态环境管理和生态资源信息的配置提供一个地理空间上的框架。

生态功能区划包括以下内容：①生态环境现状评价；②生态环境敏感性评价；③生态服务功能重要性评价；④生态功能分区方案；⑤各生态功能区概述；⑥生态环境保护目标和生态环境建设与发展方向。

所以，两者关系应该是包含与被包含的关系，生态功能分区是生态功能区划的一个重要环节。

10.3.2　城市生态功能区划的概念

城市生态功能区划是指根据城市及其周边相关区域生态环境要素、生态环境敏感性与生态服务功能空间分异规律，将城市及其周边相关区域划分成不同生态功能区的过程。其目的是为制定城市区域生态环境保护与建设规划、形成区域生态安全格局以及实现资源合理利用和各项生产合理布局提供科学依据，并为环境管理部门和决策部门提供管理信息和管理手段。

为了维护区域生态安全，加强城市环境建设，增进城市居民身心健康，提高生态资源对城市发展的支持能力，在更高的水平上实现城市与自然的平衡，对城市生态资源进行综合评价，整合城市发展与生态资源的时空格局，成为实现城市可持续发展的基本途径。1992年联合国环境与发展大会后，许多国家和地区都遵循了这一基本思路制订了相关规划，例如美国编制的《南加利福尼亚城市区域土地利用及河流规划》（Land Use and Water Flow in the Southern California Urban Region，1996），英国编制的《伦敦城市发展战略规划中的开敞空间、建筑环境、水环境》（Advanced Strategic Planning for London：Open Space and Leisure，The Built Environment，Water Issues，1994），日本编制的《东京湾都市地区的生态建设规划》等。我国北京、上海、广州、青岛等地也纷纷开展了不同类型的生态功能区划或生态建设规划。

　　生态学原理表明，对于任何一个城市，良好的生态功能作用都必须依靠其相应的城市生态结构。而城市结构是否合理，城市的功能与结构是否相匹配，主要体现在城市生态功能区划上，因此城市生态功能区划对于科学合理地利用自然环境资源，维护城市生态稳定，保持城市生态系统良性循环，促进城市社会、经济协调发展具有特别重要的作用。

10.3.3　城市生态功能区划方法

　　实地调查是任何与地域有关的规划工作不可或缺的工作方法。遥感技术是信息技术应用于规划调查上的现代先进手法之一，运用遥感技术的调查成果，辅以人工实地调查的局部校正，可较好地满足城市生态功能区划调查分析的要求，增强规划的科学性和准确度。因此，实地调查与遥感技术的结合，成为近年规划常用的工作方法。

　　1. 常用方法概述

　　在具体区划中，常用的基础评价方法包括生态适宜性分析、生态敏感性分析和生态服务功能价值评估等，并形成相应的图件用于叠加，为最终的分区服务。在形成分区时，则主要基于 RS 和 GIS 技术手段，可采用网格叠加空间分析、模糊聚类分析法和生态综合评价法等。

　　生态服务功能重要性评价是把每一项生态服务功能按照其重要性划分出不同级别，明确其空间分布，然后在区域上进行综合。

　　生态功能区划按照工作程序特点可以分为"顺序划分法"和"合并法"。前者又称"自上而下"的区划方法，是以空间异质性为基础，按照区域内差异最小、区域间差异最大的原则以及区域共轭性划分最高级区划单元，再逐级向下划分。一般大范围的区划和一级单元的划分多采用这一方式。后者是"自下而上"的区划方法。它是以相似性为基础，按相似相容性原则和整体性原则依次向上合并，多用于小范围区划和低级单元的划分。目前多采用二者综合协调的方式。

　　2. 生态适宜性分析

　　生态适宜性分析是根据区域发展的目的，运用生态学、经济学、地学、农学及其他相关科学的知识和方法，对该区域的资源环境要求与资源环境现状进行匹配分析，并划分适宜性等级的过程。

　　城市生态适宜性是城市发展与城市生态环境协调发展关系的度量，反映城市生态系统满足城市人口生存和发展需要的潜在能力和现实水平。

　　生态适宜性分析是根据各项土地利用的要求，分析区域土地开发利用的适宜性，确定区域开发的制约因素，从而寻求最佳的土地利用方式和合理的规划方案。其目的在于寻求主要用地的最佳利用方式，使其符合生态要求，合理地利用环境容量，以此创造一个清洁、舒适、安静、优美的环境。规划前期对区域的适宜性评价，为确定城市布局和环境保护提供参考，是城市规划的重要依据。合理确定可适宜发展的用地不仅是以后各项专题规划的基础，而且对城市的整体布局、社会经济发展将产生重大影响。

3. 生态敏感性分析

生态敏感性分析指生态系统对人类活动反应的敏感程度，用来反映产生生态失衡与生态环境问题的可能性大小，也指在不损失或不降低环境质量的情况下，生态因子抗外界压力或外界干扰的能力。城市生态敏感性指城市中不同的生态要素对人类活动的承载能力。

生态环境敏感性分析是针对区域可能发生的生态环境问题，评价生态系统对人类活动干扰的敏感程度，即发生生态失衡与生态环境问题的可能性大小，如土壤沙化、盐碱化、生境退化、酸雨等可能发生的地区范围与程度，以及是否导致形成生态环境脆弱区。相对于适宜性分析而言，生态敏感性分析是从另一个侧面分析用地选择的稳定性，确定生态环境影响最敏感的地区和最具有保护价值的地区，为生态功能区划提供依据。

（1）城市工业用地与城市居住用地的适宜性评价因子中，两者往往具有相同的指标：

1）其用地评价指标均可分为生态环境指标、生态控制指标、自然特征指标。

2）在以下评价因子中，工业与居住用地都含有并且分级标准一样：①生态环境指标中的大气环境影响度、废水等标污染负荷强度、废气等标污染负荷强度；②生态限制指标中的水面、保护区（自然、饮用水）；③自然特征指标中的地质承载力、坡度、土质。

（2）城市工业用地与城市居住用地的适宜性评价因子中，两者具有一些不同的指标：

1）居住包括部分工业用地生态适宜性评价因子外，还增加了居住生态位因子，其"好、一般、差"的分级标准分别对应着"适宜、基本、不"三级适宜性标准。

2）在大气环境敏感度评价因子中还增加了绿化覆盖率的描述，其"大、较大、小"的描述对应于"适宜、基本、不"三级适宜性标准。

（3）地形高度是工业和居住用地均有的评价因子，但标准不同。

1）在工业用地生态适宜性评价中，地形高度的"高、较高、低"三级标准对应着"不适宜、基本、适宜"。

2）在居住用地生态适宜性评价中，对应着"不适宜、基本、适宜"三级适宜性的却是"低、较高、高"，却是相反的。

由于生态环境规划是多学科交叉，各行业相互影响、相互协调的系统性工程，而且规划成果对城市经济社会建设与发展的决策具有重大意义，因此在规划的每个阶段，特别是规划论证和方案制定的过程都需要咨询不同学科的专家意见，以获取技术上的全面支持。

此外，城市生态环境规划的制定和实施，有赖于城市居民的关心、支持、参与和实践。问卷调查、传媒公示、展馆展览、社区咨询及行业咨询等方法已在国内被许多城市不同程度地采纳和接受。

10.3.4 城市生态功能区划原则

1. 一般原则

根据生态功能区划的目的，区域生态服务功能与生态环境问题形成机制与区域分异规律，生态功能区划一般应遵循以下原则：

（1）可持续发展原则。生态功能区划的目的是促进资源的合理利用与开发，避免盲目的资源开发和生态环境破坏，增强区域社会经济发展的生态环境支撑能力，促进区域的可持续发展。

（2）发生学原则。根据区域生态环境问题、生态环境敏感性、生态服务功能与生态系统结构、过程、格局的关系，确定区划中的主导因子及区划依据。

（3）区域相关原则。在空间尺度上，任一类生态服务功能都与该区域，甚至更大范围的自然环境与社会经济因素相关，在评价与区划中，要从全省、流域、全国甚至全球尺度考虑。

（4）相似性原则。自然环境是生态系统形成和分异的物质基础，虽然在特定区域内生态环境状况趋于一致，但由于自然因素的差别和人类活动影响，使得区域内生态系统结构、过程和服务功能存在某些相似性和差异性。生态功能区划是根据区划指标的一致性与差异性进行分区的，但必须注意这种特征的一致性是相对一致性。不同等级的区划单位各有一致性标准。

（5）区域共轭性原则。区域所划分对象的必须是具有独特性，空间上完整的自然区域。即任何一个生态功能区必须是完整的个体，不存在彼此分离的部分。

2. 其他原则

在城市生态功能区划中，除需要遵循上述生态功能区划的一般原则外，还需要遵循以下的原则。

（1）坚持自然属性为主，兼顾社会属性的原则。在城市复合生态系统中经济结构、技术结构、资源利用方式是短时段作用因子，社会文化、价值观念、行为方式、人口资源结构是中时段作用因子，而城市的地理环境、自然资源则是长时段作用因子。在 3 种作用因子中长时段作用因子是难以改变的，最好是适应它，采取的一般方式是通过克服中、短时段作用因子来改善城市发展条件，实现城市可持续发展，因此城市功能区划必须以自然属性为主，根据城市自然环境特征，合理安排使用功能，首先应当考虑结构与功能的一致性，然后才考虑尽可能满足现实生产和生活需要，这与现存的环境因素功能区划有明显区别，表现在前者以自然属性划分使用功能，后者则是以使用功能来划分环境功能。

（2）坚持城市整体性原则。城市生态系统是开放性非自律的，是一个"不独立和不完善的生态系统"，城市正常运行需要从外界输入大量的物流和能流，同时需要向外界输出产品（原料）和排放大量废物。城市生态系统的不独立性，决定了城市功能区划要坚持整体性原则，不仅要考虑市区内自然环境的特征性、相似性和连续性，还要考虑城市与城市外缘的生态系统的联系，建立生态缓冲带和后备生态构架。城市生态功能区划不仅要坚持城市内部生态系统结构使用的合理性，还要坚持城市与城市内外部生态系统连通互补的关系和支撑作用。

（3）坚持保护城市生态系统多样性，维护生态系统稳定性原则。城市生态系统是经人为改造的人工生态系统。城市的形成和发展不仅使城市中原有的自然生态结构发生剧烈变化，而且大量人工技术的输入改变了原有生态系统的形态结构，使自然生态系统趋于单一化，降低了城市生态系统的自我调节能力，使城市生态系统变得脆弱。因此，城市生态功能区划要坚持保护城市生态系统结构多样性原则，以求提高城市生态功能的稳定性。

（4）注重保护资源，着眼长远利用原则。城市生态环境、生态资产和生态服务功能构成了城市持续发展的机会和风险。生态资产保护、生态服务功能强化是城市建设的一项重要内容，而城市生态功能区划又是合理利用和保护生态资产、强化生态服务功能必不可少的条件。

对于新型城市规划建设而言，城市生态功能区划比较容易做到生态结构与生态功能相匹配，做到保护并合理利用城市自然生态结构，强化生态服务功能。而对于已形成或发展中的城市，由于城市原有的自然环境、生态结构已被破坏或已被不合理占用，实现城市生态结构与生态功能相匹配就比较困难了。因此开展城市生态功能区划，必须从城市可持续动态发展，注重保护资源，着眼长远利用角度出发，以期通过区划工作找出现实存在的城市生态结构与生态功能不相匹配的症结，然后逐步进行恢复调整。调整的一般原则是：对于自然资源使用不当的功能，按照远近结合原则，从实际出发提出逐步改造计划；对于自然资源的潜在利用功能，应给予特别关注；对于自然资源的竞争利用的功能，应保证主功能发挥的需要。

10.3.5 城市生态功能区划注意事项

1. 正确认识城市生态系统

编制城市生态功能区划，应把城市生态系统看做由城市生态系统与自然生态系统两个部分共同组成的一个生态系统，即"社会-经济-自然"复合生态系统。不同于自然生态系统，"社会-经济-自然"复合生态系统是以人的行为为主导、自然环境为依托、资源流动为命脉，社会体制为经络的人工生态系统。在城市生态系统中，重新审视人与自然的关系，将城市及城市人类与自然环境的关系放在一种平等的位置上加以考虑，将城市发展放在生物圈的广阔的范畴和视野下加以考虑，寻求城市生态系统与自然生态系统的和谐发展，是城市可持续发展的根本。寻求城市社会经济发展理想化模型与城市生态系统可持续发展理想化模型之间的结合平台，是编制城市生态功能区划的关键。现实中，绝大多数城市结构以人及其社会经济要素的流转为中心而建构，城市中除人以外的生命，则被挤到了一个个孤立的角落，使城市自然生态环境系统被其他物质系统挤压得支离破碎，导致城市生态结构简单脆弱，抗干扰能力低下。城市生态系统与自然生态系统在相互渗透、相互融合中，形成三个渗透区：缓冲区、自然生态区、城市生态区。在城市生态系统与自然生态系统之间，越往城市中心，其城市生态值越高；越往乡村，城市生态值越低。反之，越往大自然，其自然生态值越高，越往城市，其自然生态值越低。

2. 建立生态资源资料库

通过对城市系统（社会经济发展现状、人口、产业、城镇建设用地、基础设施状况、环境污染及治理）、社会文化系统（历史文化资源、风景名胜区、其他旅游资源）、自然生态系统（水系、地貌地质、地下矿产、植被、气候环境）等生态环境要素调查，多年卫星遥感监测图片（RS）信息提取与分析、地理信息系统（GIS）处理与分析，进行数据提取，合理选择和确定控制要素与主导因子，建立生态环境要素资料库及建立生态因素单因子图层库，是客观、科学编制生态区划的基础。以准确、完善的资料为前提，分析确定构成各种支配性生态功能的因子，研究单因子发展变化情况，如地表水、地下水、森林、耕地等，通过叠加综合，建立多目标综合评价指标体系，可对用地现状、环境质量、生态状况进行全面而科学的评价。

3. 寻求城市生态系统可持续发展理想化模型

通过从卫星遥感照片提取信息、利用 GIS 技术叠加对比进行动态研究，大多选定可以追溯年份的卫星遥感照片作为研究的时间起点（目前能获得卫星遥感照片的最早年份大约是 1985 年），确定研究对比的时间轴、点为每五年的卫星监测数据，从单因子和主导性生态功能区两方面进行研究，摸清其成因、发展变化规律与特点，评价主要生态环境问题的现状、成因、变化机制与发展趋势，如土壤侵蚀、酸雨、城市热岛效应等可能发生的地区范围和可能程度，确定生态环境建设与复建的主要任务，模拟及预测城市未来发展的环境质量与环境适宜度分布，建立全区域覆盖的生态敏感性模型、城市生命支持系统理想模型、城市热环境模型等，制定自然生态系统的理想化平台模式。以城市社会经济发展规划为基础，研究社会经济发展需求、城市发展用地需求、人口发展需求对生命支持系统的动力影响，制定社会经济发展的理想化模型。在"生命支持系统理想化模型"，即自然生态系统的理想化平台模式和社会经济发展的理想化模型基础上，根据维持城市可持续发展要求的基本规律，研究理想的最佳生态平台形式、基本规模和基本用地需求，构筑城市生态系统可持续发展理想化模型。

4. 进行科学的生态功能区划

（1）确定城市存在或潜在的主要生态环境问题及其引起生态环境问题的驱动力和原因，结合城市未来建设总体发展需要，提出城市生态环境建设的发展方向和战略目标。

（2）结合发展现状与社会、经济承受能力、自然生态承受能力，提出城镇发展与生命支持系统平台的结合方式，根据城市生态环境敏感性、生态服务功能重要性、生态环境特征的相似性和差异性，确定城市生态功能区划原则，进行生态功能区划。

（3）针对城市生态格局的生态环境特征，分析、确定城市生态系统的主导生态功能类型以及其空间分异规律；评价不同生态系统类型的生态服务功能，如生物多样性保护、水源涵养和水文调蓄、土壤保持、生境恢复、城市热岛效应减少等，分析生态服务功能在城市的分异规律及其对城市社会经济发展的作用，明确不同生态系统服务功能的重要区域，制定生态功能区划的具体内容。

（4）从城市生态景观需求出发，分析城市内绿地组分的数量和质量，判断其是否能达到维持城市生态系统的基本需要；分析城市各功能区布局，尤其是城市绿地的空间布局，判断其是否能够维持城市的生态安全格局；综合分析城市的自然和社会各要素，找出城市的基本特色及反映城市形象的切入点。当然，规划还需落实自然生态复建区、自然生态网络中的功能区、网络联系生态通道的范围、面积等可控制数据。

5. 制定城市生态功能区建设导则

为更好地指引不同类型的城市生态功能区的建设，确保城市生态环境质量的建设要求，保障生态功能区划实施的有效性，需要制定规划强制性执行的内容。同时，为了适应城市可持续发展的动态需要，以及适应未来科技进步对环境治理能力的提高，在不降低城市生态环境质量标准的前提下，对城市生态功能区建设提出指导性意见。可以说，城市生态功能区建设导则，应是刚性与弹性的结合，或者说，是由强制性内容和指导性内容共同构成。导则应结合国家与地方有关政策法规，针对城市各生态功能分区的不同特征和建设、保护需要，大多从开发与保护的协调（包括土地使用强度、环境总量控制、产业准入甄别等），管理与控制的力度，生态的保护、维护、恢复及环境结合质量等方面提出管治导引。

同时导则还应重点从城市功能需要方面（包括城市生态廊道营造、城市绿化建设）、生态保育方面（包括准备森林、加强自然保护区建设、自然人文景观资源保护、实现生物多样性等）、环境保护方面（包括水资源保护、污染治理等）制定相关政策。近期实施步骤及相应的实施办法也可纳入导则的内容。应结合国家和城市的发展计划，制定城市生态近期建设目标及年度重点项目建设计划，并侧重从加强生态环境意识、制定法制保证措施、制定投资保障措施、完善规划体系、强化行政管理手段等方面制定具体实施办法。

10.4　城市环境功能区划

10.4.1　环境功能区

1. 环境功能区的概念

环境功能区是经济、社会与环境的综合性功能区。环境功能区依据区域的社会环境、社会功能、自然环境条件及环境自净能力等确定和划分。在环境管理中，不同的环境功能区执行不同等级的环境质量标准。

例如《环境空气质量标准》（GB 3095—2012）规定，自然保护区和风景名胜区执行环境空气质量标准中的一级标准，居住区、商业交通居民混合区、文化区、工业区和农村地区执行环境空气质量标准中的二级标准等。

考虑到环境污染对人体的危害及环境投资效益两方面的因素，在确定环境规划目标前常常要先对研究区域进行功能区的划分，然后根据各功能区的性质分别制定各自的环境目标，这种对区域内执行不同功能的地区从环境保护角度进行的划分被称为环境功能区划。

2. 环境功能区的分类

环境功能区分为水环境功能区（包括地表水水域环境功能区、地下水环境功能区、海水水域环境功能区）、大气环境功能区、声环境功能区、土壤环境功能区 4 大类。

环境功能区与环境质量标准之间有对应关系，一类区执行一级标准，二类区执行二级标准，三类区执行三级标准。一级标准是为保护区域自然生态，维持自然背景的土壤环境质量的限制值；二级标准是为保障农业生产，维护人体健康的土壤限制值；三级标准是为保障农林业生产和植物正常生长的土壤临界值。

（1）水环境功能区。

1）地表水水质分类。依据地表水水域环境功能和保护目标，按功能高低将地表水水质依次划分为以下 5 类。

Ⅰ类：主要适用于源头水、国家自然保护区。

Ⅱ类：主要适用于集中式生活饮用水地表水源地一级保护区、珍稀水生生物栖息地、鱼虾类产卵场、仔稚幼鱼的索饵场等。

Ⅲ类：主要适用于集中式生活饮用水地表水源地二级保护区、鱼虾类越冬场、洄游通道、水产养殖区等渔业水域及游泳区。

Ⅳ类：主要适用于一般工业用水区及人体非直接接触的娱乐用水区。

Ⅴ类：主要适用于农业用水区及一般景观要求水域。

对应地表水上述五类水域功能，将地表水环境质量标准的基本项目标准值分为五类，不同功能类别分别执行相应类别的标准值。水域功能类别高的标准值严于水域功能类别低的标准值。同一水域兼有多类使用功能的，执行最高功能类别对应的标准值。

2）地下水水质分类。依据我国地下水水质现状、人体健康基准值及地下水质量保护目标，并参照生活饮用水、工业、农业用水水质最高要求，把地下水质量划分为以下 5 类。

Ⅰ类：主要反映地下水化学组分的天然低背景含量，适用于各种用途。

Ⅱ类：主要反映地下水化学组分的天然背景含量，适用于各种用途。

Ⅲ类：以人体健康基准值为依据，主要适用于集中式生活饮用水水源及工、农业用水。

Ⅳ类：以农业和工业用水要求为依据，适用于农业和部分工业用水，适当处理后可做生活饮用水。

Ⅴ类：不宜饮用，其他用水可根据使用目的选用。

3）海水水质分类。按照海域的不同适用功能和保护目标，海水水质分为以下4类。

Ⅰ类：适用于海洋渔业水域，海上自然保护区和珍稀濒危海洋生物保护区。

Ⅱ类：适用于水产养殖区、海水浴场、人体直接接触的海上运动或娱乐区，以及与人类食用直接有关的工业用水区。

Ⅲ类：适用于一般工业用水区、滨海风景旅游区。

Ⅳ类：适用于海洋港口水域、海洋开发作业区。

（2）声功能区。按区域的使用功能特点和环境质量要求，声环境功能区分为以下5种类型。

0类声环境功能区：指康复疗养区等特别需要安静的区域。

1类声环境功能区：指以居民住宅、医疗卫生、文化教育、科研设计、行政办公为主要功能，需要保持安静的区域。

2类声环境功能区：指以商业金融、集市贸易为主要功能，或者居住、商业、工业混杂，需要维护住宅安静的区域。

3类声环境功能区：指以工业生产、仓储物流为主要功能，需要防止工业噪声对周围环境产生严重影响的区域。

4类声环境功能区：指交通干线两侧一定距离之内，需要防止交通噪声对周围环境产生严重影响的区域，包括4a类和4b类两种类型。4a类为高速公路、一级公路、二级公路、城市快速路、城市主干路、城市次干路、城市轨道交通（地面段）、内河航道两侧区域；4b类为铁路干线两侧区域。

乡村区域一般不划分声环境功能区，根据环境管理的需要，县级以上人民政府环境保护行政主管部门可按以下要求确定乡村区域适用的声环境质量要求：①位于乡村的康复疗养区执行0类声环境功能区要求；②村庄原则上执行1类声环境功能区要求，工业活动较多的村庄以及有交通干线经过的村庄（指执行4类声环境功能区要求以外的地区）可局部或全部执行2类声环境功能区要求；③集镇执行2类声环境功能区要求；④独立于村庄、集镇之外的工业、仓储集中区执行3类声环境功能区要求；⑤位于交通干线两侧一定距离［参阅《声环境功能区划分技术规范》（GB/T 15190—2014）］内的噪声敏感建筑物执行4类声环境功能区要求。

（3）土壤功能区。根据土壤应用功能和保护目标，土壤功能区划分为以下3类。

Ⅰ类主要适用于国家规定的自然保护区（原有背景重金属含量高的除外）、集中式生活饮用水源地、茶园、牧场和其他保护地区的土壤，土壤质量基本保持自然水平。

Ⅱ类主要适用于一般农田、蔬菜地、茶园、果园、牧场等土壤，土壤质量基本上对植物和环境不造成危害和污染。

Ⅲ类主要适用于林地土壤及污染物容量较大的高背景值土壤和矿产附近等地的农田土壤（蔬菜地除外），土壤质量基本上对植物和环境不造成危害和污染。

10.4.2 城市环境功能区划

城市是一个具有多种社会、经济功能的综合体，其不同的区域担负着不同的社会功能，同时它们对环境质量具有不同的要求。为了使其不同区域的社会、经济功能得以正常发挥，从环境保护的角度，将城市空间划分为不同的功能区域，称之为城市环境功能区划。

城市环境功能区划须遵循以下原则：

（1）环境功能区划与城市总体规划相匹配。在进行城市环境功能区划时，必须以城市总体规划中所确定的城市性质和总体布局为依据，再参照区内自然条件、现有社会经济条件等相关的城市生态指标，经过综合分析，进行环境功能区划。

根据不同的城市性质，城市一般可分为行政性城市、文化城市、生产性城市、交通运输城市以及旅游疗养城市等类型。然而尽管城市性质不一样，但大多数的城市都是由于工业生产的发展引起人口集中而形成和发展起来的，所以工业是城市形成和发展的重要因素之一，它是确定城市性质的主要因素。从环境保护角度出发，工业是造成城市环境污染的主要因素。因此，根据城市总体规划中所确定的城市性质，确定工业在整个城市产业结构中的布局，对于城市环境功能区划来说，是非常重要的。

（2）区域环境问题的一致性原则。一致性原则即指同一环境功能区内的环境问题应该相近或相一致。这样，既便于统一治理城市环境问题，又有利于城市环境规划的实施。城市环境问题主要表现在大气污染、水体污染、土壤污染、同体废弃物污染、噪声污染等几个方面。不同的功能区，由于其主导行业不同，故产生的环境问题也不尽相同。在进行城市环境功能区划时，就应当从主要环境问题入手，根据环境问题的差异，将城市划分为不同的功能区。

（3）环境结构上的相似性及差异性原则。区域环境结构上的相近性与差异性，要求所划分的各个分区内的环境基本特点，包括自然环境、社会环境、环境问题及治理措施，要有相对一致性，而各个分区之间则要具有较大差异。

（4）综合性与主导性相结合的原则。综合性与主导性是指环境中各个因素是相互作用、相互制约的，然而所起的作用却大小有异。因此在进行环境功能区划时，必须从综合性与主导性相结合的原则出发，从整体环境角度，抓住反映环境本质，并在环境中起支配作用的因素，进行环境功能区划，这样就能抓住区划工作的实质，使区划工作事半功倍。

10.4.3 城市环境功能区划方法

城市环境功能区划的方法可分为定性和定量两种类型。

1. 定性分区的方法

定性分区的方法包括传统意义上的分区方法和以计算机技术为特征的分区方法。传统方法主要是指手工图形叠置的方法，即将不同的环境要素描绘于透明纸上，然后将它们叠置在一起，得出一个定性的轮廓，选择其中重叠最多的线条作为环境功能区划的最初界限，然后再通过一些定量方法计算出较精确的边界，对最初的边界加以修正。

由于计算机科学的发展，图形叠置的任务可以通过计算机系统来完成，目前最流行的一类软件是地理信息系统（GIS）。地理信息系统是以地理空间数据库为基础，采用地理模型分析方法，提供多种空间和动态的地理信息。它具有强大的数据管理和分析计算功能，以信息的形式表达了自然界实体之间的物质与能量流动，以直接的方式反映了自然界的信息联系。地理信息系统在区划工作方面的主要功能表现在，可以在 GIS 的支持下，将各种不同专题地图的内容叠加，显示在结果图件上，叠加结果生成新的数据平面，该数据平面即时综合了各种参加叠加的专题地图的相关内容后而生成的新的分区界面图，不仅该平面的图形数据记录了重新划分的区域，而且该平面的属性数据库中也包含了原来全部参加复合的数据平面的属性数据库中的所有数据项。

在进行城市环境功能区划时，可以利用 GIS 软件对城市生态环境指标的一系列图件进行综合分析，就城市建设、社会经济、环境污染负荷和环境质量等几个方面的内容进行叠加和分类分析，最终获得城市发展过程中进行建设开发活动的不同类型分区图，为环境功能区划提供区界划分的科学依据。

2. 定量分区的方法

定量分区的方法主要体现在环境现状的评价和对未来环境状况的预测上，通常用于现状评价的方法主要有土地开发度评价、生态适宜度评价和数理统计方法等。

（1）土地开发度评价。土地开发度评价也称为土地利用现状评价，其方法是使土地利用的可能性（土地条件）和现有的土地利用状况相对应。计算公式如式（10.4.1）和式（10.4.2）：

$$S = \frac{L}{U} \tag{10.4.1}$$

$$D = \frac{S}{S_b} \tag{10.4.2}$$

式中：S 为综合评价值；L 为土地条件等级；U 为土地利用现状等级；S_b 为土地的平衡点；D 为土地开发评价值。

以城市规划图为底图，以 1km^2 为一个网格，确定每个网格的土地条件等级。其中：L 是根据土地的自然地理特征和土地利用目标来确定的，一般将土地等级分为三类；U 一般按人口密度划分，或按经济密度划分；S_b 是指土地条件等级与该块土地的实际利用状况的协调点。将 S 值与该土地的平衡点 S_b 相比较，得出该网格土地开发评价值 D。当 $D > 1$，表示该网格开发不足；$D = 1$，表示该网格开发平衡；$D < 1$，表示该网格开发过度。将评价结论列表，分别计算三种状态的百分比。

（2）生态适宜度评价。就是将城市划分为不同的环境单元，对每一个单元选取适当的评价因子进行评价，然后将不同的评价因子进行加和，计算公式如式（10.4.3）：

$$B_{ij} = \sum B_{isj} \tag{10.4.3}$$

式中：s 为影响广种土地利用方式的生态因子编号；B_{isj} 为土地利用方式为 j 的第 i 个环

境单元的第 s 个生态因子适宜度评价值；B_{ij} 为第 i 个环境单元，土地利用方式为 j 时的综合评价值。

（3）数理统计方法。一般包括聚类分析法、判别分析法、模糊聚类法等，这些方法通常是根据对象的一些数量特征来判别其类型归属的一种统计方法，对于事物类型的划分和区界的判定十分有效。用于环境预测的方法一般包括灰色系统模型法、回归分析法、特尔斐法等。

1）灰色系统模型法。将所收集的随机数据看作是在一定范围内变化的灰色量，通过对原始数据的处理，将原始数据变为生产数据，从生产数据得到规律性较强的生成函数，然后便可通过这一函数进行预测。该方法的关键是如何建立灰色模型。一般的方法是将随机数据经生产后变为有序的生成数据，然后建立微分方程，寻找生成数据的规律，即建立灰色模型，然后便可以通过将运算结果还原而得到预测值，其基础是数据生成，通常是采用累加生成。

2）回归分析法。主要用于研究不同变量之间的相关关系，它不仅是一种应用范围极广的预测方法，同时也是建立数学模型的重要基础，一般以多元线性回归为主。多元线性回归的基本模型为式（10.4.4）：

$$Y=b_0+b_1x_1+b_2x_2+\cdots+b_mx_m+et \tag{10.4.4}$$

式中：Y 为因变量值；x 为自变量值；m 为自变量个数；b_0，b_1，$\cdots$，b_m 为回归系数；et 为随机误差。

其回归系数 b_m 的确定一般通过最小二乘法获得，实际运算中多以矩阵求解，最后进行假设检验，合格后便可用于预测。

3）特尔斐法。特尔斐法是一种定性预测方法，主要用于历史数据难以采集，影响变量过多及预测时间跨度大的宏观战略预测，也可用于微观预测。它是在专家预测法的基础上发展起来的。基本方法是将所要预测的问题以信函方式寄给专家，将回函的意见综合整理，又匿名反馈给专家征求意见，如此反复多次，最后得出预测结果。

可持续发展是近年来我国政府和学术界关心的焦点。但在区域发展过程中，有些地方政府一味追求 GDP 增长，忽视环境和经济的协调发展，致使生态环境逐步恶化，从而阻碍区域经济与社会的可持续发展，甚至将威胁着人类的生存。因此，在制定社会经济发展和城市改造规划的同时，广泛开展城市环境功能区划和环境规划，对增强区域生态环境支撑能力、促进区域可持续发展具有重要指导意义。

第11章 城市环境规划

11.1 城市环境规划概述

11.1.1 环境规划

1. 环境规划的概念与内容

环境规划是人类为使环境与经济和社会协调发展而对自身活动和环境所做的空间和时间上的合理安排。其目的是指导人们进行各项环境保护活动，按既定的目标和措施合理分配排污削减量，约束排污者的行为，改善生态环境，防止资源破坏，保障环境保护活动纳入国民经济和社会发展计划，以最小的投资获取最佳的环境效益，促进环境、经济和社会的可持续发展。环境规划实质上是一项为克服人类社会经济活动和环境保护活动出现的盲目性和主观随意性而实施的科学决策活动。

环境规划的内容广泛，类型多样。通常按环境要素对环境规划进行分类，可分为污染防治规划和生态规划两大类，前者还可细分为水环境、大气环境、固体废物、噪声及物理污染防治规划，后者还可细分为森林、草原、土地、水资源、生物多样性、农业生态规划；按规划地域可分为国家、省域、城市、流域、区域、乡镇乃至企业环境规划；按照规划期限划分，可分为长期规划（大于 20 年）、中期规划（15 年）和短期规划（5 年）；按照环境规划的对象和目标的不同，可分为综合性环境规划和单要素的环境规划；按照性质划分，可分为生态规划、污染综合防治规划和自然保护规划。

2. 环境规划的基本特征

（1）区域性。环境问题的地域性特征十分明显，环境规划必须注重"因地制宜"的方针。所谓地方特色主要体现在具体时间与空间中的环境及其污染控制系统的结构、主要污染物的分布特征、社会经济发展方向和发展速度、污染控制方案、环境评价指标体系的构成及指标权重等方面的差异，各类环境模型中的参数、系数的时地修正不同，各地的技术条件和基础数据条件也不同。总结精炼出的环境规划的基本原则、规律、程序和方法必须融入具体地方的特征才是有效的、真实的、实事求是的。

（2）综合性。环境规划的综合性反映在它涉及的领域广泛，影响因素众多，对策措施综合，部门协调复杂。随着人类对环境保护认识的提高和实践经验的积累，环境规划的综合性及集成性越来越有显著的加强。21 世纪的环境规划将是经济、社会、自然、工程、技术相结合的综合体，也是多部门的集成产物。

（3）整体性。环境规划具有的整体性反映在环境的要素和各个组成部分之间构成一个有机整体，以及在规划过程各技术环节之间关系紧密、关联度高，各环节影响和制约相关环节，同时又受到其他环节的影响和制约。因此，规划工作应从环境规划的整体出发全面考察研究，单独从某一环节着手并进行简单的串联叠加是难以获得有价值的系统结果。

（4）动态性。环境规划具有较强的时效性。无论是环境问题还是社会经济条件等都在随时间发生着难以预料的变动，基于一定条件制订的环境规划随着社会经济发展方向、发展政策、发展速度以及实际环境状况的变化，势必要求环境规划工作具有快速响应和更新的能力。因此，从理论、方法、原则、工作程序、支撑手段、工具等方面逐步建立起一套滚动环境规划管理系统，以适应环境规划不断更新调整、修订的需求，是环境规划发展的方向。

（5）信息密集。信息的密集、不完备、不准确和难以获得是环境规划所面临的一大难题。在环境规划的全过程中，自始至终需要收集、消化、吸收、参考和处理各类相关的综合信息。规划的成功与否在很大程度上取决于搜集的信息是否较为完全，取决于能否识别、提取准确可靠的信息，取决于是否能有效地组织这些信息，更取决于能否很好地利用这些信息。

（6）政策性强。政策性强也是环境规划的一个特征。从环境规划的最初立题、课题总体设计至最后的决策分析，制订实施计划的每一技术环节中，经常会面临从各种可能性中进行选择的问题。完成选择的重要依据和准绳，是我国现行的有关环境政策、法规、制度、条例和标准。目前，我国在环境政策、法规、制度、条例和标准方面的国家一级总体系框架已形成，地方性的工作正在逐步进行和完善中。在国家级的框架结构中要为地方工作留有一定的余地和发展空间。因此，在进行区域环境规划时，既有较为固定、必须遵守的一面，也有需要根据地方实际、灵活掌握的一面，这就要求规划决策人员具有较高的政策水平和政策分析能力。环境规划的过程也是环境政策的分析和应用过程。

（7）自适应性。在控制论中，自适应系统是指能够按照外界条件的变化自动调整自身的结构或参数，以保持满意的控制效果的系统。在环境规划中，所谓自适应性就是怎样充分利用自然环境适应外界（如资源再生能力、自净能力和自然界生物虫害作用等）变化的能力，以达到保护和改善环境的目的。

（8）广泛性和群众性。保护和改善环境质量必须依靠公众及社会团体的支持和参与。公众、团体和组织的参与方式和程度决定环境规划目标实现的进程。公众及团体参与环境规划，既需要参与有关决策过程，特别是参与可能影响到他们生活和工作的社区决策，也需要参与对决策执行的监督。

3. 环境规划基本原则

（1）预防为主，防治结合的原则。"防患于未然"是城市环境规划的根本目的之一。在环境污染和生态破坏发生之前，予以杜绝和防范，减少其带来的危害和损失是环境保护的宗旨。

（2）系统原则。城市环境规划对象是一个综合体，用系统论方法进行城镇环境规划有更强的实用性，只有把城市环境规划研究作为子系统，与更高层次大系统建立广泛联系和协调关系，才能达到保护和改善环境质量的目的。

（3）经济建设、城镇建设和环境建设同步原则。经济建设、城镇建设、环境建设同步规划、同步实施和同步发展，实现经济效益、社会效益和环境效益的统一，促进经济、社会和环境持续、协调地发展。这个原则对我国的环境保护工作起到了非常重要的作用，是城市环境规划编制的最重要的基本原则。

（4）遵循经济规律，符合国民经济规划总要求的原则。环境与经济存在着互相依赖、互相制约的密切联系，经济发展要消耗环境资源，向环境中排放污染物，并产生环境问题。自然生态环境的保护和污染防治需要的资金、人力、技术、资源起着主导的作用。因此，环境问题本质上是一个经济问题，环境规划必须遵循经济规律，符合国民经济规划的总要求。

（5）遵循生态规律，合理利用环境资源的原则。在制定城镇环境规划时，必须遵循生态规律，利用生态规律为社会主义建设服务。对环境承载力的利用要根据环境功能的要求，适度利用、合理布局，减轻污染防治对经济投资的需求；坚持以提高经济效益、社会效益、环境效益为核心的原则，促进生态系统良性循环，使有限的资金发挥更大的效益。

11.1.2　城市环境规划

城市是处在地表一定范围之内的开放性系统，是人口最集中、经济活动最活跃的地方，对自然环境的干预最为强烈。城市环境就是指与城市整体发生关系的各种人文现象、自然现象的总和。

城市环境规划是指一个城市地区进行环境调查、监测、评价、区划，预测因经济所引起的变化，根据生态学原则提出以调整工业部门结构、合理安排生产布局为主要内容的保护和改善环境的战略性布局。也就是说，是城市当局为使城市环境与经济社会协调发展而对自身活动和环境所做的时间和空间的合理安排。

城市环境规划是一个复杂的系统工程，其涉及范围广，数据需求量大，要使用多种模型方法。通常，城市环境规划的内容可分为两大部分，即环境现状调查评价和环境质量预测及规划。首先，在明确规划的对象、目的以及范围的前提下，进行环境现状调查和评价。其次，在现状调查和评价的基础上，进行环境影响预测和规划。

城市环境规划的目的在于调控城市中人类自身活动，减少污染，防止资源破坏，从而保护城市居民生活和工作、经济和社会持续稳定发展所依赖的城市环境。城市环境规划就是人类为协调人与自然的关系，使城市居民与自然达到和谐，使经济和社会发展与城市环境保护达到统一而采取的主动行为。

为了达到城市环境规划的目的和要求，城市环境规划必须包括以下两方面内容：

（1）要根据保护环境的需要，对城市经济社会活动提出约束要求，如实行正确的城市环境保护政策和措施，确立合理的生产规模、产业结构和生产力的布局，采取有利于城市环境的技术和工艺，停、转、迁出对城市环境有污染的工矿企业等。

（2）要根据经济社会发展和城市居民生活水平提高对城市环境越来越高的需求，对城市环境的保护与建设做出长远的安排与部署，如确立长远城市环境质量目标、筹划自然保护区和生态建设项目等。

11.1.3　城市环境规划与城市总体规划的关系

城市环境规划既是城市总体规划中的主要组成部分，又是城市规划中一个独立的专门规划。城市环境规划与城市总体规划互为参照和基础，其目标是城市总体规划目标中的一部分，并参与城市总体规划目标的综合平衡并纳入其中。由于城市是人与环境、经济与环境矛盾最突出和最尖锐的地方，因而城市总体规划中必须包括城市环境保护这一重要的内容。

城市总体规划是为确定城市性质、规模、发展方向，通过合理利用城市土地、协调城市空间布局和各项市政设施，实现城市经济和社会发展目标而进行的综合部署。城市总体规划侧重于从城市形态设计上落实经济、社会发展目标、环境的保护与建设。

城市环境规划与城市总体规划的差异性，在于城市环境规划主要从保护生产力的第一要素即人的健康出发，以保持或创建清洁、优美、安静、舒适的，有利于城市居民生活和工作的城市环境为主要目标，是一种更深、更高层次上的经济和社会发展规划，并含有城市总体规划所不包括的污染源控制和污染治理设施建设和运行等内容。

城市总体规划和城市环境规划的相互关联主要表现在城市人口与经济、城市生产力和布局、城市的基础设施建设等方面。城市环境规划的制定与实施可以促进城市建设的发展，保障城市功能的更好发挥，保护城市的特色并有利于城市居民的健康，使城市建设走上健康、文明发展的道路。

11.1.4　城市环境规划基本理论

1. 环境承载力理论

环境承载力是指在一定时期内，在维持相对稳定的前提下，环境资源所能容纳的人口规模和经济规模的大小。环境承载力作为判断人类社会经济活动与环境是否协调的依据，具有以下主要特征：

（1）客观性和主观性。客观性体现在一定时期、一定状态下的环境承载力是客观存在的，是可以衡量和评价的，它是该区域环境结构和功能的一种表征；主观性体现在人们用怎样的判断标准和量化方法去衡量它，也就是人们对环境承载力的评价分析具有主观性。

（2）区域性和时间性。环境承载力的区域性和时间性是指不同时期、不同区域的环境承载力是不同的，相应的评价指标的选取和量化评价方法也应有所不同。

（3）动态性和可调控性。环境承载力的动态性和可调控性是指其大小加以保护，环境承载力可以得升，是随着时间、空间和生产力水平的变化而变化的。人类可以通过改变经济增长方式、提高技术水平等手段来提高区域环境承载力，使其向有利于人类的方向发展。

从上述的环境承载力的定义和特征可以看出，环境承载力既不是一个纯粹描述自然环境特征的量，又不是一个描述人类社会的量，它与环境容量是有区别的。环境容量是指某区域环境系统对该区域发展规模及各类活动要素的最大容纳阈值。这些活动要素包括自然环境的各种要素大气、水、土壤、生物等和社会环境的各种要素人口、经济、建筑、交通等。环境容量侧重反映环境系统的自然属性，即内在的禀赋和性质；环境承载力则侧重体现和反映环境系统的社会属性，即外在的社会禀赋和性质，环境系统的结构和功能是其承载力的根源。在科学技术和社会关系发展的一定历史阶段，环境容量具有相对的确定性，有限性；而一定时期、一定状态下的环境承载力也是有限的。

提高环境承载力和调整人类经济发展行为是协调环境与发展的两条基本途径，其中降低环境阻力的作用程度、强化环境管理、优化环境规划方案等是提高环境承载力可行的途径和手段，而调整人类社会经济发展行为则比较复杂并具相当的难度。

2. 可持续发展理论

可持续发展理论的提出，为区域环境规划提供了全面的指导思想，突破了经济制约型环境规划的框架，使环境规划的内容不再仅仅局限于大气、水、固体废弃物等环境单元的质量控制和污染物的防治上，而是将与环境单元有关联的资源、经济和社会等子系统一并纳入规划的研究范围内，最终实现区域资源、环境、经济、社会大系统诸要素的和谐、合理，并使总效益达到最佳。可持续发展既要作为环境规划的指导思想，又要成为环境规划的最终目标，对可持续发展的追求，应贯穿于环境规划的始终。

3. 人地系统理论

人地系统由人类社会系统和地球自然物质系统构成。其中，人类社会系统是人地系统的调控中心，决定人地系统发展方向和具体面貌。地球自然物质系统是人地系统存在和发展的物质基础和保障。两个系统之间存在双向反馈的耦合关系，人类社会系统以其主动的作用力施加于地球自然物质系统，并引起它发生相应变化，变化了的地球自然物质系统又把这些作用的结果反馈给人类社会系统，从而在两个系统之间形成了能动作用和受动作用的辩证统一。

城市环境规划的区域是由人类活动系统和地理系统组成的人地协调共生系统，维持二者协调共生关系的充要条件是从其外部环境不断获取负熵流。复杂系统的因果反馈关系，主要是自我强化的正反馈关系和自我调节维持稳定的负反馈关系之间的相互耦合，决定着人地关系的行为和区域发展的前途。

可持续发展战略以人地关系协调共生为核心，注重建立人类活动系统内部和地理环境系统内部，以及二者之间的因果反馈关系网，力求把人类活动系统的熵产生降至最低，把地理环境系统为人类活动系统可持续发展提供负熵的能力提高到最高；力求通过熵变规律，创造一个自然、资源、人口、经济与环境诸要素相互依存、相互作用和复杂有序的区域人地关系协调共生系统。创造这种系统的一项重要手段就是编制区域性环境规划。这就要求规划内容、任务、目标和原则的确定必须紧紧围绕人地关系协调共生理论进行；必须同时遵循区域自然规律、经济发展规律和人地关系的熵变规律，对不同类型、不同发展阶段的区域人地关系，因地制宜、因势利导地制定出切合实际的区域发展服务的环境规划，促进区域保持经常性的持续、稳定、和谐发展状态。唯有这样，区域性的环境规划才能真正成功地调控区域人地关系地域系统。

4. 区域复合生态系统理论

当今人类赖以生存的社会、经济、自然是一个复合大系统的整体。复合生态系统具有人工性、脆弱性、可塑性、高产性、地带性和综合性等特性。它们给城市环境规划的编制和实施提供了可能。组成复合生态系统的社会、经济、自然等三个子系统，均有着各自的特性。社会子系统受人口政策及社会结构的制约，文化、科学水平和传统习惯都是分析社会组织和人类活动相互关系必须考虑的因素。价值高低通常是衡量经济子系统结构与功能适宜与否的指标。自然子系统为人类生产生活提供必要的物质资源，但是违背生态规律的生产管理方式将给自然环境造成严重的负担和损害。

5. 空间结构理论

空间结构理论是人类活动空间分布及组织优化的科学。它是一门应用理论学科，为环境规划提供理论基础和方法支持。从环境保护的目的出发，科学合理地安排生产规模、生产结构和布局，调控人类自身活动，是一项涉及自然、社会和经济系统的复杂的系统工程，因而需要环境科学、经济学、生态学和地理学等多学科知识共同来完成。与以往的区域规划不同的是，城市环境规划在进行区位选择的时候，在考虑经济因素的同时，要以不破坏生态环境为前提，即将环境和生态因子放在同等重要的地位考虑。

环境承载力理论，是对特定时、空环境中的环境容量条件下，对不同环境因子保持在特定水平及平衡的定量判定与预测；可持续发展理论是对特定历史时段内，具体区域的经济、社会、环境子系统之间平衡关系的科学调整理论；人地关系理论则重点强调了人类与其生存的自然之间的和谐对立统一关系；区域复合生态理论则是针对环境长远利益——环境生态内部协调发展与平衡的理性关注；空间结构理论为环境规划提供理论基础和方法支持。这些理论在以人为中心的环境系统中，分别从不同的子系统视角，从不同的环境因素方面、系统及发展长远利益，从定性和定量方面均对"环境规划"工作提供了有益的理论支持和部分定量工具。

11.1.5　城市环境规划的一般方法

城市环境规划方法是与环境规划同时产生并发展的，而在其发展进程中，对系统思想与方法、现代技术手段的吸取与应用，逐步将环境规划方法推向了科学化和现代化。现代环境规划方法体系的构建主要包括以下方面：

（1）以现代系统科学的诸多理论为依据，加强对客观存在的区域环境系统的研究，以求真实地反映该系统，并为定量化系统预测和系统调控提供依据。

（2）不断吸收运用现代数学中的运筹学、模糊数学、拓扑学等方法，对所研究系统进行指标量化和模型构建，提高环境规划指标的精度，也为模拟和预测环境系统的动态发展过程提供可能。

（3）采用 GIS 技术、遥感技术、多媒体通讯技术等现代科技手段，使环境规划从信息的采集到监督实施整个过程，都变得高效快捷，并继续加强对计算机网络化、专家系统、决策支持系统等的研究，推动环境规划学向现代化方向发展。

11.2　城市环境规划内容与方法

11.2.1　城市环境规划编制程序

城市环境规划编制程序一般分为调查评价、污染趋势预测、功能区划、制定目标、拟订方案和优化方案、可行性分析、编写规划文本 7 个步骤。

1. 调查评价

任何一项规划都是从问题出发的，任何一个科学的规划都是对问题有了清楚、深刻的了解和认识之后，才可能做出。所以城市环境规划首先要通过调查评价，弄清城市环境问题，找出其主要环境问题和产生的原因，为确定目标、制定对策提供依据。

调查评价工作要注意解决好以下 3 个重要环节，即完善的指标体系、必要的信息来源、科学的评价方法。环境质量评价和污染源评价是环境评价的重点。环境质量评价通常应用污染指数法，表述某种污染物的超标程度，弄清城市环境污染的主要问题。污染源评价，通常应用单因子污染物的排放总量，表述造成污染的主要污染物，再通过单个污染源和行业污染物排放量的排序找出主要污染源和主要污染行业。

2. 污染趋势预测

城市环境问题随着经济和社会的发展和环境保护活动的推进，在不断地变化着，城市环境规划是面向未来的，因而城市环境规划对城市环境问题的了解和认识，也应该是动态的，不仅要弄清当前的城市环境问题，而且要预测规划期内城市环境问题的发展趋势。在此基础上才可能确定合理的目标，制定有的放矢的对策。污染趋势预测要将城市环境问题置于环境、经济、社会系统中，把握经济、社会发展对城市环境影响（污染物产生和排放总量以及相应的环境质量）的规律；预测要注意科学技术进步对城市环境的影响，尤其是在制定长期规划和战略研究时，往往由于科学技术的进步，环境与经济协调发展将会产生革命性的变化，应作为预测的重点，把握住城市环境问题发展的方向。

环境污染预测的方法很多，许多通用的预测方法都适合于城市环境污染预测，例如趋势外推法、投入产出法、弹性系数法、排污系数法等。应用最多和比较简便的方法是排污系数法和弹性系数法。

3. 功能区划

正如前面所叙述的那样，城市环境功能区划是城市环境规划的重要内容，一般可以分为两个层次，即综合环境区划和单要素环境区划。

综合环境区划主要以城市中人群的活动方式以及对环境的要求为分类准则，充分考虑土地利用现状和城市发展、旧城区改造的需要，服从城市总体规划，满足城市功能需求。综合环境区划一般划分为重点环境保护区、一般环境保护区、污染控制区和重点污染治理区等。划分方法主要采用专家咨询法，也可采用数学计算分析法作为辅助方法，如生态适宜度分析、主因子分析、聚类分析、可能-满意度分析等方法按网络综合分级。单要素环境区划主要指气环境区划、水环境区划和噪声环境区划。单要素环境区划要以综合环境区划为基础，结合每个要素自身的特点加以划分。气环境功能区依据国家气质量标准，分为三类区域。水环境功能区依据国家地方水环境质量标准，按其保护目标分为自然保护区及源头水区、生活饮用水水源区、水产养殖区、旅游区、工业用水区、农业灌溉区、排污口附近混合区。

4. 制定目标

制定目标是编制规划的中心任务。由于环境问题的复杂性，涉及面广泛，环境规划是一个多决策问题，目标的确定是健康要求、经济发展对环境功能的需求以及科学技术水平、国力水平综合协调的结果，是一个相当复杂的问题，通常要根据环境现状与发展趋势及从多方面的综合考虑，先确定一个初步目标，在此基础上，进一步研究实现这些目标的各种措施及财政人力等方面的支持条件，进行测算和可行性研究，根据可行性研究结果，反馈修改或最终确定环境目标。

5. 拟订方案和优化方案

拟订方案是环境目标初步确定后，根据环境保护的技术政策和技术路线，拟订实现环境目标的具体途径和措施。一个目标（或目标集）可以通过多种途经来实现，但是只有在正确的技术政策和技术路线指导下，拟定的方案才能符合"三效益统一"的评价准则。30 年来，我国已初步形成了一整套污染防治的技术政策和技术路线，在城市环境规划拟定规划方案时，要认真加以贯彻。

为了使规划方案更好地符合"三效益统一"，通常采用"情景分析"的方法，拟定多个方案，通过模拟方案实施后可取得的效果来比较，从中筛选或通过数学模型优化出最佳方案。提出的方案要包括"总量-质量-项目-投资"四个相互联系的内容。

6. 可行性分析

方案的比较和优化，往往都是在一定前提条件下，或者是在某一个子系统中进行的。然而，城市环境规划问题是一个十分复杂的多层次、多因子、多目标的动态开放的系统，有许多因素难以用数学模型来描述，在决策问题的分类中属于非确定型或半确定型问题。在筛选或优化出最佳方案以后，还要进行涉及面更广、层次更高的可行性分析。例如进行方案的灵敏度分析、风险性分析、外界条件变化对方案效果的影响分析、投资来源渠道分析、投资比例分析、环境费用效益分析等。通过方案的可行性分析最终确定规划方案。

7. 编写规划文本

城市环境规划要纳入城市总体规划，同时作为一个专项规划要单独经人大通过或经政府批准赋予法律效力加以实施，因而环境规划文本通常需要编写两种文本：一是规划详细文本（这是一种技术性文件，除了表述规划目标和要求以外，还要说明规划的技术依据和可行性分析）；二是规划的法律文本（该文本要简明、准确地表明规划的目标和要求，供人大或政府批准）。

8. 污染物排放"输入-响应关系"

城市环境规划要以环境质量为核心。在方案模拟中，关键问题是建立污染物容量总量控制的"输入-响应关系"，即污染物排放对环境质量的定量影响关系，运用气或水环境容量模型，将污染物排放与环境质量联系起来。一个城市的气或水环境容量模型是这个城市气或水环境污染物排放规律的科学描述，因而污染物排放的"输入-响应关系"是城市环境规划和环境管理的技术基础，污染趋势预测、污染治理方案的模拟和可行性分析都需要应用"输入-响应关系"，必须认真做好。

9. 地理信息系统（GIS）的应用

地理信息系统对城市总体规划是一个十分有用的先进信息手段，对环境保护规划也同样，在国外应用较为普遍，近年来我国城市环境规划领域也得到较好的应用。地理信息系统不仅具有表现直观清晰的优点，更重要的是它使城市环境规划中的属性数据与空间数据结合，可以进行各种综合分析和模型计算、分析计算快捷、存储修改十分便利、图形加工能力强。地理信息系统的应用是城市环境规划值得提倡的先进手段。

规划完成后，通常有以下3类文本：

（1）技术档案文本。将规划过程中所收集的背景材料、调查所采集的信息、编制过程中的技术档案或记录等整理而成的文本。

（2）城市环境规划文本。规划的正式文本，由环境规划管理部门管理，作为规划实施与管理的蓝本，其内容包括自然环境和社会经济发展概况、环保工作情况概述、环境变化趋势分析、环境规划总目标、城市环境综合整治规划方案、环境要素（水、大气环境、噪声、固体废物等）污染控制规划、城市生态规划、环保系统自身建设规划、费用预算和资金来源、政策建议等。

（3）城市环境规划报审文本。这是正式规划文本的缩编本，主要用于申报、审批。

11.2.2 城市环境现状调查与评价

1. 调查与评价主要内容

环境规划通过环境现状调查分析，对环境质量现状进行定性和定量的评述。它是环境规划的基础性工作，通过评价以及了解区域环境特征、环境调节能力和环境承载力，找出环境中存在的主要问题，确定主要污染物和污染源以及污染源发生的原因、地域分布，找出环境中存在的问题，有针对性地制定改善和提高环境质量的规划和措施。

环境现状评价的主要内容包括：自然环境现状评价，污染源现状评价，区域经济、社会评价。

（1）自然环境现状评价。主要包括区域自然环境现状、（地表和地下）水环境现状、大气环境现状、土壤环境污染现状、噪声污染现状和固体废物污染现状等；进行系统现状分析和研究，找出目前存在的各种环境问题以及在规划期内需要解决的主要环境问题，为环境区划和评估区域环境承载力打下基础。

（2）污染源现状评价。主要是对突出重大的污染源进行综合评价。根据污染类型进行单项评价，结合当地的实际情况，确定出评价区域内的主要污染物及主要污染源。评价过程中，注意将污染源和环境效应结合起来进行综合评价，为区域环境功能区划分和产业布局提供依据。

（3）区域经济、社会评价。区域经济评价主要包括与环境规划内容有直接或间接关系的经济活动。根据区域内社会生产力发展水平分析环境污染出现的可能性和客观必然性，通过环境损益分析的结果，最大限度地控制区域环境污染。区域社会评价主要是通过对区域内人口状况、社会意识状况以及社会制度等进行分析，评价其对于当地环境质量的影响。

2. 主要调查与评价方法

环境现状调查以收集资料为主，现场调查为辅。信息的收集主要来源于先前的环境规划、计划以及其他基础资料、环境监测部门的监测资料和历年的环境质量报告书、统计部门历年的统计资料以及环境科研部门收藏的文献资料、专门进行的实地考察和测试所得的资料。全面收集工业污染源、生活污染源和农业污染源排放资料及水文、气象、生态条件等现状资料，并对所得资料进行整理、分析与评价。对历史过程进行调查了解，为规划提供人类活动与区域环境问题之间关系的线索。

现状评价一般多用单因子评价法、系数法、指数法、遥感调查评价等常用环境质量现状评价方法。

11.2.3 城市环境发展预测分析

环境预测是在环境调查和现状评价的基础上，结合经济发展规划，通过综合分析或一定的数学模拟手段，推求未来的环境状况。因此，需要对规划区域内的经济社会发展状况、环境质量变化趋势以及二者之间的联系进行预测，主要预测内容包括以下几个方面：

（1）社会和经济发展预测。社会和经济发展预测中，主要包括规划期内的人口总数、人口密度和人口分布等方面的变化趋势；人们的生活水平、居住条件、消费趋向和对于区域内环境问题的承受限度等；区域内生产布局、生产力发展水平以及区域内经济基础、经济规模和经济条件的变化趋势。

（2）环境容量预测。环境容量的预测根据区域内环境功能的区划、环境污染状况以及环境质量标准来预测区域环境容量的变化。

（3）环境污染预测。预测各类污染物在大气、水体、土壤等环境要素中的总量、浓度以及分布的变化，预测可能出现的新污染物种类和数量，确定合理的排污系数和弹性系数。

环境预测方法主要有决策树图预测法、马尔科夫预测法、灰色系统预测法、箱式模型预测法等。具体选用何种预测方法，应根据资料、环境条件、技术等情况决定。选择预测方法时，应考虑的基本要素是预测方法的应用范围，包括预测对象、预测时段、预测条件、预测资料的性质、预测模型类型、预测方法和精确度、预测方法的适用性及预测方法的费用等。

11.2.4　城市环境规划目标及指标体系

1. 环境规划目标

环境规划目标是对规划对象未来某一阶段环境质量状况的发展方向和发展水平所做出的规定。环境规划一方面既体现了环境规划的战略意图，另一方面也为环境管理活动指明了方向、提供了管理依据。环境规划目标应体现环境规划的根本宗旨，即要保护国民经济和社会的持续发展，促进经济效益、社会效益和生态、环境效益的协调统一，充分发挥环境规划目标对于人类活动的指导作用。

环境规划目标内容较多，可按照环境规划与管理工作的不同要求，根据不同角度将其分为不同的类型。例如，按管理层次划分为宏观目标（总目标）和详细目标，按照规划时间划分为短期目标（近期目标）、中期目标和长期目标（远期目标），按照规划内容分为环境质量目标和污染总量控制目标。

环境规划工作中，经过对规划区的调查、评价和预测后就可转入确定环境规划目标阶段。规划目标的确定是一项综合性特别强的工作，是环境规划的重要内容之一。能否确定出恰当、合理的环境目标是制定环境规划的关键。环境目标太高，环境保护投资过多，超过经济承担能力，环境目标无法实现；环境目标过低，不能满足人们对环境质量的要求或造成严重的环境问题。因此，选择符合规划区实际的环境目标非常重要。常用的确定环境规划目标的方法主要是经验判断法、最佳控制水平确定法等。

（1）经验判断法。主要是根据国家和地方环境目标要求及规划区的性质功能，结合环境污染预测结果和目前的环境污染治理和管理水平确定总的环境目标，再确定各功能的环境目标。经验判断法程序，一般先按照环境的性质功能确定一个应该达到的标准，然后计算达到标准所应完成的污染物削减总量，并分析总量削减的经济技术可行性和时间期限的可行性，再经反复调整、修改和完善环境目标，通过反复平衡、综合分析，得到区域不同时间间隔以及不同程度的环境目标。

（2）最佳控制水平确定法。环境污染对规划区的社会经济发展以及人体健康造成影响，这种影响可以用污染损失费用来表示。为了控制污染，改善环境条件，又需要投资，这种投资可用污染控制费用来表示。环境污染越严重，其边际损失越大，边际控制费用越小；反之，环境质量改善得越好，污染的边际损失越小，要求的边际控制费用越大。因此，从整体优化的思想出发，必然能寻找规划区环境污染的最佳控制水平。

2. 环境规划指标

环境规划指标是直接反映环境现象以及相关的事物，并用来描述环境规划内容的总体数量和质量的特征值。环境规划指标包含两方面的含义：一是表示规划指标的内涵和所属范围的部分；二是表示规划指标数量和质量特征的数量。

环境规划中，按照表征对象、作用以及在环境规划中的重要性或相关性来分，环境规划指标主要分为环境质量指标、污染物总量控制指标、环境规划措施与管理指标、相关性指标 4 种类型。

（1）环境质量指标。主要是表示自然环境要素和生活环境的质量状况。一般以环境质量标准为基本的衡量尺度，环境质量指标是环境规划的出发点和归宿，其他指标的确定围绕完成环境质量指标进行。

（2）污染物总量控制指标。根据一定地域的环境特点和容量来确定，将污染源和环境质量联系起来进行分析，寻求源与汇的"输入-响应"关系。

（3）环境规划措施与管理指标。首先达到污染物总量控制指标，进而达到环境质量指标的支持性和保证性指标。这类指标由环保部门规划与管理，其执行情况与环境质量的优劣密切相关。

（4）相关性指标。主要包括社会指标、经济指标和生态指标。这类指标大都包含在国民经济和社会发展规划中，与环境指标有密切的联系。因此，环境规划将其作为相关性指标列入，以全面衡量环境规划指标的科学性和可行性。

11.2.5　城市环境规划方案

环境规划方案的设计是规划工作的中心内容，是在考虑国家或地区有关政策规定、环境问题和环境目标、污染状况和污染削减量、投资能力和效益等情况下，提出具体的污染防治和自然保护的措施和对策。

1. 环境规划方案类型

按规划的性质，环境规划方案可以分为生态规划方案、污染物综合防治规划方案、自然资源保护规划方案 3 种类型。

（1）生态规划方案。在制定区域经济、社会发展规划和环境规划的过程中，不是单纯考虑经济因素，而是把当地的地球物理系统、社会经济系统和生态系统紧密结合在一起进行考虑，使区域内的经济发展能符合生态规律，既能促进和保证经济发展，又不使当地的生态系统遭到严重的破坏。

（2）污染物综合防治规划方案。在污染物综合防治规划方案的设计中，必须从经济和环境两个方面全面地规划工业发展的部门结构，尽量减少污染物的排放量；合理进行工业布局，充分利用各地区的环境资源容量；尽可能减少污染物的人工治理量，对必须进行治理的污染物要应用人工净化和自然净化相结合，区域集中处理工程和分散治理相结合等多项措施进行优化处理。

（3）自然资源保护规划方案。指对自然资源进行调查、分类、区划和评价等工作，从而查明资源、生态破坏的情况及原因，并着重研究保护资源和促使生态环境逐步从恶性循环到良性循环的途径和措施。

2. 环境规划方案的基本内容

环境规划方案的基本内容包括水污染防治规划方案、大气污染防治规划方案、噪声污染防治规划方案、城市固体废物管理规划方案、总体规划方案。

水污染防治规划方案包括调整工艺结构、改革工艺、推行清洁生产、从源头控制和减少废水的排放。根据国家推荐的实用技术，结合目前国内外先进的废水治理技术方案，提出企业的废水排放削减方案。依据城镇各污染源所制定的削减方案，提出适合城镇的废水综合处理方案。对处理后废水回用进行可行性分析，考察、分析处理后废水回用的途径，以及相应的投资和所需的技术支持。

大气污染防治规划措施主要有以下5种：①发展清洁能源，改善能源结构；②采取有效措施，防治工业污染；③加强机动车尾气污染控制；④充分利用环境容量，调整工业布局；⑤提高绿地覆盖率和人均绿地面积。

交通噪声控制措施的确定一般从以下4个角度考虑：①调整道路路网布局；②控制机动车辆噪声；③从管理方面着手；④从道路两侧建筑布局考虑。

工矿企业噪声控制措施的确定一般依据以下3个原则：①从技术上对噪声源进行控制；②对噪声源控制提出相应的经济对策；③从强化噪声管理的角度制定具体措施。对于社会环境噪声，可以通过实行环境噪声达标区建设的方式进行控制。环境噪声达标区建设是改善城镇声环境，控制环境噪声污染的有效途径。

城市固体废物管理规划方案包括现状调查及评价、固体废物量预测、固体废物特性分析、"减量化、资源化、无害化"固体废弃物管理、固体废弃物的收集以及固体废弃物的处理和最终处置等。

总体规划方案是对各单项规划方案的优化，同时应包含单项规划所不能包容的其他内容。总体规划方案应包括以下内容：①环境规划总体目标及各单项指标；②产业结构和布局调整最终方案；③环境功能分区；④水资源和水源保护；⑤排水路线选择；⑥水、气、声、固体废弃物、生态等各单项要素规划方案；⑦规划实施的保证条件。

11.3　城市大气污染控制规划

11.3.1　城市大气环境现状分析与评价

1. 污染源调查与分析

污染源调查与分析包括以下内容：

（1）画出污染源分布图。画出规划区域范围内的大气污染源分布图，标明污染源位置、污染排放方式，并列表给出各所需参数。高的、独立的烟囱一般作点源处理，无组织排放源及数量多、排放源不高且源强不大的排气筒一般作面源处理（一般把源高低于30m、源强小于 0.04t/h 的污染源列为面源），繁忙的公路、铁路、机场跑道一般作线源处理。

（2）点源调查统计。统计内容如下：

1）排气筒底部中心坐标（一般按国家坐标系）及分布平面图。

2）排气筒高度（m）及出口内径（m）。

3）排气筒出口烟气温度（℃）。

4）烟气出口速度（m/s）。

5）各主要污染物正常排放量（t/a，t/h 或 kg/h）。

（3）面源调查统计。将规划区在选定的坐标系内网格化。网格单元，一般可取1000m×1000m，规划区较小时，可取 500m×500m，按网格统计面源的下述参数：

1）主要污染物排放量 $[t/(h \cdot km^2)]$。

2）面源排放高度（m），如网格内排放高度不等时，可按排放量加权平均取平均排放高度。

3）面源分类，如果面源分布较密且排放量较大，当其高度差较大时，可酌情按不同平均高度将面源分为 2～3 类。

2. 大气污染源评价方法

（1）等标污染负荷法。等标污染负荷指的是把污染物的排放量稀释到相应排放标准时所需的介质量。采用等标污染负荷法对区域工业污染源进行评价，用等标污染负荷法对污染源及污染物位次进行排序并评价，用以判断各污染源和各污染物的相对危害程度，计算式为

$$P_i = \frac{m_i}{C_i} \tag{11.3.1}$$

式中：P_i 为 i 污染物的等标污染负荷；m_i 为污染物的排放量，kg/d；C_i 为污染物的浓度排放标准，mg/L。

（2）污染物排放量排序。污染物排放量排序是直接评价某种污染物的主要污染源的最简单方法。采用总量控制规划法时，针对区域总量控制的主要污染物，对排放主要污染物的污染源进行总量排序。

11.3.2 大气污染预测

大气污染预测就是预测某一特定区域的大气污染的未来变化趋势，并提出改善大气环境质量的对策，为决策部门在制定该区域大气污染防治规划与经济发展规划时提供参考和依据。区域的大气环境质量不但受到污染源的影响，还要受到污染气象条件的影响。目前，国内外学者用于大气污染预测的方法模型主要有空气质量模型、灰色理论模型、投影寻踪回归模型、模糊理论模型、线性系统分析模型、环境质量计量模型、统计理论方法等。

常用于大气污染预测的空气质量模型有箱模型、高斯模型及 K 模型。

1. 箱模型

箱模型是一种最简单的城市空气质量模型。它把整个城市空间看作一个或多个矩形的箱体，其主要假设条件为：①在一个箱体内，污染源（看作面源）的源强是一个常数；②污染物进入箱体（大气）后，立即在铅直方向均匀分布。由于城市污染源分布比较均匀，铅直扩散速率较快，上述假设有一定的合理性。但是箱模型的假定与实际情况有很大差异，对近地面的浓度估算偏低。

2. 高斯模型

高斯模型是城市空气质量模型中最主要的应用模型，其原因有以下几点：①大多数平原城市及郊区的范围在 20～30km 以内，流场并不十分复杂；②城市空气质量模型的误差主要来源于模型输入参数，尤其是污染源资料不可能十分准确、精细，使对模型本身的修改难以提高它的模拟精度，从应用的效果看，复杂数值模型并不优于高斯模型；③高斯模型对气象资料的需求比其他空气质量模型对气象资料的需求更低，而运算效率却明显较高。

高斯模型具有简单实用、空间分辨率高的优点，但它也有以下不足之处：①当模拟的尺度达到几十公里，或者因下垫面不均匀使流场比较复杂时，高斯烟流模型的精度就难以满足要求；②高斯模型的沉积和化学转化过程只能作十分粗略的处理，当这些过程已相当重要或者作为研究对象时，高斯模型不适用。

3. K 模型

K 模型是由平流扩散方程式经各种简化假设而推导得出的，它具有如下效能：①能够模拟三维非定常流场中的输送和扩散，因此可以模拟复杂下垫面和较大尺度范围内的空气污染；②污染源场可以任意给定，即 $Q=Q(x, y, z, t)$；③边界可以反射、吸收和穿透污染物质，其浓度在边界上可变；④可以模拟包括非线性化学反应引起的浓度变化；⑤可以模拟干、湿沉积引起的浓度变化。

由于 K 模型来源于模仿分子扩散的梯度输送假设，它具有一定的局限性：①梯度输送假设要求满足一定的尺度条件，使扩散方程仅仅在烟流尺度大于占优势的湍涡尺度时才是正确的；②对流条件下梯度-输送关系不成立，可能出现反梯度输送现象，不能应用 K 模型；③K 模型对基础资料及输入参数的要求很高。

空气质量模型的预测精度在很大程度上依赖于对污染源和气象条件的预测精度，因此比较适用于短时污染预测，一般不用于长期污染预测。

11.3.3　大气污染总量控制规划

1. 规划区的划定

一般将规划区划分为若干网格，用网格点作控制点。确定规划区要注意以下两个方面问题：

（1）对于大气污染严重的城市和地区，规划区一定要包括全部大气环境质量超标区和对超标区影响比较大的全部污染源。非超标区根据未来城市规划、经济发展适当地将一些重要的污染源和新的规划区包括在内。

（2）在规定规划区时，无论是哪种情况，都要考虑当地的主导风向，一般在主导风下风方位，规划区边界应在污染源的最大落地浓度以远处。

2. 点源和面源允许排放量的分配

在一般气象条件下，高架源对地面浓度数值影响不大，但影响范围大，而低架源及地面源往往对地面浓度贡献较高。在对区域的允许排放总量分配时，首先要确定各个功能区的面源和点源所占的份额。

在夜间大气温度层结稳定时，高架源对地面影响不大，但低架源及地面源都能产生严重污染，因此需确定夜间低架源的允许排放总量。

3. 点源允许排放量分配

点源允许排放量分配一般采用 A 值法、P 值法、A - P 值法三种方法。A 值法属于地区系数法，只要给出控制区总面积及各功能分区的面积，再根据当地总量控制系数 A 值就能计算出该面积上的总允许排放量。A 值法是以地面大气环境质量为目标值，使用简便的箱模式而实现的具有宏观意义的总量控制，是对以往实行的 P 值法的修改。但在 A 值法中只规定了各区域总允许排放量而无法确定每个源的允许排放量。

P 值法是根据烟囱有效高度估算各污染源的允许排放量。是用烟囱高度来控制污染物的排放率，所以 P 值法是污染物排放总量的计算方法，可以运用 P 值法检验执行浓度控制或总量控制标准地区的污染物排放是否超标。但 P 值法无法对区域内烟囱个数加以限制，即无法限制区域排放总量。

A - P 值法是指用 A 值法计算控制区域中允许排放总量，用修正的 P 值法分配到每个污染源的一种方法。在 A 值法中只规定了各区域总允许排放量而无法确定每个源的允许排放量。而 P 值法则可以对固定的某个烟筒控制其排放总量，但无法对区域内烟筒个数加以限制，即无法限制区域排放总量。若将二者结合起来，则可以解决上述问题。

11.4 城市水污染控制规划

11.4.1 城市水污染源调查与分析

1. 工业污染源调查与分析

通过城市水污染源调查与分析，查清工业主要污染源、主要污染物的数量，以及在城镇各个水域的分布情况，确定重点工业污染源、主要污染行业和重点控制区。主要调查内容包括工业企业产品、产值、用水量、废水排放量，生物化学需氧量、化学需氧量、氨氮等污染物排放量，污染治理措施，废水排放去向以及对应入河排污口等。

2. 生活污染调查与分析

通过生活污染调查，查清城市生活污水的排放方式和主要污染物浓度，城镇生活污水的治理现状和排放情况，主要调查内容包括城市人口、人均用水量、人均废水排放量，人均生物化学需氧量、化学需氧量、氨氮等污染物排放量，污染治理措施，废水排放去向以及对应入河排污口等。

11.4.2 城市水污染控制预测

城镇水环境预测的主要目的，就是预先推测经济社会发展达到某一水平年时的环境状况，以便在时间和空间上作出保护环境的具体安排和部署。城镇水环境预测包括排污量预测和水环境质量预测两方面的内容。

排污量一般采用定额法，即以报告期内的原料消耗额定量为基础，首先求出单位产品的污染物流失量，然后求出污染物流失总量。

水环境质量一般采用零维模型和一维模型。零维是一种理想状态，把所研究的水体看成一个完整的体系，当污染物进入这个体系后，立即完全均匀的分散到这个体系中，污染物的浓度不会随时间的变化而变化。零维模型一般适用于持久性污染物污染的水体。一维模型适用的假设条件是横向和垂直方向混合相当快，认为断面中的污染物的浓度是均匀的。或者是根据水质管理的精确度要求允许不考虑混合过程而假设在排污口断面瞬间完成充分混合。

11.4.3 城市水污染控制规划方案

水污染控制的基本途径有两种：一是减少污染物排放负荷，环境质量不能达到功能要求的区域，实施污染物排放总量控制；二是提高或充分利用水体的自净能力，提高水环境承载力，并有效利用环境容量。

水污染物排放总量控制的技术路线是根据区域环境容量要求，把允许排污量按照一定原则分配给区域内的各个污染源，同时制定一系列的保证措施，以保证区域内水污染物排放总量不超过区域允许排放总量。

1. 水污染物排放总量控制的基本分配原则

（1）环境有效性原则。水环境容量具有有限性和再生性的特点，考虑到其有限性，就必须保证分配的排放量不应超过预先设定的水污染物排放总量指标。考虑到其再生性，就要在满足经济增长对水资源的需求的同时，尽可能地使各污染源得到排污总量控制指标的最大值，但应保持一定的总量控制指标的盈余，否则容易导致意外环境安全事故发生，且新建、扩建的项目得不到足够的排污指标而影响其发展。

（2）公平性原则。排污权是各污染源共同享有的权利，各污染源之间应该共同承担污染治理费用。水污染物排放总量控制方案的制订过程中，其公平性可以从两个方面来体现：一是从区域上讲，污染治理项目工程设施的布局要体现其公平性，考虑经济、技术条件以及管理的可实施性合理布局；二是各污染源之间污染治理任务分配的公平性，主要也是考虑其经济、技术条件以及污染源自身污染排放现状等因素，合理分配排污指标。

（3）经济效益原则。水污染物排放总量控制方案的有效实施，不仅要考虑其技术的可行性，还要考虑区域总体的治理总费用最小，这就要求总量控制指标尽量分配给对区域经济贡献率大或者边际效益大的企业。

（4）技术可行性原则。水污染物排放总量控制方案的制订必须在确保总量控制技术可以实现预定水环境质量目标的同时，在经济方面又是可以实现的。

（5）实施管理可行性原则。污染排放指标的分配涉及多方面的利益问题，因此水污染物排放总量控制方案的制订必须妥善协调好各污染源的矛盾，便于环境管理与监督部门贯彻执行总量控制方案。

在市场经济条件下，水污染物排放总量控制中污染物排放份额的确定关系到各污染源的切身利益。排污总量分配中应特别重视公平性原则，然后在此基础上以排污权交易或者补偿等手段来实现经济效益，以期实现区域总体的污染治理费用最少，最终达到区域水环境质量目标，促进区域经济与环境的协调发展。

2. 水污染物排放总量控制的分配方法

（1）等比例分配法。等比例分配法是操作最简单易行的分配方法，它是在考虑污染源现状的基础上，将允许水污染物排放总量按相同比例分配到各污染源。该方法表面上体现了公平性，但由于各污染源的个体属性存在差异，对于管理得力、经济效益好、技术先进、排污少的先进企业，存在明显的不公平性，这就变相地保护了相对落后的企业。

（2）费用最小分配法。已确定区域的目标总削减量和具体削减方案或削减的费用函数分析时，以治理费用为目标函数，以环境目标值为约束条件，以区域治理费用最小、污染物削减量最大为原则，建立数学模型进行优化，求得污染源的排放负荷。该方法仅仅是考虑区域整体的环境、经济综合效益达到最优，而对排污者之间的公平并没有考虑在内。该方法的优点在于污染治理效率高，但同样也存在一些缺点，边际治理费用低，一些管理得力的污染源有可能负担更多的削减量，加大了总量控制方案的实施难度。

（3）分区加权法。分区加权法是等比例分配法与费用最小法两种方法的综合考虑，该方法是将控制区域内的污染源划分成若干单元，结合各单元的排污、治理、经济等现状条件，按照区域水环境质量目标的要求，分别给予经济和环境等各指标不同的权重，进行排放份额的确定。该方法是目前相对比较容易接受的方法，但仍存在一些技术方面的不足，如基础资料多，收集困难等。

（4）排污指标有偿分配法。排污指标有偿分配法主要是考虑成本效益，引导经济当事人进行选择，以实现环境经济之间的均衡发展。该方法的实现可以通过排污权的拍卖和转让等途径实现。其优点在于可以鼓励技术落后的企业改进生产技术，引进先进工艺和设备，起到鞭策的作用。但也存在一些不足，如由于污染源在经济实力与边际削减费用方面存在的巨大差异，使得排污份额分配在少数污染源上，形成"垄断"，阻碍了其他企业的发展。在可转让排污权在转让过程中，对排污权的定价，以及环境管理部门的监督等，都存在一些困难。

11.5 城市固体废物管理规划

11.5.1 固体废物的分类

固体废物（Solid Waste）是指生产建设、日常生活和其他活动中产生的污染环境的固态、半固态废弃物质。固体废物的分类方法很多，但较常见的是按来源分类。我国从固体废物管理的需要出发，将其分为三类，即工业固体废物、危险废物和城市生活垃圾。

1. 工业固体废物

工业固体废物是指在工业、交通等生产活动中产生的固体废物，包括高炉渣、钢渣、赤泥、有色金属渣、粉煤灰、煤渣、硫酸渣、废石膏、盐泥废石和尾矿等。

2. 危险废物

我国的工业固体废物中，约占总产生量 5%～10% 的废物积聚后具有易燃性、易爆性、化学反应性、腐蚀性、急性毒性、慢性毒性、生态毒性或传染性等。为了便于对这些有害的固体废物进行管理，我国将其作了单独分类，称其为危险废物。常见的危险废物有冶炼渣，化学及化工废物，废原液及母液，铀的生产、加工、回收过程中所排出的放射性固体废物，以及核武器试验时产生的各种放射性碎片、弹壳及其污染物等。

3. 城市生活垃圾

城市生活垃圾是指在城市日常生活中所产生的固体废物，以及法律、行政法规规定视为城市生活垃圾的固体废物。发达国家的城市居民粪便全部通过下水道输送到污水处理厂处理，因此发达国家的城市固体废物不包括城市居民粪便。在我国，由于城市下水道系统不完善和城市污水处理设施少，居民的粪便需要收集、清运，它也是城市生活垃圾的重要组成部分。按来源城市垃圾可分为家庭垃圾、食品垃圾、零散垃圾、市场垃坂、街道扫集物、医院垃圾和建筑垃圾等类型。

11.5.2　固体废物的危害

1. 大量占用土地

固体废物的堆积占用了大量的土地。据统计，美国有 15000 个垃圾处理场，面积相当于 19 个新加坡，固体废物占用土地达 200 万 hm²。我国每年产生城市垃圾近 1 亿 t，大量固体废物的堆放也成了令人困扰的问题。随着城市人口的增长，城市建筑规模的扩大，居民生活水平的提高，城市垃圾正以每年 10％的速度增长。因此，所需垃圾场的数量大得惊人，可填埋的土地逐年减少。

2. 污染水体

露天堆放和填埋不当的固体废物对水体的污染通常有以下 4 种途径：

（1）固体废物随雨水径流进入地表水体。

（2）固体废物中的渗沥水通过土壤进入地下水。

（3）细颗粒的垃圾随风飘扬，落入地表水体。

（4）固体废物被直接倾倒进入河流、湖泊、海洋。

3. 污染大气

固体废物对大气的污染有以下 3 个方面：

（1）恶臭。在垃圾堆放地，由于垃圾、废渣中的某些有机物质进行生物分解而产生恶臭。

（2）悬浮物。来自垃圾、废渣堆放和处理过程中产生的细尘粒、粉尘等。这些物质随风飘扬，扩散到远处。当人体吸入了这些细尘粒，可损害肺部，影响健康。

（3）有害气体。在运输和处理固体废物过程中产生有害气体，例如，垃圾焚烧炉排出的烟雾污染大气。

4. 污染土壤

固体废物在堆置时或由于地表径流的冲刷，其有害成分会污染土壤。例如直接利用医院、肉类联合厂、生物制品厂的废渣做肥料，其中的病菌、寄生虫等就会污染土壤。人与污染的土壤直接接触，或生吃此土壤上种植的蔬菜、瓜果就会得病。工业固体废物和危险废物中的有害物质，会杀死土壤中的微生物，破坏土壤的微生物生态系统，使土壤丧失腐解能力，导致草木不生。

11.5.3　固体废物的处理和处置

固体废物处理是指通过物理、化学、生物等不同的方法，使固体废物转化成为适于运输、贮存、资源化利用，以及最终处置的一种过程。固体废物的物理处理包括破碎、分选、沉淀、过滤和离心分离等处理方式；化学处理包括焚烧、焙烧、热解和溶出等处理方式；生物处理包括好氧分解和厌氧分解等处理方式。固体废物经处理后，也可用作建筑材料、填垫材料、道路工程材料、冶金化工和轻工等工业原料。

不论是焚烧还是各种资源化、减量化处理，在当前的经济技术条件下，最终仍有一定数量的固体废物没有任何用处，需要有一个最终的归宿，即固体废物的处置。

11.5.4　固体废物管理规划的内容、方法和程序

1. 现状调查及评价

现状调查及评价包括以下方面：

（1）环境背景数据分析。

（2）社会经济数据调查分析。

（3）固体废物来源、数量调查分析。

（4）固体废物处置现状数据调查。

（5）调查城市生活垃圾的收集情况。

2. 固体废物量预测与特性分析

（1）固体废物量预测。城市固体废物主要包括工业固体废物、危险废物和城市生活垃圾，所以固体废物预测主要针对这三类固体废物进行。工业固体废物及危险废物的预测方法一般采用趋势外推法和定额法，城市生活垃圾产生量和排放量的预测一般采用定额法，即根据城市人口及人均生活垃圾产生量进行预测。

（2）固体废物特性分析。城市固体废物特性包括物理、化学、生物的特性及毒性等。物理特性主要包括物理组成、粒度、含水率、堆积密度、可压缩性、压实渗透性等。化学特性包括挥发分、灰分、固定炭、灰熔点、灼烧损失量、元素分析组成、发热量、闪点、燃点与植物养分组成等。生物特性包含其物质组成和细菌含量两个主要的方面，前者决定了废物可被生物所利用的部分比例，是相关利用与处理技术的关键；后者是对废物卫生安全性的描述，可用于判断垃圾进入各种环境后可能造成的危害程度。毒性包括可燃易爆性、反应性、腐蚀性和生物毒性和传染性等。

3. 拟订规划方案

（1）管理对策。实行"减量化、资源化、无害化"的固体废物管理政策。首先是要控制其源头产生量，如逐步改革城市燃料结构，实行净菜进城，控制工厂原材料的消耗定额，实行垃圾分类回收等。其次是开展综合利用，把固体废物作为资源和能源来对待，让垃圾再度回到物质循环圈内，尽量建设一个资源的闭合循环系统。

（2）固体废物收集回收。工业固体废物的处理原则是"谁污染，谁治理"。一般产生废物较多的工厂在厂内外都建有自己的堆场，收集、运输工作由工厂负责。

城市生活垃圾包括居民生活废弃物、商业垃圾、建筑垃圾、粪便及污水处理厂的污泥等，它们的收集工作应该分类进行。

危险废物是指《国家危险废物名录》中规定的固体废物。产生危险废物的单位必须向所在地县级以上地方人民政府环保行政管理部门申报，必须按国家有关规定处理危险废物，不得擅自倾倒、堆放和运输。危险废物的运输、贮存和处置应由领取经营许可证资质的单位统一处理。

（3）处理与最终处置。最终处置场的选址、备选方案的选择，要从运输运转、环境影响、适宜性、成本等方面综合考虑。除了要考虑地质、水文、气象条件和环境影响外，还应结合收集路线的设计进行综合考虑，以达到既能满足防止污染的要求，又经济合理，节约运输成本。对危险废物单独列出，并针对具体特性制订处理、处置方案。

4. 规划方案的综合评价

固体废物如不进行处理与处置，将对土地使用面积、土壤土质、生态经济、供水水源与灌溉水、人群健康等诸方面产生经济损失。如果进行处理与处置，尽管直接获益不高，但减少了社会的经济损失，也就是间接取得了经济效益。评价的重要方法就是费用-效益分析。

11.5.5 固体废物管理规划的方法

1. 固体废物管理规划编制依据

近年来，我国颁布了一系列固体废物管理的法规、标准及技术政策，这是城市编制固体废物管理规划的基本依据。包括 2004 年修订的《固体废物污染环境防治法》、《生活垃圾填埋场污染控制标准》（GB 16889—2008）、《生活垃圾焚烧污染控制标准》（GB 18485—2014）、《医疗废物管理条例》、《危险废物污染防治技术政策》、《危险废物填埋污染控制标准》（GB 18598—2001）等。

2. 固体废物规划分析方法

固体废物规划可能采用一些模型，做深入评估与方案筛选等工作，常用的模型如固体废物管理技术经济评估模型、固体废物产生排放预测模型、固体废物处置场地选址及交通运输网络设计、固体废物处理量优化分配。模型分成预测模型、评估模型、运筹学优化模型等类型。

3. 固体废物处置选址方法

（1）填埋场与城市的距离。生活垃圾填埋场通过多种途径对城市造成影响，因此，离城市距离较远为好。应设在当地夏季主导风向的下风向，在人畜居栖点 500m 以外。并特别注意不得建于以下地区：

1）自然保护区、风景名胜区、生活饮用水源地和其他需要特别保护的区域内。

2）居民密集居住区。

3）直接与航道相通的地区。

4）地下水补给区、洪泛区、淤泥区。

5）活动的坍塌地带、断裂带、地下蕴矿带、石灰坑及溶岩洞区。

（2）交通运输条件。交通运输条件一般由两个因素组成，即运输距离及可能采用的运输工具（水运，路运或铁路运）。当然，运输距离越近越便利。一般要求距离公路、铁路和河流不超过 500m，但是对于国道、高速公路等须符合相应的卫生防护距离。

（3）环境保护条件。一般要求场地面积及容量能保证使用 15～20 年，在成本上才合算；对地表水造成污染或污染的可能性很小，一般要求距离任何地表水距离大于

100m，垃圾的渗出液不得排入土地或农田，最好不要堆放在河流岸边；尽可能地利用废弃土地或使用适宜的土地或荒地；要远离机场，要求距离大于10km。

（4）场地建设条件。地形越平坦越好，其坡度应有利于填埋场和其他配套建筑设施的布置，不易选择在地形坡度起伏变化大的地方和低洼汇水处；原则上，地形的自然坡度不应大于5%。

（5）地质环境条件。场址应选在渗透性弱的松散岩层或坚硬岩层的基础上，填埋场防渗层的渗透性系数 $K \leqslant 10^{-7}$ cm/s，并具有一定厚度；地下水位埋深大于2m；隔水层黏土厚度越大越好，一般要求大于6m；与供水井的距离至少大于300m，远离水源地500m以上。

11.6 城市噪声污染控制规划

11.6.1 噪声现状监测与评价

根据《声环境功能区划分技术规范》（GB/T 15190—2014）中各类噪声标准的适用区域划分原则，并结合城镇范围的具体情况优化选取能代表某一区域环境噪声平均水平的测点（如道路边、集镇中心、居住区、厂区）等进行监测，测定项目为连续等效 A 声级。分析监测数据，对照《声环境质量标准》（GB 3096—2008）中相应的功能区标准作出污染状况评价。

11.6.2 噪声控制规划方案

1. 明确噪声控制规划目标

确定噪声控制规划目标，首先要考虑城市居民生活发展的基本要求、国家和地方对环境质量目标的控制要求，还要考虑城市经济的发展水平，再根据区域噪声现状、主要环境影响的预测分析，结合城市综合整治定量考核标准，确定中长期噪声控制目标。

2. 划分的声环境功能区

根据《声环境质量标准》（GB 3096—2008）中适用区域的定义，结合城镇建设的特点来划分环境噪声功能区。

3. 制订噪声控制规划方案

根据噪声功能区划执行相应的国家标准，进行噪声控制，建立噪声达标区。控制混杂在居民区中的中小企业噪声。对严重扰民的噪声源分别采用隔声、吸声、减震、消声等技术治理，无法治理的应转产或搬迁；企业内部要合理调整布局（如把噪声大、离居民区近的噪声源迁至厂区适当位置），以减小对居民的干扰；企业与居民区之间应建立噪声隔离区、设置绿化带，以达到减噪、防噪的目的。

第**12**章 城市生态规划

12.1　城市生态规划概述

12.1.1　城市生态规划的提出

城市生态规划作为生态学思想有着较长的历史。中国古代的"风水"思想就提倡"人之居处，宜以大地山河为主"，主张与自然融为一体，筑屋建房之前，须"相土尝水"，观察基地环境，使居住点与自然山水有机结合。

国际上正式提出城市生态规划的概念约在 20 世纪 70 年代初。古希腊哲学家柏拉图提出过"理想国"的设想，古罗马建筑师维特鲁威在《建筑十书》中总结了希腊、伊达拉里亚和罗马城市的建设经验，对城市选址、城市形态与规划布局等提出了精辟的见解，把对健康、生活的考虑融汇到对自然条件的选择与建筑物的设计中。

文艺复兴时期的建筑师阿尔伯蒂、费拉锐特、斯卡莫齐等人师承维特鲁威，发展了"理想城市"的理论。16 世纪英国摩尔的"乌托邦"，18—19 世纪中期，傅立叶的"法郎吉"，欧文的"新协和村"，西班牙索里亚的"线状城"等设想中都蕴含有一定的城市生态规划哲理。

19 世纪工业在城市的迅速发展导致城市布局开始出现混乱，进而引起了一系列的城市社会与环境问题，许多大城市进行了城市改建的社会实践。巴黎在 1852 年开始的改建体现了最初的城市生态规划思想。1898 年英国人霍华德提出的田园城市理论影响深远。由人工构筑物与自然景观（指包围城市的绿带与农村景观及城市内部大量的绿地与开阔地）组成的所谓"田园城市"实质上就是从城市规划与建设中寻求与自然协调的一种探索。在他的倡导下，英国曾有过试验，如莱奇沃斯和韦林就是由霍华德设计的田园城市，但由于田园城市理论与社会现实距离较大，该理论在实践中并未取得预期的结果。霍华德的理论开创了城市规划与城市经济、城市环境绿化等问题相结合的新阶段，对后来城市生态规划理论的研究与发展起了很大作用。

12.1.2 城市生态规划的发展

1. 城市生态规划理论的繁荣

20 世纪 90 年代，生态学已完成其自身的独立过程，形成了一门独立的学科。90 年代初期，盛极一时的芝加哥人类生态学派创始人帕克提出了城市生态学。城市生态规划也就在城市生态学理论与生态学思想广泛传播的大氛围中得到了发展。90 年代规划实践的要求和规划方法的发展也促进了城市生态规划的发展。

这个时期涌现了一大批对城市生态规划理论发展做出了重要贡献的著名学者，其中盖迪斯的生态规划思想影响甚远。盖迪斯在他的《进化中的城市》一书将生态学原理应用于城市的环境、市政、卫生等综合规划研究中。他的目标是将自然引入城市，强调在规划过程中，通过充分认识与了解自然环境条件，根据自然的潜力与制约制定与自然和谐的规划方案。此外，萨里宁的"有机疏散理论"和芝加哥人类生态学派关于城市景观、功能、绿地系统方面的生态规划理论都为后来城市生态规划的发展奠定了基础。

20 世纪初，美国芝加哥学派所开创的人类生态学研究促进了生态学思想在城市规划领域的应用与发展。其代表人物帕克于 1916 年发表了《城市：有关城市环境中人类行为研究的建议》的著名论文，将生物群落学的原理和观点用于研究城市社会并取得了可喜的成果，并在后来的社会实践中得到发展。1923 年美国区域规划协会成立，作为其主要成员的麦凯和芒德福是以生态学为基础的区域与城市规划的强烈支持者。此外，在霍华德的"田园城市"理论的基础上，恩维于 1922 年出版了《卫星城镇的建设》，正式提出了"卫星城镇"的概念。莱特在 1945 年提出了"广亩城市"的理论。

20 世纪初是城市生态规划发展的第一个高潮。但这个时期的城市规划虽然有生态规划思想的应用，却很少使用生态学的学科语言。此外这一时期的城市生态规划理论也带有很明显的"自然决定论"的色彩。

2. 城市规划的繁荣

20 世纪 60 年代至今仍在高涨的环境运动与生态系统理论为人们认识环境危机的生态学本质提供了理论基础。城市生态规划在这样的背景中走向第二个发展高潮。

在 20 世纪 60 年代城市生态规划的复苏与发展中，美国景观设计师麦克哈格和他的同事为现代城市生态规划的发展奠定了基础。1969 年出版的《设计结合自然》中，麦克哈格提出了城市与区域土地利用生态规划方法的基本思路，并通过案例研究，对生态规划的工作流程及应用方法作了较全面的探讨。麦克哈格的生态规划框架对后来的城市生态规划影响很大。70 年代以后的许多规划工作大多遵循这一思路展开的，并将这个框架称之为"麦克哈格方法"。

1971 年联合国教科文组织开展了一项国际性的研究计划"人和生物圈计划"（MAB），提出了从生态学角度来研究城市的项目，明确指出应该将城市作为一个生态系统来进行研究，并开始了国际性的协作，许多大城市，如华盛顿、堪培拉、莫斯科、柏林、法兰克福、布达佩斯、东京、香港、北京、天津、长沙、上海等都进行了生态规划的研究。

20 世纪 70 年代，梅热和鲁齐卡等景观生态学家的研究工作逐步发展并形成了比较完整的景观生态规理论方法，并使之成为国土规划的一项基础性研究工作。70 年代以来的城市与区域生态规划更多的将生态系统学说与景观生态学的新成果应用于规划之中，景观生态规划在此过程中也有了新的发展。现在，景观生态规划的理论与方法已经渗透到了城市生态规划的各个方面。

20 世纪 70 年代以来，随着计算机技术的高度发展以及地理信息系统的广泛应用，城市生态规划逐渐从定性向定量分析和模拟方向发展，从单项规划向综合规划方向发展，更加侧重基于城市生态对策规划研究。城市生态对策规划是基于城市生态系统理论，试图用系统分析的方法与控制论原理，在分析系统各要素的变换及其对整个系统的影响的基础上做出决策规划。在理论研究与实践的过程中出现了各种规划模型，如灵敏度模型、多目标规划模型、泛目标规划模型、系统动力学方法等。这些规划模型对于处理复杂系统内部要素之间的变动关系及在决策中预测系统的发展趋势有较好的辅助作用。目前，许多科学家都致力于城市生态规划模型的定量化研究，而作为其基础的、对于城市化所产生的生态影响的定量研究也是目前的研究热点。

在理论上，城市生态规划更多地应用现代生态学的新成果，从强调人对环境的适应，偏重分析生态适宜度转向对生态系统，尤其是人类生态系统的结构与功能以及它们与人类活动的关系的整体探讨。城市生态规划从建立在生态学基础上的城市规划到城市发展的"生态化"和"可持续性"，进而走向建设可持续发展的生态城市。

3. 我国城市生态规划的研究进展

我国城市生态规划的研究与实践起步于 20 世纪 80 年代。虽起步较晚，但发展很快，并且将现代生态学的理论、国际城市生态规划研究与实践的新成果与我国国情相结合，进行了深入的研究，提出了很多有自己特色的理论和方法，在城市生态规划的实践方面也获得了可喜的成绩。

1984 年我国著名生态学家马世骏等提出了"社会-经济-自然"复合生态系统的理论。这一理论不仅丰富了城市与区域生态规划的内容，而且为实现社会经济环境的持续发展提供了行之有效的方法论。在此基础上，王如松对城市生态规划进行了深入的研究，提出了泛目标生态规划方法。

城市生态规划的出发点和归宿点是促进和保持城市生态系统的良性循环。要改善城市生态系统的状态就必须从调整城市生态系统的结构入手，而合理布局则是调控城市生态系统结构的关键环节，因此合理布局应当成为城市生态规划的首要内容。城市与区域生态（环境）规划应该包括人口控制规划、土地利用规划、环境质量规划和生态景观规划。城市生态规划的目的是在生态学原理的指导下，将自然与人工生态要素按照人的意志进行有序的组合，保证各项建设的合理布局，能动地调控人与自然、人与环境的关系。

在生态城市规划建设方面，钱学森从中国古诗词、山水画、古园林建筑中吸取灵感，提出了"山水城市"的概念。与生态城市一样，山水城市的概念追求的也是人与自然在物质和精神两方面的高度和谐,可以说山水城市是有中国特色的生态城市的一种提法。

12.1.3　城市生态规划的内涵与目标

现代城市是一个多元、多介质、多层次的人工复合生态系统,各层次、各子系统之间和各生态要素之间关系错综复杂,城市生态规划坚持以整体优化、协调共生、趋适开拓、区域分异、生态平衡和可持续发展的基本原理为指导,以环境容量、自然资源承载能力和生态适宜度为依据,有助于生态功能合理分区和创造新的生态工程,其目的是改善城市生态环境质量,寻求最佳的城市生态位,不断地开拓和占领空余生态位,充分发挥生态系统的潜力,促进城市生态系统的良性循环,保持人与自然、人与环境关系的可持续发展和协调共生。

城市生态规划是与可持续发展概念相适应的一种规划方法,它将生态学的原理和城市总体规划、环境规划相结合,对城市生态系统的生态开发和生态建设提出合理的对策,从而达到正确处理人与自然、人与环境关系的目的。联合国《人与生物圈计划》报告集第 57 集报告指出:"生态城(乡)规划就是要从自然生态与社会心理两方面去创造一种能充分融合技术和自然的人类活动的最优环境,诱发人的创造精神和生产力,提供高的物质和文化生活水平。"因此,城市生态规划不同于传统的环境规划和经济规划,它是联系城市总体规划和环境规划及社会经济规划的桥梁,其科学内涵强调规划的能动性、协调性、整体性和层次性,其目标是追求社会的文明、经济的高效和生态环境的和谐。

12.1.4　城市生态规划的特性

城市生态规划具有生态性、人本性、系统性、可持续性、应用性、融贯性等特性。

(1)生态性。城市生态规划以生态学为指导、以生态概念为核心,致力于城市要素及区域、城乡、人与自然、社会与自然以及城市内部与外部的相互关系的生态化。所有的生态规划内容都围绕着"生态"这一主题词展开。

(2)人本性。城市生态规划要以人为中心,以提高城市环境水平和人的发展水平为基本目标。

(3)系统性。城市生态规划需从城市生态系统结构、过程与功能的角度,从城市的经济、社会、环境、资源等系统及角度综合进行生态规划。

(4)可持续性。城市生态规划要追求人与自然、城市与自然的和谐、永续发展、代际公平、民际公平、城乡公平等,这也部分体现了城市生态规划的目的。

(5)应用性。城市生态规划是基于"问题-目标"导向的,以分析城市生态系统以及城市生态规划面临的具体问题并加以解决为主要目的,是解决城市"人口-资源-环境-发展"关系问题的实用型规划。

(6)融贯性。城市生态规划应在如下方面体现融贯性:

1)"人-资源-环境-社会-经济-发展"诸系统的融贯。

2）区域规划、城市总体规划、环境保护规划、经济社会发展规划、资源规划等规划的融贯，以及绿地系统生态规划、土地生态规划、旅游生态规划、景观生态规划、住区生态规划、农田生态规划、工业生态规划等诸多规划的融贯。

3）各种与人居环境密切相关的学科的融贯，如生态学、生态哲学、人类生态学、城市生态学、景观生态学、生态经济学、环境经济学、社会经济学、资源学、城市规划学、城市学、城市地理学等学科的融贯。

12.1.5 城市生态规划与其他相关规划的关系

城市生态规划与土地生态规划、生态城市规划、景观生态规划、城市环境规划等相关规划具有密切的关系，见表 12.1.1。

1. 城市生态规划与土地生态规划

土地生态规划指从人类生态学的基本思想出发，通过对土地的自然与社会环境在组成、结构、功能等的综合分析和评价，以确定土地是否适宜开展相应的人类活动，如工业、农业、交通、教育及其他各种公共设施的建设等，以及土地对这些活动的承载能力，并由此合理地安排和布局相关区域内工业、农业、交通等各项活动。

表 12.1.1　　　　　　　城市生态规划与相关规划的关系

概念	研究对象	理论基础	核心思想	关注对象	规划内容	关系	规划性质
生态规划	复合生态系统	生态学	系统中各亚系统及其组分间的生态关系和谐	城市、农村及区域社会经济的持续发展	社会、经济、环境	指导性规划	概念性规划、关系协调性规划
城市生态规划	城市生态系统	生态学、城市规划原理	城市中各种生态关系的质量及其改善	生态系统的平衡	生态问题、城市内在肌理的变化和发展	狭义的生态规划	实体性规划、物质性规划
环境规划	环境要素	环境科学等	达到预期的环境目标	环境的影响及环境质量变化	环境质量的监测、评价、控制、整治、管理	生态规划的一部分	实体性规划
城市景观生态规划	城市景观	景观生态学	提高城市景观的环境质量	景观基本特征	宏观视觉效果	生态规划的一部分	实体性规划
土地生态规划	土地资源	人类生态学、土地利用	土地利用生态化	土地适应性、土地承载力	对土地资源无害、土地综合评价	生态规划在土地资源上的利用	物质性规划
生态城市规划	土地和空间系统	城市规划原理、生态学	城市的可持续发展	城市复合生态系统运行	自然、城市、人融为有机整体	应用生态学的新型城市规划	实体性规划、物质性规划

土地生态规划注重土地自然资源属性及其内在的生态功能，同时综合考虑社会经济

发展规划及各项建设活动的土地需求、土地供给能力。其研究对象是土地资源，通过分析土地资源的适宜度和承载力，追求在承载力范围内对土地资源的合理利用，是一种物质性规划。

城市生态规划强调的是城市生态系统内外关系的协调，是一种关系协调性规划。土地生态规划可以看作城市生态规划在土地资源上的应用。

2. 城市生态规划与生态城市规划

城市生态规划被看作城市总体规划的专项规划，其研究与规划对象是城市生态系统，通过对城市各项生态关系的布局与安排，调整人类与自然生态系统的关系，维护城市生态系统平衡，实现城市生态系统和谐、高效、持续。城市生态规划不仅关注自然资源的利用和消耗对城市居民生存状态的影响，而且关注城市生态系统的功能、结构等内在机理与变化及其对城市发展的影响或制约。

生态城市规划以建设生态城市为目标，基于城市可持续发展、城市生态系统整体优化，对城市或规划区域内"社会-经济-自然"复合生态系统进行研究，进而提出城市社会、经济建设、资源合理开发利用和生态环境建设保护目标的总体规划。城市生态规划的研究对象是城市生态系统，追求城市生态系统的内在和谐。城市生态规划以服务城市规划为目的，是在考虑城市空间、经济、政治和社会文化发展的基础上来解决生态问题、处理生态关系，是一种实体性规划、物质性规划。生态城市规划是为了实现生态城市这一建设与发展目标而制定的规划，是一种新型城市规划类型，它与城市生态规划、城市总体规划和环境规划紧密结合、相互渗透，是协调城市发展建设和环境保护的重要手段。

3. 城市生态规划与景观生态规划

景观生态规划注重视觉效果、视觉的时空变化以及生态效益，旨在提高人居环境质量。景观生态规划的研究对象是城市景观，对城市景观建设、保护、调整和完善的措施及其空间布局和配置进行规划设计，是一种具有很强操作性的规划。城市景观生态规划应以城市生态规划为指导，可视为城市生态规划的组成部分。

4. 城市生态规划与城市环境规划

作为国民经济与社会发展五年规划（计划）或城市总体规划的组成部分，城市环境规划是在预测社会经济发展趋势、相应环境影响及环境质量变化趋势的基础上，为实现或保持某一特定环境目标，对人们社会经济和环境保护行为的空间与时间安排。城市环境规划关注城市环境（水、空气、噪声、土壤）质量的监测、评价、控制、整治、管理等，其以大气、水、固体废弃物等具体的环境要素为规划与研究的对象。城市生态规划具有明确的综合性、整体性、协调性、区域性、层次性和动态性等特点，关注的是城市生态系统结构、功能、相互之间的关系，包括人与自然生态系统之间关系的和谐，其以生态系统内这种生态关系为规划载体。

12.2 城市生态规划的主要内容

12.2.1 生态功能分区规划

城市生态功能分区是根据城市生态环境要素、生态环境敏感性与生态服务功能空间分异规律，将城市区域划分成不同生态功能区的过程，其目的是为制定城市生态环境保护与建设规划、维护区域生态安全以及资源合理利用与产业生产布局、保育区域生态环境提供科学依据，并为环境管理部门和决策部门提供管理信息与管理手段。

对照生态功能区划的方法，城市生态功能分区应该开展以下工作，即城市生态环境现状评价、生态环境敏感性评价、生态服务功能重要性评价、生态功能分区方案、各生态功能区概述等。

12.2.2 城市土地利用规划

1. 城市土地利用规划定义

城市土地利用规划是土地利用规划体系的组成部分，是对城市一定范围内的土地资源，尤其是对城市及其蔬菜副食基地建设用地资源的保护、利用、开发、整治，在时间和空间上所作的总体、战略安排。它是城市土地管理的关键，也是制定中期、年度用地计划和审批各项建设用地的重要依据。城市土地利用规划的范围一般限于城市及其蔬菜副食基地建设用地，而周围的工矿、农业、交通、居民点等用地，仅是规划的区域条件，并不作具体安排。

2. 城市土地利用规划的内容

城市土地利用规划主要包括以下两个方面的内容。

（1）硬件部分。如城市规模的确定、城市用地结构研究、城市用地布局研究和城市用地限制系统的制定。

（2）软件部分。如城市土地利用的方向、规划的管理与实施等内容。

按照工作程序，城市土地利用规划内容可分为三大部分，即基础研究，现模、结构、布局规划以及规划的管理、实施。

3. 基础研究

（1）土地利用现状分析。主要包括自然条件分析、社会经济条件分析、土地的建筑适宜性评价、土地利用结构和布局分析、土地利用潜力分析等。

土地利用结构和布局分析指土地利用结构、布局的现状分析以及土地利用变迁与趋势分析。土地利用潜力分析指在城市建设用地中居住用地和工业用地是主体用地，土地利用潜力分析着重从生活性用地和生产性用地两方面来分析。

（2）用地需求预测。主要有生活性用地预测、生产性用地预测、公共设施用地预测，以及各类用地的规模、结构、布局规划。

（3）城市土地利用规划总体设计。

（4）土地利用结构调整。主要包括建设用地各类型结构调整和非建设用地各类型结构调整。

（5）用地布局。主要包括城市建设用地布局、非建设用地布局、耕地保护区规划、风景旅游区规划等。

12.2.3　人口容量规划

1. 规划目的

确定近远期内的人口规模、提出区域人口密度调整意见、提高人口素质的对策。

2. 规划内容

包括人口分布、人口密度、人口规模、年龄结构、文化素质、性别比、自然增长率、机械增长率、流动人口等。

12.2.4　环境污染综合防治规划

1. 前提

根据污染源和环境质量评价、预测结果准确掌握当地环境质量现状、发展趋势；针对主要的环境问题确定污染控制目标和生态建设目标。

2. 具体内容

（1）城市大气环境综合整治规划。

（2）城市水环境综合整治规划。

（3）城市固体废弃物综合整治规划。

（4）城市声环境综合整治规划。

12.2.5　资源利用与保护规划

根据国土规划和城市总体规划的要求，依据城市社会经济发展和环境保护目标，制定对水资源、土地资源、大气环境、生物资源、矿产资源的合理开发、利用与保护的规划。

例如，开展水土流失治理规划，需考虑以下方面的内容：

（1）上游水源涵养林和水土保持防护林建设规划。

（2）禁止乱围垦，保护鱼类和其他水生生物的生存环境。

（3）水源地、水生生态系统、防治水污染技术研究与推广。

（4）调水与调蓄水利工程建设，恢复水生生态平衡。

（5）健全水资源管理体制，完善相应政策、法规，生物多样性保护与自然保护区建设规划。

（6）加强生物多样性的管理工作。

（7）开展生物多样性保护的监测和信息系统建设。

（8）开展生物多样性保护和利用示范工程建设。

（9）教育、培训，加强队伍建设。

（10）建立保护机构、明确职责。

12.3　城市生态规划的步骤与方法

12.3.1　生态规划的一般程序

生态规划主要包括制定生态规划目标、选择参加规划的专业及协作部门、收集和调查规划地区各要素的基本资料和图件（包括自然、社会、经济等方面）、生态评价和适宜度分析、编制单项规划及综合规划、公布规划并征求意见、确定规划方案等多个步骤，如图 12.3.1 所示。

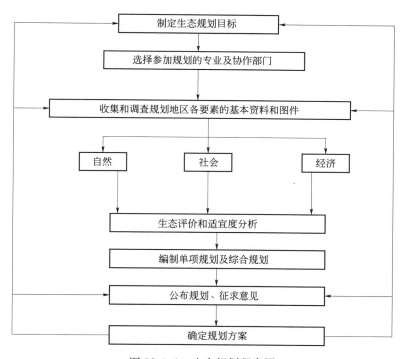

图 12.3.1　生态规划程序图

其中编制单项规划及综合规划是生态规划的关键环节，是生态规划的正式阶段，主要是依据规划大纲设计的结构与思路开展。在该阶段，主要根据生态调查和生态评价的结果，按照生态规划报告编制的规范要求，制定规划方案。主要包括规划指导思想与规划原则的制定、规划目标与指标体系的建立、生态功能分区与空间布局、规划重点领域或专项规划方案的制定、规划方案的整合与规划图件的制作以及规划系列成果的汇编与集成等几方面的工作。

12.3.2　城市生态规划方法

1. 生态要素的调查与评价

生态调查多采用网格法，由麦克哈格于1969年创立，即在筛选生态因子基础上，对小区按网格（基本单元，1km×1km）逐个进行生态状况调查与登记（必要时借助专家咨询、民意测验）。

登记内容包括气象、水文、地形、土地利用、人口与经济密度、产业结构与布局、建筑密度、能耗密度、水耗密度、环境质量等。

生态评价是对区域的资源与环境特征、生态过程稳定性、环境敏感性等进行综合分析，认识和了解区域环境与资源的生态潜力与制约。

（1）生态过程分析。包括对自然资源与能流、景观生态格局与动态、生产生活、交通、土地承载力等方面的分析。

（2）生态潜力分析。了解单位面积土地上生态因子（如光、温、水、土资源配合）能达到的初级生产力水平，及制约区域农、林业生产的主要环境因素。

（3）生态敏感性分析。分析与评价区域内各组分对人类活动的可能反应及其速度与强度，内容通常包括水土流失、敏感集水区、具特殊价值的事物、人文景观、自然灾害及风险性。

（4）土地质量及区位评价。评价指标包含自然与人文两个方面，但对不同规划目标，区位内涵存在差异，因而所选指标属性及体系亦不同。如绿地规划主要涉及气候、水分、土壤养分、植被覆盖等指标。

2. 环境容量和生态适宜度分析

环境容量是指容纳环境污染物质的最大负荷量。生态适宜度是指在规划区内确定的土地利用方式对生态因素的影响程度（或生态因素对给定的土地利用方式的适宜状况和程度），是土地开发适宜程度的度量。环境容量和生态适宜度分析是为城市生态规划中区域与城市污染物的总量排放控制、城市功能分区和土地利用方案的制订提供科学依据。

生态适宜度分析是在网格调查的基础上，对所有网格进行生态分析和分类，将生态状况相近的作为一类，计算每种类型的网格数以及在总网格中所占的百分比。生态适宜度分析只针对某种特定用途才有意义，即区分何种地块（网格）的生态适宜度；地块对何种利用方式的生态适宜度。例如地势低洼，终年积水，对城建来说可能是生态适宜度较低的土地，而对水产养殖来说却是适宜的土地。

3. 土地承载能力评价

土地承载能力评价应考虑下几个因子（度量值）之间的关系。

（1）发展变量，即人口和社会经济的未来发展期望值或预测值。

（2）生态负荷，即对生活在该地区的人和生物不致引起不利后果，也不导致自然环境质量变坏的资源环境开发利用限度。

（3）限制因子，即限制一个地区人类活动进一步增长的因子，包括环境因子（如水质等）、技术经济（如基础设施）因子及心理因子等方面。限制因子的最大值常可用国家或地方标准来确定（如水质），也可通过专家判断来确定（如心理方面因子）。估算限制因子对发展变量的限制程度是土地承载能力分析的关键。

（4）规划目标和年度，即确定生态规划的总目标、近远期目标和年度，应同区域和城市总体规划近远期目标及相应的年度一致，以利同步、协调、可比、互为应用。

4. 生态功能区划与土地利用布局

（1）生态功能区划。根据生态要素的空间结构特点、区域污染物排放量、环境负荷承载力等，将规划区域划分为类型不同的单元区，并为各区提供具体管理对策。目的是充分发挥生态要素对各城市功能分区的反馈作用，能动调控生态要素功能，使之朝良性方向发展。功能区划应综合考虑生态要素的现状、问题、发展趋势及生态适宜度，在此基础上提出工业、农业、商务、居住、对外交通、仓储、公共建筑、园林绿化、游乐等功能区，以及大型生态工程的综合划分和布局方案。

具体操作时，可将土地利用评价图、工业和居住用地适宜度图等，以图纸叠加的方式进行综合分析，划分生态功能分区。

功能分区应遵循下列原则：必须有利于经济和社会发展；必须有利于生态环境建设，并使区域的环境容量得以充分利用；必须有利于区域内居民的生活。

（2）土地利用布局。土地利用空间配置直接影响到生态环境质量的优劣，故无论是新建城市或改建城市，其生态规划都必须因地制宜地进行土地利用布局研究。土地利用空间布局除应考虑城市性质、规模大小和产业构成外，还应综合考虑地貌、山脉、河流、气候、水文及工程地质等自然要素的制约与便利。

城市用地构成一般包括工业用地、生活居住用地、市政设施用地、道路交通用地、绿化用地等。各类用地对环境质量要求不同，本身又会给环境带来不同特征、不同程度的影响。因此，在城市生态规划中，应综合研究城市用地状况与环境条件的相互关系，按照城市的规模、性质、产业结构和城市总体规划及环境保护规划的要求，提出调整用地结构的建议和科学依据，促使土地利用布局趋于合理。

对各类用地的选择，应根据生态适宜度分析的结果，确定选择的标准，同时还应考虑国家有关政策、法规以及技术、经济的可行性。在恰当的标准指导下，结合生态适宜度、土地条件等评价结果，划定出各类用地的范围、位置和大小。

各类用地的开发次序，须在充分考虑土地条件的前提下，按照生态适宜度的等级以及经济技术水平，确定用地开发次序的标准；根据拟定的标准，确定土地的开发次序。

5. 环境保护规划

主要应考虑两个前提：一是根据污染源和环境质量评价和预测结果，准确掌握当地环境质量现状、发展趋势以及未来社会经济发展阶段的主要环境问题；二是要针对主要环境问题，确定污染控制目标和生态建设目标。在此基础上，进行功能分区，研究污染总量控制方案，并通过一系列控制污染的工程性措施和非工程性措施对策，进行必要的可行性论证，形成环境保护规划。

6. 人口适宜容量规划

人类的生产和生活活动对城市的发展起着决定性的作用。在生态规划编制工作中，必须确定近远期的人口规模，提出人口密度调整意见和人口素质提高对策以及人口规划实施对策。规划研究内容包括人口分布、规模、自然增长率、机械增长率、男女性别比、人口密度、人口的组成、流动人口基本情况等。

7. 产业结构与布局调整规划

经济再生产过程是城市很重要的环节。产业结构是经济结构的主体，影响着城市的结构和功能。为促进物质良性循环和能量流动，增高城市活力，必须不断改进城市的产业结构。

产业结构是指城市产业系统内部各部门（各行业）之间的比例关系，可用产品产量或产值来表示，其不同比例对环境质量有着很大的影响。目前发达国家城市产业结构的比例多为 3 : 2 : 1（第三产业：第二产业：第一产业）结构；我国大多数城市的产业结构比例为 2 : 3 : 1（第三产业：第二产业：第一产业）。经济发达地区城市的第三产业比重正处于逐步上升时期，但一些老的重工业城市第二产业比重、尤其是重化工业比重一直偏高，对环境的压力很大。如某城市重工与轻工之比约为 2 : 1，而重工业中原材料和初级产品生产又占多数。

城市的产业结构还有生产工艺合理设计的问题，即在功能区（工业区）中要设计合理的"生态工业链"，推行清洁生产工艺，促进城市生态系统的良性循环。调整、改善老城市产业布局、搞好新建城市产业的合理布局，是改善城市生态结构、防治污染的重要措施。

（1）城市产业布局应遵循以下几个方面的原则：

1）符合生态学要求。据风向、风频等自然环境条件，在生态适宜度大的地区设置工业区。

2）与其他规划步调一致。各项规划协调统一，如以城市总体规划为指导，并与城市环境保护规划保持一致。

3）"生态-生产"双兼顾。既要利于改善生态结构，促进生态良性循环，又要有利于城市经济发展。

（2）改善城市产业布局，一般按照以下步骤进行：

1）将城市规划区划分为若干网格（1km²）并编号，对工业用地有显著影响的生态因素进行登记。

2）对工业用地进行生态适宜度分析，求出每类网格的工业用地综合（生态）适宜度，并用透明纸或 GIS 软件等绘图。工业用地生态适宜度分析步骤为：

a. 将规划区划分成若干网格（1km×1km）。

b. 确定工业用地适宜度评价因子，如土地利用、扰民程度、风向、大气质量、水、土地资源质量等。

c. 确定各项单因子评价标准。

d. 确定工业用地生态适宜度综合评价标准。

e. 根据调查登记资料对各网格进行单因子评价。

f. 在工业用地适宜度单因子评价基础上进行工业用地生态适宜度综合评价。

g. 提出工业用地适宜度评价结论，并绘制工业用地适宜度分布图。

h. 将现有工业企业的分布落在网格内，并绘图。

i. 将两张图纸叠加在一起，对现有工业布局进行分析评价，提出改善工业布局的方案。

12.4　宜春市中心城生态系统保护规划案例分析

12.4.1　规划区概况

宜春市位于江西省西部，地处东经 113°54′~115°27′、北纬 27°33′~29°06′之间。东与安义、新建、南昌、临川接壤，南与崇仁、乐安、峡江、新余、分宜、安福为临，西与萍乡和湖南相连，北与修水、武宁、永修交界。

宜春市中心城位于袁河上游。中心城范围东至枫树岭近袁河处，西至稠江入袁河口处，南邻榨山北麓，北接三阳镇南端，包括主城区 9 个街道、湖田乡、渥江乡 2 个乡镇全部行政管辖范围和三阳镇南部属宜春经济开发区管辖的地区，区域面积 313.3km²。

中心城地形由南向北、由西向东倾斜。全境以山地、丘陵为主，南部、西部和西南部为中低山区，中部、东部和北部多为丘陵区。袁河自西向东于境内中部流过，形成一块狭长的河谷平原。

宜春市中心城的主要水系是袁河水系。袁河为赣江水系西岸的一级支流，发源于罗霄山脉武功山，流向大至由西向东，流经萍乡、宜春、新余、樟树等县市，于樟树市注入赣江。全流域集水面积 6484km²，河道全长 273km。温汤河为袁河干流右岸一支流，发源于宜春市袁州区刘坊太平山西麓，主河道全长 39.5km，集雨面积 197km²。宜春中心城规划范围内温汤河的河段长 2.25km，河宽为 50~80m。南庙河为袁河干流右岸一支流，发源于洪江乡木坪，河道全长 40km，流域面积 176km²。

目前宜春市中心城已发展成中等城市，"南旅北工中商贸家居"的城市框架已基本构筑。城市功能增强，城市品位不断提升。呈现以老城为中心向四周分区片拓展态势，即中心为商务商贸宜居区，南面为明月生态旅游新城区，北面为特色产业基地新城区；工业新城、宜阳新区、明月新区、袁州新区和湖田新区正在建设当中；城市道路在改建、扩建和新建；多数农贸市场、购物中心已建成，城市广场和休闲长廊正在建设。

鸟瞰宜春市，像一秀丽桑叶，呈现出"四面环山相抱，城中秀江穿行"的山水格局。市域中东部地势平缓，以丘陵为主，间以狭窄河谷平原，其山水交汇如网。北、西、南三面地势高峻，群山环抱；北部层峦叠嶂，有连绵数十千米的海拔 200~500m

的山丘；南面崇山峻岭，由榨山往南一路逶迤攀升，至城南20km处为太平山，海拔高达1735.6m，巍峨壮观；另有袁山、凤凰山、春台山、化成岩等点缀着中心城，呈现出一幅千山万壑赴宜春之势，景色尤为绮丽怡人。城郊山林地有机地楔入城区，形成了整个城市的绿色背景，有效地改善了城市整体生态环境。还有大片天然的常绿阔叶、毛竹林，为中心城景观添辉增色不少。

12.4.2 SWOT分析

1. 内部优势（S）

（1）自然资源丰富，生态环境优越。宜春是全国第一批生态试点城市之一，秀江穿城而过，山在城中，城中有水，大气质量全年达到二级国家标准。

（2）区位优势明显，交通便利。宜春地处长三角、珠三角和闽三角辐射区，位于上海、杭州、广州的"6小时经济圈"。境内南北走向有京九铁路、赣粤高速、大广高速等交通要道，东西走向有沪昆高铁、沪昆铁路、沪昆高速等交通要道。连接全市县乡的公路网络已经形成。2016年通航的宜春明月山机场无疑将宜春推向更广阔的国内外市场。

（3）文化积淀厚重。宜春历来为"江南佳丽之地，文物昌盛之邦"。唐代大文豪王勃《滕王阁序》中的"物华天宝""人杰地灵"，其人、其事、其物均典出宜春。韩愈曾在宜春担任刺史，写下了"莫以宜春远，江山多胜游"的诗句赞美宜春。

2. 内部劣势（W）

（1）经济总量偏小。宜春与江西省其他先进城市相比存在差距，2009年全市实现生产总值700.25亿元，但与九江、赣州等城市相比经济总量仍然偏小。

（2）经济增长方式有待进一步优化。工业园区开发土地利用效率较低，投资强度不高；企业存在"小、弱、散"现象，在整个产业链条中普遍存在着加工制造中间环节强、研发和物流两头弱的问题，结构性矛盾比较突出；民营经济规模尚小，对经济发展拉动能力较弱；高新技术产品附加值仍不高，企业发展后劲以及创新能力有待加强。

（3）创业环境有待改善。宜居城市应当是适宜人们创业的城市，宜春历来是农业大市，工业基础相对薄弱，整体经济气氛较淡薄，这成为宜春城市发展的障碍。同时由于宜春企业数量少和规模小（缺乏龙头企业），科技含量不高，直接影响了对人才的吸纳能力。

3. 外部机会（O）

国家鼓励建设宜居城市，为宜春的宜居城市建设带来了机遇。2005年1月，国务院批复北京城市总体规划时，首次在有关文件中提出"宜居城市"的理念，此后，国务院审批的多个城市总体规划都把"宜居"纳入其中。目前，全国已有100多个大中小各类城市把"宜居"作为发展目标，宜居城市成为新的城市理想。宜春市委、市政府正是顺应这一历史机遇，提出了打造"中部地区最佳宜居城市"的先进理念，力争创建国家生态园林城市。

4. 外部威胁（T）

（1）经济与环境共同发展存在协调难度。随着城市的拓展和经济的迅速增长，逐步出现了城市拥挤、交通堵塞、环境污染、空间紧张、生态质量下降等一系列伴随而生的城市问题。与此同时，人们对生活环境、生活质量、生存状态的要求越来越高，这个必然的进化趋势导致人们越来越关心人居环境及自身的生存状态。宜春作为中部的中小城市，更是面临如何解决环境与发展经济之间的矛盾。

（2）城市发展推高生产生活成本。城市的发展必然带来生产、生活成本如房价高涨、教育医疗费用的增加。

12.4.3　规划目标

1. 总体目标

以创建江西省以及国家生态园林城市为目标，充分发挥自然生态优势和经济特色，紧紧围绕建设生态园林城市的战略目标，至 2020 年，全市基本形成以高新技术、清洁生产、循环经济为主导的生态产业体系；合理配置、高效利用的资源保障体系；天蓝、水碧、宁静、地绿、山川秀美的生态环境体系；以人为本、人与自然和谐的生态人居体系；先进文明的生态文化体系，结合宜春是"亚洲锂都""宜居之城""森林之城""月亮之都"，把宜春中心城建设成为经济富裕、安全舒适、环境优美、高效创新的生态宜居城市。

2. 近期目标

到 2012 年，城市环境基础设施配套完善，加强生态保护和生态恢复建设，敏感生态区域得到严格保护，初步形成生态网络安全格局，主要污染物排放总量得到有效控制。整体环境质量有所改善，重点区域环境质量明显改善。水环境质量保持并进一步改善，饮用水源水质安全得到保障；环境空气质量基本保持稳定并有所改善；固体废物全部得到妥善处理处置；城市工业污染源全面实现达标排放，并满足区域污染物排放总量控制的要求；基本消除生态破坏违法行为，全市达到江西省生态园林城市和国家生态园林城市建设的基本要求。

3. 中远期目标

到 2020 年，生态环境良性循环，生活环境优美宜居，城市环境基础设施配套完善，城市生态系统服务能力持续改善，环境福利和社会福利逐步提高，人们安居乐业，成为中国最具活力的可持续城市。

12.4.4　城市功能区布局

1. 城市发展策略

（1）产业发展策略。工业先导、服务带动，推进二三产业加快协调发展。重点发展钽铌锂产业、医药产业、服务业、建材产业、机电产业和油茶产业六大产业。

（2）区域职能策略。特色引领、综合发展，强化赣西区域中心城市地位。重点培育区域宜居职能、区域交通物流职能、区域文化教育职能、旅游服务与休闲度假职能、区域体育竞技培训基地职能等。

（3）生态建设策略。生态立足、宜居品牌，坚持生态宜居城市发展目标。区域生态建设强调自然生态风貌的保留，突出生态旅游品牌的打造；城市生态建设按照通透、开敞、疏朗大方的原则，实现大城市的经济创业、小城市的休闲尺度。

（4）空间布局策略。南旅北工、服务沿江，构筑工业、宜居、生态三大空间板块。中心城突出三大功能区：一是明月生态旅游新城区，发展宜春生态品牌、旅游商贸、休闲商务；二是中心商务商贸宜居区，发展商贸商务、居住、文化教育、体育卫生；三是特色产业基地新城区，发展特色工业，提升经济实力，同时发展为特色产业服务的研发产业。

2. 中心城功能区规划布局

（1）建设市级综合中心。市级综合中心是为赣西地区服务的区域中心，是生态绿心和宜阳行政商务中心一体化的复合中心。生态绿心是南北城区之间重要的生态屏障，承担着生态保育、水土涵养、旅游休闲、会展服务等多种复合型功能。宜阳行政商务中心是赣西服务功能聚集中心，重点发展现代商务、文化旅游、休闲娱乐、高端物流商贸、总部经济等第三产业，使之成为赣西地区经济发展的中枢。

（2）构建市级中轴线。市级中轴线沿着明月大道两侧布局了宜春中心城区核心服务功能，将工业新城、宜阳新区、袁州新区、老城区、明月新区的城市公共中心有机聚合成强大功能轴带。

（3）老城区优化改造。通过功能优化改造，强化老城历史风貌的保护，重点发展行政商务、旅游、房地产、金融商贸、物流、科研、文化教育等第三产业为主，是统领宜春中心城区的核心枢纽地区。

3. 城市发展的生态保障

建设城市生态防护圈和生态走廊，营造良好的生态防护体系。合理开发利用袁河水资源，保护森林、湿地等水资源，保持生态景观的多样性；完善城市绿地系统，充分依托城市周边外围山体的森林资源，建设生态公益林，大面积引绿进城，建设森林中的城市和城市里的森林。建设沿江、沿河及沿路的生态绿化走廊，建设路网生态防护林带，提高中心城建成区绿地率，营造城市的生态绿肺、生态脉络、生态走廊和生态保护圈。

12.4.5 规划方案

12.4.5.1 绿地系统建设

1. 绿地系统结构

宜春市中心城区绿地系统的规划结构可总结为"两环、两带、四廊、三纵四横、公园棋布、群山拥翠"。

"两环"，宜春中心城区外围自然生态景观形成的外围生态圈以及城市环路两侧绿带形成的绿色防护圈。

"两带"，即秀江及其支流形成的蓝色生态走廊。

"三纵四横"，横穿城市的景观大道两侧的防护绿带形成的景观绿廊。包括贯穿庙河片区、明月片区、清沥江片区绿廊；贯穿下浦片区、宜阳片区、化成片区绿廊；贯穿社背片区、石岭片区、迁塘江片区绿廊；贯穿渥江片区沪昆高速沿线绿廊。

"公园棋布，群山拥翠"，城区内公园成棋盘状分布，加之近郊外围自然山体（包括屏风山、先锋顶、马鞍山、贤山岭、间山、石岭、银屏岭等山体绿楔）向城市楔人，形成公园棋布、群山拥翠之势。

2. 公园绿地

在充分保护和利用好现有公园绿地的前提下，新增的公园绿地的布局规划要求为：在秀江及其支流流域城市建成区段要形成 30～100m 宽的绿化带；在市区内环路沿线出入口 10～50m 范围内建设节点绿地，处于建成区内的高速公路、快速路入口建设节点绿地，沿线建设宽度为 20～100m 的绿化带。城市主干道每隔 500～1000m 建设节点绿地；在旧城区中分布节点绿地，在新建城区中形成连续绿廊；在重要文物古迹和城市广场附近增辟公园绿地。

综合公园是为全市居民服务，是全市公园绿地中，集中面积最大、活动内容和游憩设施最完善的绿地。其服务半径约为 1～2km，步行约 15～30min 到达。根据调查宜春市绿地现状，以及考虑远近相结合的规划原则，为宜春市建成区共规划 16 个综合公园，占地面积总共为 554.2hm²。2009 年已建设了 8 个综合公园，为春台公园、人民公园、袁山公园、小袁山公园、化成森林公园、岩背公园、化成湿地公园、状元洲公园。规划将增设杏仁湖公园、城北森林公园、禅都文化博览园、秀水湾游乐园、渥江湿地公园、凤凰山公园、袁州公园和枯桐岭公园 8 个综合公园和 1 个花卉园艺博览园。

专类公园是具有特定内容和形式，有一定游憩设施的绿地。为方便居民使用，步行到专类公园约 8～12min，服务半径以 500～1000m 为宜。针对目前专类公园缺少的现状，同时根据宜春市的居住区发展方向以及新型生态绿地布置原理，改造扩建 3 个专类公园，即体育公园、南池园和文笔峰游园，总规划面积 15.01hm²。

社区公园是为一定居住用地范围内的居民服务，具有一定活动内容和设施的集中绿地。公园内设施比较丰富，有体育活动场所，各年龄组休息、活动设施、画廊、阅览室、小卖部、茶室等，常与居住区中心结合布置。为方便居民使用，步行到社区公园约 8～12min，服务半径以 500～800m 为宜。针对目前社区公园缺少的现状，同时根据宜春市的居住区发展方向以及新型生态绿地布置原理，共规划 32 个社区公园，以满足城市居民的生活、交流、学习、活动、休闲、游憩的要求。总规划面积为 156.52hm²。

城市广场。规划 15 个广场，总面积 34.57hm²。广场集文化、休闲、娱乐于一体，其铺装、种植、公共设施及无障碍设计应体现宜居城市以人为本的理念。规划重点建设市民广场、袁州新城广场、高铁车站广场、铜鼓广场、枫溪广场，沙田广场，对原有的鼓楼广场、春台公园北广场、体育广场进行保护或扩建。

街旁绿地。街旁绿地多设置于较宽的街道绿地之中，其具体处理方式与城市特征、游人对象有关。一般要求沿主要街道每300～500m左右设置一处小游园，面积在0.3～1.5hm²之间为宜。小游园应以植物造景为主，设施尽量简单，铺装硬地占30%～50%为妥。园中应尽量节约建设投资，提高生态功能，规划设置58个街旁小游园，分别位于城市各个角落，总面积76.76hm²。

3. 生产绿地

生产绿地是指专为城市绿化提供苗木、花草、种子的苗圃、花圃、草圃等圃地。其主要功能是为城市绿化服务。一个城市生产绿地的建设质量，会直接影响该城市的园林绿化效果。目前宜春市中心城区生产绿地较少，根据国家规定并结合宜春的具体情况，本规划在宜春市中心城区建设四个生产苗圃，分别为渥西苗圃、渥东苗圃、庙河苗圃和国道苗圃，占地面积185.83hm²，占城市建设规划用地总面积的2.12%。

4. 防护绿地规划

防护绿地是指为了满足城市对卫生、隔离、安全而设置的，其功能是对自然灾害和城市危害起到一定的防护或减弱作用，不宜兼作公园绿地使用的城市绿地。如城市防风林、道路防护绿地、城市高压输电走廊、工业区与居住区之间的卫生隔离带，以及为保持水土、保护水源、防护城市公用设施和改善环境卫生而营造的各种林地。

本规划防护绿地包括工业区防护绿地、噪声防护绿地、道路防护绿地、城市公用设施防护林地和滨河防护绿地等以防灾、防护和隔离为目的的大型带状绿地、林地。规划总面积约365.5hm²。其主要内容为：城北工业集中园区防护绿带，位于城市的北部工业园，主要以少污染、轻污染产业为主的综合性工业园区，周边建设50～200m防护绿地；高压线走廊防护绿带两侧绿化带规划宽度为30～50m；浙赣铁路、杭长高速铁路沿线走廊防护绿带两侧绿化带规划宽度为不小于30m；沪瑞高速公路走廊防护绿带规划宽度不小于20m；320国道沿线防护绿带宽度不小于30m；环城路两侧绿化防护带宽不小于20m；秀江上游城市自来水取水口处规划防护绿地，宽不小于20m。

5. 附属绿地规划

附属绿地是指城市建设用地中绿地之外各类用地中附属的绿化用地，它包括居住用地、公共用地、工业用地、仓储用地、市政设施用地和特殊用地中的绿地。

居住绿地是指城市居住用地内社区公园以外的绿地，包括组团绿地、宅旁绿地、配套公建绿地、小区道路绿地等，是城市园林绿地系统的重要组成部分。在用地紧缺、居住建筑的密度较高的居住区地方，为了搞好居住小区用地的环境绿化，提高绿化率，以内外绿化结合，横向绿化与垂直绿化为主要绿化方式。在已经没有绿地面积可绿化的地方，可通过屋顶绿化、屋面绿化，建设屋顶花园的形式，来提高绿化率。在现状绿化较好的居住小区，绿化的同时，要坚持美化、香化的原则。

道路绿地是指居住区级以上的城市道路广场用地范围内的绿化用地，它的主要功能不仅是改善城市景观，防止汽车尾气和噪声，同时还可以缓解热辐射、提高交通的快捷及安全性。此外，城市道路绿地随道路网络延伸到城市的每一个角落，在整个城市绿地系统的空间布局中扮演着重要的联系者的角色。中心城区的道路绿化，应按照经济、实用、美观的原则进行规划。即满足生态保护和美化景观的功能，又尽可能地做到布局合理、节约用地、养护方便。

12.4.5.2 生态景观建设

1. 山地生态景观系统规划

外围自然山体绿化，包括先锋顶、马鞍山、贤山岭、间山、银屏岭等山体，重点建设屏风山、震山、石岭成为郊野绿地公园，严格控制山体及周边开发。

城内山体公园绿化，重点是将袁山、化成岩、凤凰山、枯桐岭、白鹭岭等山体建设为城市绿地公园，注意公共性和开放性，保证最大多数的市民使用。

在山地生态绿地中，八峰（袁山、化成岩、凤凰山、屏风山、枯桐岭、震山、白鹭岭、石岭）是关系到城市山水格局的重要山体，严格禁止开山采石、破坏山体的开发。

2. 滨水岸线景观系统规划

三脉一江（温汤河、南庙河、枫河、秀江）为关系到城市山水格局的主要水系，应保育水系生态资源，优地优用，做好滨水公园绿化，严格禁止破坏水系的大规模开发行为。

三条溪脉为休闲生活带，以自然景观为主。清沥江休闲生活带体现现代科教中心及生态宜居风貌。南庙河休闲生活带体现商务展示、生态宜居风貌及城市外围郊野风貌。枫河休闲生活带体现生态绿心景观及产业示范区风貌。

秀江为城市展示带，以人文景观为主，横向集中展示城市形象，为宜春从历史古城到现代新城分层拓展演变的缩影，注重"大景观、大气氛"的营造，结合城市功能塑造城市滨江标志形象。

3. 天际轮廓线系统

山体天际轮廓。结合宜春山体轮廓分层特色，整体设计宜春靠山城市轮廓，重点控制城市内 8 座山（袁山、化成岩、凤凰山、屏风山、枯桐岭、震山、白鹭岭、石岭），建筑轮廓应与山体轮廓和谐统一，形成加强或错位关系，整体形成高低错落、形态优美的城市天际轮廓线。对八峰周围城市高度分级分区控制，防止山体周边被建筑重重包围。对高度超过 200m 的山体周边建筑，采取近山高远山低的方式，对高度小于 200m 的山体周边建筑，采取近山低远山高的方式。并应结合不同实施情况具体设计，保证"山山互视"。

滨江天际轮廓。结合秀江小尺度空间特色，分层次组织城市景观，以山为背景，重要建筑簇群为中景，滨水公园为前景，建立优美的城市天际线。建筑簇群天际线轮廓形成在中部历史轴处称为"低谷"，宜阳路、明月路处为"高峰"，城市边缘郊野处为"低谷"的整体波浪形轮廓。中轴区域的重要建筑簇群要形成统一连续的整体轮廓，结合城市功能，体现城市特色。

4. 综合功能景观轴带系统

一条城市功能型景观风貌轴。明月路、枫溪路沿线形成城市公共服务设施带，衔接城市南北区域，并体现宜春"历史古城—现代城市中心—未来新城"带状拓展的历史轨迹。它与渥江、南庙河生态景观带结合，形成带动宜春中心城区南北纵向扩展的人文、功能、生态复合轴。

两条生态型景观风貌带。秀江塑造城市形象展示带，为滨江绿化廊道与商业服务、历史保护、文化娱乐风貌结合的复合景观风貌带，是宜春面向未来的城市形象窗口。集中体现宜春特色景观以及标志性城市形象。枫河、南庙河营建休闲生活带，为融城市休闲游憩、文化娱乐功能与生态绿化廊道于一体的复合景观风貌带，并实现城市南北区域在生态景观和城市空间上的纵向联系。

5. 历史人文特色区系统规划

宜春历史人文特色区范围界定为老城片区、秀江沿岸地区、火车站以北，东西边界从宜阳大道至明月山大道，面积约 2.0km²，其中明清古城区面积约 1.5km²。分古城区、古城协调区两个层次进行规划控制。对古城区的规划控制，主要以传统街道、秀江、鼓楼广场、宜春台等为基础建立步行公共空间体系；严格控制古城内建筑高度、体量与风格；沿古城外围考虑绿化与停车场建设。对古城景观协调区的控制，主要是控制区内建筑的高度与体量，与古城区的风貌协调。

6. 街道文化景观系统

建设一些标志性的和象征宜春文化的景观区（带）。建立城市文化建设管理制度、运作制度，实行管理的制度化，操作程序化，严把具体实施中的每个环节。从管理体制和机制上强化规范，杜绝主观意志而打破规划制度、乱占乱建、违规运作，确保城市文化建设顺利推进，长足发展，努力打造城市特色。在有限有时间和财力下，集中建设一些有标志和象征意义的文化景观区。

12.4.5.3 生态资源保护

1. 饮用水源保护

严格执行饮用水源污染防治的相关规定，落实执行饮用水水源地保护区划，建立饮用水源安全应急预警制度，健全饮用水源的污染来源预警、水质安全预警和水厂处理预警三位一体的饮用水源安全预警体系，形成保障优质城市饮用水水源的环境保护管理基础框架。严格执行《江西省生活饮用水水源污染防治办法》等规范性文件，划定饮用水源保护区，加强以袁河水系为主的水源保护。做好水库水源保护工作。

（1）合理划分水源保护区，根据防护要求，划分为一级保护区、二级保护区及准保护区。

1）一级保护区。文笔峰水厂和滩下水厂取水口自取水点起算，上游 1200m 化成岩电站大坝处至下游 100m 的河道及两岸防洪堤迎水面堤脚向背水面延伸至河两岸景观大道内侧的陆域范围。袁河水厂取水口自取水点起算，上游 1000m 至下游 100m 范围及支流上溯相应长度的河道，河道两侧滩地以及迎水面堤脚向背水面延伸 100m 的陆域范围。飞剑潭和四方井水库为水库取水口所在区域最高水位线以外 100m，入流河道上溯 1000m 的水域及沿岸向外延伸 100m。

2) 二级保护区。文笔峰水厂及滩下水厂取水口自一级保护区上界起上溯 1300m 的范围及支流上溯 3000m 的范围的河道，河道两侧迎水面堤脚向背水面延伸 100m 的陆域范围，其中有防洪堤且岸边有景观大道的，为防洪堤迎水面堤脚向背水面延伸至岸边景观大道内侧的范围。袁河水厂取水口自一级保护区上界起上溯 3000m 及支流上溯相应长度的河道范围，河道两侧滩地一级迎水面堤脚向背水面延伸 100m 的陆域范围。飞剑潭水库和四方井水库取水口所在区域最高水位线以外 3km，入流河道上溯 5km 的河道及沿岸向外延伸 3km 的陆域范围。

3) 准保护区。从二级保护区上界起上溯 5000m 的水域及其河岸两侧纵深各 200m 的陆域范围。

（2）宜春市中心城饮用水源地保护。保护措施如下：在饮用水源地竖立警示牌；禁止在饮用水水源一级保护区内新建、改建、扩建与供水设施和保护水源无关的建设项目，对已建成的与供水设施和保护水源无关的建设项目，责令拆除或者关闭；禁止堆置和存放工业废渣、城市垃圾、粪便和其他废弃物；禁止设置油库；禁止从事种植、放养禽畜，严格控制网箱养殖活动；禁止可能污染水源的旅游活动和其他活动；禁止在饮用水水源二级保护区内新建、改建、扩建排放污染物的建设项目；对已建成的排放污染物的建设项目，责令拆除或者关闭；在有饮用水源功能的河流中，划定禁止设立饮食店的河段；禁止在袁河、温汤河、南庙河、枫河中上游和供水工程沿线建设重污染企业；坚决取缔建在饮用水源保护区内的畜禽养殖场（点）。通过以上措施确保水源地范围内水质在规划期内维持在Ⅱ类水质。

（3）中心城的备用水源主要为四方井水库和飞剑潭水库水源，在备用水源保护区内，禁止从事下列活动：向水域排放污水；放养禽畜和从事投放饵料的网箱养殖；从事水上游泳、洗涤及其他污染饮用水源的活动；倾倒工业废渣、生活垃圾、粪便及其他废弃物；使用剧毒和高残留农药；建立墓地和掩埋动物尸体；新建、改建、扩建对水源有污染危害的建设项目。

2. 湿地资源保护

（1）加大宣传，提高全民素质，增强公众保护湿地的意识，只有让公众参与到湿地的保护中，才能实现真正的湿地保护。目前宜春市湿地保护工作还不能满足生态建设的要求，市民对保护湿地的认识与湿地的重要性不相称。因此，湿地保护工作首先就是要让市民了解湿地，认识湿地，利用各种机会，大力宣传湿地保护的意义和湿地的重要作用，提高市民的湿地保护意识。

（2）把城市湿地建设作为城市基础设施建设，进行合理的城市土地利用规划。城市湿地是城市生态环境结构中十分重要的组成部分，因此，要把城市湿地建设作为城市基础设施建设的重要组成部分，才能实现真正的生态园林城市建设。

（3）健全和完善城市湿地管理体制湿地及其资源管理涉及多部门，甚至多行政区，导致部门权利难以协调，矛盾突出，因此，健全和完善城市湿地管理体制是保证湿地保护工作顺利进行的一个重要保障。建议在市委、市政府的领导下，健全由湿地主管部门市林业局组织协调和相关部门分工合作，发挥各自优势的管理机制。并建立由市领导主持召开的湿地保护定期协商会议制度，形成"一龙管理，多龙护湿"的有序管理局面，以实现湿地资源的保护及其合理利用。同时，加强湿地保护区的管理与能力建设。

（4）编制城市湿地资源保护总体规划。对现有的湿地资源应进行全面清查摸底，特别是对城市湿地面积、类型特征以及资源的数量、质量、经济价值等做一次全面的评估分析。在保持生态平衡和确保资源永续利用的前提下，按城市湿地所处的不同区域、不同类型进行综合规划，提出最佳的开发利用和保护管理方案，科学地提出整治目标和可操作的对策措施，正确指导城市湿地的开发利用，实现城市湿地的功能性开发，发挥城市湿地的综合功能效益。

（5）恢复重建湿地，因地制宜地营建城市湿地公园、湿地保护区和湿地保护带，确保湿地面积。城市湿地对维护城市生态健康发展是有目共睹的，对于城市中部分湿地生境退化和丧失较为严重的区域，可通过生态工程技术对其进行修复或重建，避免整块湿地的丧失。

（6）严格控制城市湿地污染，保护城市湿地的生态功能。城市湿地不应成为城市排污场所，必需实施科学的方法杜绝和减少污染源。一方面，要取缔城市湿地附近的工业污染源，禁止向湿地堆放、倾倒生活垃圾，从根本上消除污染源；另一方面，要进行污水截流，严禁不经处理和未达到排放标准的污水直接排入城市湿地。以此保证城市湿地生态系统的良性循环。

（7）建立持续的城市湿地监控机制。在城市湿地的治理过程中有必要建立城市湿地的监控机制和功能评价体系，对城市湿地进行持续的测定和调控，维护城市湿地的生态功能效益。

（8）积极开展湿地科学研究和学术交流。城市化建设高潮期的到来，使得城市湿地面临着生态退化的严重威胁，必须强化其研究，提高湿地保护的技术保障，才能促进城市的健康发展。

3. 山林地资源保护

（1）组织力量对山林绿地进行勘察，分析研究确定保护区域，特别要准确划定保护区边界，准确定位边界位置，绘制成图存档，向社会公布，加强宣传。

（2）健全规章制度，为山林地资源保护提供有力的法制保障。

（3）建立网络式长效监管机制，明确责任分工，及时发现问题，及时予以制止，提前做好防范，避免各类毁坏山林绿地事件的发生。

（4）对已破坏的山体进行生态修复建设。

（5）任何对山林地开发的有关项目工程，都应有相关规划。

4. 城市河流、水库保护

（1）建设城市滨水环境，是城市规划建设的重要内容。城市滨水空间往往是一个城市能见水、近水、亲水的特色景观环境，也是一个城市建设和开发的热点。城市滨水空间规划是对城市滨水空间的功能、空间、景观、环境、设施等各方面所进行的综合性设计，其目的在于创造生动、优美、富于特色的城市水空间形象。

（2）加大库区保护监管。要对水源库区及周围 100m 陆域内存在的潜在污染隐患定期进行彻底整治，确保饮用水源水质不受污染，达到饮用标准；要加强养殖污染控制，禁止库区内网箱养殖、肥水养殖和家畜家禽放养；禁止在水库沿岸 100m 陆域内开办家畜家禽养殖场，控制库区保护区内的农村面源污染；禁止向库区倾倒工业废渣、生活垃圾、粪便及其他废弃物。

（3）改善水库生态环境。要迅速清理库区沿岸垃圾点，禁止沿途群众在沿岸特别是向河内倾倒垃圾；要定期组织清理打捞库内垃圾、杂草和漂浮物，保护水生态环境；要加强水土保持和沿岸绿化工作，禁止一切破坏生态环境、影响饮用水源水质的资源开发活动。

（4）加大水源水质监测。环保、卫生部门要定期开展库区水质监测力度，及时报告水质状况。发现严重异常情况，必须立即向相关部门报告，并及时采取措施，确保水源水质安全。

12.4.5.4 生态水体驳岸建设

要创造舒适的城市滨水环境，生态型驳岸设计是关键。生态驳岸也称柔性驳岸，是指具有自然驳岸"可渗透性"功能的人工驳岸，如采用带孔隙的连锁式护岸砌块砌筑的护堤，或采用钢筋混凝土柱和天然石材组合成的带有鱼巢等孔隙的护堤。它们具有抗洪的强度，同时又具有可渗透性，符合河流水文过程、生物过程的自然特性。生态型驳岸设计方案主要包括以下内容：

（1）采用多层台阶式断面结构。设计一个能够常年保证有水的河道及能够应付不同水位、水量的河床，是河道断面处理的关键。采取多层台阶式的断面结构，使其低水位河道可以保证一个连续的蓝带，能够为鱼类生存提供基本条件，同时至少满足基本的防洪要求。当较大洪水发生时，允许淹没滩地。而平时这些滩地则是城市中理想的开敞空间环境，具有较好的亲水性，适于休闲游憩。

（2）自然型驳岸与台阶式人工自然驳岸相结合。在坡度缓或腹地大的河段建造自然原型驳岸，保持河岸的自然状态，配合植物种植，达到稳定河岸的目的。在较陡的坡岸或冲蚀较严重的地段，不仅种植植被，还应采用天然石材、木材护底，以增强堤岸抗洪能力。如在坡脚采用石笼、木桩或浆砌石块等护底，其上筑有一定坡度的土堤，斜坡种植植被，固堤护岸。在秀江沿岸，建设台阶式人工自然驳岸，在建造重力式挡土墙时，采取台阶式的分层处理，在自然型护堤的基础上，再用钢筋混凝土等材料确保大堤的抗洪能力。

（3）绿化滨河沿岸。充分利用亲水的优越性，以地被、花草、低矮灌木和高大乔木组成的滨河绿化带，利用各类植物覆盖、稳固土壤，抑制因暴雨径流对驳岸形成的冲刷，共同构成水陆复合型的生态系统，以维持环境的可持续发展。可选用的湿地植物有：树木类有落羽杉、墨西哥落羽杉、池杉、水杉、湿地松、水松、沉水樟、楠木、枫杨、意大利杨、垂柳、枫香、重杨木、苏柳、棕榈、木芙蓉、夹竹桃等；湿地草本植物类有中华水韭、宽叶香蒲、水葱、水毛花、垂穗苔草、箭叶雨久花、灯心草、毛茛、驴蹄草、星宿菜、半枝莲、水蜡烛、薄荷、长毛茛泽泻等湿生植物类；浮叶植物类有浮叶眼子菜、萍蓬草、芡实、荷花、白睡莲、柔毛齿叶睡莲、菱角、金银莲花、莕菜等；沉水植物类有竹叶眼子菜、微齿眼子菜、篦齿眼子菜、眼子菜、苦菜、密齿苦菜、穗花狐尾藻等。

（4）对水岸进行艺术处理。通过对地形处理和植物配置来创造封闭、半封闭空间，在部分景观节点营造相对私密的环境，增加神秘感，在部分景观节点则可以看到相对开阔、深远的水面。在能够看到优美景观的岸线，设置休憩设施，配合地形及植被设计，利用借景、框景的手法，增加景观的层次，形成景区内重要的景点，并冠以景名，增加文化内涵。在水岸边设置艺术性较强的防护栏杆、防滑铺装、指示牌、路灯等设施，保证在水边活动的人群安全，使用的材料采用耐腐蚀材料。

宜春市中心城境内的河流（包括秀江、温汤河、南庙河以及枫河等）主要采用绿化滨河沿岸的设计方案，同时，因地制宜地根据景观、防洪等需要结合其他方案设计生态水体驳岸。

第13章 生态城市建设

13.1 生态城市概述

13.1.1 概念

生态城市是由苏联城市生态学家亚尼次基于 1981 年提出的一种理想城市：自然、技术、人文充分融合，物质、能量、信息高效利用，人的创造力和生产力得到最大限度的发挥，居民的身心健康和环境质量得到保护，建立生态、健康、和谐的人类聚居新环境。

生态城市建设的 5 项原则：①生态保护；②生态基础支持设施；③保证居民生活标准；④历史文化的保护；⑤将自然融入城市。

生态城市的内涵：结构和功能符合生态学原理，"社会-经济-环境"复合生态系统良性运行，社会、经济、环境协调发展，物质、能量、信息高效利用，居民安居乐业的城市。简单地说，生态城市是一个经济高效、环境宜人、社会和谐的人类居住区。

1. 生态城市概念的时空定位

（1）从时间角度而言，生态城市是人与自然关系转变的基本结果，城市发展演变必然的趋势，生态文明的基本表征，解决现代城市问题的基本手段，也是 21 世纪城市建设的核心选择。

（2）从空间角度而言，生态城市是一个由生态支持系统、生产发展系统、生活服务系统以及综合协调系统四个子系统组成的具有生态、生产、生活和协调四大功能的复杂适应系统。

2. 不同学科对生态城市内涵的理解

（1）生态学。生态城市是运用生态学原理和方法，指导城乡发展而建立起来的空间布局合理，基础设施完善，环境整洁优美，生活安全舒适，物质、能量信息高效利用，经济发展、社会进步、生态保护三者保持高度和谐，人与自然互惠共生的复合生态系统。

（2）地理学和社会学。生态城市是其结构和功能复合生态学原理，"社会-经济-环境"复合生态系统良性运行，社会、经济、环境协调发展，物质、能量、信息高度开放和高效利用，居民安居乐业的城市。

（3）系统学。生态城市是一个由"社会-自然-经济"组成的复合生态系统。

（4）组织学。生态城市是在人工及自组织融合作用下形成的复杂适应性系统。

（5）社会学。生态城市是一个生态价值观、生态伦理观、生态意识为主导观念，社会公正，平等，安全，舒适的人居环境。

（6）经济学。生态城市是一个以生态技术为基础、建立生态产业为手段、发展循环经济为目的的理想经济运行系统。

（7）美学。生态城市是一个结构合理、功能完善、生态建筑为主、人工与自然环境融合、体现生态美学的人工自组织系统。

（8）地理学。生态城市是一城市化区域、城乡二重体，是全球或区域生态系统中分享其公平承载能力份额的可持续子系统。

13.1.2　生态城市的特征

生态城市具有以下特征：

（1）健康、和谐。具有和谐的生态秩序，区域生命支持系统能提供正常和稳定的生态服务功能，具有健康的人类生命支持系统，生产资料呈持续积累和盈余趋势。

（2）高效、活力。生态城市将改变现代城市"高消耗""非循环"的运行机制，提高资源的利用效率，实现地尽其利、各得其所，物质、能量得以多层次分级利用，废弃物得以循环再生，各行业各部门关系协调，呈现发达的生产力和先进的生产关系。

（3）持续、繁荣。以可持续发展思想为指导，兼顾不同时间、空间，合理配置资源，公平地满足当代与后代在发展和环境方面的需要，不因眼前的利益而用"掠夺"的方式促进城市暂时的繁荣，城市呈现持续、繁荣发展态势。

（4）高度的生态文明。生态城市是具备高度生态文明的人文环境系统，以人与自然和谐共生的典型生态社区为基本单元，居民具有强烈的生态伦理意识，社会安定祥和。

（5）整体性。生态城市不是单单追求环境优美或自身的繁荣，而是兼顾社会、经济和环境三者的整体利益，不急重视经济发展和生态环境相协调，更注重人类生活质量的提高，是在整体协调的新秩序下寻求发展。

（6）区域性。生态城市是在一定区域空间内人类活动和自然生态利用完善结合的产物，是城乡融合、互为一体的开放系统，是建立在区域平衡基础之上的，而且城市之间是相互关联、相互制约的，只有平衡协调的区域才有平衡协调的生态城市。

13.1.3　生态城市研究存在的问题分析

认识层面存在以下问题：① 指导理论，趋于用单一的生态学理论作指导；②基本概念，没有公认清晰明确的概念；③本质内涵，理解还不够全面。

表征层面存在以下问题：①衡量标准，用生态标准作为整个城市衡量标准；②建设目标，偏重自然、社会和经济建设，忽视管理；③评价指标，综合性不够，代表性不强，动态性较弱。

实践层面存在以下问题：①实践方法，遵循简单化处理原则；②参与对象，主要是政府与城市规划研究人员；③操作模式，误把城市绿化当做生态城市建设。

从生态城市概念的提出迄今，世界上已有不少国家的城市生态化建设在不同程度上取得了成功。美国、澳大利亚、英国、印度、巴西、丹麦、瑞典、日本等国家对生态城市建设提出了基本要求和具体标准，取得了令人鼓舞的成绩和可用于实际操作的成功经验。

在国外生态城市建设的影响下，我国从 20 世纪 80 年代初开始进行研究，北京、天津、上海、长沙、宜春、深圳、马鞍山等城市都相应开展了生态城市建设，主要是集中在对城市生态系统分析评价和对策上，但相关理论和方法尚未成熟。

13.1.4　建设生态城市的五个层面

生态城市建设包含以下五个层面：

（1）生态安全。向所有居民提供洁净的空气、安全可靠的水、食物、住房和就业机会，以及市政服务设施和减灾防灾措施的保障。

（2）生态卫生。通过高效率低成本的生态工程手段，对粪便、污水和垃圾进行处理和再生利用。

（3）生态产业代谢。促进产业的生态转型，强化资源的再利用、产品的生命周期设计、可更新能源的开发、生态高效的运输，在保护资源和环境的同时，满足居民的生活需求。

（4）生态景观整合。通过对人工环境、开放空间（如公园、广场）、街道桥梁等连接点和自然要素（水路和城市轮廓线）的整合，在节约能源、资源，减少交通事故和空气污染的前提下，为所有居民提供便利的城市交通。同时，防止水环境恶化，减少热岛效应和对全球环境恶化的影响。

（5）生态意识培养。帮助人们认识其在与自然关系中所处的位置和应负的环境责任，尊重地方历史文化，诱导人们的消费行为，改变传统的消费方式，增强自我调节的能力，以维持城市生态系统的高质量运行。

为推动城市生态建设必须采取以下行动：

1）通过合理的生态手段，为城市人口，特别是贫困人口提供安全的人居环境、安全的水源和有保障的土地使用权，以改善居民生活质量和保障人体健康。

2）城市规划应以人而不是以车为本。扭转城市土地"摊大饼"式蔓延的趋势。通过区域城乡生态规划等各种有效措施使耕地流失最小化。

3）确定生态敏感地区和区域生命支持系统的承载能力，并明确应开展生态恢复的自然和农业地区。

4）在城市设计中大力倡导节能、使用可更新能源、提高资源利用效率以及物质的循环再生。

5）将城市建成以安全步行和非机动交通为主的，并具有高效、便捷和低成本的公共交通体系的生态城市。中止对汽车的补贴，增加对汽车燃料使用和私人汽车的税收，并将其收入用于生态城市建设项目和公共交通。

6）为企业的生态城市建设和旧城的生态改造项目提供强有力的经济激励手段。向违背生态城市建设原则的活动，如排放温室气体和其他污染物的行为征税；制定和强化有关优惠政策，以鼓励对生态城市建设的投资。

7）为优化环境和生态恢复制定切实可行的教育和再培训计划，加强生态城市的能力建设，开发生态适用型的地方性技术，鼓励社区群众积极参与生态城市设计、管理和生态恢复工作，增强生态意识。扶持社区生态城市建设的示范项目。

8）在国家、省、市各级政府中设置生态城市建设和管理的专门机构，制定和实施生态城市建设的相关政策。该机构负责政府各部门间（如交通、能源、水和土地管理部门等）管理职能的协调和监控，推动相关项目和计划的实施。

9）倡导和推进国际间、城市间和社区间的合作，加强生态城市建设领域正反两方面经验的交流以及资源的相互支持，促进在发展中国家以及发达国家开展生态城市建设的实践和示范活动。

13.2　生态城市规划

13.2.1　生态城市规划背景

生态城市规划源自生态规划，虽然国际上正式提出生态城市规划概念的时间并不长，但从其思想发展来说，已有一段悠久历史。

西方生态城市规划的思想萌芽最早出现在古希腊哲学家柏拉图的《理想国》论述中。古罗马建筑师维特鲁威在《建筑十书》中总结了希腊、伊达拉里亚和罗马城市的建设经验，对城市选址、城市形态与布局等提出了精辟的见解，把对健康、生活的考验融会到对自然条件的选择与建筑物的设计中。文艺复兴时期的建筑师阿尔贝蒂（1452）发展了"理想城市"的理论。16世纪英国托马斯·莫尔的"乌托邦"，18—19世纪中叶法国傅立叶的"法郎吉"、英国罗伯特·欧文（1852）的"新协和村"、西班牙索里亚（1882）的"线状城市"、英国霍华德（1898）的"田园城"、法国勒·柯布西耶（1930）的"光明城"、英国雷蒙·恩温（1922）的"卧城"、美国弗兰克·劳埃德·赖特（1945）的"广亩城"等设想中都蕴含有一定的生态城市规划的哲理。

20世纪20年代，美国区域规划协会的成立明确宣布了规划与生态学的密切联系。Machaye认为区域规划就是生态学，尤其是人类生态学。二三十年代，美国的弗雷德里克·劳·奥姆斯特德倡导的"城市公园"与始于 1893 年芝加哥的"城市美化运动"（City Beautiful Movement）尝试通过建设城市公园绿地系统来改善日益恶化的城市环境。40 年代，美国区域规划协会发起了"公园建设和自然保护运动"。这期间，生态规划的理论尚未成形，但生态思想已经开始渗入到城市规划领域，并为城市规划注入了新的活力。

1969 年，克罗提出景观规划概念，奥德姆进一步提出生态系统模式，把生态功能与相应的用地模式联系起来，并实践于区域规划。同年，美国宾夕法尼亚大学教授麦克哈格通过具体的案例研究，对生态规划的工作流程及应用方法作了较全面的探讨，并发表了《设计结合自然》（Design with Nature）提出了规划结合生态思想的概念和方法。1972 年，联合国人类环境委员会通过《斯德哥尔摩宣言》，提出人与生物圈、人工环境和自然环境间应保持协调，要保护环境、保持生态平衡。1982 年麦克哈格的夫人卡罗·A. 斯蒙丝出版了《自然的设计》（Nature's Design）一书，探讨了如何处理城市环境设计问题，她从小尺度的空间设计上阐述麦克哈格的生态规划思想，力图寻求一种建立在城市生态平衡基础上的自然可亲的人造环境。现在"可持续发展""生态城市模式"的概念已深入人心，生态城市规划已成为世界各地城市规划研究的热点。

《设计结合自然》的意义在于：首次扛起了生态规划的大旗；建立了当时景观规划的准则；标志着景观规划设计专业勇敢地承担起后工业时代重大的人类整体生态环境规划设计的重任，使景观规划设计专业在弗雷德里克·劳·奥姆斯特德奠定的基础上又大大扩展了活动空间，将景观规划设计提高到一个科学的高度，成为 20 世纪规划史上一次最重要的革命。

《设计结合自然》的创新点在于：一反以往土地和城市规划中功能分区的做法，强调土地利用规划应遵从自然固有的价值和自然过程（即土地的适宜性），并完善了以因子分层分析和地图叠加技术为核心的规划方法论（被称为"千层饼模式"）；提出了应当在规划中注重生态学的研究，并建立具有生态观念的价值体系。在麦克哈格的规划思想与实践中，他既不把重点放在设计方面，也不放在自然本身上面，而是把重点放在"结合"上面。他认为："如果要创造一个善良的城市，而不是一个窒息人类灵性的城市，我们需要同时选择城市和自然，缺一不可。两者虽然不同，但互相依赖；两者同时能提高人类生存的条件和意义。"

在我国，生态省、生态市、生态县、生态村建设正在进行试点工作。生态规划亦在各地蓬勃开展。近年来，生态城市规划的理论和方法正逐步开始成熟和完善。2003 年 5 月，国家环境保护局颁布《生态县、生态市、生态省建设指标（试行）》标准后，标志着生态城市规划在中国进入全面发展和逐步推广的阶段。

13.2.2　生态城市规划概念

联合国在《人与生物圈计划》报告集第 57 集报告中指出："生态城市规划即要从自然生态和社会心理两方面去创造一种能充分融合技术和自然的人类活动的最优环境，诱发人们的创造性和生产力，提供高水平的物质和生活方式。"

在 1984 年的《人与生物圈计划》报告中提出生态规划 5 项原则：①生态保护战略（包括自然保护，动、植物区系及资源保护，污染防治等）；②生态基础设施（自然景观和腹地对城市的持久支持能力）；③居民生活标准；④文化历史保护；⑤将自然融入城市。它奠定了生态城市规划方法研究的理论基础。

生态城市规划是以城市这个"社会-经济-自然"复合系统为规划对象，以可持续发展思想为指导，以人与自然相和谐为价值取向，应用社会学、经济学、生态学、系统科学等现代科学与技术手段，分析利用自然环境、社会、文化、经济等各种信息，去模拟、设计和调控系统内的各种生态关系。提出人与自然和谐发展的调控对策。其规划设计原则包括：保留、保存和恢复自然环境；开发聚集式的、适宜于步行的生态聚中区；利用先进的运输、通讯和生产系统；最大限度地利用可再生资源；建立生态产业体系；鼓励公众参与，提倡生态意识教育等。概括地说，即尊重自然过程，尊重文化传统。

生态城市规划，是根据生态学的原理，综合研究城市生态系统中人与"住所"的关系，并应用社会工程、系统工程、生态工程、环境工程等现代科学与技术手段，协调现代城市中经济系统与生物系统的关系。保护与合理利用一切自然资源与能源，提高资源的再生和综合利用水平，提高人类对城市生态系统的自我调节、修复、维持和发展的能力。达到既能满足人类生存、享受和持续发展的需要，又能保护人类自身生存环境的目的。主要包括以下几个方面：①建立科学合理的生态城市建设目标体系；②城市、区域和国家不同层次规划的结合；③空间体系与生态体系规划的结合；④空间规划与生态规划、社会经济规划结合考虑，寻求最佳规划整体方案。

生态城市规划设计是以"社会-经济-自然"复合系统为规划对象，以"人-自然整体和谐"的思想为基础，应用城市规划学、生态学、经济学等多学科知识以及多种技术手段（如生态工程、生态工艺），去辨识、模拟、设计和调控生态城市中的各种生态关系及其结构功能，合理配置空间资源、社会文化资源，提出社会、经济、自然整体协调发展的时-空结构及调控对策。它遵循社会生态原则、经济生态原则、自然生态原则以及复合生态原则。

生态城市规划的核心是实现城市结构和功能的"生态化"，包括生态分区规划、生态单元建设规划和生态安全空间格局 3 个层次和生态产业。生态经济，生态社会等八大类功能的全面生态化。

生态城市规划研究的重点是制订若干政策法规和对策，引导、促进和规范规划实施行为向较佳的预案发展。其内容应包括以下 6 个方面：①实现适度的经济增长；②控制人口和优化利用人力资源；③合理开发和利用自然资源，延长资源的可供给年限，不断开辟新的能源和其他资源；④保护环境和维护生态平衡；⑤科学引导城市发展，满足就业和生活的基本需要，建立公平的分配原则；⑥推动技术进步和对环境污染等的有效控制。规划目标是实现人居环境、经济环境和社会环境生态化。

生态城市规划的内容包括城市生命支持系统、人居环境、生态产业、环境教育 4 个方面。

13.2.3　生态城市规划与其他规划的关系

生态城市规划与城市生态规划、城市总体规划和环境规划紧密结合、相互渗透，是协调城市发展建设和环境保护的重要手段，但他们又有各自规划重点。

（1）城市规划。规划区域内土地利用空间配置和城市产业及基础设施的规划布局、建筑密度和容积率的合理设计等，也可以说主要是城市物质空间与建筑景观的规划。

（2）环境规划。规划区域内大气、水体、噪声及固体废弃物等环境质量的监测、评价和调控管理。

（3）城市生态规划。规划区域内水、大气、土壤等生态环境的保护、管育、修复和重建，主要涉及区域环境污染、土地退化、水土流失、水源涵养、城市绿化等方面。

（4）生态城市规划。运用可持续发展、生态系统整体优化的观点，在对规划区域社会、经济、环境复合生态系统的研究基础上，提出城市社会、经济建设、资源合理开发利用和生态环境建设保护目标的总体规划。

13.2.4　生态城市规划设计方法论

把"生态价值观"引入城乡规划中，对传统的规划方法、规划观念、规划目标、规划技术路线和规划过程等实行有效的变革，运用规划新理论、新方法、新技术，这是城乡走向生态化的客观要求，是建设人与自然和谐发展的生态城市的需要。

1. 规划程序

20 世纪 60 年代末，美国华盛顿大学弗雷德里克·斯坦纳提出资源管理生态规划的程序包括 7 个步骤：①确定规划目标；②资源数据清单和分析；③区域适宜度分析；④方案选择；⑤规划方案实施；⑥规划执行；⑦方案评价。

2. 规划内容

根据生态城市发展目标和生态城市的概念、特点、内涵，一般生态城市规划应该包括以下内容：

（1）编制规划大纲：研究局势，分析背景，提出问题或提出规划目标。

（2）基础资料的调查与收集：包括对历史、现状资料，卫片、航片资料、当地人的访问获得的资料，实地调查资料的收集，等等，然后进行初步的统计、分析，进行现场核实与图件的清绘工作。

（3）系统分析与评估：确定相关因子的选取及权重，对单因子进行分级评分，绘制单因子图。

（4）生态环境保护：单因子图叠加，确定生态敏感性分级标准，绘制生态敏感性图，划分生态维育绝对区、缓冲区和开发区。

（5）功能区划：确定综合生态适宜度分级标准，绘制综合适宜度图，建立各功能区用地生态适宜度模型。

（6）规划设计方案的确立：根据区域发展要求和生态规划的目标，以及研究区的生态环境分析、功能区用地生态适宜度模型等，在适宜的承载力范围内，提出城市发展战略，制定发展目标，设计自然、社会、经济各项规划，包括生态环境保护与建设发展规划、生态化产业发展体系建设规划或循环经济发展战略规划等，最后提出生态城市建设的规划方案和措施。

（7）规划方案的分析与决策：根据设计的规划方案，通过费效分析、风险评价等方法进行方案可行性分析；分析规划区域的执行能力和潜力。

（8）建立规划的保障调控体系：建立生态监控体系，并及时反馈与决策；建立规划支持保障系统，包括政策法规、管理宣传、科技人才、资金筹措等支持系统，从而保障规划的顺利实施。

（9）规划方案的论证与实施：规划完成后，由相关部门分别进行论证，并适时进行方案修改。

（10）方案的执行。

3. 规划目标与指标体系

（1）规划目标。根据现状评价结果，结合对城市发展战略的分析和城市发展实力，制定城市生态规划总体目标及阶段性目标。目标以定性描述为主，需要量化的目标可通过建立规划指标体系来完成。

（2）指标体系。规划指标体系的设计是一个具有科学性和系统性的重要工作，既要全面地描述拟规划城市的方方面面，又要突出重点和特点。规划指标体系一般可与生态系统现状指标体系的设计一体化，这样更具有协调性和逻辑性，也便于操作。

在构建城市生态规划指标体系时可遵循以下原则：①系统性与代表性相结合的原则；②指导性与可操作性的原则；③分类监控与分步考核的原则；④共性与个性相结合的原则。

在指标体系制定后，还需要界定各指标的标准值或参考值。根据拟规划城市的现状值与标准值（或参考值）的差距以及规划目标，设定各规划年的规划目标值，这样，在具体规划时便形成了量化的目标。城市生态规划指标体系是城市生态内涵的定量化表征，是将城市生态建设目标转化为可操作标准的具体方式，也是指导城市生态规划建设与考核城市生态建设成效的参照。

13.3 城市生态文明建设

13.3.1 生态文明

1. 生态文明的基本内涵

"生态"一词源于古希腊文字，意思是指家或者我们的环境。简单地说，生态就是指一切生物的生存状态，以及它们之间和它与环境之间环环相扣的关系。生态后来还被定义许多美好的事物，如健康的、美的、和谐的事物。

"文明"是指人类所创造的财富的总和，特指精神财富。文明是人类在认识世界和改造世界的过程中所逐步形成的思想观念以及不断进化的人类本性的具体体现。

生态文明的基本内涵可以从三个方面去理解：一是人与自然的关系；二是生态文明与现代文明的关系；三是生态文明建设与时代发展的关系。

因此，生态文明是指在遵循人类、自然、社会相互间和谐发展基本规律基础上，所取得的物质与精神成果的总和，也是人与自然、人与人、人与社会和谐共生的文化伦理形态。它以尊重和维护自然为前提，以人与人、人与自然、人与社会和谐共生为宗旨，以建立可持续的生产方式和消费方式为内涵，引导人们走上持续和谐的发展道路。建设生态文明，不同于传统意义上的污染控制和生态恢复，而是修正工业文明弊端，探索资源节约型、环境友好型的发展道路。

生态文明是人类发展崭新的文明形态，是人们在改造客观世界的同时改善和优化人与自然的关系，体现了人们尊重自然、利用自然、保护自然、与自然和谐相处的更高级的文明理念和文明形态。生态文明是认识自然、尊重自然、顺应自然、保护自然、合理利用自然，反对漠视自然、糟践自然、滥用自然和盲目干预自然，人类与自然和谐相处的文明。

生态文明是现代人类文明的重要组成部分。生态文明是物质文明、政治文明、精神文明、社会文明重要基础和前提，没有良好和安全的生态环境，其他文明就会失去载体。

2. 生态文明建设

生态文明建设是本着为当代人和后代人均衡负责的宗旨，转变生产方式、生活方式和消费模式，节约和合理利用自然资源，保护和改善自然环境，修复和建设生态系统，为国家和民族的永续生存和发展保留和创造坚实的自然物质基础。生态文明建设与经济建设、社会建设、政治建设和文化建设五位一体、相辅相成。

党的十八大报告指出："必须更加自觉地把全面协调可持续作为深入贯彻落实科学发展观的基本要求，全面落实经济建设、政治建设、文化建设、社会建设、生态文明建设'五位一体'总体布局，促进现代化建设各方面相协调。"生态文明建设已经上升到我国社会主义现代化根本属性的战略高度，成为我国现代化建设顶层设计的重要内容和显著特征之一。在我国现代化建设"五位一体"总体布局的新阶段，在全面建成小康社会的新的历史时期，加快建设生态文明城市具有极其重要的现实意义。

3. 生态文明建设的基本原则

（1）坚持把节约优先、保护优先、自然恢复为主作为基本方针。在资源开发与节约中，把节约放在优先位置，以最少的资源消耗支撑经济社会持续发展；在环境保护与发展中，把保护放在优先位置，在发展中保护、在保护中发展；在生态建设与修复中，以自然恢复为主，与人工修复相结合。

（2）坚持把绿色发展、循环发展、低碳发展作为基本途径。经济社会发展必须建立在资源得到高效循环利用、生态环境受到严格保护的基础上，与生态文明建设相协调，形成节约资源和保护环境的空间格局、产业结构、生产方式。

（3）坚持把深化改革和创新驱动作为基本动力。充分发挥市场配置资源的决定性作用和更好发挥政府作用，不断深化制度改革和科技创新，建立系统完整的生态文明制度体系，强化科技创新引领作用，为生态文明建设注入强大动力。

（4）坚持把培育生态文化作为重要支撑。将生态文明纳入社会主义核心价值体系，加强生态文化的宣传教育，倡导勤俭节约、绿色低碳、文明健康的生活方式和消费模式，提高全社会生态文明意识。

（5）坚持把重点突破和整体推进作为工作方式。既立足当前，着力解决对经济社会可持续发展制约性强、群众反映强烈的突出问题，打好生态文明建设攻坚战；又着眼长远，加强顶层设计与鼓励基层探索相结合，持之以恒全面推进生态文明建设。

4. 生态文明建设的基本路径

（1）资源保护与节约的路径是生态文明建设的重中之重。在整个生态系统中，人是主动的，环境是被动的承受和反馈，资源是人与环境的中心环节，是环境中直接为人类利用的那一部分，环境恶化是资源不合理利用、资源破坏、流失、污染的结果，资源是根本，环境是表征，资源保护与节约是生态文明建设重中之重。

（2）环境保护与治理的路径是生态文明建设的关键所在。环境质量的提高，人居环境的改善是社会发展，特别是我国小康社会建设的重要指标。环境保护和治理是提高人居环境的关键，是生态文明建设的关键所在。

（3）生态保护与修复的路径是生态文明建设的重要载体。生态保护和修复的目的是为了给自然留下更多修复空间，给农业留下更多良田，给子孙后代留下天蓝、地绿、水净的美好家园，它为生态文明建设提供重要载体，也是未来发展的希望所在。

（4）国土开发与保护的路径是生态文明建设的空间规制。国土是空间、资源、环境、生态等的总称，是生态文明建设的空间载体。国土空间开发与保护的目标是按照人口资源环境相均衡、经济社会生态效益相统一的原则，控制开发强度，调整空间结构，促进生产空间集约高效、生活空间宜居适度、生态空间山清水秀，它从空间系统上把握资源、环境、生态的协调，是生态文明建设的空间规制。

13.3.2 生态文明城市

生态文明城市是一个以人的行为为主导、自然环境为依托、资源流动为命脉、社会体制为经络的"社会-经济-自然"的复合系统，是资源高效利用、环境友好、经济高效、社会和谐、发展持续的人类居住区。生态文明城市的概念是随着人类文明的不断发展，对人与自然关系认识的不断升华而提出来的。城市作为人们改造自然的一种人居环境，是人类在不同历史阶段，改造自然的价值观和意志的真实体现。生态城市的创建目标应以社会生态、经济生态、自然生态三方面来确定。建设生态文明城市，根本目的是让人民群众生活得更幸福。

生态文明城市，是揭示当今世界快速城市化和城市人口加速增长的背景下，地球、城市、人三个有机系统之间关联和互动创造更美好的城市，更美好的生活的关键所在。从生态哲学角度看，生态文明城市实质是实现人（社会）与自然的和谐，这是生态文明城市的价值取向所在；从开展循环经济、创建低碳经济、拓展绿色经济、形成生态产业体系和发展生态经济学的角度看，生态文明城市的经济增长方式是内涵增长模式，更加注重对低碳、绿色和生态技术的运用；从生态社会学角度看，生态文明城市的教育、科技、文化、道德、法律、制度等都将"生态化"；从系统学角度看，生态文明城市是一个与周边城郊及有关区域紧密联系的开放系统，不仅涉及城市的自然生态系统，如空气、水体、土地、绿化、森林、动物生命体、能源和其他矿产资源等，也涉及城市的人工环境系统、经济系统和社会系统。

生态文明城市，立足于推动落实科学发展观，立足于推进生态文明建设，正确处理好经济发展与资源节约、环境保护的关系，努力建设山清水秀、环境优美、生态安全、人与自然和谐相处的新型城市，统筹考虑经济发展和生态建设，统筹考虑国内和国际两个大局，统筹考虑当前利益和长远战略，全面实施应对气候变化国家战略，切实走出一条发展低碳经济，促进节能减排的新路子，既是落实科学发展观、实现可持续发展的内在要求，也是应对气候变化、参与国际竞争的客观需要，还是结构调整、产业升级的主攻方向。

生态文明城市建设目标，应该包含以下方面的内容：资源消耗、环境损害、生态效益、生态产业、生态文化、基础设施、民生改善和政府责任等指标，与公众满意度和生态文明建设的发展需要、实施进度相适应。

13.4　城市循环经济

13.4.1　循环经济的概念

循环经济是指在生产、流通和消费等过程中进行的减量化、再利用、资源化活动的总称。减量化，是指在生产、流通和消费等过程中减少资源消耗和废物产生；再利用，是指将废物直接作为产品或者经修复、翻新、再制造后继续作为产品使用，或者将废物的全部或者部分作为其他产品的部件予以使用；资源化，是指将废物直接作为原料进行利用或者对废物进行再生利用。

循环经济是以资源的高效利用和循环利用为目标，以"减量化、再利用、资源化"为原则，以物质闭路循环和能量梯次使用为特征，按照自然生态系统物质循环和能量流动方式运行的经济模式。它要求运用生态学规律来指导人类社会的经济活动，其目的是通过资源高效和循环利用，实现污染的低排放甚至零排放，保护环境，实现社会、经济与环境的可持续发展。循环经济是把清洁生产和废弃物的综合利用融为一体的经济，本质上是一种生态经济，它要求运用生态学规律来指导人类社会的经济活动。

13.4.2　循环经济的基本原则

"3R 原则"是循环经济活动的行为准则，所谓 3R 原则，即减量化（Reduce）原则、再使用（Reuse）原则和再循环（Recycle）原则。

（1）减量化原则。要求用尽可能少的原料和能源来完成既定的生产目标和消费目的。这就能在源头上减少资源和能源的消耗，大大改善环境污染状况。例如，我们使产品小型化和轻型化；使包装简单实用而不是豪华浪费；使生产和消费的过程中，废弃物排放量最少。

（2）再使用原则。要求生产的产品和包装物能够被反复使用。生产者在产品设计和生产中，应摒弃一次性使用而追求利润的思维，尽可能使产品经久耐用和反复使用。

（3）再循环原则。要求产品在完成使用功能后能重新变成可以利用的资源，同时也要求生产过程中所产生的边角料、中间物料和其他一些物料也能返回到生产过程中或是另外加以利用。

13.4.3　发展循环经济的主要途径

从资源流动的组织层面来看，主要是从企业小循环、区域中循环和社会大循环三个层面来展开；从资源利用的技术层面来看，主要是从资源的高效利用、循环利用和废弃物的无害化处理三条技术路径去实现。

1. 发展的三个组织层面

从资源流动的组织层面，循环经济可以从企业、生产基地等经济实体内部的小循环，产业集中区域内企业之间、产业之间的中循环，包括生产、生活领域的整个社会的大循环三个层面来展开。

（1）以企业内部的物质循环为基础，构筑企业、生产基地等经济实体内部的小循环。企业、生产基地等经济实体是经济发展的微观主体，是经济活动的最小细胞。依靠科技进步，充分发挥企业的能动性和创造性，以提高资源能源的利用效率、减少废物排放为主要目的，构建循环经济微观建设体系。

（2）以产业集中区内的物质循环为载体，构筑企业之间、产业之间、生产区域之间的中循环。以生态园区在一定地域范围内的推广和应用为主要形式，通过产业的合理组织，在产业的纵向、横向上建立企业间能流、物流的集成和资源的循环利用，重点在废物交换、资源综合利用，以实现园区内生产的污染物低排放甚至"零排放"，形成循环型产业集群，或是循环经济区，实现资源在不同企业之间和不同产业之间的充分利用，建立以二次资源的再利用和再循环为重要组成部分的循环经济产业体系。

（3）以整个社会的物质循环为着眼点，构筑包括生产、生活领域的整个社会的大循环。统筹城乡发展、统筹生产生活，通过建立城镇、城乡之间、人类社会与自然环境之间循环经济圈，在整个社会内部建立生产与消费的物质能量大循环，包括了生产、消费和回收利用，构筑符合循环经济的社会体系，建设资源节约型、环境友好的社会，实现经济效益、社会效益和生态效益的最大化。

2. 发展的三条技术路径

从资源利用的技术层面来看，循环经济的发展主要是从资源的高效利用、循环利用和无害化生产三条技术路径来实现。

（1）资源的高效利用。依靠科技进步和制度创新，提高资源的利用水平和单位要素的产出率。在农业生产领域，通过以下方式实现资源的高效利用：

1）通过探索高效的生产方式，集约利用土地、节约利用水资源和能源等。如推广套种、间种等高效栽培技术和混养高效养殖技术，引进或培育高产优质种子种苗和养殖品种，实施设施化、规模化和标准化农业生产，都能够提高单位土地、水面的产出水平。通过优化多种水源利用方案，改善沟渠等输水系统，改进灌溉方式和挖掘农艺节水等措施，实现种植节水。通过发展集约化节水型养殖，实现养殖业节水。

2）改善土地、水体等资源的品质，提高农业资源的持续力和承载力。通过秸秆还田、测土配方科学施肥等先进实用手段，改善土壤有机质以及氮、磷、钾元素等农作物高效生长所需条件，改良土壤肥力。

（2）资源的循环利用。通过构筑资源循环利用产业链，建立起生产和生活中可再生利用资源的循环利用通道，达到资源的有效利用，减少向自然资源的索取，在与自然和谐循环中促进经济社会的发展。在农业生产领域，农作物的种植和畜禽、水产养殖本身就要符合自然生态规律。通过先进技术实现有机耦合农业循环产业链，是遵循自然规律并按照经济规律来组织有效的生产。农业循环产业链包括以下几种：

1）种植-饲料-养殖产业链。根据草本动物食性，充分发挥作物秸秆在养殖业中的天然饲料功能，构建种养链条。

2）养殖-废弃物-种植产业链。通过畜禽粪便的有机肥生产，将猪粪等养殖废弃物加工成有机肥和沼液，可向农田、果园、茶园等地的种植作物提供清洁高效的有机肥料。畜禽粪便发酵后的沼渣还可以用于蘑菇等特色蔬菜种植。

3）养殖-废弃物-养殖产业链。开展桑蚕粪便养鱼、鸡粪养贝类和鱼类、猪粪发酵沼渣养蚯蚓等实用技术开发推广，实现养殖业内部循环，有利于体现治污与资源节约双重功效。

4）生态兼容型种植-养殖产业链。在控制放养密度前提下，利用开放式种植空间，散养一些对作物无危害甚至有正面作用的畜禽或水产动物，有条件地构筑"稻鸭共育""稻蟹共生"、放山鸡等种养兼容型产业链，可以促进种养兼得。

5）废弃物-能源或病虫害防治产业链。畜禽粪便经过沼气发酵，产生的沼气可向农户提供清洁的生活用能，用于照明、取暖、烧饭、储粮保鲜、孵鸡等方面，还可用于为农业生产提供二氧化碳气肥、开展灯光诱虫等用途。农作物废弃秸秆也是形成生物质能源的重要原料，可以加以挖掘利用。

（3）废弃物的无害化排放。通过对废弃物的无害化处理，减少生产和生活活动对生态环境的影响。在农业生产领域，主要采用以下措施：

1）通过推广生态养殖方式，实行清洁养殖。

2）运用沼气发酵技术，对畜禽养殖产生的粪便进行处理，化害为利，生产制造沼气和有机农肥。

3）控制水产养殖用药，推广科学投饵，减少水产养殖造成的水体污染。

4）探索生态互补型水产品养殖，加强畜禽饲料的无害化处理、疫情检验与防治。

5）实施农业清洁生产，采取生物、物理等病虫害综合防治，减少农药的使用量，降低农作物的农药残留和土壤的农药毒素的积累。

6）采用可降解农用薄膜和实施农用薄膜回收，减少土地中的残留。

13.4.4　城市循环经济建设主要内容

1. 构建循环型生产方式

全面推行清洁生产，加大节能、节水、节地、节材和农村节肥节药工作力度，提高工业废弃物、农业废弃物、林业"三剩物"利用水平和水资源利用水平，减少污染物排放。推动产业集聚发展，加大园区循环化改造力度，加强信息化管理，扩大基础设施共享，促进园区绿色、循环、低碳发展。优化产业带、产业园区和基地的空间布局，鼓励企业间、产业间建立物质流、资金流、产品链紧密结合的循环经济联合体，促进工业、农业、服务业等产业间共生耦合，形成循环链接的产业体系。培育战略性新兴产业，大力发展资源循环利用等节能环保产业。

2. 形成循环型流通方式

科学规划流通业布局，减少流通环节，发展多式联运，积极发展连锁经营、统一配送、电子商务等现代流通方式。提高仓储业利用效率和土地集约水平，建立以城市为中心的公共配送体系，优化城市配送网络，扩大统一配送和共同配送规模。推动使用可循环利用的物流配送、包装材料。发展绿色流通业，限制高耗能、高耗材产品流通，鼓励绿色产品采购和销售。加强零售批发业节能环保改造，倡导开展绿色服务。建立逆向物流体系，形成网络完善、技术先进、分拣处理良好、管理规范的再生资源回收体系，促进分散、难回收、价值低的再生资源回收。培育租赁业、旧货业发展。

3. 推广普及绿色消费模式

提高全社会的节约意识，培养公众节水、节纸、节能、节电、节粮的生活习惯，反对铺张浪费。推广节能节水产品、绿色照明产品、再生产品、再制造产品、循环文化创意产品以及风能、太阳能等新能源，减少使用一次性用品，加大限制过度包装、禁塑、淘汰白炽灯的力度，完成城市限黏、县城禁实任务。引导居民进行垃圾分类，倡导绿色低碳出行方式。提高绿色产品市场占有率，扩大绿色采购比例，政府机构率先垂范。

4. 推进城市建设的绿色化循环化

在城市改造和新区建设中充分体现资源环境承载能力，优化城市空间布局，完善功能分区，推进城市基础设施系统优化、集成共享。加强土地集约节约利用，优先开发空闲、废弃、闲置土地，加强存量土地再利用，扩大城区公共绿化面积。缺水地区同步规划建设再生水管网，雨水富集地区实现雨污分流，加强雨水收集利用。加强污泥资源化利用，回收污泥中的能源资源。完善建成区道路衔接度，发展公共交通，提高道路的通行速度和便捷程度，实施道路路灯节能改造。新建建筑严格落实绿色建筑标准，大力推进已建公共建筑、居民住宅的建筑节能改造。发展分布式能源，扩大新能源和可再生能源的应用范围。

5. 健全社会层面资源循环利用体系

建设完善分类回收、密闭运输、集中处理、资源化利用的城市生活垃圾回收利用体系。开展餐厨废弃物、建筑垃圾、包装废弃物、园林废弃物、废弃电器电子产品和报废汽车等城市典型废弃物回收和资源化利用。构建"互联网＋"再生资源回收利用体系，鼓励互联网企业参与搭建城市废弃物回收平台，创新再生资源回收模式，提高再生资源回收利用率和循环利用水平，深化生产系统和生活系统的循环链接。推动企业余能、余热在生活系统的循环利用，扩大中水、城市再生水等应用范围，鼓励企业生产设施协同资源化处理城市废弃物，有条件的城市要科学规划建设理念先进、技术领先、清洁高效的静脉产业基地。

6. 创新发展循环经济的体制机制

加强循环经济发展的组织领导和动员，健全工作机制。建立循环经济统计指标体系和评价制度，搭建循环经济技术、市场、产品等公共服务平台和基础数据库。强化宣传，建设绿色学校、社区，在中小学教育中普及绿色循环低碳理念。创新政策机制，基本形成循环经济发展的产业、投资、财税、价格、金融信贷等激励政策，建立起促进循环经济发展的环保监管、市场准入等"倒逼"机制。

13.5 海绵城市建设

13.5.1 海绵城市建设背景

城镇化是保持经济持续健康发展的强大引擎，是推动区域协调发展的有力支撑，也是促进社会全面进步的必然要求。然而，快速城镇化的同时，城市发展也面临巨大的环境与资源压力，外延增长式的城市发展模式已难以为继，《国家新型城镇化规划（2014—2020 年）》明确提出，我国的城镇化必须进入以提升质量为主的转型发展新阶段。为此，必须坚持新型城镇化的发展道路，协调城镇化与环境资源保护之间的矛盾，才能实现可持续发展。党的十八大报告明确提出"面对资源约束趋紧、环境污染严重、生态系统退化的严峻形势，必须树立尊重自然、顺应自然、保护自然的生态文明理念，把生态文明建设放在突出地位"。习近平总书记关于"加强海绵城市建设"的讲话指出，建设生态文明，关系人民福祉，关乎民族未来。2013 年 12 月，中央城镇化工作会议要求"建设自然积存、自然渗透、自然净化的海绵城市"。

2014 年 11 月，住房和城乡建设部出台了《海绵城市建设技术指南——低影响开发雨水系统构建》。同年 12 月，住房和城乡建设部、财政部、水利部三部委联合启动了全国首批海绵城市建设试点城市申报工作。

13.5.2　海绵城市的理念

海绵城市是指城市能够像海绵一样，在适应环境变化和应对自然灾害等方面具有良好的"弹性"，下雨时吸水、蓄水、渗水、净水，需要时将蓄存的水"释放"并加以利用。海绵城市建设应遵循生态优先等原则，将自然途径与人工措施相结合，在确保城市排水防涝安全的前提下，最大限度地实现雨水在城市区域的积存、渗透和净化，促进雨水资源的利用和生态环境保护。在海绵城市建设过程中，应统筹自然降水、地表水和地下水的系统性，协调给水、排水等水循环利用各环节，并考虑其复杂性和长期性。

海绵城市是实现从快排，及时排、就近排、速排干的工程排水时代跨入到"渗、滞、蓄、净、用、排"六位一体的综合排水，生态排水的历史性、战略性的转变（图 13.5.1）。

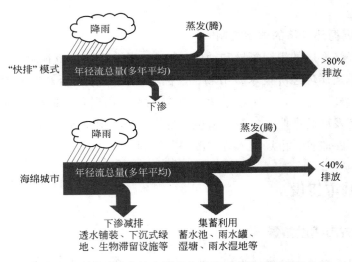

图 13.5.1　海绵城市综合排水与传统城市快排模式的比较

13.5.3　海绵城市建设的基本原则

海绵城市建设——低影响开发雨水系统构建的基本原则是规划引领、生态优先、安全为重、因地制宜、统筹建设。

1. 规划引领

城市各层级、各相关专业规划以及后续的建设程序中，应落实海绵城市建设、低影响开发雨水系统构建的内容，先规划后建设，体现规划的科学性和权威性，发挥规划的控制和引领作用。

2. 生态优先

城市规划中应科学划定蓝线和绿线。城市开发建设应保护河流、湖泊、湿地、坑塘、沟渠等水生态敏感区，优先利用自然排水系统与低影响开发设施，实现雨水的自然积存、自然渗透、自然净化和可持续水循环，提高水生态系统的自然修复能力，维护城市良好的生态功能。

3. 安全为重

以保护人民生命财产安全和社会经济安全为出发点，综合采用工程和非工程措施提高低影响开发设施的建设质量和管理水平，消除安全隐患，增强防灾减灾能力，保障城市水安全。

4. 因地制宜

各地应根据本地自然地理条件、水文地质特点、水资源禀赋状况、降雨规律、水环境保护与内涝防治要求等，合理确定低影响开发控制目标与指标，科学规划布局和选用下沉式绿地、植草沟、雨水湿地、透水铺装、多功能调蓄等低影响开发设施及其组合系统。

5. 统筹建设

地方政府应结合城市总体规划和建设，在各类建设项目中严格落实各层级相关规划中确定的低影响开发控制目标、指标和技术要求，统筹建设。低影响开发设施应与建设项目的主体工程同时规划设计、同时施工、同时投入使用。

13.5.4　海绵城市的建设途径

1. 对城市原有生态系统的保护

最大限度地保护原有的河流、湖泊、湿地、坑塘、沟渠等水生态敏感区，留有足够涵养水源、应对较大强度降雨的林地、草地、湖泊、湿地，维持城市开发前的自然水文特征，这是海绵城市建设的基本要求。

2. 生态恢复和修复

对传统粗放式城市建设模式下，已经受到破坏的水体和其他自然环境，运用生态的手段进行恢复和修复，并维持一定比例的生态空间。

3. 低影响开发

按照对城市生态环境影响最低的开发建设理念，合理控制开发强度，在城市中保留足够的生态用地，控制城市不透水面积比例，最大限度地减少对城市原有水生态环境的破坏，同时，根据需求适当开挖河湖沟渠、增加水域面积，促进雨水的积存、渗透和净化。

13.5.5　海绵城市建设的主要内容

海绵城市建设统筹低影响开发雨水系统、城市雨水管渠系统及超标雨水径流排放系统（图 13.5.2）。低影响开发雨水系统可以通过对雨水的渗透、储存、调节、转输与截污净化等功能，有效控制径流总量、径流峰值和径流污染；城市雨水管渠系统即传统排水系统，应与低影响开发雨水系统共同组织径流雨水的收集、转输与排放。超标雨水径流排放系统，用来应对超过雨水管渠系统设计标准的雨水径流，一般通过综合选择自然水体、多功能调蓄水体、行泄通道、调蓄池、深层隧道等自然途径或人工设施构建。

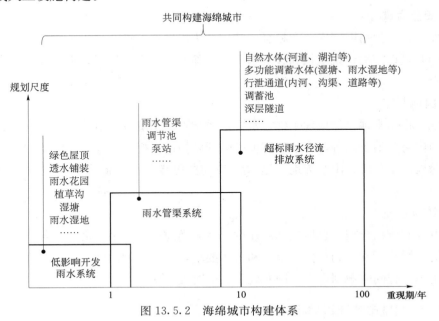

图 13.5.2　海绵城市构建体系

1. 低影响开发雨水系统

2014 年 11 月，住房和城乡建设部出台了《海绵城市建设技术指南——低影响开发雨水系统构建（试行）》，对海绵城市中低影响开发雨水系统构建进行了总体阐述，用于指导各地新型城镇化建设过程中，推广和应用低影响开发建设模式。

低影响开发（LID）指在场地开发过程中采用源头、分散式措施维持场地开发前的水文特征，也称为低影响设计或低影响城市设计和开发。其核心是维持场地开发前后水文特征不变，包括径流总量、峰值流量、峰现时间等。

低影响开发指在城市开发建设过程中采用源头削减、中途转输、末端调蓄等多种手段，通过渗、滞、蓄、净、用、排等多种技术，实现城市良性水文循环，提高对径流雨水的渗透、调蓄、净化、利用和排放能力，维持或恢复城市的"海绵"功能。

海绵城市-低影响开发雨水系统构建需统筹协调城市开发建设各个环节（图 13.5.3）。在城市各层级、各相关规划中均应遵循低影响开发理念，明确低影响开发控制目标，结合城市开发区域或项目特点确定相应的规划控制指标，落实低影响开发设施建设的主要内容。

构建低影响开发雨水系统，规划控制目标一般包括径流总量控制、径流峰值控制、径流污染控制、雨水资源化利用等。各地结合水环境现状、水文地质条件等特点，合理选择其中一项或多项目标作为规划控制目标。鉴于径流污染控制目标、雨水资源化利用目标大多可通过径流总量控制实现，低影响开发雨水系统构建可选择径流总量控制作为首要的规划控制目标（图 13.5.4）。

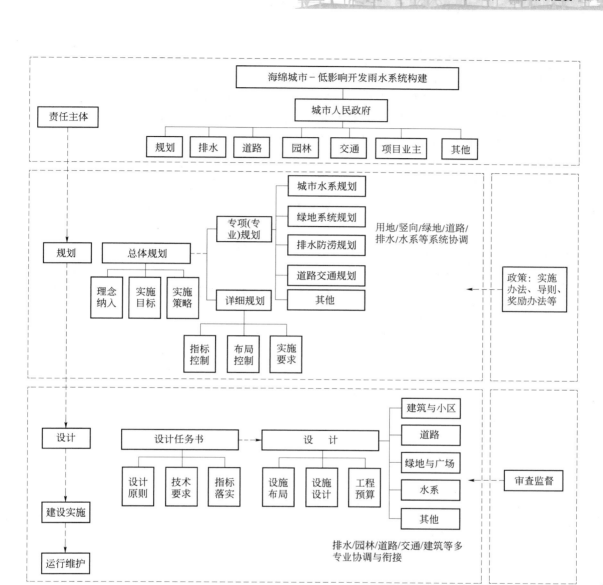

图 13.5.3　海绵城市-低影响开发雨水系统构建途径

《海绵城市建设技术指南——低影响开发雨水系统构建》将我国大陆地区大致分为 5 个区，并给出了各区年径流总量控制率 α 的最低和最高限值，即 Ⅰ 区（$85\% \leqslant \alpha \leqslant 90\%$）、Ⅱ 区（$80\% \leqslant \alpha \leqslant 85\%$）、Ⅲ 区（$75\% \leqslant \alpha \leqslant 85\%$）、Ⅳ 区（$70\% \leqslant \alpha \leqslant 85\%$）、Ⅴ 区（$60\% \leqslant \alpha \leqslant 85\%$），各地参照此限值，因地制宜地确定本地区径流总量控制目标。

2. 技术选择

低影响开发技术按主要功能一般可分为渗透、储

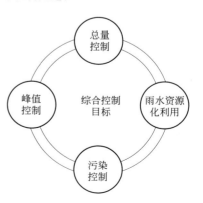

图 13.5.4　低影响开发控制目标

存、调节、转输、截污净化等几类，往往具有补充地下水、集蓄利用、削减峰值流量及净化雨水等多个功能。通过各类技术的组合应用，可实现径流总量控制、径流峰值控制、径流污染控制、雨水资源化利用等目标。实践中，应根据城市总规、专项规划及详规明确的控制目标，结合不同区域水文地质、水资源等特点及技术经济分析，按照因地制宜和经济高效的原则选择低影响开发技术及其组合系统。

3. 海绵城市与智慧城市

海绵城市建设可以与国家正在开展的智慧城市建设试点工作相结合，实现海绵城市的智慧化，重点放在社会效益和生态效益显著的领域，以及灾害应对领域。智慧化的海绵城市建设，能够结合物联网、云计算、大数据等信息技术手段，实现智慧排水和雨水收集，对管网堵塞采用在线监测并实时反应；对城市地表水污染总体情况进行实时监测；通过暴雨预警与水系统智慧反应，及时了解分路段积水情况，实现对地表径流量的实时监测，并快速做出反应；通过集中和分散相结合的智慧水污染控制与治理，实现雨水及再生水的循环利用等。

第14章 城市生态管理

14.1 城市生态管理概述

14.1.1 生态管理

生态管理是一种运用生态知识，促进组织与相应的人文环境的和谐及与自然环境的协调、可持续发展的管理方式。生态管理于 20 世纪 70 年代起源于美国，90 年代成为研究和实践的热门，但由于自身的复杂性，生态管理无论是作为理论还是实践至今仍处于发展中。

生态管理的理论基础非常广泛，它跨越了生态学、生物学、经济学、管理学、环境科学、资源科学和系统论等学科领域。

通常认为，生态管理是运用生态学、经济学和社会学等跨学科的原理和现代科学技术来管理人类行动对生态环境的影响，力图平衡发展和生态环境保护之间的冲突，最终实现经济、社会和生态环境的协调可持续发展。

生态管理是一种人类生存环境的可持续发展的管理方式。首先，它强调经济与生态的平衡可持续发展；其次，它意味着一种管理方式的转变，即从传统的"线性、理解性"管理（似乎对被管理的系统有全面、定量和连续的了解）转向一种"循环的渐进式"管理（又称适应性管理）；再次，生态管理非常强调整体性和系统性，要求认知到所有生命之间的相互依存；最后，生态管理强调公众和利益相关者的更广泛的参与，它是一种民主而非保守的管理方式。

14.1.2 城市生态管理

城市生态管理是对城市各类自然生态、经济生态和人文生态关系的基于生态承载能力的系统管理。其前身是 20 世纪六七十年代以末端治理为特征的对环境污染和生态破坏的应急环境管理。20 世纪八九十年代兴起的清洁生产促进环境污染管理向工艺流程管理过渡，通过对污染物最小排放的环境管理减轻环境的源头压力。90 年代发展起来的产品生命周期分析和产业生态管理将不同部门和地区之间的资源开发、加工、流通、消费和废弃物再生过程进行系统组合，优化系统结构和资源利用的生态效率。90 年代末兴起的系统生态管理旨在动员全社会的力量优化系统功能，变企业产品价值导向为社会服务功能导向，化环境行为为企业、政府、和民众的联合行为，将内部的技术、体制、文化与外部的资源、环境、政策融为一体，使资源得以高效利用，人与自然高度和谐、社会经济持续发展。

城市生态管理旨在将单一的生物环节、物理环节、经济环节和社会环节组装成一个有强生命力的生态系统，从技术革新、体制改革和行为诱导入手，调节系统的结构与功能，促进全市社会、经济、自然的协调发展，物质、能量、信息的高效利用，技术和自然的充分融合，人的创造力和生产力得到最大限度的发挥，生命支持系统功能和居民的身心健康得到最大限度的保护，促进城乡及区域生态环境向绿化、净化、美化、活化的可持续的生态系统演变，经济、生态和文化得以持续、健康的发展，实现资源的综合利用，环境的综合整治及人的综合发展。城市生态管理必须体现生态学天人合一的系统观，道法天然的自然观，巧夺天工的经济观和以人为本的人文观，推进整合、适应、循环、自生型的生态调控。

城市生态管理的焦点是各种自然生态因素，技术物理因素和社会文化因素耦合体的等级性、异质性和多样性；区域物质代谢过程、信息反馈过程和生态演替过程的健康程度；区域的经济生产、社会生活及自然调节功能的强弱和活力。

14.2　城市生态管理的基本内容

城市生态管理包括对城市生态资产、生态代谢和生态服务三大范畴，区域、产业、人居三个尺度，以及生态卫生、生态安全、生态景观、生态产业和生态文化五个层面的系统管理和能力建设。

14.2.1　城市生态管理三大范畴

1. 城市生态资产管理

城市生态资产指城市的生存、发展、进化所依赖的有形或无形的自然支持条件和环境耦合关系，它是城市生态系统赖以生存的基本条件，有形生态资产如太阳能、大气、水文、土地、生物、矿产和景观等自然生态资产和附加有人类劳动的水利、环保设施、道路、绿地等人工生态资产；无形生态资产包括生态区位、风水组合、气候组合等自然生态资产及交通、市场、文化等人工生态资产。生态资产审计、监测和管理是城市生态管理的重要环节。

城市植被和动物、微生物时一类重要的生态资产，在城市生态调控中起着关键的作用，规划管理得好，能为城市提供积极的生态服务，规划管理得不好，则会破坏甚至摧毁人们得生存发展环境，如中世纪欧洲横行欧洲城市的瘟疫和 2003 年横行亚洲城市的非典。

2. 城市生态服务管理

城市生态服务是指为维持城市的生产、消费、流通、还原和调控功能所需要的有形或无形的自然产品和环境公益。它是城市生态支持系统的一种产出和功效，如合成生物质，维持生物多样性，涵养水分与稳定水文，调节气候，保护土壤与维持土壤肥力，对环境污染的净化、与缓冲，储存必需的营养元素，促进元素循环，维持城市大气的平衡与稳定等。城市生态管理的核心就是要处理好城市人类活动与自然生态系统间的服务关系：一方面是区域生命支持系统为城市提供的生态服务和对城市超越其承载能力的人类活动的生态响应（往往以自然灾害、热岛效应、污染效应、光化学污染）；另一方面则是城市人类活动对区域的环境胁迫和生态破坏，以及正面的生态建设。

3. 城市生态代谢管理

城市生态代谢是流入和流出城市的食物、原材料、产品、能流、水流及废弃物的生命周期全过程，它既是城市生长、繁荣的必要条件，也是导致城市环境问题甚至衰败的病因，具有正负两方面的生态效益和生态影响。城市生态代谢管理需要揭示城市人类活动中物质流、能量流的数量与质量规模，展示构成工业活动全部物质（不仅仅是能量的）流动与储存，需要建立物质结算表，估算物质流动与储存的数量，描绘其行进的路线和复杂的动力学机制，同时也指出它们的物理、化学或生物富集形态。一般通过生命周期评价和投入产出分析来测度。

14.2.2　城市生态管理的三个尺度

城市生态管理包括区域、产业、人居三个尺度。区域生态管理是对城镇及乡村生态支持系统的景观格局、风水过程、生态秩序、环境承载力及生态服务功能以及生态基础设施管理，如水、能源、生物多样性的跨部门综合管理；产业生态管理是对城市生产活动中各类资源、产品及废物的代谢规律和耦合调控方法，探讨促进资源的有效利用和环境的正面影响的管理手段；人居生态管理是按生态学原理将城乡住宅、交通、基础设施及消费过程与自然生态系统融为一体，为居民提供适宜的人居环境（包括居室环境、交通环境和社区环境）的系统调控方法。

以居住小区的生态管理为例，人的空间生态需求包括了居住空间、活动空间、绿色空间和美学空间。绿是生命之道，城市绿化不止是一个乔、灌、草合理布局的植被绿，而且是一种包括技术、体制、行为的内在绿；结构、功能、过程的系统绿；以及竞争、共生、自生的机制绿在内的景观生态工程。当前我国城市生态管理应积极推进建设用地生产与生态功能的恢复与再造；废弃物的就地经济处理、循环再生；可再生水资源、能源的开源与节流；健康建材（对人体和生态系统无害或有益）的研制、开发与推广；绿体的入户、上楼和物顶景观、水泥景观的改造；人类生态公共空间的营造；交通、建筑和居住拥挤状况的缓解；小区环境的适应性进化式生态管理，以减轻城市热岛效应、灰霾效应、水文效应、拥挤效应、温室效应、污染效应等环境影响。

城市自然生态的两个关键因素是水与土。城市生态因水而荣，因水而衰，因土而成，因土而败。

城市土生态的科学管理必须改变土地管理与经济、生态脱节的正反馈控制政策，变土地数量的易地占补平衡为土地生产和生态服务功能的就地占补平衡，变土地的单目标地籍管理为多目标的社会、经济、环境复合生态管理。有关部门应尽快出台区域规划法并编制相关实施条例；各级政府要尽快组织生态功能区划，核定每个生态功能区的生物质生产力、生态服务功能和人文生态资产，实施对各生态功能区土地利用的生产和生态功能总量的科学控制，开发后的土地生物质生产力应高于或至少不低于原土地；鼓励开发商与当地政府和农民合作，按生态功能单元对国土进行综合开发和整体经理；各级城市主要负责人调动不要过于频繁。

水多、水缺、水脏、水浑是近年来困扰城乡发展的一个最迫切的生态管理问题。其症结在于条块分割的水生态管理体制：行政管理与流域管理、部门管理与系统管理、资源管理与环境管理、工程建设管理与经济发展管理的分割；低下的系统生态意识：水的物理属性与生态属性的分割，自然属性与社会属性的分割；还原论的机械控制方法：以水为中心的单目标单属性因果链关系的风险评价和管理办法而非以人为中心的生态安全综合评价与管理。一些部门处理水问题的杀手锏就是集资兴建更多的水利工程和大型污水处理厂，而缺乏对水资源-水环境-水经济-水景观-水安全的综合管理。

城市水复合生态管理的主要问题包括：水的资源形态、环境形态、生命形态、经济形态和文化形态间的耦合关系；水在城市生产、生活及生态服务过程中从源到汇再到源的代谢规律和生命周期管理；城市人类活动对水复合生态系统的胁迫效应及区域生态环境用水的系统评价及管理方法；区域水资源承载能力、水环境容量、及水生态安全阈值间的动态耦合关系和风险防范方法；水管理体制、价格、产权和水生态意识的综合管理方法。

14.2.3　城市生态管理的五个层面

城市生态管理是基于城市及其周围地区生态系统承载能力的走向可持续发展的一种整合、适应、反馈、自生过程，必须通过政府引导、科技催化、企业兴办和社会参与，促进生态安全、生态卫生、生态产业代谢、生态景观整合和生态意识培养等不同层面的进化式发展，实现环境、经济和人的协调发展。2002年8月在深圳举行的第五届国际生态城市大会发表的深圳宣言将这5个层面定义为生态城市建设的基本目标。其中每一层都是一类五边形的"社会-经济-自然"复合生态系统问题，而五层之间又是相互联系、相互制约的。

1. 生态卫生管理

污水横流、垃圾遍野、蚊蝇孳生、异味冲鼻是大多数发展中城镇特别是其城郊结合部的通病。改善卫生状况、促进生态循环、保障环境健康是生态城市建设的首要任务。

生态卫生通过鼓励采用生态导向、经济可行和与人友好的生态工程方法处理和回收生活废物、污水和垃圾，减少空气和噪声污染，以便为城镇居民提供一个整洁健康的环境。生态卫生是由技术和社会行为所控制，自然生命支持系统所维持，生态过程给予活力的人与自然间一类生态代谢系统，它由相互影响、相互制约的人居环境系统，废物管理系统，卫生保健系统，农田生产系统共同组成。生态卫生系统是人类与其工作、生活环境（包括食物、水、能量和其他物资的源；臭气、粪便、苍蝇、病原体和肥料的汇；具有物理、化学、生物和工程净化功能的流；以及具有缓冲和储存厨房、洗澡间、厕所污水功能的库等）及其社会网络（包括文化、组织、技术等）组成的生态复合体系。

生态卫生要融合系统思维和线性思维、东方传统和西方技术、低技术和高技术、还原论和整体论。生态卫生应该闭合生态系统中的养分循环，但应切断水因性疾病的生态循环。依照生态卫生的整体、协同、循环、自生原理改水、改厕、改房、改路、改人，促进城乡生态现代化。生态卫生需要自下而上与自上而下结合；激励与规范结合；示范与咨询结合；硬件建设与软件服务结合；国内外经验与当地实际结合；集中性规划管理与分散式家庭责任制相结合。只有在家居范围内无法处理的废弃物才需要输出到邻近地区。这不仅适用于粪便，也同样适合于污水、垃圾以及诸如冰箱、空调、汽车等释放废弃物的装置。

2. 生态安全管理

城市生态管理的第二个基本目标是为市民提供基本生活的安全保障：清洁安全的饮水、食物、服务、住房及减灾防灾等。生态城市建设中的生态安全包括水安全（饮用水、生产用水和生态系统服务用水的质量、数量和持续供给能力的保障程度）；食物安全（动植物食品、蔬菜、水果的充足性、易获取性及其污染程度）；居住区安全（空气、水、土壤的面源、点源和内源污染）；减灾（地质、水文、流行病及人为灾难）；生命安全（生理、心理健康保健，社会治安和交通事故）。这些问题在发展中国家城市尤其是城郊结合部的边缘地带和贫困家庭中尤其突出。

生态安全指自然生态（从个体、种群、群落到生态系统）和人类生态（从个人、集体、地区到国家甚至全球）意义上生存和发展的风险大小，包括环境安全、生物安全、食物安全、人体安全到企业及社会生态系统安全。城市生态安全包括城市生态系统结构、功能、过程（城市人类活动对水、土、气、生物和矿产的开发、利用和保护过程）的失调和外围生命支持系统的退化给城市人类活动带来的威胁。这种威胁包括以下方面：

（1）由于生命支持系统结构功能的破坏，威胁生物的生存，造成食物网的瓦解。

（2）由于生态环境的退化或资源的紧缺，对经济基础构成威胁，主要指环境质量状况和自然资源的减少和退化削弱了经济可持续发展的支撑能力。

（3）环境破坏或资源短缺引发社会问题，如人体健康、环境难民、贸易壁垒、环境外交等，从而影响社会稳定。

（4）突发灾害（如洪涝、地震、火灾、流行病等）对城市居民生命财产产生直接威胁。

我国城市生态安全问题已在水、土地、能源、气候、健康和生物多样性等几方面突出表现出来。

3. 产业生态管理

城市是资源从自然流向城市再回到自然的循环过程，以及能量从太阳能及其转化而来的化石能的消费及耗散过程，其主要活动包括生产、流通、消费、还原和调控。循环是系统功能的一种生态整合机制，循环经济是针对传统线性生产、单向消费、线性思维型的传统工业经济而言的。循环经济导向的产业生态转型需要在技术、体制和文化领域开展一场深刻的革命。产业的生态转型强调产业通过生产、消费、运输、还原、调控之间的系统耦合，从传统利益导向的产品生产转向功能导向的过程闭合式的生产。这对于那些具有一定的产业基础，需要进行提高和改革而又缺乏经济增长动力的城市尤其紧迫。产业生态管理的原则包括：横向耦合、纵向闭合、区域耦合、功能导向、结构柔化、信息组合、就业增容、价值转型。

4. 景观生态管理

城市生态景观是一类由物理景观（地质、地形、地貌、水文、气象）、生物功能（动物、植物、微生物）、经济过程（生产、消费、流通、还原、调控）、社会网络（体制、法规、机构、组织）在时间（过去、现在和未来）及空间（与周边环境、区域生态系统乃至资源和市场腹地的关系）范畴上相互作用形成的多维生态关系复合体。它不仅包括有形的地理和生物景观，还包括了无形的个体与整体、内部与外部、过去和未来以及主观与客观间的系统生态联系。

城市生态景观的动力学机制和控制论原理可以归纳为以下内容：

（1）整合性。地理、水文、生态系统及文化传统的空间及时间连续性、完整性和一致性。

（2）和谐性。结构与功能，内环境与外环境，形与神，客观实体与主观感受，物理联系与生态关系的和谐程度。

（3）畅达性。水的流动性，风的畅通性，金（矿物质）、木（生物质）、水、火（能源）、土的纵向和横向滞留和耗竭程度。

（4）生命力。动物、植物、微生物（包括土壤、水体和大气中的生物群落）的多度、丰度和活力。

（5）淳朴性。水体和大气的纯净度、自然性，净化缓冲能力，景观及环境的幽静度和适宜度。

（6）安全性。气候上、地形上、资源供给上、环境健康上及生理和心理影响上的安全性。

（7）多样性。景观、生态系统、物种、社会、产业及文化的多样性。

（8）可持续性。自组织自调节机制，生态效率与社会效用。

面向功能的城市生态景观设计强调系统物质能量代谢的整体平衡性；竞争、共生、自生机制的协调性；生产、消费和还原的完整性；社会、经济和自然发展的和谐性；第一、第二、第三产业以及废弃物再生业耦合的闭环性；财富、健康和文明目标的兼顾性；技术革新、体制改革和行为诱导能力的互动性。其核心是自然生态活力与人文生态创造力的结合，也是物理、事理和情理综合方法的结合。

5. 文化生态管理

衡量城市生态管理绩效的指标可分为三类，即财富、健康、文明，三者缺一不可。财富是形，健康是神，文明则是本。城市生态管理必须从本抓起，促进城市的形与文化的神的统一。生态文化是物质文明与精神文明在自然与社会生态关系上的具体表现，涉及人的意识、观念、信仰、行为、组织、体制、法规以及其他各种形式的文化形态。

这里的文指人（包括个体人与群体）与环境（包括自然、经济与社会环境）关系的纹理、网络或规律，化指育化、教化或进化，包括自然的人化与社会的自然化。这里的"生态"反映人与环境间的物质代谢、能量转换、信息反馈关系中的生、克、拓、适、乘、补、滞、竭关系。生态文化建设在宏观上要逐步影响和诱导决策行为、管理体制和社会风尚，在微观上逐渐诱导人们的价值取向、生产方式和消费行为的转型，塑造一类新型的企业文化、消费文化、决策文化、社区文化、媒体文化和科技文化。生态文化包体制文化（管理社会、经济和自然生态关系的体制、制度、政策、法规、机构、组织等）、认知文化（对自然和人文生态以及天人关系的认知和知识的延续）、物态文化（人类改造自然适应自然的物质生产和生活方式及消费行为，以及有关自然和人文生态关系的物质产品）、心态文化（人类行为及精神生活的规范，如道德、伦理、信仰、价值观等，以及有关自然和人文生态关系的精神产品，如文学、音乐、美术、声像等）。

城市生态管理的前提是要促进硬件（资源、技术、资金、人才），软件（规划、管理、政策、体制、法规），心件（人的能力、素质、行为、观念）能力的三件合一。面对还原论与整体论，物理学与生态学，经济学与环境学，工程学与生物学的矛盾，21世纪的城市生态管理对象上要从以物与事为中心转向以人为中心，空间尺度上要重视区域和流域研究，时间尺度上要重视中跨度间接影响的研究，管理方法上要从描述性转向机理性，管理目标上要从应急型转向预防型；技术路线上要重视自下而上的生态单元研究（如生态建筑、生态企业、生态社区等），从过程的量化走向关系的序化、从数学优化走向生态进化。人们通过测度城市复合生态系统的属性、过程、结构与功能去辨识系统的时（届际、代际、世际）、空（地域、流域、区域）、量（各种物质、能量代谢过程）、构（产业、体制、景观）及序（竞争、共生与自生序）的生态耦合关系，调控可持续能力。

14.3　城市生态管理模式

根据 2002 年国际生态城市建设大会所发布的《深圳宣言》，生态城市建设的五个基本目标为生态卫生、生态安全、生态景观、生态产业和生态文化，那么可以从城市规划、产业结构、资源政策、生态环境保护以及社会与公众参与形式等五个方面来阐述城市生态管理模式，以落实生态管理模式到具体可循的层面和构建城市生态综合管理体系的现实需求。

14.3.1 基于生态环境承载力的规划先行

城市规划服务于一定时期内城市的经济和社会发展、土地利用、空间布局以及各项建设的综合部署、具体安排和实施管理。生态城市规划包含自然生态和社会心理两个方面，其目的是创造一种能充分融合技术和自然的人类活动的最优环境，以激发人的创造性和生产力提供高的物质和文化水平。欧洲城市是奉行生态管理中规划先行的楷模。欧洲城市非常注重生态文明和城市建设发展的可持续性，其所编制的城市规划具有以下特点：①坚持严格按城市规划实施；②实施时间长，确保城市规划的稳定性；③对城中建筑不随便拆迁改造，确保城市规划的连续性；④非常注意保护原始生态和自然环境，强化城市绿化。此外，欧洲人良好的文化修养和综合素质决定了他们对环境和生态的自觉保护、爱护和管理意识极强，这也是城市生态环境良好的关键因素。因此，国外良好的城市生态环境得益于这些国家城市规划中城市结构和功能的前瞻性科学规划和精心设计，以及对规划权威性的维护和执行。

随着生态观念的深入人心，我国城市规划也从被动的生态环境保护转向主动的宜居环境建设，一改过去让水、土、气、生物资源和能源等被动适应城市发展需要的状况，而更加强调用地的生态适宜性，重视城市空间扩张对生物区和生物多样性的保护和最小侵扰。从经济主导的发展规划转向民生主导的协调性规划。城市发展也不再只是注重自身利益，从孤立单一的城市自身规划转向城市-区域的共同协作与治理，实现整个区域的可持续发展。

生态城市概念提出之后，世界各国陆续涌现出一批生态城市规划建设的实践。我国在生态城市规划方面已有一些案例，不少新城开发也提出了以生态城市为目标来进行规划与建设，如上海中英东滩生态城、唐山曹妃甸国际生态城、北京中芬门头沟生态城、中新天津生态城等。但是相关的研究尚处于探索的阶段，虽然生态城市规划正逐步形成比较科学的理论和方法体系，但并不很完善，实践方面更是缺乏较成熟的经验。目前暴露出不少问题，如城市规划建设中对建筑节能要求的忽视导致我国建筑业能耗占总能耗的 $27\%\sim45\%$，北方地区采暖能耗甚至高达 80%，同时建成的城市难以应对不断增长的交通负荷、城市水资源、垃圾、能源需求等现实问题的挑战，以上种种迹象离规划目标的初衷差距甚远，甚至在某些环节上背道而驰。

城市规划中所存在的问题总结起来主要包括 4 个方面：①偏重于城市外延式发展而轻内涵式发展，不利于资源节约；②城市规模过大，增大了城市的碳排放，城市人口和生产集聚导致资源消耗增多；③城市基础设施建设的部门协调不够，浪费较多且效率不高；④生态城市规划与现有城市规划体系之间缺乏有机的融合，缺乏反映城市实际的具有可操作性的生态型城市规划标准。针对相关问题，有些研究提出应该调整规划思路，改变以人口决定用地的做法，改为由生态环境承载能力决定城市发展空间和规模。另外很早就有学者尝试将生态适宜度、生态敏感性分析评价等研究生态规划方法在城市规划中应用，探讨我国城市规划与生态规划相结合的问题和可能途径。在标准制定方面，相关研究探索国内外有关城市规划标准方面研究成果，提出了建立生态型城市规划标准的典型路径并且初步构建了生态型城市规划标准矩阵的案例。

14.3.2　基于资源环境禀赋的产业结构优化升级

现代城市负载着诸多的经济功能，联结着复杂的经济关系，从而构成了复杂的城市经济系统和城市经济结构。其中，城市产业结构是城市经济结构中的核心组成部分，一定程度上决定了经济增长方式。产业结构从生产角度讲，是资源配置器；从环境保护角度讲是环境资源的消耗和污染物产出的控制体。

产业结构反映了国民经济中产业的构成及相互关系，产业结构偏离最优状态所导致的资源配置效率低下是制约经济增长的核心因素。产业结构的构成和变动，往往决定或影响着投资结构、就业结构、金融结构和消费结构等其他城市经济结构的状况和变化。对于产业结构变迁及其与经济增长之间的关系的研究有很多。有研究对中国经济结构变迁（结构性冲击和结构转型）的模式、原因和影响以及对中国地区经济增长和地区间收入差距进行了总结。还有学者就产业结构与技术进步对经济增长的影响做了实证研究，认为改革开放以来，产业结构变迁对中国经济增长的影响一度十分显著，但是，随着我国市场化程度的提高，产业结构变迁对经济增长的推动作用正在不断减弱，逐渐让位于技术进步。

基于可持续发展理念的生态城市概念的提出，为城市发展特别是城市经济发展提供了一种全新的生态化模式。

生态城市发展模式的基本要求，是城市产业结构优化必须着力于协调产业结构比例，培育具有较高经济生态效益的主导产业结构，实现各层次产业共生网络的搭建，完成产业结构的升级和生态转型。

我国正处于快速工业化的阶段，其主要特征是以大规模基础设施投入推动快速城市化、产业结构由劳动密集型向资本密集型和知识密集型转化的过程。但同时高污染、高耗能的重工业、资源开发产业仍然是一些城市的核心产业，并畸形发展，导致资源集聚越多，环境破坏越严重。中国工业化的出路在于产业转型、清洁生产、生态产业园区建设和基于生产与消费系统耦合的循环型社会建设方法。

相关研究指出，一个区域的产业结构对区域经济发展与资源环境具有决定性影响，区域产业结构调整的生态效益非常明显，产业结构的优化升级是减少资源消耗和环境损害的主要手段。

在生态城市建设和管理中，产业结构的变迁与优化会受到资源环境规制政策、经济体的要素禀赋约束和全要素生产率增长的影响。因此如何在资源环境约束下形成最优产业结构，如何实现环境规制与产业结构优化升级协同双赢，以及如何发挥三次产业全要素生产率增长的内在创新驱动机制是我国城市产业结构优化和升级需要研究和解决的问题。

14.3.3 服务高效、节约利用资源的政策调控

改革开放以来，中国资源利用政策也从"亲资本"开始，转向"亲民生"，并进一步趋向于"亲环境"。良好的资源政策可以激励资源得到良好的保护并朝着可持续发展方向迈进，使不合理的资源使用行为受到制约。党的十八大和十八届三中全会强调"生态文明建设"，也指出"要坚持节约资源和保护环境的基本国策""着力推进绿色发展、循环发展、低碳发展，形成节约资源和保护环境的空间格局、产业结构、生产方式及生活方式，从源头上扭转生态环境恶化趋势""建立系统完整的生态文明制度体系，用制度保护生态环境""健全自然资源资产产权制度和用途管理制度，划定生态保护红线，实行资源有偿使用制度和生态补偿制度，改革生态环境保护管理体制"等。

我国资源节约和环境保护方面的法律法规主要涉及土地资源、水资源、矿业资源等领域，现有《中华人民共和国环境保护法》《中华人民共和国水土保持法》《中华人民共和国矿产资源法》等17部法律，以及《环境标准管理办法》《新能源基本建设项目管理的暂行规定》等一系列的规章制度。

近年来，以全面落实科学发展观和加速转变经济发展方式为契机，相关部门系统整理并调整了现行资源政策，重点强化资源节约利用和优化配置的政策力度。

（1）在水资源保护方面，水资源政策的主要目标是保障"三生"用水，即保障生活、生产、生态用水。2002年颁布的《中华人民共和国水利法》试图建立一个严格的许可制度，声明所有水资源为国家所有，并且用水单位需从当地政府部门获批许可。同时，在我国主要江河流域设立的水利委员会被授予了综合规划用水的职责，旨在指导当地用水许可的授权。2011年我国实施最严格的水资源管理制度，提出水资源开发利用控制、用水效率控制和水功能区限制纳污的"三条红线"，在水资源使用方式、使用效率和使用质量上建立清晰并且有约束力的限制。

（2）土地政策方面国家通过编制土地利用总体规划。对农业、林业、牧业、工业、城市和居民住宅建设等各类用地进行统筹规划。我国还实行土地集约利用政策，实现从粗放型向集约型的转变，提高土地的利用率和单位土地面积的产出率，充分发挥土地使用的效益和使用功能，减少土地的闲置和浪费。保护耕地是我国的基本国策之一，国家保护耕地，严格控制耕地转为非耕地。另外国家建立土地承载力规制，即运用土地承载力调控社会经济发展。

对保护性土地用途的安全管理，重点是湿地、林地、耕地等保护性用地采用特殊的土地管理政策。在土地效益方面实行公民均等分享城镇化和工业化形成的土地红利的政策。

（3）在能源方面，《中国的能源政策》指出，我国将通过坚持"节约优先"等八项能源发展方针，推进能源生产和利用方式变革，构建安全、稳定、经济、清洁的现代能

源产业体系，努力以能源的可持续发展支撑经济社会的可持续发展。包括优化能源结构，推进能源清洁化发展、发展新能源、优化能源生产结构和消费结构等，提高能源效率，节能减排纳入各级政府（及重点企业）的考核体系。

（4）城市生物多样性是城市环境重要组成部分，更是城市环境、经济可持续发展的资源保障。1993 年，作为世界上的生物多样性大国，我国率先签署并批准了《生物多样性公约》，并于 1994 年正式发布《中国生物多样性保护行动计划》。2010 年，国务院常务会议第 126 次会议审议通过了《中国生物多样性保护战略与行动计划（2011—2030年）》，其中提出了在迁地保护、城市绿化及土地利用规划等方面中加强城市生物多样性保护的相关内容。与生物多样性保护相关的生态补偿机制、政策环评和规划环评机制还有待完善。

我国资源政策已由 20 世纪 90 年代的滞后于经济发展逐步进步为到现阶段的主导经济的发展，尽管其科学性、严谨性、权威性得到了充分体现，但仍存在诸多问题。如资源政策在部门间的不协调，缺乏统一的规范政策文件，没有建立部门间协商制度；解决问题时政策之间发生冲突无法形成合力，造成资源政策权威性受损；资源政务信息化建设相对于其他政务信息化建设较为薄弱，致使资源政策宣传力度和广度不够，人们对资源政策普遍认知度不高。另外受制于不同的自然禀赋和社会经济发展水平，制定区域差异化和针对性的资源政策是下一步努力的方向。

14.3.4　面向生态环境保护的措施与标准的完善

各国在长期的实践过程中逐步形成了各自的环境保护法律和规章制度。如美国的《污染预防法》、日本的《实现可再生社会法案》、德国的《循环经济和废弃物法》、中国的《中华人民共和国环境保护法》《"十二五"全国环境保护法规和环境经济政策建设规划》《"十二五"节能减排综合性工作方案》《重点区域大气污染防治"十二五"规划》等。针对生态城市建设，各级地方政府也将环境保护作为生态城市建设和管理的核心内容，制定了一系列的地方性政策和法规。如江苏省无锡市、贵州省贵阳市均颁布和实施了建设生态文明城市的条例。生态学、经济学、管理学、环境科学等领域的专家正在积极探索面向保护城市生态环境及城市生态建设的规范化的标准体系，目前在中国尚未存在一套完整的标准体系及实施的具体措施指南。

城市化、工业化快速发展，在创造巨大物质财富的同时，加剧了环境风险，使城市生态安全遭到威胁，城市生态环境保护总体规划工作刻不容缓。《国家环境保护"十二五"规划》提出，要积极探索编制城市生态环境保护总体规划。在城市生态环境保护规划方面，环保部组织开展了《城市生态环境保护总体规划技术指南研究》《我国环境规划编制实施与规划体系创新研究》《城市生态环境保护总体规划编制和实施体系研究》等基础研究，初步明确了城市生态环境保护总体规划的主要内容、目标指标体系、"红线"空间等，为推进城市生态环境保护总体规划工作提供了技术支撑。

与城市总体规划和土地利用总体规划相比，城市生态环境保护总体规划尚处于起步阶段，相关法律法规明显缺失、不足，这在很大程度上影响了城市生态环境保护总体规划的编制和实施。另外，对于城市生态环境规划中的环境容量、生态资源承载力和生态环境阈值、生态红线等关键领域，基础理论研究还有待加强，对城市生态环境问题深入系统的研究，针对不同区域和不同发展阶段的城市，如何制定并实施区域有别的环境标准和政策也是需要深入探讨的问题。

14.3.5　针对更广泛参与的多元组织模式的探索

组织模式是实现城市生态管理的重要保障，目前城市生态管理过程中的主要组织模式可以划分为政府主导式、社会参与式及社会推进式。

政府主导式是指政府以市场化的财政手段以及非市场的行政力量，通过制定法律法规，组织和管理生态城市建设，典型实践形式包括：公交引导型城市发展模式、城乡结合型、循环经济型、碳中性城市、城市乡村型等几种。如丹麦的哥本哈根采用的就是公交引导型发展模式；新加坡采用的是典型的城乡结合模式；日本采用的是循环经济型建立循环型生态城市。

社会参与式是指在生态城市建设过程中，公民个人通过一定的程序或途径参与一切与生态城市相关的决策活动，也可以组成社会组织并通过组织化的形式表达个人意愿，参加建设活动，使最后的决策符合广大群众的自身利益。如20世纪90年代澳大利亚怀阿拉市在生态城市的公众参与方面就是一个典范；巴西的库里蒂巴市则通过儿童在学校的环境教育以及市民在免费的环境大学接受教育的形式开展公众参与；丹麦的生态城市项目包括了建立绿色账户，设立生态市场交易日，吸引学生参与等内容，这些项目的开展加深了公众对生态城市的了解，使生态城市建设拥有了良好的公众基础。

社会推进式是指社会内部由于各种条件成熟而首先形成的一种力量，然后自发的、自下而上地推动生态城市建设，美国生态城市伯克利的建设最能体现这一点。伯克利生态城市建设取得了巨大成功，被人们奉为全球生态城市建设的样板城市。

我国生态城市理论研究起步相对较晚，理论及科技支撑基础仍比较薄弱，目前主要以政府主导为主，公众参与程度还比较低，然而公众的广泛参与是保持城市生态建设良性发展的持续性推动力。探索如何充分激发群众参与城市生态建设的积极性和持续性是一个意义重大但又长期艰巨的任务。

14.4　城市生态管理对资源利用效率的影响

资源的高效合理利用是保障成功建设生态城市的关键。不同的城市生态管理模式，毋庸置疑，会对支撑生态城市建设的资源利用效率产生影响，本文选取对城市生态管理对水、土地、空气及生物资源等城市赖以发展的重要资源的利用效率做简要评述。相关研究主要采用常用的数据包络分析法、随机前沿函数法等对城市水、土地、空气及生物资源等资源利用效率进行测算，进而着重阐述城市资源利用现状以及当前城市生态管理模式对自然资源及能源利用效率的影响，并对优化城市资源利用效率提出措施或建议。

14.4.1　水资源及其对生态城市建设的影响

伴随着城市化的快速发展，城市规模越来越大，城市人口增加，工业迅速发展，城市用水量急剧增加。中国水资源问题不仅包括水量问题，同时还包括水质问题。有些城市，居民的生活废水和工业废水大部分未经处理就被直接排出，污染了地表水和地下水。中国环境保护部门近期报告显示，在全国，只有不超过 1/2 的水可以经过处理达到安全饮用的级别，并且 1/4 的地表水已被污染到甚至不适于工业使用的程度。水资源供给及利用中的一些问题，如洪旱灾害对社会经济发展的影响、降水不足与用水浪费导致的区域性水短缺、生态退化与水污染加重、产业结构和布局与水资源条件不相适应及水资源管理体制与制度创新不足等，在直接或间接地影响着城市化进程。

尽管水资源管理是城市生态管理的重要组成部分，但目前我国对于水资源管理的经验相对不足，缺乏统一的、可操作性强的水资源管理体系。不少研究也揭示我们对于水资源指标与经济发展的关系认识不足。在城市建设与开发过程中，忽视了水资源管理的长期规划与可行性分析。水资源利用规划与管理的决策与实施过程缺少公众的广泛参与。在城市水资源管理问题上西方发达国家已经形成了一套比较完善的体系，如建立完善的法律法规体系，充分发挥水管理协会的作用，广泛的公众参与，同时开展水资源管理示范区建设。这些方面都是我国在城市水资源管理方面亟须加强的，同时要建立城市可持续水处理系统，最大限度地削减污染，实现水资源的循环利用，提升城市雨水的渗透能力和涵养能力，实现城市水资源的可持续利用，形成"水资源、水环境、水经济、水安全、水文化、水管理"六位一体的生态型城市可持续水管理模式。

总的来说，诚如相关研究所述，为缓解城市水资源压力，应该建立健全城市水资源管理体系，实现水资源的优化配置。同时要提升水环境容量，构建与水资源承载力相协调的经济结构体系。此外，还要限制高耗水行业的盲目发展，优化高耗水产业的空间布局，通过技术进步提高水资源利用效率。

14.4.2　土地及其对生态城市建设的影响

城市建设依托于土地。土地承受自然和人为因素双重动力作用，不停地与城市环境的物质和能量进行交换。土地资源的开发与利用是否合理，决定了生态城市建设的成败。

据《全国土地利用总体规划纲要（2006—2020 年）》专题研究报告，从城市用地人口容纳能力、建筑容纳能力和产出水平来看，我国城市用地均存在较大的挖掘潜力。然而，目前的城市规划编制，立足点往往放在城市外围用地扩张及新增建设用地布局安排方面，对于城市建成区内部关注相对较少，对建设用地规模和效益关系的研究相对较少，使得城市已有用地布局的调整优化力度不够，对于城市用地潜力挖掘也不到位。相关研究也揭示，城市盲目的外延发展，导致城市交通量、市政管网等的不断增加，影响了城市及周边地区的自然环境，这种土地利用规划方式非常不利于土地和附着其上的各种资源的集约利用。

在相关土地资源政策方面，目前主要实施的包括土地数量异地占补平衡政策。不过，需要注意的是，新开土地的生产力远远低于被占熟地的生产力，且发挥不了熟地原有的生态服务功能。鉴于此，不少研究指出，城市土生态的科学管理必须改变土地管理与经济、生态脱节的正反馈控制政策，变土地数量的异地占补平衡为土地生产和生态服务功能的就地占补平衡，变土地的单目标地籍管理为多目标的社会、经济、环境复合生态管理。通过核定每个生态功能区的生物质生产力、生态服务功能和人文生态资产，来对各生态功能区土地利用的生产和生态功能实施总量科学控制。同时，城市产业结构对对城市土地利用结构及格局也有影响，具体体现在其对土地资源及其他资源在各产业、部门间的重新分配和组合的要求。在以第一产业为主的阶段，土地利用变化的驱动力是农用地和环境用地间的竞争，随着第二、第三产业的不断增长，区位条件好的农用地会向建设用地转移，当到达第三产业快速增长的阶段，农用地会向建设用地和环境用地的快速转移。

鉴于此，在实现城市土地利用可持续发展以及集约利用的过程中，应该完善城市土地管理方面的立法和执法，完善土地利用规划体系，协调土地利用总体规划与城市总体规划的关系；应加强城市规划管理，按照城市产业结构调整的要求以及土地价值规律，对城市土地进行置换；调整土地利用结构和空间布局，提高城市土地利用综合效率；依据土地的生态承载力，优化城市空间格局，改善城市环境。

14.4.3　生物资源及其对生态城市建设的影响

生物资源是人类生存和发展的战略性资源，是建设生态城市的重要支撑。城市生物多样性为城市生态系统提供了诸多生态系统服务功能，对改善城市环境、维持城市可持续发展有着重要的作用。随着城市化进程的加剧和人类盲目的建设，城市生物区系组成受到破坏，自然生物群落种类减少。据统计全球尺度的生物多样性（以地球生态指数计）已下降12%，影响了城市生态环境的稳定与协调发展。

城市化对生物多样性的影响是一个复杂的过程，诸多因素共同决定了城市生物多样性分布格局。外来物种入侵，原始野生动植物衰退，凡此种种正在使脆弱的城市生物多样性面临严峻的考验。城市的建筑、交通等设施建设破坏自然绿地，原始植被结构被人为改变，生物丧失栖息地；工农业污染物不经处理的随意排放，导致河流、湖泊和近海水域的水质下降，水体富营养化，水生动植物数量下降，饮用水源受到污染。然而，生物多样性及生态系统的恢复却是一个漫长甚至不可逆的过程。当前，我国城市生态建设多从人的生存发展环境及空间的角度出发，对人与其他生物的和谐共存的考虑及具体实施措施的考虑及设计相对不足，缺乏城市生物多样性保护规划。

城市生物多样性保护是实现保护城市自然生态环境的唯一选择。有学者提出，根据绿地的功能和生境类型来对城市植物进行配置，构建以自然群落为基础的人工群落，保护城市绿地系统中植物多样性；在动物多样性方面，通过规划栖息地和建设生态廊道的方法对其进行保护。目前，城市生物多样性规划在我国仍处于探索阶段，相关科学研究也存在较多的疑问。在进行合理规划之外，政府应该加强立法建设，建立独立的针对城市生物多样性保护的法律法规；加强宣教工作，增强民众对生物多样性保护的意识。同时运用景观生态学方法和理论，在城市规划过程中，充分考虑生物多样性保护和建设。

14.4.4　空气质量与生态城市建设的关系

空气属于可更新资源，它具有自然资源所共有的一切属性；具有良好的流动性，因而使一定区域内的空气质量趋于一致，并对生态城市建设提出要求与制约。区域性雾霾现象是我国面临的一个新的、重大的复合型大气环境污染问题。城市化过程中燃烧排放的污染物，各种机动车尾气，工业的超标排放，有毒重金属混入大气，使得近几年我国特大城市雾霾现象日趋严重，空气品质持续恶化，严重影响着人们的身心健康，与我国建设生态型宜居城市的目标背道而驰。

目前对于空气作为一种资源价值形态的相关研究较少，作为城市的一种重要自然资源，空气资源的价值一直没有得到足够的重视，缺乏空气资源价值量估算方法和理论。由于长期以来被人类无偿使用，从而在许多地区造成了对空气资源的使用陷入了恶性循环的怪圈。有学者提出应该制订合理的经济政策，坚持对空气资源的有偿使用原则，做到"谁利用谁补偿，谁破坏谁恢复"。不少研究揭示，同时我国存在着区域大气环境容量与经济发展不相匹配的问题，经济越发达的地区大气环境容量越低，而且大气环境压力越大，严重制约经济布局和发展。

历史上，美国就是因为"洛杉矶烟雾事件"启动了空气污染法的立法进程，成为世界空气污染法的立法先导，其立法经验为我国在立法过程中提供启示。大气环境保护不仅需要法律的制约，更需要民众的监督，所以在环境治理过程中应更广泛的纳入民众参与，让群众更好地参与到立法与监督中来。同时对一些高污染高排放的产业，要进行限制以及严格管制，建立和实施严格的排放标准，实行大气环境污染问责制，做到从源头抓起。另外，在城市规划过程中，尤其是新城规划时，要充分考虑立地环境以及气候条件，对建筑物的设计、街道以及绿地和空地的布局要进行合理规划，提升大气环境容量。

14.4.5　能源及其对生态城市建设的支撑

能源作为一种可耗竭的战略性资源，在经济发展、国家安全与环境保护中扮演着十分重要的角色，对生态城市建设的支撑作用不言而喻。城市居民和工商业能源消费随着城市人口化率的增加而增多，能源和环境问题也成为进一步城市化的制约条件；同时，城市化也要求能源结构升级，提高能源利用效率，控制污染物排放，以使居民生活的环境质量不断得到改善。我国城市能源消耗约占我国能源总消耗的3/4，城市能源消费存在以下突出问题：能源对外依存度过高；一次能源消费以煤为主，能源消费过度高碳化；能源环境污染形势严峻；能源使用效率较低；能耗水平和增速均高于世界城市平均水平等。

我国未来城市能源利用的总体目标将是城市能源消费逐步实现可持续、低碳、清洁和绿色。能源结构优化，提升新能源比例和清洁能源比例，提高城市能源利用效率，以及规模化的新能源利用将是城市能源利用的发展战略重点。国家相关部委对城市能源消费管理方面也提出了若干重要的政策要求，将页岩气和煤层气等新型能源确定为未来城市能源消费的重要组成部分，并从城市空间的角度，对建筑节能和城市节能提出了明确要求。然而，关于城市规模与空间形态对能源利用效率的影响研究及提炼对城市空间规划的指导性策略方面有待加强。

能源对生态城市建设的影响多从资源禀赋、产业结构、技术进步、能源价格等对能源效率的影响来考察。有些研究表明，资源丰裕程度与能源效率显著负相关，即控制其他影响因素时，资源禀赋越充裕的地区能源效率越低；有些研究表明如果产业结构中的效率和结构份额对能源效率均为正向影响，则产业结构比重的提高也会对总能源生产率产生正向影响。还有研究论证了技术进步对能源效率具有显著的正向作用，同时在长期提高能源效率中存在技术扩散性效应。也有研究认为，当前中国能源的相对价格并没有体现出使用能源的完全成本，能源价格的提高反而会降低能源效率。这些研究及发现对于确定生态城市能源利用结构，制定能源政策和提高能源利用效率具有很好的启示。

参 考 文 献

［1］ Daily G C, Matson P A. Ecosystem services: From theory to implementation ［J］. Proceedings of the National Academy ofSciences, 2008, 105（28）.

［2］ Folke C, Kautsky N. The ecological footprint: Communicating human dependence on nature's work ［J］. Ecological Economics, 2000, 32.

［3］ Gunawardhana L N, Kazama S, Kawagoe S. Impact of urbanization and climate change on aquifer thermal regimes ［J］. Water Resources Management, 2011, 25（13）.

［4］ Mcharg I L. Design with Nature, Garden City ［M］. New York: Doubleday, 1969.

［5］ Richard T. T. Forman, Michel Godron. Landscape ecology ［M］. New York: Wiley Press, 1986.

［6］ Su S, Li D, Yu X, et al. Assessing land ecological security in Shanghai（China）based on catastrophe theory ［J］. Stochastic Environmental Research and Risk Assessment, 2011, 25（6）.

［7］ Termorshuizen J W, Opdam P. Landscape services as a bridge between landscape ecology and sustainable development ［J］. Landscape Ecology, 2009, 24（8）.

［8］ Wackernagel M, Yount J D. Footprints for sustainability: The next steps ［J］. Environment, Development and Sustainability, 2000, 2（1）.

［9］ 蔡佳亮, 殷贺, 黄艺. 生态功能区化理论研究进展 ［J］. 生态学报, 2010, 30（11）.

［10］ 曾维华, 杨月梅, 陈荣昌, 等. 环境承载力理论在区域规划环境影响评价中的应用 ［J］. 中国人口·资源与环境, 2007, 17（6）.

［11］ 陈丹, 王然. 我国资源环境承载力态势评估与政策建议 ［J］. 生态经济, 2015, 31（12）.

［12］ 陈建华. 试论城市生态系统的结构特征及其评价: 以衡阳市为例 ［D］. 南华大学, 2004.

［13］ 陈爽, 刘云霞, 彭立华. 城市生态空间演变规律及调控机制 ［J］. 生态学报, 2008, 28（5）.

［14］ 陈雄志. 城市景观规划中生态设计的思考 ［J］. 建筑工程技术与设计, 2014（30）.

［15］ 崔凤军, 茹江, 徐云麟. 城市生态学基本原理的探讨 ［J］. 城市环境与城市生态, 1993（4）.

［16］ 戴天兴. 城市环境生态学 ［M］. 北京: 中国建材工业出版社, 2002.

［17］ 邓红兵, 陈春娣, 刘昕, 等. 区域生态用地的概念及分类 ［J］. 生态学报, 2009, 29（3）.

［18］ 邓小文, 孙贻超, 韩士杰. 城市生态用地分类及其规划的一般原则 ［J］. 应用生态学报, 2005, 16（10）.

［19］ 杜斌, 张坤民, 温宗国, 等. 城市生态足迹计算方法的设计与案例 ［J］. 清华大学学报: 自然科学版, 2004, 44（9）.

［20］ 傅伯杰, 陈利顶, 刘国华. 中国生态区划的目的、任务及特点 ［J］. 生态学报, 1999, 19（5）.

［21］ 傅伯杰, 陈利顶, 马克明, 等. 景观生态学原理及应用 ［M］. 北京: 科学出版社, 2011.

［22］ 顾朝林, 甄峰, 张京祥. 集聚与扩散: 城市空间结构新论 ［M］. 南京: 东南大学出版

社，2000.

[23]　贵立德．兰州市城镇化水平与其生态用地的供求关系［J］．水土保持通报，2012，32（4）．

[24]　郭贝贝，杨绪红，金晓斌，等．生态流的构成和分析方法研究综述［J］．生态学报，2015，35（5）．

[25]　郭晋平，张芸香．城市景观及城市景观生态研究的重点［J］．中国园林，2004，20（2）．

[26]　郭蕾．水污染物排放总量控制研究［D］．江苏大学，2010.

[27]　郭荣朝，苗长虹．城市群生态空间结构研究［J］．经济地理，2007，27（1）．

[28]　郭秀锐，杨居荣，毛显强．城市生态系统健康评价初探［J］．中国环境科学，2002，22（6）．

[29]　郭秀锐，杨居荣，毛显强，等．城市生态足迹计算与分析：以广州为例［J］．地理研究，2003，22（5）．

[30]　国家环境保护部．HJ 130—2014 规划环境影响评价技术导则：总纲［S］. 2014.

[31]　国家环境保护部．HJ 2.1—2011 环境影响评价技术导则：总纲［S］. 2011.

[32]　国家环境保护总局．生态功能区划技术暂行规程［S］. 2002.

[33]　何璇，毛惠萍，牛冬杰，等．生态规划及其相关概念演变和关系辨析［J］．应用生态学报，2013（8）．

[34]　胡君秀．关于城市景观要素的分析探讨［J］．现代园艺，2012（18）．

[35]　环境保护部．全国生态功能区划：修编版［S］. 2015.

[36]　黄鹭新，杜澍．城市复合生态系统理论模型与中国城市发展［J］．国际城市规划，2009（1）．

[37]　黄志新，张建平．试论景观生态学原理与城市景观生态建设［J］．江西农业大学学报：社会科学版，2004，3（3）．

[38]　蒋海燕，刘敏，黄沈发，等．城市土壤污染研究现状与趋势［J］．安全与环境学报，2004，4（5）．

[39]　荆玉平，张树文，李颖．城乡交错带景观格局及多样性空间结构特征［J］．资源科学. 2007，29（5）．

[40]　孔红梅，赵景柱，吴钢，等．生态系统健康与环境管理［J］．环境科学，2002，23（1）．

[41]　李锋，王如松，赵丹．基于生态系统服务的城市生态基础设施：现状、问题与展望［J］．生态学报，2014，34（1）．

[42]　李锋，王如松．城市绿地系统的生态服务功能评价、规划与预测研究：以扬州市为例［J］．生态学报，2003，23（9）．

[43]　李锋，叶亚平，宋博文，等．城市生态用地的空间结构及其生态系统服务动态演变：以常州市为例［J］．生态学报，2011，31（19）．

[44]　李军．榆林市生态系统服务功能变化及其生态安全［D］．西北大学，2014.

[45]　李双成，刘金龙，张才玉，等．生态系统服务研究动态及地理学研究范式［J］．地理学报，2011，66（12）．

[46]　李翔，许兆义，孟伟，等．城市生态承载力研究［J］．中国安全科学学报，2005，15（2）．

[47]　李永洁．编制城市生态功能区划的相关思考［J］．人文地理，2003（4）．

[48] 李正国，王仰麟，张小飞. 景观生态区划的理论研究 [J]. 地理科学进展，2006，25（5）.

[49] 刘耕源，杨志峰，陈彬，等. 基于生态网络的城市代谢结构模拟研究：以大连市为例 [J]. 生态学报，2013，33（18）.

[50] 刘洁，吴仁海. 城市生态规划的回顾与展望 [J]. 生态学杂志，2003（5）.

[51] 刘静晓，盛玉环. 城市化与生态环境的关系：以武汉市为例 [J]. 知识经济，2010（12）.

[52] 刘黎明. 乡村景观规划的发展历史及其在我国的发展前景 [J]. 生态经济，2001，17（1）.

[53] 刘强，黄义雄. 城市景观要素演变探讨 [J]. 城市发展研究，2008，15（5）.

[54] 刘强，杨永德. 从可持续发展角度探讨水资源承载力 [J]. 中国水利，2004（3）.

[55] 刘天齐，孔繁德. 城市环境规划规范及方法指南 [M]. 北京：中国环境科学出版社，1992.

[56] 刘昕，谷雨，邓红兵. 江西省生态用地保护重要性评价研究 [J]. 中国环境科学，2010，30（5）.

[57] 刘砚华，张朋，高小晋，等. 我国城市噪声污染现状与特征 [J]. 中国环境监测，2009，25（4）.

[58] 刘耀彬，李仁东，宋学锋. 中国城市化与生态环境耦合度分析 [J]. 自然资源学报，2005，20（1）.

[59] 刘悦秋，刘克锋. 城市生态学 [M]. 北京：气象出版社，2010.

[60] 刘珍环，王仰麟，彭建，等. 基于不透水表面指数的城市地表覆被格局特征：以深圳市为例 [J]. 地理学报，2011，66（7）.

[61] 龙花楼，刘永强，李婷婷，等. 生态用地分类初步研究 [J]. 生态环境学报，2015（1）.

[62] 芦晓燕. 城市环境规划可达性和可操作性研究 [D]. 北京工业大学，2013.

[63] 鲁敏，张月华，胡彦成，李英杰. 城市生态学与城市生态环境研究进展 [J]. 沈阳农业大学学报，2002（1）.

[64] 马克明，孔红梅，关文彬，等. 生态系统健康评价：方法与方向 [J]. 生态学报，2001，25（6）.

[65] 马世骏，王如松. 社会-经济-自然复合生态系统 [J]. 生态学报，1984，4（1）.

[66] 毛小苓，刘阳生. 国内外环境风险评估研究进展 [J]. 应用基础与工程科学学报，2003（3）.

[67] 孟蜀巍. 环境问题的复杂性哲学思考 [D]. 吉林大学，2013.

[68] 欧阳志云，王如松. 区域生态规划理论与方法 [M]. 北京：化学工业出版社，2005.

[69] 欧阳志云，王效科，苗鸿. 中国陆地生态系服务功能及其生态经济价值的初步研究 [J]. 生态学报，1999，19（5）.

[70] 彭建，汪安，刘焱序，等. 城市生态用地需求测算研究进展与展望 [J]. 地理学报，2015，70（2）.

[71] 彭建，王仰麟，陈燕飞，等. 城市生态系统服务功能价值评估初探：以深圳市为例 [J]. 北京大学学报：自然科学版，2005，41（4）.

[72] 彭建，王仰麟，刘松，等. 景观生态学与土地可持续利用研究 [J]. 北京大学学报：自然科学版，2004，40（1）.

[73] 齐文虑. 资源承载力计算的系统动力学模型 [J]. 自然资源学报，1990（2）.

[74] 钱易，唐孝炎．环境保护与可持续发展［M］．北京：高等教育出版社，2000.

[75] 沈清基，李迅．对城市环境容量的探讨［J］．国际城市规划，2009，24（21）.

[76] 沈清基，沈恬．城市生态与城市环境［M］．上海：同济大学出版社．2000.

[77] 沈清基．城市空间结构生态化基本原理研究［J］．中国人口·资源与环境，2005，14（6）.

[78] 沈清基．城市生态规划若干重要议题思考［J］．城市规划学刊，2009（2）.

[79] 宋文，李雄．带形城市理论的实践及现实意义探讨［J］．城市建设理论研究：电子版，2013（10）.

[80] 苏伟忠，杨英宝．基于景观生态学的城市空间结构研究［M］．北京：科学出版社，2007.

[81] 王根绪，钱鞠，程国栋．区域生态环境评价（REA）的方法与应用［J］．兰州大学学报：自然科学版，2001，4（2）.

[82] 王耕，王利，吴伟．区域生态安全概念及评价体系的再认识［J］．生态学报，2007，27（4）.

[83] 王海鹰，秦奋，张新长．广州市城市生态用地空间冲突与生态安全隐患情景分析［J］．自然资源学报，2015，30（8）.

[84] 王明杰．基于GIS和数理统计的规划分析方法探讨研究［J］．经济研究导刊，2012，7（153）.

[85] 王如松，胡聃，李锋，等．区域城市发展的复合生态管理［M］．北京：气象出版社，2010.

[86] 王如松，胡聃，王祥荣，等．城市生态服务［M］．北京：气象出版社，2007.

[87] 王如松，李锋，韩宝龙，等．城市复合生态及生态空间管理［J］．生态学报，2014，34（1）.

[88] 王如松，李锋．论城市生态管理［J］．中国城市林业，2006，4（2）.

[89] 王如松，欧阳志云．对我国生态安全的若干科学思考［J］．中国科学院院刊，2007，22（3）.

[90] 王如松．城市生态位势探讨［J］．城市环境与城市生态，1988，1（1）.

[91] 王如松．生态库原理及其在生态研究中的作用［J］．城市环境与城市生态，1988，1（2）.

[92] 王淑华．基于低碳理念的城市景观生态设计研究［J］．生态经济，2010（12）.

[93] 王卫华．北京城市功能区演变与优化调控［J］．中国名城，2014（6）.

[94] 王祥荣．城市生态规划的概念，内涵与实证研究［J］．规划师，2002，18（4）.

[95] 王祥荣．城市生态学［M］．上海：复旦大学出版社，2011.

[96] 王云才．景观生态规划原理［M］．北京：中国建筑工业出版社，2007.

[97] 邬建国．景观生态学：格局、过程、尺度与等级［M］．北京：高等教育出版社，2000.

[98] 吴兆录．生态学的发展阶段及其特点［J］．生态学杂志，1994（5）.

[99] 肖笃宁，陈文波，郭福良．论生态安全的基本概念和研究内容［J］．应用生态学报，2002，13（3）.

[100] 肖风劲，欧阳华．生态系统健康及其评价指标和方法［J］．自然资源学报，2002，17（2）.

[101] 谢贝贝．城市生态用地控制机制研究：以上海为例［D］．安徽农业大学，2014.

［102］谢红霞，任志远，莫宏伟，等．城市生态足迹计算分析：以西安市为例［J］．干旱区地理，2005，28（2）．

［103］谢小东，何凯珊．水体富营养化及其治理措施［J］．城市建设理论研究：电子版，2013（21）．

［104］熊德国，鲜学福，姜永东，等．生态足迹理论在区域可持续发展评价中的应用及改进［J］．地理科学进展，2003，22（6）．

［105］徐坚．山地城镇生态适应性城市设计［M］．北京：中国建筑工业出版社，2008．

［106］徐慎．城市景观生态规划研究与探讨［J］．建筑工程技术与设计，2015（1）．

［107］徐盈之，孙剑．环境承载力的区域比较与影响因素研究：来自我国省域面板数据的经验分析［J］．经济问题探索，2009（5）．

［108］许凤霞．城市环境规划研究及实例分析［D］．安徽理工大学，2006．

［109］闫海阔．城市固体废弃物现状及对策探讨［J］．建筑工程技术与设计，2015（28）．

［110］颜芳芳．城市功能区发展模式研究［J］．经济研究导刊，2010（12）．

［111］杨开忠，杨咏，陈洁，等．生态足迹分析理论与方法［J］．地球科学进展，2000，15（6）．

［112］杨小波，吴庆书，等．城市生态学［M］．3版．北京：科学出版社，2016．

［113］杨轶，赵楠琦，李贵才．城市土地生态适宜性评价研究综述［J］．现代城市研究，2015（4）．

［114］杨志峰，隋欣．基于生态系统健康的生态承载力评价［J］．环境科学学报，2005，25（5）．

［115］尹科，王如松，姚亮，等．生态足迹核算方法及其应用研究进展［J］．生态环境学报，2012，21（3）．

［116］俞孔坚，王思思，李迪华，等．北京市生态安全格局及城市增长预景［J］．生态学报，2009，29（3）．

［117］袁志宇，赵斐然．水体富营养化及生物学控制［J］．中国农村水利水电，2008（3）．

［118］占本厚，李莉，魏媛，等．江西省可持续发展状况的生态足迹分析［J］．湖北农业科学，2013，52（18）．

［119］张甘霖，赵玉国，杨金玲，等．城市土壤环境问题及其研究进展［J］．土壤学报，2007，44（5）．

［120］张浩，赵智杰．基于GIS的城市用地生态适宜性评价研究：综合生态足迹分析与生态系统服务［J］．北京大学学报：自然科学版，2011（3）．

［121］张坤民．可持续发展论［M］．北京：中国环境科学出版社，1997．

［122］张倩，邓祥征，周青．城市生态管理概念、模式与资源利用效率［J］．中国人口·资源与环境，2015，25（6）．

［123］张泉，叶兴平．城市生态规划研究动态与展望［J］．城市规划，2009（7）．

［124］张蕊，刘鸿，石娜．城市土壤特点及其改良措施［J］．现代农业科技，2010（6）．

［125］张伟新，范晓秋，姜翠玲，等．生态评价方法与区域生态足迹评价［J］．南京财经大学学报，2005，2（22）．

［126］赵丹，李锋，王如松．城市地表硬化对植物生理生态的影响研究进展［J］．生态学报，

2010，30（14）．

[127] 赵丹，李锋，王如松．城市生态用地的概念及分类探讨［C］//中国可持续发展研究会．2009 中国可持续发展论坛暨中国可持续发展研究会学术年会论文集：上册．中国可持续发展研究会，2009．

[128] 赵景柱，崔胜辉，颜昌宙，等．中国可持续城市建设的理论思考［J］．环境科学，2009，30（4）．

[129] 赵景柱．可持续发展理论［J］．生态经济，1994（4）．

[130] 赵维良．城市生态位评价及应用研究［D］．大连理工大学，2008．

[131] 赵峥，张亮亮．绿色城市：研究进展与经验借鉴［J］．城市观察，2013（4）．

[132] 周春山．城市空间结构与形态［M］．北京：科学出版社，2007．

[133] 周丹平，孙苏，包存宽，等．规划环境影响评价项目实施有效性的评估［J］．环境科学研究，2007，5（20）．

[134] 住房和城乡建设部．城市生态建设环境绩效评估导则（试行）［S］．2015．

[135] 住房和城乡建设部．海绵城市建设技术指南：低影响开发雨水系统构建（试行）［S］．2014．

[136] Costanza R，d'Arge R．，de Groot R．，et al. The value of the world's ecosystem services and natural capital［J］．Nature，1997，387．

[137] MA（Millennium Ecosystem Assessment）．Ecosystems and Human Well-being：Synthesis［M］．Island Press. Washington D C. 2005．

[138] 谢高地，肖玉，鲁春霞．生态系统服务研究：进展、局限和基本范式［J］．植物生态学报，2006，30（2）．

[139] 董雅文，周雯，周岚，等．城市化地区生态防护研究：以江苏省南京市为例［J］．城市研究，1999（2）．